软件开发 人才培养系列丛书

数据库原理与MySQL应用

（微课版）

李月军◎编著

人民邮电出版社
北京

图书在版编目（C I P）数据

数据库原理与MySQL应用 : 微课版 / 李月军编著
. -- 北京 : 人民邮电出版社, 2022.12（2023.10重印）
（软件开发人才培养系列丛书）
ISBN 978-7-115-59500-3

Ⅰ. ①数… Ⅱ. ①李… Ⅲ. ①SQL语言－数据库管理
系统 Ⅳ. ①TP311.132.3

中国版本图书馆CIP数据核字(2022)第105601号

内容提要

本书是一本关于现代数据库系统基本原理、技术和应用的教材，共分为3篇。上篇主要介绍数据库系统的基本原理、关系数据库基础理论及MySQL的基础操作；中篇主要介绍数据库事务管理、数据库的保护及MySQL的高级应用；下篇主要介绍关系数据库的设计与实现，并给出一个具体的数据库设计案例。

本书以数据库管理系统的产生背景为线索，引出数据库的相关概念及数据库的整个框架体系，从而理顺数据库原理、设计与应用之间的有机联系。本书以MySQL 8为基础，强化理论与开发应用的结合，重视知识的实用性。

本书内容循序渐进、深入浅出，条理性和实践性强，可作为高等院校相关专业“数据库原理与应用”课程的教材，也可供数据库应用系统开发设计人员、工程技术人员、参加数据库系统工程师考试的人员、参加全国信息技术水平考试的人员等阅读参考。

◆ 编　　著　李月军
　责任编辑　刘　博
　责任印制　王　郁　陈　犇
◆ 人民邮电出版社出版发行　　北京市丰台区成寿寺路11号
　邮编　100164　　电子邮件　315@ptpress.com.cn
　网址　https://www.ptpress.com.cn
　大厂回族自治县聚鑫印刷有限责任公司印刷
◆ 开本：787×1092　1/16
　印张：21　　2022年12月第1版
　字数：509千字　　2023年10月河北第2次印刷

定价：69.80元

读者服务热线：(010)81055256　印装质量热线：(010)81055316
反盗版热线：(010)81055315
广告经营许可证：京东市监广登字20170147号

前言

Preface

党的二十大报告中提到："教育、科技、人才是全面建设社会主义现代化国家的基础性、战略性支撑。"在教育改革、科技变革等背景下，数据库领域的教学发生着翻天覆地的变化。

随着社会对基于计算机网络和数据库技术的信息管理系统、应用系统的需求的增加，具有数据库理论、技术和应用知识的人才需求也在不断增加。因此，编写一本具有系统性、先进性和实用性，同时又能较好地适应不同层面需求的数据库教材无疑是必要的。

"数据库原理与应用"是本科院校计算机、大数据、物联网、人工智能等专业人才培养方案中的专业基础核心课程。在学习该课程时，首先要掌握数据库系统的基本原理知识；其次要了解数据库系统在应用中所面临的问题，并能够分析问题出现的场景及原因，理解并掌握理论上给出的解决方法；最后必须能够在具体的数据库管理系统上实现对数据及问题解决方法的具体操作，完成理论知识到实践应用的转化。MySQL 是轻型、开源的数据库管理系统，是很多中小型网站及软件开发公司采用的后台数据库管理系统。本书将 MySQL 原理与具体语句有机整合，有利于读者在掌握理论知识的同时提高解决问题的能力。

目前开发的计算机应用系统大部分都需要数据库管理系统的后台支持，而且系统后期的使用、维护和管理也需要大量人员。因此，对于致力于从事计算机开发的读者来说，考取国家级的数据库相关认证证书是很有必要的。本教材融入了全国计算机技术与软件专业技术资格（水平）考试中的中级数据库系统工程师考试、全国信息技术水平考试中的数据库应用系统设计工程师技术水平证书（SQL）考试、全国计算机等级考试三级考试中的数据库技术考试的相关内容，帮助读者了解考试的题目、题型及解题思路。本教材还融入了 MySQL 数据库程序员面试和笔试内容，为读者求职筑牢基础。

本书缩减传统数据库系统的部分内容，突出数据库理论与实践紧密结合的特点，并结合应用案例及软件环境讲解知识，强化能力训练。

本书知识结构框架由 3 篇共计 12 章和附录组成。

上篇——基础篇，包括第 1～4 章，主要介绍数据库系统的基本原理、MySQL 的安装与使用、MySQL 数据库的基本操作及关系模型的基本原理。

中篇——高级应用篇，包括第 5～9 章，主要介绍存储函数与存储过程、触发器与事务处理、数据库的安全管理、数据库的备份与恢复及 MySQL 数据库的性能优化。

下篇——数据库系统设计及案例篇，包括第 10～12 章，主要介绍关系数据库规范化理论与数据库设计，并用一个实际的应用系统开发案例详细展示设计的要领，完成从理论到实践的跨越。

附录——MySQL 实验指导，包括 16 个具有代表性的具体实验，详细介绍 MySQL 的使用方法，帮助读者更好地掌握数据库技术理论和应用知识。

本书每章除基本知识外，还有小结、适量的习题等（第 12 章无习题），以帮助读者掌握知识点。教师在讲授时可根据专业、课时等情况对内容进行适当取舍，带有“**”的内容为选学内容。

本书由湛江科技学院李月军编著。为了便于教学，本书配有电子课件、微课教学视频、教学大纲、教案、课后习题参考答案、实验参考答案等教学资源，可在人邮教育社区（www.ryjiaoyu.com）下载，也可与编者联系，编者邮箱为：liyuejun7777@sina.com。

本书参考了许多优秀的数据库方面的教材及网络内容，在此一并表示感谢。

由于编者水平有限，书中难免存在不足之处，敬请读者指正。

李月军

2022 年 12 月

目录
Contents

上篇　基础篇

第1章 数据库系统的基本原理

第2章 MySQL 的安装与使用

第3章

MySQL 数据库的基本操作

第4章 关系模型的基本原理

中篇 高级应用篇

第5章 存储函数与存储过程

第 6 章

触发器与事务处理

第 7 章

数据库的安全管理

第 8 章

数据库的备份与恢复

第 9 章

MySQL 数据库的性能优化

下篇　数据库系统设计及案例篇

第 10 章　关系数据库规范化理论

第 11 章　数据库设计

第12章 网上购物系统数据库设计**

附录 MySQL 实验指导

上篇　基础篇

第1章　数据库系统的基本原理

随着 Web 2.0 和移动互联网的快速发展，数据爆炸成为大数据时代的鲜明特征。数据库技术是进行数据管理的有效技术，当下的数据库（Database，DB）主要包括关系数据库和非关系数据库（Not Only SQL，NoSQL）。目前使用最广泛的数据库是关系数据库，它是信息系统的核心和基础，常用的关系数据库管理系统有 Oracle、MySQL、DB2、SQL Server 等。本章介绍数据库系统（Database System，DBS）的基本原理，包括数据库系统概述、数据库体系结构、数据模型、非关系数据库。

1.1 数据库系统概述

数据库系统
概述

数据库系统应用于各行各业，如电信、金融、制造、航空等领域。数据库系统已经成为当今几乎所有企业不可缺少的组成部分，而且很多机构将数据库的访问移至 Web 界面，以提供大量的在线服务和信息。例如，当你访问电子商务网站并浏览商品时，其实你正在访问的是存储在某个数据库中的数据。当你完成网上订购后，你的订单也被保存在了某个数据库中。此外，你访问网络的数据也可能会被存储在一个数据库中。

1.1.1　数据库系统的基本概念

简要地说，一个数据库系统就是由一个相关的数据集和一个管理这个数据集的程序集及其他相关软件与硬件等组成的集合体。其中，数据集包含了特定应用领域的相关数据，称为数据库；程序集称为数据库管理系统，它提供了一个接收、存储和处理数据库中数据的环境。数据库系统的总目标是让用户能够有效而方便地管理与使用数据库中的数据。

数据（Data）、数据库、数据库管理系统（Database Management System，DBMS）、数据库系统和数据库应用系统（Database Application System，DBAS）是 5 个基本而重要的概念。

1．数据

数据是数据库存储的基本对象，是描述现实世界中各种具体事物或抽象概念的可存储并具有明确意义的符号记录。

具体事物是指有形且看得见的实物，如学生、教师等；抽象概念则是指无形且看不见的虚物，如课程等。

在日常生活中，人们可以直接用语言来描述事物。例如，可以这样描述一位高校学生的基本情况：张洋同学，男，2002 年 3 月 7 日出生，2021 年入学，计算机系的学生。在计算机中常常这样来描述：(张洋, 男, 2002/03/07, 计算机系, 2021)。即把学生的姓名、性别、出生日期、所在系、入学时间等组织在一起，组成一条记录。这里的学生记录就是描述学生的数据。记录是数据库系统表示和存储数据的一种格式。

2．数据库

数据库包含两层含义，即数据和库。简单地说，数据库就是相互关联的数据集合。严格地说，数据库是长期存储在计算机内的、有组织的、可共享的大量数据的集合。数据库中的数据按一定的数据模型组织、描述和存储，具有较小的冗余度、较高的数据独立性和易扩展性。

例如，与水果销售有关的信息包括水果的基本信息、客户的个人信息、订单信息及订单明细信息等。水果的基本信息包括水果编号、名称、供应商编号、单价等。客户的个人信息包括客户编号、姓名、地址等。水果和客户之间是通过订单及订单明细进行关联的，订单信息包括订单编号、订单日期和客户编号，订单明细信息包括订单编号、水果编号、数量等。

现在，假设要编写应用程序访问每个客户的客户编号、姓名、订购的水果及订购数量等信息，则需考虑如下内容。

（1）为便于应用程序的使用并对这 4 类数据进行管理，可以将这 4 类数据存储到一个数据库中，即体现了数据库就是数据集合的说法。

（2）水果信息包括水果编号，而订单明细信息也包括水果编号，即一个水果的编号在计算机中存储了至少两次，也就是所说的数据冗余，但这种冗余是不可避免的。因为水果和订单明细数据之间，只能通过水果编号才能建立起关联关系，这样应用程序或用户才能同时访问这两类数据，从而得到正确的信息。因此，虽然数据库允许具有较小的冗余度，但是不能杜绝或避免数据冗余。

（3）大部分情况下，软件的前台应用程序开发和后台数据库开发是同时进行的，数据独立性保证了开发人员编写的应用程序不会因数据库的改变而修改，数据库也不会因应用程序的改变而修改，提高了软件的开发效率。

（4）数据库应用系统在开发和使用过程中，会有新的业务逻辑加入，新增数据不会使数据库结构变动太大，这就要求数据库具有易扩展性。

3．数据库管理系统

数据库管理系统是数据库系统的核心部分，是位于用户与操作系统（Operating System，OS）之间的数据库管理软件。它为用户或应用程序提供访问数据库的方法，包括数据库的定义、创建、查询、更新及各种数据控制等。

常用的数据库管理系统有 Oracle 公司的 Oracle 和 MySQL、IBM 公司的 DB2、Microsoft 公司的 SQL Server 等。MySQL 具有体积小、速度快、成本低、源代码开放等特点，一般中小型网站的开发都选择 MySQL 作为网站数据库。本书也以 MySQL 为例进行介绍。

数据库管理系统的主要功能如下。

（1）数据定义功能

数据库管理系统提供数据定义语言（Data Definition Language，DDL），用户使用 DDL 可以方便地在数据库中定义数据对象（包括表、视图、索引、存储过程等）和数据的完整性约束等。

例如，下面的 DDL 语句用于创建一个数据对象——fruits 表。

```
CREATE   TABLE fruits(
f_id     char(10)        NOT NULL PRIMARY KEY,
s_id     INT             NOT NULL,
f_name   char(255)       NOT NULL,
f_price  decimal(8,2)    CHECK(f_price>0)
);
```

存储在数据库中的数据值必须满足某些一致性约束条件，例如，根据实际需求，只允许水果的 f_price 接收大于 0 的值。DDL 提供了指定这种约束的工具，每当更新数据库时，数据库系统都会检查这些约束，实现对数据的完整性约束。数据的完整性约束主要有实体完整性、参照完整性和用户定义的完整性。

（2）数据操纵功能

数据库管理系统提供数据操纵语言（Data Manipulation Language，DML），用户可以使用 DML 对数据库中的数据进行两大类操作：查询和修改。修改又分为增加、删除和更新操作。增、删、改、查对应 SQL 的 4 个语句，即 INSERT、DELETE、UPDATE 和 SELECT。实际应用中 SELECT 语句的使用频率最高。

例如，下面是一个使用 SQL 语句进行查询的例子，目的是找出 101 供应商供应的所有水果的编号和名称。

```
SELECT  f_id,f_name
 FROM  fruits
 WHERE  s_id=101;
```

执行查询的结果显示的是一张表，表中包含两列（f_id 列和 f_name 列）和若干行，每一行都是 s_id 值为 101 的供应商供应的水果编号和名称。

（3）数据控制功能

数据库管理系统提供了数据控制语言（Data Control Language，DCL），用户可以使用 DCL 完成对用户访问数据权限的授予和撤销，即安全性控制；解决多用户对数据库的并发使用所产生的事务处理问题，即并发控制；实现数据库的转储、恢复功能；实现数据库的性能监视、分析等功能。

例如，下面是用 SQL 语句实现的为用户 yg001 授予查询 fruits 表权限的语句。

```
GRANT  SELECT  ON  fruits TO yg001;
```

（4）数据组织、存储和管理功能

数据库管理系统要分类组织、存储和管理各种数据，如用户数据、数据的存取路径等，确定以何种存取方式存储数据、以何种存取方法提高存取效率。在设计数据库时，这些都由具体的数据库管理系统自动实现，使用者一般不用进行设置。

4．数据库系统

数据库系统是指在计算机系统中引入数据库后的系统，一般由数据库、数据库管理系统、应用系统和数据库管理员（Database Administrator，DBA）构成。

在不引起混淆的情况下，常常把数据库系统简称为数据库。数据库系统结构如图 1-1 所示。

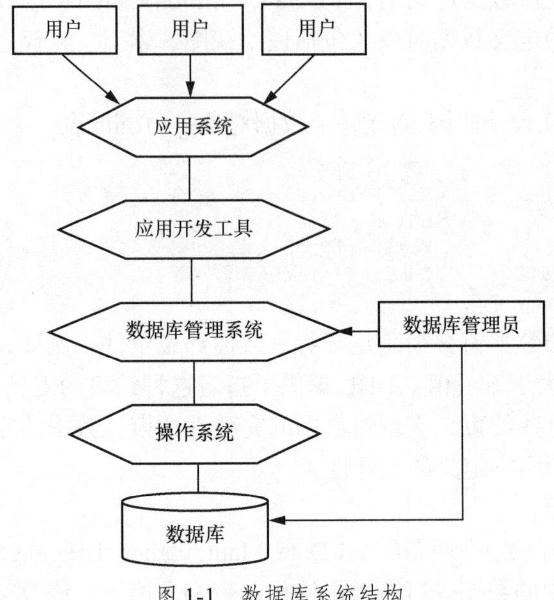

图 1-1　数据库系统结构

5．数据库应用系统

数据库应用系统主要是指实现业务逻辑的应用程序。该系统必须为用户提供一个友好的、人性化的操作数据的图形用户界面（Graphical User Interface，GUI），通过数据库语言或相应的数据访问接口，存取数据库中的数据。常见的数据库应用系统如图书管理应用系统、铁路订票应用系统、证券交易应用系统等。

1.1.2　数据管理技术的发展阶段

数据管理技术的发展，与计算机的外存储器、系统软件及计算机的应用范围有着密切的联系。数据管理技术的发展阶段分为人工管理阶段、文件系统管理阶段、数据库系统管理阶段。随着技术的发展，其研究与应用已迈向高级数据库系统阶段。

1．人工管理阶段

在这一阶段，计算机主要用于科学计算。当时的外存储器只有磁带、卡片和纸带等，没有磁盘等直接存储设备。软件只支持汇编语言，没有操作系统和数据管理方面的软件。数据处理的方式基本上是批处理。人工管理数据具有以下特点。

（1）数据不进行保存

由于当时计算机主要应用于科学计算，一般不需要将数据进行长期保存，只是在计算某一问题时才将数据输入，用完后立即撤走。

（2）数据不具有独立性

数据需要由应用程序自己设计、定义和管理，应用程序中要规定数据的逻辑结构和设计物理结构（包括存储结构、存取方式、输入/输出方式等）。数据的逻辑结构或物理结构一旦发生变化，就必须对应用程序做相应的修改，因此程序员的负担很重。

（3）数据不进行共享

数据是面向程序的，即一组数据只对应于一个程序。当多个程序访问某些相同的数据时，必须在自身程序中分别定义这些数据，所以程序与程序间存在大量的冗余数据。

人工管理阶段程序与数据的关系如图 1-2 所示。

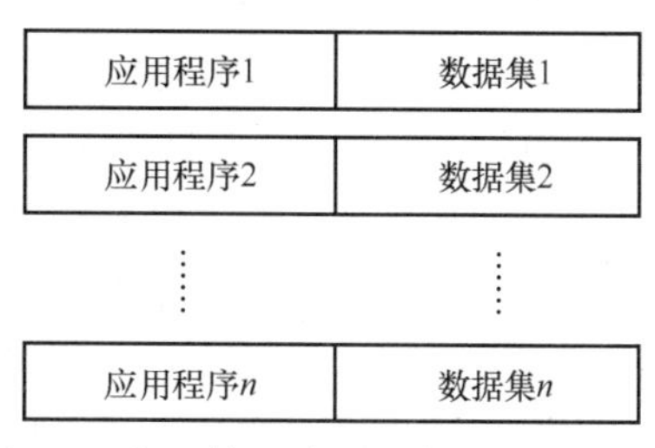

图 1-2　人工管理阶段程序与数据的关系

2．文件系统管理阶段

在这一阶段，计算机不仅用于科学计算，还用于信息管理。外存储器已有磁盘、磁鼓等直接存储设备，所以数据可以长期保存。软件方面有了操作系统，而操作系统中的文件系统是专门对外存数据进行管理的软件。在数据处理方面，不仅支持批处理，而且支持联机实时处理。

数据被存储在多个不同的文件中，程序开发人员需要编写不同的应用程序将数据从不同的文件中读取出来，或者将数据写入相应的文件。

例如，银行的某个部门要保存所有客户及储蓄账户的数据。首先，要将这些数据保存在操作系统的文件中；其次，为了让用户能对数据进行操作，系统程序员需要根据银行的需求编写应用程序，如创建新账户的程序，查询账户余额的程序，处理账户存、取款的程序。

随着业务的增长，新的应用程序和数据文件被加入系统中。例如，某个银行决定开设信用卡业务，那么银行就要建立新的文件来永久保存该银行所有信用卡账户的数据（有些信用卡用户是原有的储蓄用户，从而导致该用户的基础数据被重复存储），进而有可能需要编写新的应用程序来处理在储蓄账户中未曾遇到的问题，如透支。因此，随着时间的推移，越来越多的文件和应用程序会被加入系统中。

文件系统管理阶段存储及组织数据的主要弊端如下。

（1）数据的冗余和不一致

数据的冗余和不一致即相同的数据可能在多个文件中被重复存储。例如，某个客户的地址和电话号码可能既存储在储蓄账户文件中，又存储在信用卡账户文件中。这种冗余不仅导致存储开销增大，还可能导致数据不一致，即同一数据的副本值不同。例如，某个客户的地址需要更改，可能在储蓄账户文件中已经完成更改，但在系统其他存储该数据的文件中没有完成更改。

（2）数据独立性差

文件系统中的文件是为某一特定应用服务的，文件的逻辑结构对该应用来说是优化的，因此要想对现有的数据再增加一些新的应用会很困难，系统不易扩展。

例如，假设银行经理要求数据处理部门将居住在某个特定地区的客户姓名列表给他，而系统中只有一个能产生所有客户列表的应用程序，这时数据处理部门有两种处理方法：一是取得所有客户的列表并手动提取所需数据，二是让系统程序员编写相应的应用程序来提取所需数据。这两种方法都不太令人满意。假设过几天，经理又要求给出账户余额大于 100 万的客户名单，那么数据处理部门仍然面临着前面这两种选择。

如果数据的逻辑结构改变了，那么必须修改应用程序中文件结构的定义。如果应用程序改变了（如采用了其他高级语言编写），那么也会引起文件数据结构的改变。因此数据仍缺乏独立性。

（3）数据孤立

由于数据分散在不同文件中，这些文件又可能具有不同的格式，因此编写新应用程序检索多个文件中的数据是很困难的。

文件系统中程序与数据的关系如图 1-3 所示。

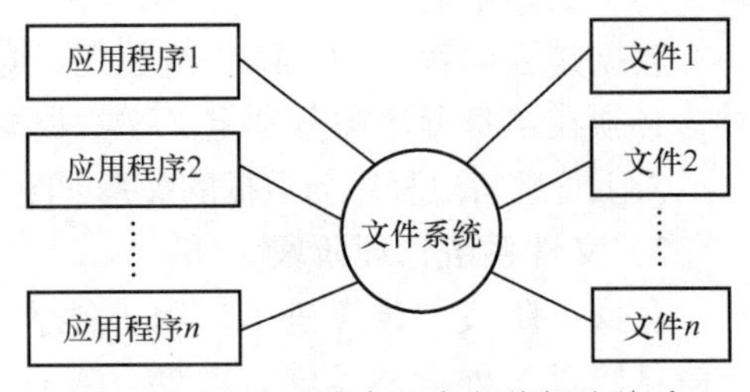

图 1-3　文件系统中程序与数据的关系

3．数据库系统管理阶段

由于计算机管理对象的规模越来越大，应用范围越来越广泛，数据量急剧增长，对数据共享的需求也越来越强烈，而文件系统管理已经不能满足应用的需求。于是，为了满足多用户、多应用共享数据的需求，使数据尽可能充分地为应用服务，数据库技术应运而生，出现了统一管理数据的专门软件系统——数据库管理系统。

相比文件系统，用数据库系统管理数据具有明显的优点，下面是数据库系统的特点。

（1）数据结构化

数据库系统实现了整体数据的结构化，即不仅考虑某个应用的数据结构，还考虑整个组织的数据结构，而且数据之间是有联系的。

例如，一个学校的信息系统不仅要考虑教务处的学生学籍管理、选课管理，学生处的学生日常管理和后勤处的学生宿舍管理，同时还要考虑人事处的教员人事管理，招生办的招生就业管理等。所以，学生数据的组织不应该只面向教务处学生选课的应用，而是应该面向各个与学生有关的部门的应用。

（2）数据的共享性高、冗余度低，数据库系统易扩充

数据库系统是从整体角度来看待和描述数据的，数据可以被多个用户、多个应用共享和使用。数据共享可以大大减少冗余数据，节约存储空间，还能够避免数据间的不一致问题。

由于数据面向整个系统，因此它是有结构的数据，不仅可以被多个应用共享和使用，而且易于增加新的应用，从而使数据库系统弹性大，容易扩充，以适应各种用户的需求。

（3）数据独立性高

数据独立性是数据库领域的一个常用术语和重要概念。数据独立是指应用程序与数据库的数据结构之间相互独立，数据独立性包括物理独立性和逻辑独立性。

当数据的物理结构改变时，尽量不影响整体逻辑结构及应用程序，这样就认为数据库具有了物理独立性。

当整体数据逻辑结构改变时，尽量不影响应用程序，这样就认为数据库具有了逻辑独立性。

数据与程序的独立，把数据的定义从程序中分离出来，加上存取数据的方法又由数据库管理系统负责提供，从而简化了应用程序的编写，大大减少了应用程序的维护和修改次数。

（4）数据由数据库管理系统统一管理和控制

数据库中数据的共享使得数据库管理系统必须提供以下数据控制功能。

① 数据的完整性检查

数据的完整性是指数据的正确性、有效性和相容性。完整性检查是将数据控制在有效的范围内，或保证数据之间满足一定的关系。

例如，学生各科的成绩值要求只能取大于或等于 0 以及小于或等于 100 的值；再如某个同学退学后，应将其数据从学生信息表中删除，并保证在其他存有该学生相关数据的表中也完成删除操作，如删除选课信息表中该同学所有的选课数据。

② 并发控制

当多个用户同时更新数据时，可能会因相互干扰而得到错误的结果或使数据库的完整性遭到破坏，因此必须对多用户的并发操作进行控制和协调。

例如，假设银行某账户中有 1000 元，两个客户甲和乙几乎同时从该账户中取款，分别取走 100 元和 200 元，这样的并发执行就可能使账户处于一种错误的或不一致的状态。并发执行过程如表 1-1 所示。

表 1-1　并发执行过程

执行时间	甲客户	账户余额	乙客户
t_0时刻	—	1000 元	—
t_1时刻	读取账户余额 1000 元	—	—
t_2时刻	—	—	读取账户余额 1000 元
t_3时刻	取走 100 元	—	—
t_4时刻	—	—	取走 200 元
t_5时刻	更改账户余额	900 元	—
t_6时刻	—	800 元	更改账户余额

最终账户余额是 800 元，但这个结果是错误的，正确的值是 700 元。为避免这种情况发生，当多个不同的应用程序访问同一数据时，必须对这些程序事先进行协调和控制，即并发控制。

③ 数据的安全性保护

数据的安全性保护是指对数据进行保护，以防止不合法的使用造成数据的泄露和破坏，每个用户只能按规定以某些方式对某些数据进行使用和处理。

例如，学生在查看成绩时，只能在教务系统中查看到自己的成绩，而不能查看其他学生的成绩；再如学生只能查看成绩，而教师能在教务系统中录入和修改学生的成绩。

④ 数据库的恢复

计算机系统的硬件故障与软件故障、操作员的失误及故意破坏也会影响数据库中数据的正确性，甚至造成数据库部分或全部数据的丢失。数据库管理系统提供了数据的备份和恢复功能，可将数据库从错误状态恢复到某一已知的正确状态。

数据库系统中程序与数据的关系如图 1-4 所示。

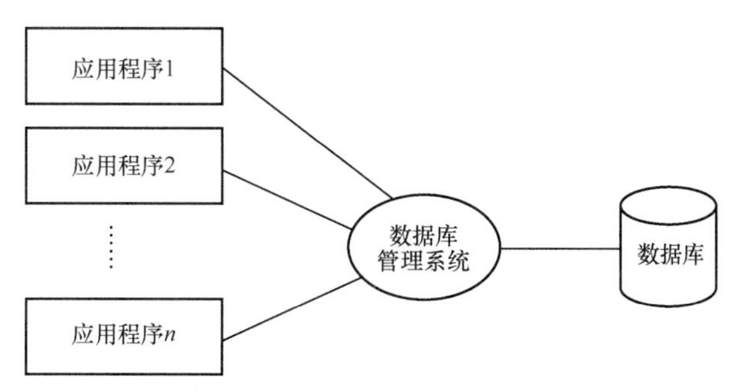

图 1-4　数据库系统中程序与数据的关系

表 1-2 给出了数据管理技术 3 个阶段的特点及比较。

表 1-2　数据管理技术 3 个阶段的特点及比较

比较项目		人工管理阶段（20 世纪 50 年代中期）	文件系统管理阶段（20 世纪 50 年代后期至 20 世纪 60 年代中期）	数据库系统管理阶段（20 世纪 60 年代后期至今）
背景	应用背景	科学计算	科学计算、信息管理	大规模管理
	硬件背景	无直接存储设备	磁盘、磁鼓	大容量磁盘
	软件背景	无操作系统	有文件系统	有数据库管理系统
	处理方式	批处理	联机实时处理、批处理	联机实时处理、分布式处理、批处理
特点	数据的管理者	用户（程序员）	文件系统	数据库管理系统
	数据面向的对象	某一应用程序	某一应用	现实世界
	数据的共享程度	无共享，冗余度极大	共享性差，冗余度大	共享性好，冗余度小
	数据的独立性	不独立，完全依赖于应用程序	独立性差	具有高度的物理独立性和逻辑独立性
	数据的结构化	无结构	数据内有结构、整体无结构	整体结构化，用数据模型描述
	数据控制能力	应用程序自己控制	应用程序自己控制	由数据库管理系统提供数据安全性、完整性、并发控制和恢复能力

随着数据库系统管理技术的快速发展，当下正在进入以管理非结构化数据、海量数据、知识信息，面向物联网、云计算等新的应用与服务为主要特征的高级数据库系统阶段。数据库系统管理正向着综合、集成、智能一体化的数据库服务系统时代迈进。

1.1.3　数据库系统的组成

数据库系统一般是指由计算机硬件、计算机软件、数据库和相关人员组成的具有高度组织性的总体。

1．计算机硬件

计算机硬件是指存储数据库并运行数据库管理系统的硬件资源，主要包括主机、存储设备、输入/输出设备及计算机网络环境。由于数据库系统数据量较大，因此整个数据库系统对硬件资源要求较高。例如，要有足够大的内存，以存储操作系统、数据库管理系统的核心模块、数据缓冲区和应用程序；要有足够大的磁盘，以存储和备份数据；要有较强的网络通道能力，以提高数据传送率。

2．计算机软件

数据库系统中的软件包括数据库管理系统、支持数据库管理系统运行的操作系统及数据库应用系统等，其中数据库管理系统是数据库系统的核心软件之一。

3．数据库

数据库是相关数据的集合，不仅包括描述事物的数据本身，还包括相关事物之间的联系。数据库可以被多个用户、多个应用程序共享，其数据结构独立于使用数据的程序，用户对数据的增、删、改、查等各种操作均是由数据库管理系统统一管理和控制的。

4．相关人员

一个企业或公司的数据库系统建设涉及许多人员，可以将这些人员分为两类，即 DBA 和数据库用户。

（1）DBA

DBA 是支持数据库系统运营的专业技术人员，对系统进行集中控制。DBA 的具体职责如下。

① 参与数据库的设计

DBA 必须参与数据库设计的全过程，与用户、应用程序员、系统分析员密切合作，完成数据库设计。DBA 需要针对数据库中存储哪些信息、采用哪种存储结构和存取策略做出决定。

② 定义数据的安全性要求和完整性约束条件

DBA 的重要职责是保证数据库的安全性和完整性。DBA 可以通过为不同用户授予不同的存取权限，限制他们对数据库的访问；可以通过对数据添加约束条件，保证数据的完整性。

③ 日常维护

a. 定期备份数据库，可以备份在移动磁盘或者远程服务器上，从而防止意外导致的数据丢失。

b. 监视数据库的运行，并确保数据库的性能不因一些用户提交了费时较多的任务而下降。

c. 确保正常运转所需的空余磁盘空间，并且在需要时升级磁盘空间。

④ 数据库的改进、重组和重构

DBA 还负责在系统运行期间监视系统的空间利用率、处理效率等性能指标，对运行情况进行记录、统计分析，依靠工作实践并根据实际应用环境不断改进数据库设计。

在数据库运行过程中，大量数据不断被插入、删除、修改，时间一长，系统性能会受到一定影响。因此，DBA 要定期对数据库进行重组，以提高系统性能。

当用户的需求增加或改变时，DBA 还要对数据库进行较大的改造，包括修改部分设计，即数据库的重构。

（2）数据库用户

根据工作性质及人员的技能，可将数据库用户分为 3 类，分别为最终用户、系统分析员和数据库设计人员、应用程序员。

① 最终用户

最终用户是现实系统中的业务人员，是数据库系统的主要用户。他们通过激活事先已经开发好的应用程序与系统进行交互。

例如，一个用户想通过网上银行查询账户余额。这个用户会访问一个用来输入账号和密码的界面。位于 Web 服务器上的一个应用程序根据账号读取账户的余额，并将这个数据反馈给用户。

② 系统分析员和数据库设计人员

系统分析员负责应用系统的需求分析和规范说明，要与用户及 DBA 密切合作，确定系统的硬件和软件配置，并参与数据库系统的概要设计。

数据库设计人员负责调研现行系统，与业务人员交流，分析用户的数据需求与功能需求，为每个用户建立一个满足业务需求的外部视图，然后合并所有的外部视图，形成一个完整的、全局性的数据模式，并利用数据库语言将其定义到数据库管理系统中，建立数据库。在很多情况下，数据库设计人员由 DBA 担任。

③ 应用程序员

应用程序员是编写应用程序的计算机专业人员，编写并调试支持所有用户业务的应用程序，加载数据库中的数据，运行应用程序。

1.2 数据库体系结构

为了有效地组织、管理数据，提高数据库的逻辑独立性和物理独立性，人们为数据库设计了一个严谨的体系结构，数据库领域公认的标准结构是三级模式结构。

1.2.1 数据库系统的三级模式结构

数据库技术采用分级的方法，将数据库划分为多个层次。1975 年，美国 ANSI/SPARC 报告提出了三级划分法，将数据库分为 3 个抽象级：用户级、概念级和物理级。数据库系统的三级模式结构如图 1-5 所示，三级模式结构实例如图 1-6 所示。

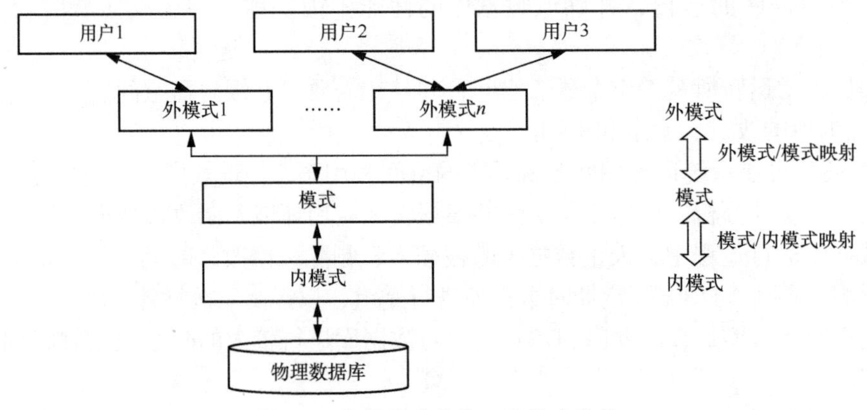

图 1-5 数据库系统的三级模式结构

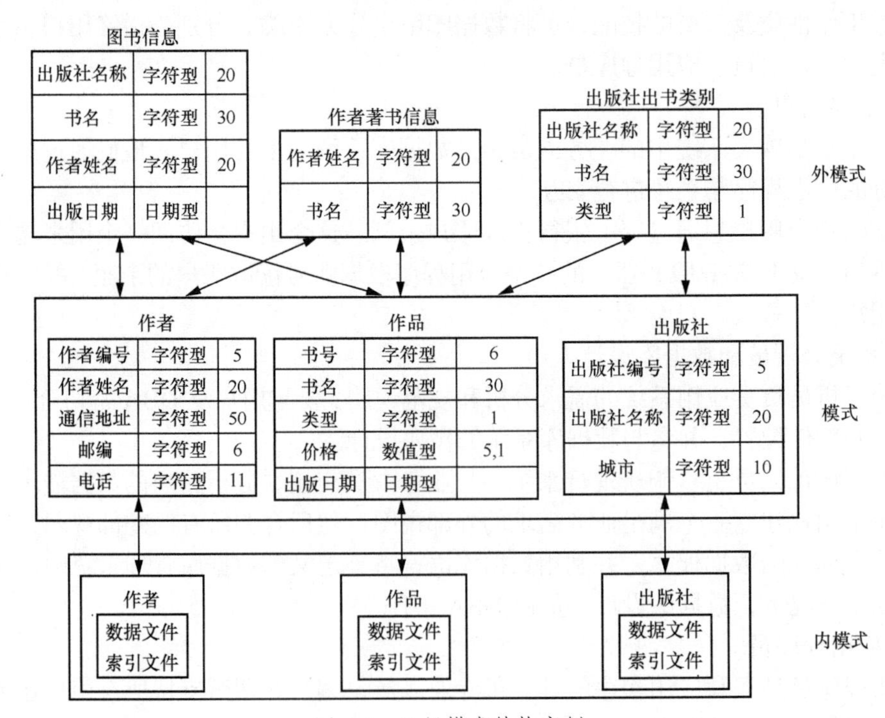

图 1-6 三级模式结构实例

数据库系统包括三级模式，即模式、外模式和内模式。

1．模式

模式又称为概念模式或逻辑模式，是对数据库中全体数据的逻辑结构和特征的描述，是所有用户的公共数据视图。一个数据库只能有一个模式。

定义模式时不仅要定义数据的逻辑结构（如数据记录由哪些数据项构成，数据项的名字、类型、取值范围等），还要定义数据之间的联系，定义与数据有关的安全性、完整性要求。

2．外模式

外模式又称为子模式或用户模式，是对数据库用户（包括程序员和最终用户）能够看到和使用的局部数据的逻辑结构和特征的描述，是数据库用户的数据视图，是与某一应用有关的数据的逻辑表示。一个数据库可以有多个外模式。

外模式主要描述组成用户视图的各个数据的组成、相互关系、数据项的特征、数据的安全性和完整性约束条件。

3．内模式

内模式又称为存储模式或物理模式，是对数据物理结构和存储方式的描述，是数据在数据库内部的表示方式。一个数据库只能有一个内模式。

内模式定义的是存储数据的类型、存储域的表示、存储数据的物理顺序、索引和存储路径等数据的存储组织。

1.2.2 数据库系统的二级映射与数据独立性

数据库系统数据的高独立性主要是通过数据库系统三级模式间的二级映射实现的。

1．数据库系统的二级映射

数据库系统的二级映射为：外模式/模式映射和模式/内模式映射。

数据库系统 3 个抽象级间通过二级映射相互转换，使数据库抽象的三级模式形成一个统一的整体。

2．数据独立性

数据独立性是指应用程序与数据间的独立性，主要包括物理独立性和逻辑独立性。

（1）物理独立性

物理独立性是指用户的应用程序中与存储在磁盘数据库中的数据是独立的。物理独立性是通过模式/内模式映射实现的。

当数据库的存储结构发生改变时，DBA 对模式/内模式映射做相应的改变，可以使模式保持不变，因而应用程序也不必改变，以保证数据与程序的物理独立性。

（2）逻辑独立性

逻辑独立性是指用户的应用程序与逻辑结构是相互独立的。逻辑独立性是通过外模式/模式映射实现的。

当模式改变时（例如增加新的关系、新的属性，改变属性的数据类型等），DBA 对各个外模式/模式映射做相应改变，可以使外模式保持不变。应用程序是根据数据的外模式编写的，因而应用程序也不必改变，以保证数据与程序的逻辑独立性。

1.3 数据模型

数据模型

模型是对现实世界的抽象。在数据库技术中，以数据模型的概念描述数据库的结构和语义，并对现实世界的数据进行抽象。从现实世界的信息到数据库存储的数据及用户使用的数据是一个逐步抽象的过程。

1.3.1 数据抽象的过程

美国国家标准协会根据数据抽象的级别定义了 4 种模型，即概念模型、逻辑模型、外部模型、内部模型。概念模型是体现用户需求观点的数据库全局逻辑结构的模型；逻辑模型是体现计算机实现观点的数据库全局逻辑结构的模型；外部模型是体现用户使用观点的数据库局部逻辑结构的模型；内部模型是体现数据库物理结构的模型。4 种模型之间的关系如图 1-7 所示。

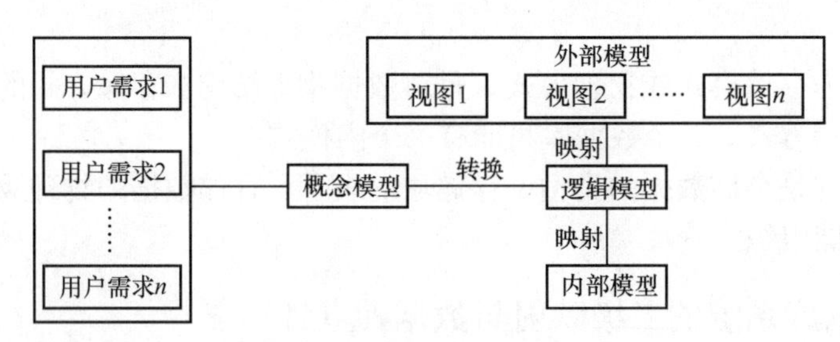

图 1-7　4 种模型之间的关系

数据抽象的过程即数据库设计的过程，具体步骤如下。

第 1 步：根据用户需求，设计数据库的概念模型，这是一个“综合”的过程。

第 2 步：根据转换规则，将概念模型转换为数据库的逻辑模型，这是一个“转换”的过程。

第 3 步：根据用户的业务特点，设计不同的外部模型供应用程序使用。也就是说，应用程序使用的是数据库外部模型中的各个视图。

第 4 步：数据库实现时，要根据逻辑模型设计其内部模型。

下面对这 4 种模型分别进行简要的介绍。

1．概念模型

概念模型在这 4 种模型中的抽象级别最高。

（1）概念模型的特点

① 概念模型体现了数据库的整体逻辑结构，它是企业管理人员对整个企业组织的全面概述。

② 概念模型从用户需求的观点出发，对数据进行建模。

③ 概念模型独立于硬件和软件。硬件独立意味着概念模型不依赖于硬件设备，软件独立意味着概念模型不依赖于实现时的数据库管理系统软件。因此硬件或软件的变化都不会影响数据库的概念模型设计。

④ 概念模型是数据库设计人员与用户之间进行交流的工具。

（2）概念模型的基本概念

概念模型包括以下基本概念。

① 实体（Entity）：客观存在并可相互区别的事物。实体可以是具体的人、事、物或抽象的概念。例如，在学生管理系统中，“学生”是一个具体的实体，某门课程则是一个抽象的实体。

② 属性（Attribute）：实体所具有的某一特性。例如，学生的特性包括学号、姓名、性别、出生日期、专业，它们是学生实体的 5 个属性。

③ 码（Key）：能唯一标识实体的最小属性集，又称键或关键字。例如，学号是学生实体的码。

④ 联系（Relation）：两个或多个实体间的关联。两个实体之间的联系可以分为以下 3 种。

a. 一对一联系（1：1）

例如，学校中的一个班级只有一个班长，而一个班长只属于一个班级，即班级和班长之间具有一对一联系。

b. 一对多联系（1：n）

例如，一个班级中有若干个学生，而每个学生只属于一个班级，即班级和学生之间具有一对多联系。

c. 多对多联系（m：n）

例如，一门课程同时有若干个学生选修，而一个学生可以同时选修多门课程，即课程和学生之间具有多对多联系。

（3）概念模型的表示方法

概念模型较常用的表示方法是实体-联系模型（E-R 模型）。在 E-R 模型中，基本概念的表示方法如下。

① 实体用矩形框表示，框内为实体名。

② 属性用椭圆表示，椭圆内为属性名，并用无向线与其相应实体连接。

③ 码通过在相应属性下画实线的方式表示。

④ 联系用菱形框表示，框内为联系名，用无向线将具有联系的实体矩形框分别与菱形框相连，并在连线上标明联系的类型，例如 1：1、1：n、m：n。如果联系也具有属性，就将属性与菱形框也用无向线连接。

【例 1-1】 画出学生成绩管理系统的 E-R 模型。

学生成绩管理系统包含学生和课程两个实体，学生实体包括学号、姓名、性别、出生日期、专业 5 个属性，课程实体包括课号、课名、学分、教师号 4 个属性。学生和课程实体之间的联系是选课，学生选修一门课程后都有一个成绩，一个学生可以选修多门课程，一门课程可以被多个学生选修。

学生成绩管理系统的 E-R 模型如图 1-8 所示。

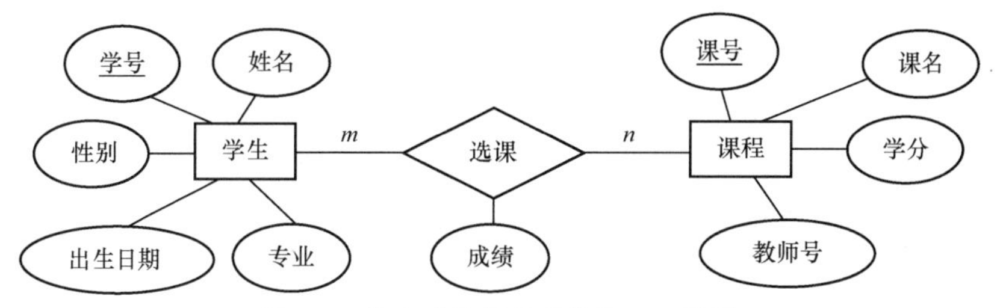

图 1-8　学生成绩管理系统的 E-R 模型

【例 1-2】 画出商店销售管理系统的 E-R 模型。

商店销售管理系统包括员工、订单、商品、部门 4 个实体，员工实体包括员工号、姓名、工资 3 个属性，订单实体包括订单号、客户号、销售日期、总金额 4 个属性，商品实体包括商品号、商品名称、商品类型代码、单价、库存量、未到货商品数量 6 个属性，部门实体包括部门号、部门名 2 个属性。

各实体间存在的联系为：一个部门拥有多个员工，一个员工只属于一个部门；一个员工可开出多个订单，一个订单只能由一个员工开出；一个订单可订购多类商品，一类商品可有多个订单。

商店销售管理系统的 E-R 模型如图 1-9 所示。

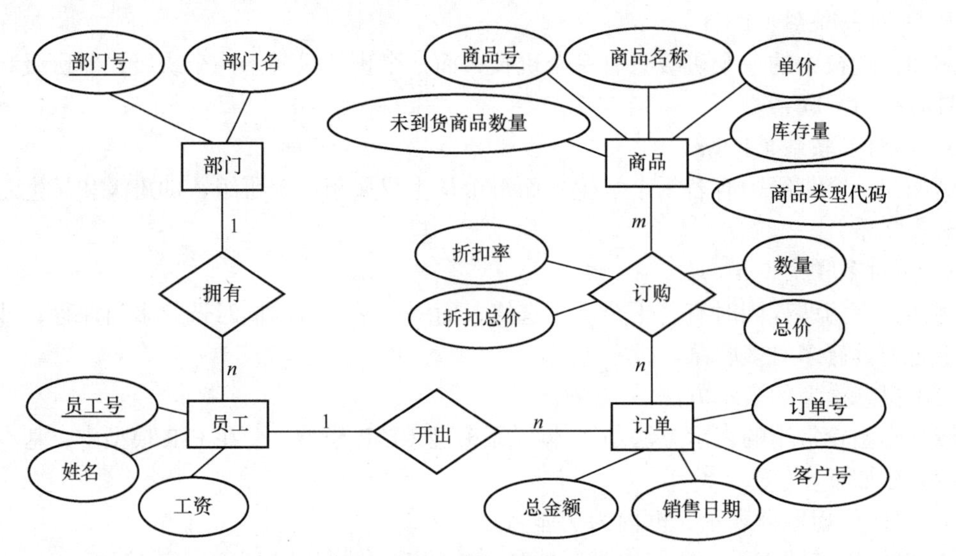

图 1-9 商店销售管理系统的 E-R 模型

2．逻辑模型

在选定数据库管理系统软件后，就要将概念模型根据选定的数据库管理系统的特点转换为逻辑模型。

逻辑模型具有以下特点。

（1）逻辑模型体现了数据库的整体逻辑结构，它是设计人员对整个企业组织数据库的全面概述。

（2）逻辑模型从数据库实现的观点出发，对数据进行建模。

（3）逻辑模型硬件独立，但软件依赖。

（4）逻辑模型是数据库设计人员与应用程序员之间进行交流的工具。

逻辑模型包括层次模型、网状模型和关系模型 3 种。层次模型的数据结构是树状结构，网状模型的数据结构是有向图，关系模型采用二维表格存储数据。目前使用的关系数据库管理系统（Relational Database Management System，RDBMS）均采用关系模型。

3．外部模型

在应用系统中，常常根据业务特点将业务划分为若干个业务单位，在实际应用时，可以为不同的业务单位设计不同的外部模型。

外部模型具有以下特点。

（1）外部模型是逻辑模型的一个逻辑子集。

（2）硬件独立，软件依赖。

（3）外部模型反映了用户使用数据库的观点。

从整个系统角度看，外部模型具有以下特点。

（1）简化了用户的使用。外部模型是针对应用需要的数据而设计的，无关的数据则不必放入，这就简化了用户对数据库的使用。

（2）有助于数据库的安全性保护。用户不能看的数据，不放入外部模型，这样就提高了系统的安全性。

（3）外部模型是对概念模型的支持。如果用户使用外部模型时得心应手，那么说明根据用户需求综合设计的概念模型是正确、完善的。

4．内部模型

内部模型又称为物理模型，是对数据库最底层的抽象，它描述数据在磁盘中的存储方式、存取设备和存取方法。内部模型是与硬件和软件紧密相连的。但随着计算机软、硬件性能的大幅提高，并且目前占绝对优势的关系模型以逻辑级为目标，因而不必考虑内部级的设计细节，由系统自动实现即可。

1.3.2　常用的数据模型

1970 年，美国 IBM 公司 San Jose 研究室的研究员埃德加 • 考特首次提出了数据库系统的关系模型，并给出了逻辑数据库结构的标准，在关系数学定义的基础上，提出了一种数据库操作语言，这种语言能够非过程化且强有力而简单地表示数据操作。

1．数据模型的组成要素

数据模型是数据库系统的核心和基础，它是严格定义的一组概念的集合。这些概念精确地描述了系统的静态特性、动态特性和完整性约束条件。因此数据模型通常由数据结构、数据操作和数据完整性约束 3 部分组成。

（1）数据结构

数据结构描述数据库的组成对象及对象之间的联系。在数据库系统中，常见的数据模型有层次模型、网状模型和关系模型等，关系模型是当前广泛使用的数据模型。

数据结构是所描述对象类型的集合，是对系统静态特性的描述。

（2）数据操作

数据操作是指对数据库表中记录的值允许执行的操作集合，包括操作及相关的操作规则。

数据库对数据的操作主要有增、删、改、查 4 种操作。数据模型必须定义这些操作的确切含义、操作符号、操作规则及实现操作的语言。

数据操作是对系统动态特性的描述。

（3）数据完整性约束

数据完整性约束是一组完整性规则的集合。完整性规则是给定数据模型中的数据及其联系所具有的制约和依存规则，用以限定符合数据模型的数据库状态及状态的变化，以保证数据的正确、有效、相容。

2．关系模型

常用的数据模型有层次模型、网状模型、关系模型、面向对象数据模型、半结构化数据模型、非结构化数据模型等。MySQL、Oracle、SQL Server 等数据库管理系统均采用关系模型，下面主要介绍关系模型。

关系模型是建立在严格的数据概念基础之上的，这里只进行简单的介绍，后续再详细讲述。下面以表 1-3 所示的学生基本信息表为例，介绍关系模型中的一些术语。

表 1-3　学生基本信息表

学号	姓名	性别	出生日期	专业
1040101	钱江雨	男	2001/10/01	计算机科学与技术
1040102	王清馨	女	2002/05/10	计算机科学与技术
1050101	李晨	男	2002/01/20	信息管理
1050102	赵一翰	男	2003/11/12	信息管理
……	……	……	……	……

（1）关系（Relation）

一个关系就是一张规范的二维表，表 1-3 所示的学生基本信息表就是一个关系。一个规范化的关系必须满足的最基本的一条就是，关系的每一列不可再分，即不允许表中还有表。表 1-4 所示为一个非规范化关系示例。在 MySQL 中，将关系称为“表”。

表 1-4　非规范化关系示例

学 号	姓名	性别	出生日期	成绩		
				英语	数学	语文
1040101	钱江雨	男	2001/10/01	90	80	85
1040102	王清馨	女	2002/05/10	79	91	82
1050101	李晨	男	2002/01/20	73	95	65
1050102	赵一翰	男	2003/11/12	86	85	76
……	……	……	……	……	……	……

（2）元组（Tuple）

表中的一行即为一个元组。注意表中的第 1 行不是一个元组。在 MySQL 中，将元组称为“记录”。

（3）属性（Attribute）

表中的一列即为一个属性，每个属性都有一个属性名。如表 1-3 共有 5 个属性，即学号、姓名、性别、出生日期和专业。在 MySQL 中，将属性称为“字段”。

（4）键（Key）

键也称为关键字或关键码。表中的某个属性或者属性的组合能唯一确定一个元组，那么这个属性或者属性的组合就称为键，一个关系中可以有多个键。如表 1-3 中的学号可以唯一确定一个学生，它就成为该关系的一个键。再如，假设学生中有重名的同学，但重名的同学性别不同，那么姓名和性别一起也可以唯一确定一个元组，即姓名和性别一起也可以作为该关系的一个键。

（5）关系模式

对关系的描述，一般表示为：

```
关系名（属性 1，属性 2，属性 3，……，属性 n）
```

例如表 1-3 的关系可描述为如下形式。

学生基本信息表(学号, 姓名, 性别, 出生日期, 专业)

在 MySQL 中，将关系模式称为“表的结构”。

3．关系模型的操作与完整性约束

关系模型的操作主要包括查询、插入、删除和更新数据。这些操作必须满足关系的完整性约束。关系的完整性约束包括三大类：实体完整性、参照完整性和用户定义的完整性。例如，储蓄银行中，任意两个账户不能有相同的账号，即实体完整性约束；账户关系中各账号对应的分行名称必须在分行关系中存在，即参照完整性约束；每个账户的余额值必须大于或等于 0 元，即用户定义的完整性约束。

在关系模型中，任何关系都必须满足实体完整性约束和参照完整性约束。这 3 类完整性约束将在后文详细介绍。

1.4 非关系数据库（NoSQL）**

NoSQL 是指非关系数据库，是对不同于传统关系数据库的数据库管理系统的统称。

1.4.1 NoSQL 概述

随着互联网 Web 2.0 网站的兴起，传统的关系数据库在应对 Web 2.0 网站，特别是超大规模和高并发的社交网络服务（Social Networking Service，SNS）类型的 Web 2.0 纯动态网站时已经显得力不从心，暴露了很多难以克服的问题，举例如下。

（1）对数据库高并发读写的需求。Web 2.0 网站对数据库并发负载要求非常高，往往要达到每秒上万次读写请求。关系数据库应对上万次 SQL 查询还能勉强支撑，但是应付上万次 SQL 写数据请求，硬盘 I/O 就无法承受了。对于普通的 SNS 网站，往往存在对数据库高并发写请求的需求。

（2）对海量数据高效率存储和访问的需求。对于大型的 SNS 网站，用户每天产生海量的用户动态信息，对于关系数据库来说，在上亿条记录的表中进行 SQL 查询，效率是极其低下的。

（3）对数据库高可扩展性和高可用性的需求。在基于 Web 的架构中，数据库是最难进行横向扩展的，当一个应用系统的用户和访问量与日俱增时，数据库却无法像 Web Server 和 App Server 那样简单地通过添加更多的硬件和服务节点来扩展性能和负载能力。对于很多需要提供 24 小时不间断服务的网站来说，对数据库系统进行升级和扩展是非常烦琐的事情，往往需要停机维护并进行数据迁移。

关系数据库在越来越多的应用场景下已经显得不那么适应了，为了解决这类问题，NoSQL 应运而生。NoSQL 是非关系数据存储的广义定义。它打破了长久以来关系数据库与事务 ACID 理论大一统的局面。NoSQL 数据存储不需要固定的表结构，通常也不需要连接操作，在大数据存取上具备关系数据库无可比拟的性能优势。

当今的应用体系结构需要数据存储在横向伸缩性上能够满足需求。而 NoSQL 存储能够实现这种需求。Bigtable 与 Dynamo 是非常成功的商业 NoSQL 实现。一些开源的 NoSQL 体系，如 Cassandra、HBase 也得到了广泛认可。

1.4.2 NoSQL 相关理论

1．CAP 理论

CAP 理论是 NoSQL 数据库的基石。CAP 理论是指在一个分布式系统中，一致性（Consistency）、可用性（Availability）、分区容忍性（Partition Tolerance）三者不可兼得。

一致性意味着系统在执行了某些操作后仍处于一种一致的状态，这一点在分布式系统中尤其明显。例如某用户在某处对共享数据进行了修改，那么所有有权使用这些数据的用户都可以看到这一改变。简而言之，所有的节点在同一时刻有相同的数据。

可用性是指对数据的所有操作都应有成功的返回。当集群中一部分节点发生故障后，集群整体还能够响应客户端的读写请求。简而言之，任何请求不管成功或失败都有响应。

分区容忍性这一概念的前提是网络发生了故障。在网络连接中，一些节点出现了故障，使原本连通的网络变成了一块一块的分区，若允许系统继续工作，那么就具有分区可容忍性。

一个分布式系统无法同时具有一致性、可用性、分区容忍性 3 个特点，最多只能实现其中两点。而由于当前的网络硬件会出现延迟丢包等问题，所以分区容忍性是必须要实现的。所以我们只能在一致性和可用性之间进行权衡，毕竟没有 NoSQL 系统能同时保证这 3 点。

2．BASE 理论

在关系数据库系统中，事务的 ACID 属性保证了数据库数据的强一致性，而 NoSQL 系统通常注重性能和扩展性，而非事务机制。BASE 理论给出了关系数据库强一致性引起的可用性降低的解决方案。

BASE 是 Basically Available（基本可用）、Soft State（软状态）和 Eventually Consistent（最终一致性）3 个短语的简写，BASE 是对 CAP 中一致性和可用性进行权衡的结果，其核心思想是：即使无法做到强一致性，每个应用也可以根据自身的业务特点，采用适当的方式使系统达到最终一致性。

基本可用是指分布式系统在出现不可预知的故障时，允许损失部分可用性，举例如下。

① 响应时间的损失。正常情况下，一个在线搜索引擎需要在 0.5s 内返回给用户相应的查询结果，但由于出现故障，查询结果的响应时间增加了 1～2s。

② 系统功能的损失。正常情况下，在电子商务网站进行购物时，消费者能够顺利完成每一笔订单，但是在一些节日大促购物高峰时，由于消费者的购物行为激增，为了保证购物系统的稳定性，部分消费者可能会被引导到一个降级页面。

软状态是指允许系统中的数据存在中间状态，并认为该中间状态的存在不会影响系统的整体可用性，即允许系统在不同节点的数据副本之间进行数据同步的过程存在延时。

最终一致性强调的是，所有的数据副本在经过一段时间的同步之后，最终都能达到一致的状态。因此，最终一致性的本质是需要系统保证最终数据能够达到一致，而不需要实时保证系统数据的强一致性。

总的来说，BASE 理论面向的是大型高可用、可扩展的分布式系统，与传统的事物 ACID 特性是相反的，它完全不同于 ACID 的强一致性模型，而是通过牺牲强一致性来获得可用性，并允许数据在一段时间内不一致，但最终达到一致状态。在实际的分布式场景中，不同业务单元和组件对数据一致性的要求是不同的，因此在具体的分布式系统架构设计过程中，ACID 特性和 BASE 理论往往又会结合在一起。

具体来说，如果选择了 CP（一致性和分区容忍性），就要考虑 ACID 理论；如果选择了 AP（可用性和分区容忍性），就要考虑 BASE 理论，这是很多 NoSQL 系统的选择；如果选择了 CA（一致性和可用性），如 Google 的 Bigtable，那么当网络发生分区时，将无法进行完整的操作。

1.4.3 NoSQL 数据存储模型

NoSQL 系统支持的数据存储模型通常分为 Key-Value 存储模型、文档存储模型、图存储模型、列簇存储模型 4 种类型。

1．Key-Value 存储模型

键值（Key-Value）存储模型是简单而方便的数据模型。每个 Key 值对应一个 Value 值。Value 可以是任意类型的数据。它支持按照 Key 值存储和提取 Value 值。Value 是无结构的二进制码或纯字符串，通常需要在应用层解析相应的结构。键值存储数据库的主要特点是具有极高的并发读写性能。

键值存储数据库主要有 Dynamo、Redis、Memcached、Project Voldemort、Tokyo Tyrant 等，比较常用的键值存储数据库有 Memcached 和 Redis。

2．文档存储模型

在传统的数据库中，数据被分割成离散的数据段，而文档存储则是以文档为存储信息的基本单位。文档存储一般以类似 JSON 的格式存储，存储的内容是文档型的。这样也就有机会对某些字段建立索引，实现关系数据库的某些功能。

在文档存储中，文档可以很长、很复杂、无结构，也可以是任意结构的字段，并且数据具有物理和逻辑上的独立性，这与具有高度结构化的表存储（关系数据库的主要存储结构）有很大的不同，而最大的不同在于它不提供对参照完整性和分布事务的支持；不过它们之间也并不相互排斥，可以进行数据的交换。

目前，主流的文档型数据库有 BaseX、CouchDB、Lotus Notes、MongoDB、OrientDB、SimpleDB、Terrastore 等，比较常用的文档存储数据库是 MongoDB。

3．图存储模型

图存储模型记为 G(V,E)，V 为节点集合，每个节点具有若干个属性，E 为边集合，也可以具有若干个属性。该模型支持图形结构的各种基本算法，可以直观地表达和展示数据之间的联系。

如果图的节点众多、关系复杂、属性较多，那么传统的关系数据库需要建很多大型的表，并且表的很多列可能是空的，在查询时还有可能进行多重 SQL 语句的嵌套。此时，采用图存储可能更合适，基于图的很多高效算法都可以大大提高效率。

目前常见的图存储数据库有 AllegroGraph、DEX、Neo4j、FlockDB，比较成熟的有 Twitter 的 FlockDB。

4．列簇存储模型

列簇存储模型即按列存储，每一行数据的各项被存储在不同的列中，这些列的集合称为列簇。每一列的每一个数据项都包含一个时间戳属性，以便保存同一个数据项的多个版本。

Google 为 PC 集群上运行的可伸缩计算基础设施设计建造了 3 个关键部分。第一个关键的基本设施是 Google File System（GFS），这是一个高可用的文件系统，提供了一个全局的命名空间。它通过复制机器的文件数据实现高可用性，并因此免受传统文件系统无法避免的许多问题的影响，如电源、内存和网络端口等方面的问题。第二个基础设施是名为 Map-Reduce 的计算框架，它与 GFS 紧密协作，帮助处理收集到的海量数据。第三个基础设施是 Bigtable，它替代了传统数据库。Bigtable 通过一些主键来组织海量数据，并实现高效的查询。

Hypertable 是一个开源、高性能、可伸缩的数据库，是 Bigtable 的一个开源实现，它采用与 Google Bigtable 相似的模型。

HBase 即 Hadoop DataBase，是一个高可靠性、高性能、面向列、可伸缩的分布式存储系统，利用 HBase 技术可在廉价 PC Server 上搭建起大规模结构化存储集群。

HBase 与 Hypertable 一样，是 Google Bigtable 的开源实现，类似 Google Bigtable 将 GFS 作为其文件存储系统，HBase 将 Hadoop HDFS 作为其文件存储系统；Google 运行 MapReduce 来处理 Bigtable 中的海量数据，HBase 利用 Hadoop MapReduce 来处理 HBase 中的海量数据；Google Bigtable 利用 Chubby 实现协同服务，HBase 利用 ZooKeeper 实现对应的协同服务。

1.5 小结

本章主要介绍了数据库相关的基本概念和数据管理技术发展的 3 个阶段，并详细阐述了每个阶段的优缺点，同时阐明了数据库系统的优点。还介绍了数据库系统的组成，使读者了解了数据库系统不仅是一个计算机系统，也是一个人机系统，人的作用特别是 DBA 的作用尤为重要。

数据模型是数据库系统的核心和基础。本章介绍了数据的抽象过程，将数据抽象为概念模型、逻辑模型、外部模型和内部模型 4 种。概念模型也称为信息模型，用于信息世界的建模，E-R 模型是这类模型的典型代表，它简单、清晰，应用十分广泛。同时介绍了组成数据模型的 3 个要素——数据结构、数据操作、数据完整性约束。

数据模型的发展经历了层次模型、网状模型和关系模型等阶段，由于层次数据库和网状数据库已逐步被关系数据库取代，因此层次模型和网状模型在本书中不予讲解。本章初步介绍了关系模型的相关概念，后面会对关系模型进一步详细讲解。

数据库系统的三级模式和二级映射的体系结构，保证了其能够具有较高的逻辑独立性和物理独立性。

本章介绍了非关系数据库（NoSQL）的概念及产生原因，并阐述了 NoSQL 的存储模型。

因为本章出现了一些新术语，所以在学习本章时应把注意力放在掌握基本概念和基础知识方面，为进一步学习打好基础。

习　题

一、选择题

1. 数据模型通常由（　　　　）三要素构成。

A. 网络模型、关系模型、面向对象模型

B. 数据结构、网状模型、关系模型

C. 数据结构、数据操纵、关系模型

D. 数据结构、数据操纵、完整性约束

2. 以下关于数据库系统的叙述中，正确的是（　　）。

A. 数据库中的数据可被多个用户共享

B. 数据库中的数据没有冗余

C. 数据独立性的含义是数据之间没有关系

D. 数据安全性是指保证数据不丢失

3. 以下关于数据库的叙述中，错误的是（　　）。

A. 数据库只保存数据

B. 数据库中的数据具有较高的数据独立性

C. 数据库按照一定的数据模型组织数据

D. 数据库是大量有组织、可共享数据的集合

4. 在 DBS 中，逻辑数据与物理数据之间的差别很大，实现两者之间转换的是（　　）。

A. 应用程序　B. 操作系统　C. 数据库管理系统　D. I/O 设备

5. DB 的三级模式结构是对（　　）抽象的 3 个级别。

A. 存储器　B. 数据　C. 程序　D. 外存

6. DBS 具有"数据独立性"特点的原因是在 DBS 中（　　）。

A. 采用磁盘作为外存　B. 采用三级模式结构

C. 使用 OS 来访问数据　D. 用宿主语言编写应用程序

7. 数据独立性是指（　　）。

A. 数据之间相互独立

B. 应用程序与 DB 的结构之间相互独立

C. 数据的逻辑结构与物理结构相互独立

D. 数据与磁盘之间相互独立

8. 用户使用 DML 语句对数据进行操作，实际上操作的是（　　）。

A. 数据库的记录　B. 内模式的内部记录

C. 外模式的外部记录　D. 数据库的内部记录值

9. 对 DB 中数据的操作分成两大类：（　　）。

A. 查询和更新　B. 检索和修改　C. 查询和修改　D. 插入和修改

10. 数据库管理系统是（　　）。

A. 采用了数据库技术的计算机系统

B. 包括数据库、硬件、软件和 DBA 的系统

C. 位于用户与操作系统之间的数据管理软件

D. 包含操作系统在内的数据管理软件系统

11. DBS 体系结构按照 ANSI/SPARC 报告分为（ ① ）；在 DBS 中，数据库管理系统的首要目标是提高（ ② ）；对于 DBS，负责定义 DB 结构及安全授权等工作的是（ ③ ）。

① A. 外模式、概念模式和内模式　B. DB、数据库管理系统和 DBS

C. 模型、模式和视图　D. 层次模型、网状模型和关系模型

② A. 数据存取的可靠性　B. 应用程序员的软件生产效率

C. 数据存取的时间效率　　D. 数据存取的空间效率

③ A. 应用程序员　　B. 终端用户

C. 数据库管理员　　D. 系统设计员

12. DBS 由 DB、（　　）和硬件等组成，DBS 是在（　　）的基础上发展起来的。

A. 操作系统　　B. 文件系统

C. 编译系统　　D. 应用程序系统

E. 数据库管理系统

13. 以下关于数据库概念模型的叙述中，错误的是（　　）。

A. 设计人员依据概念模型编写程序

B. 概念模型不依赖于具体的数据库管理系统

C. 概念模型与所采用的计算机硬件无关

D. 概念模型是对现实世界的抽象

14. 公司中有多个部门和多名职员。每名职员只能属于一个部门，一个部门可以有多名职员。则实体部门和职员之间的联系是（　　）。

A. 一对一　　B. 一对多　　C. 多对一　　D. 多对多

15. MongoDB 是一种非关系数据库，具体地说，是（　　）存储数据库。

A. 键值　　B. 文档　　C. 图　　D. XML

16. CAP 理论是 NoSQL 理论的基础，下列性质不属于 CAP 的是（　　）。

A. 分区容忍性　　B. 原子性　　C. 可用性　　D. 一致性

二、填空题

1. 数据库技术是在________的基础上发展起来的，而且 DBMS 本身要在________的支持下才能工作。

2. 对现实世界进行第一层抽象的模型称为________模型；对现实世界进行第二层抽象的模型称为________模型。

3. 数据库的三级模式结构是对________的 3 个抽象级别。

4. 在 DB 的三级模式结构中，数据按________的描述给用户，按________的描述存储在磁盘中，而________提供了连接这两级的相对稳定的中间观点，并使得两级中任何一级的改变都不受另一级的牵制。

5. 在关系模型中，关系是一张规范的二维表，表中的一行称为________，表中的一列称为________。

三、简答题

1. 概念模型、逻辑模型、外部模型和内部模型各有哪些特点？

2. 试叙述 DB 的三级模式结构中每一模式概念的要点，并指出其联系。

3. 在用户访问数据库数据的过程中，数据库管理系统起着什么作用？

4. 试叙述概念模式在数据库结构中的重要地位。

5. 试叙述数据的逻辑独立性和物理独立性。

第2章 MySQL 的安装与使用

MySQL 是一款关系数据库管理系统，由瑞典 MySQL AB 公司开发，目前是甲骨文（Oracle）公司旗下的产品。MySQL 因其开源、免费、体积小、便于安装、功能强大等特点，成为全球广受欢迎的数据库管理系统之一，百度等公司都将部分业务数据迁移到了 MySQL 数据库中。目前 MySQL 被广泛应用于 Internet 上的中小型网站。

MySQL 的安装与使用

2.1 MySQL 简介

MySQL 是一款单进程、多线程、支持多用户、基于客户端/服务器（Client/Server，C/S）的关系数据库管理系统，是开源数据库的杰出代表。开源即“开放源代码”，此类软件源代码可被用户任意获取，对这类软件的使用、修改和再发行的权力都不受限制。开源数据库之所以能在中低端应用中占据较高的市场份额，是因为开源数据库具有免费使用、配置简单、稳定性好、性能优良等特点。

2.1.1 MySQL 的发展历史和版本

1．MySQL 的发展历史

MySQL 从初始开发变成如今流行的开源数据库，其过程伴随着产品升级、新功能的增加，其发展历史如下。

1985 年，David Axmark（大卫·艾克马克）、Allan Lasson（艾伦·拉森）和 Micheal Widenius（迈克尔·威登纽斯）成立了 CX Datakonsult 公司，该公司是 MySQL AB 的前身，他们设计了一种利用索引顺序存储数据的方法，也就是 ISAM（Indexed Sequential Access Method）存储引擎算法的前身。

1996 年，Micheal Widenius 和 David Axmark 协作开发了 MySQL 的第一个版本，当时还只是小范围使用，但几个月后直接发布了 MySQL 3.11。

1998 年，CX Datakonsult 公司正式更名为 MySQL AB 公司。同年，MySQL 官方网站完成创建。

1999 年，MySQL 与 Sleepcat 公司合作，MySQL 提供了支持事务的 Berkeley DB 存储引擎。后来由于这个引擎存在许多问题，MySQL 5.1 以后便不再对这个引擎提供支持。

2000 年，ISAM 升级为 MyISAM 存储引擎，同年 MySQL 开放了自己的源代码，并且基于 GPL 许可协议。

2001 年，MySQL 开始集成 InnoDB 存储引擎。

2003 年，MySQL 发布 4.0 版本，与 InnoDB 存储引擎正式结合。

2005 年，MySQL 5.0 发布，这是一个里程碑版本，实现了许多功能特性。同年 5 月，Oracle 收购了开发 InnoDB 存储引擎的 Innobase Oy 公司，预示着不久后对 MySQL 的收购。

2008 年，MySQL AB 公司被 Sun 公司收购。

2009 年，Oracle 公司收购 Sun 公司，自此 MySQL 数据库进入 Oracle 时代。

2010 年，MySQL 5.5 发布，InnoDB 存储引擎作为 MySQL 的默认存储引擎。

2013 年，MySQL 5.6 GA 发布。

2015 年，MySQL 5.7 GA 发布。

2016 年 9 月，MySQL 8.0 发布。

2018 年 4 月，MySQL 8.0.11 正式发布。

2. MySQL 的版本

根据操作系统的类型划分，MySQL 数据库大体上可以分为 Windows 版、UNIX 版、Linux 版和 Mac OS 版。

根据 MySQL 数据库的开发情况，可将其分为 GA、RC、Alpha 和 Beta 等版本。

GA（Generally Available）：正式发布的版本，该版本已经足够稳定，可以在软件开发中应用。

RC（Release Candidate）：发行候选版本，不会再加入新的子功能，主要着重于除错。

Alpha：内部测试版，一般不向外部发布，存在很多 bug。这个版本一般只有测试人员使用。

Beta：也是测试版，这个阶段的版本会一直加入新的功能，在 Alpha 版之后推出。

MySQL 数据库根据用户群体的不同，可分为社区版（Community）、企业版（Enterprise）、集群版（MySQL Cluster）和高级集群版（MySQL Cluster CGF）。

Community：社区版是开源且免费的，但不提供官方技术支持，适用于普通用户。

Enterprise：企业版是收费的，提供了更多的功能和完备的技术支持，适用于要求较高的企业客户。

MySQL Cluster：集群版是开源且免费的，可将几个 MySQL Server 封装成一个 Server。

MySQL Cluster CGF：高级集群版是付费的。

MySQL 现在主推 GA 的社区版本 MySQL 8.0，本书使用的是 MySQL 8.0.27。

2.1.2 MySQL 的优势

当下很多主流网站都使用 MySQL 数据库存储数据，例如 Google、YouTube、百度、阿里巴巴的淘宝等，而且 Oracle 公司会顺应市场潮流和用户需求，全力打造更加完美的 MySQL。MySQL 数据库的主要优势如下。

（1）开源

开源是互联网行业的发展趋势。MySQL 是开放源代码的数据库，任何人都可以对其进行修改，它是一款可自由使用的软件。对于很多互联网公司来说，选择使用 MySQL 是一个化被动为主动的过程，无须再因依赖封闭的数据库产品而受牵制。

（2）成本低

MySQL 社区版是完全免费的，企业版基于服务与支持收费。相比之下，Oracle、SQL Server、DB2 价格不菲，再考虑到搭载的服务器和存储设备，那么成本差距是巨大的。

（3）性能优良

MySQL 是一个真正的多用户、多线程的 SQL 数据库服务器，能够快速、高效、安全地处理大量的数据。MySQL 与 Oracle 在性能上并没有太大的区别，在低硬件配置环境下，MySQL 分布式的方案同样可以解决问题，而且成本比较低，在产品质量、成熟度、性价比等方面，MySQL 都是非常不错的。

（4）兼容性好

MySQL 提供了 Windows、UNIX、Linux 等多种操作系统对应的版本。很多网站都选择 UNIX、Linux 作为网站的服务器，而 MySQL 具有跨平台优势，并且不存在因 32 位和 64 位机不兼容而无法安装的问题。

（5）操作简单

MySQL 体积小，安装方便快捷，包含多个图形客户端管理工具（MySQL Workbench、Navicat、SQLyog 等客户端）和一些集成开发环境。MySQL 的管理和维护非常简单，初学者很容易上手，学习成本较低。

（6）支持多语言开发接口

MySQL 支持 C 语言、C++、Java、PHP、Python、Ruby 等多种语言的开发接口，方便开发人员使用。

MySQL 从无到有，技术不断更新，版本不断升级，好用、方便、开源、免费的特性使其深受中小型企业欢迎。

2.2 Windows 平台下安装、配置与卸载 MySQL

在 Windows 平台下安装 MySQL 可以使用图形化界面的安装包，通过详细的安装向导逐步完成安装。

2.2.1 MySQL 的安装与配置

本书介绍的是使用图形化安装包安装与配置 MySQL 8.0.27 的步骤。

1．下载 MySQL 安装文件

（1）进入 MySQL Community Server8.0.27 下载页面，选择 Microsoft Windows 平台，然后单击离线安装社区版 mysql-installer-community-8.0.27.msi 对应的【Download】按钮开始下载，如图 2-1 所示。

（2）弹出页面，提示开始下载，单击【Login】按钮，如图 2-2 所示。

（3）在弹出的用户登录页面，输入用户名和密码，单击【登录】按钮，如图 2-3 所示。如果没有用户名和密码，单击进行注册即可。

（4）在弹出的开始下载页面，单击【Download Now】按钮，即开始下载，如图 2-4 所示。

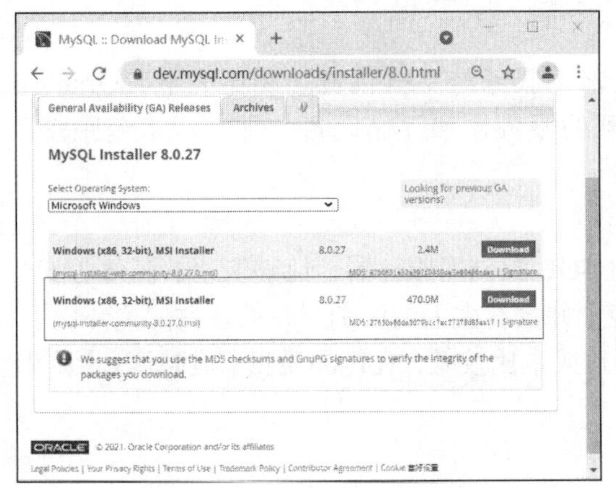

图 2-1　MySQL 下载页面

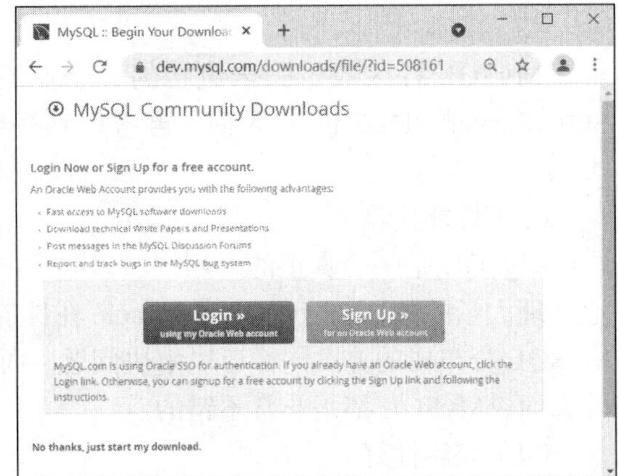

图 2-2　开始下载页面

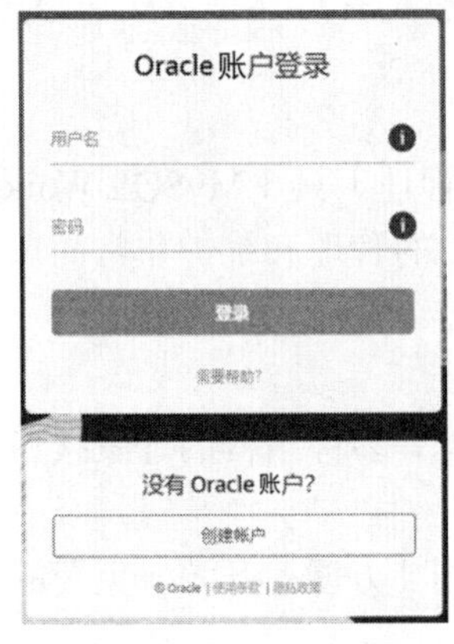

图 2-3　用户登录页面

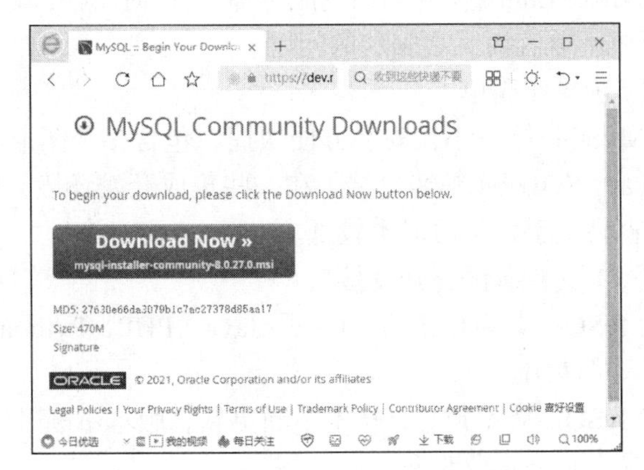

图 2-4　登录成功后的下载页面

2．安装及配置 MySQL 8.0

（1）双击下载的 mysql-installer-community-8.0.27.0 文件，出现图 2-5 所示的安装界面。

图 2-5　MySQL 安装界面

（2）打开 Choosing a Setup Type（安装类型选择）窗口，其中列出了 5 种安装类型，分别为 Developer Default（默认安装类型）、Server only（仅作为服务器）、Client only（仅作为客户端）、Full（完全安装）和 Custom（自定义安装类型）。这里选择 Custom 单选项，如图 2-6 所示，单击【Next】按钮。

（3）打开 Select Products（产品选择）窗口，选择 MySQL Server 8.0.27-x86 后，单击【添加】按钮，即选择了安装 MySQL 服务器。采用同样的方法，添加 Samples and Examples 8.0.27-x86 和 MySQL Documentation 8.0.27-x86 选项，单击【Next】按钮，如图 2-7 所示。

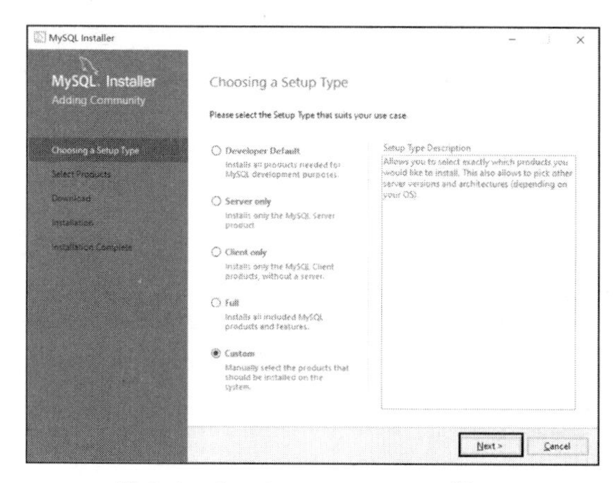

图 2-6　choosing a Setup Type 窗口

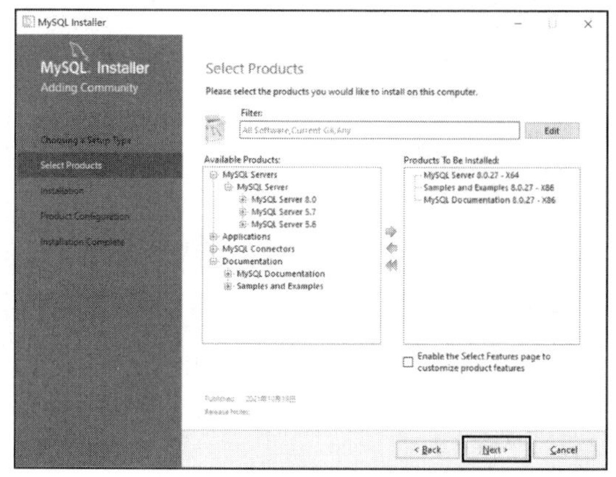

图 2-7　Select Products 窗口

（4）打开 Installation 窗口，如图 2-8 所示，单击【Execute】按钮。

（5）开始自动安装 MySQL 文件，安装完成后在 Status（状态）列表下会显示 Complete（安装完成），单击【Next】按钮，如图 2-9 所示。

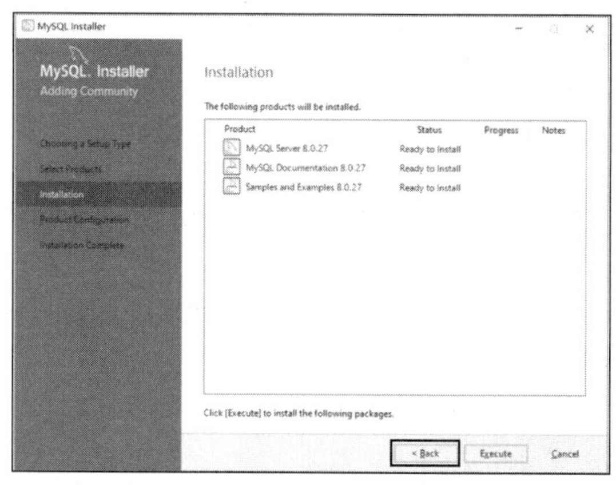

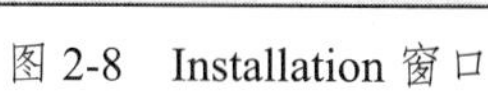

图 2-8　Installation 窗口

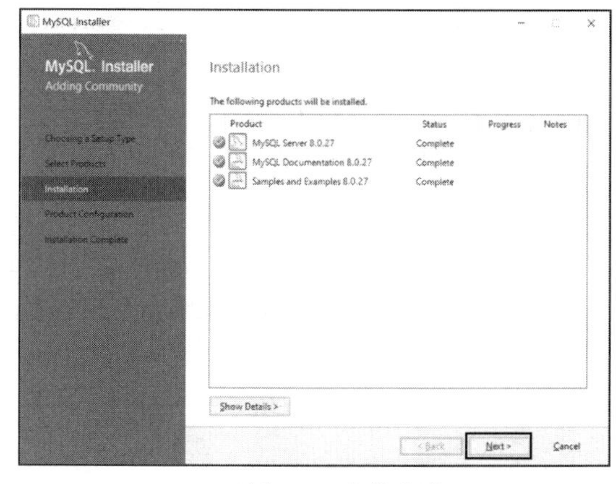

图 2-9　安装完成

（6）打开 Product Configuration（产品配置）窗口，如图 2-10 所示，单击【Next】按钮。

（7）进入 Type and Networking 窗口，进行 MySQL 服务器配置，采用默认设置，如图 2-11 所示，单击【Next】按钮。

（8）打开 Authentication Method 窗口，设置授权方式。其中第一个单选项的含义是 MySQL 8.0 提供的新的授权方式，采用 SHA256 基础的密码加密方法；第二个单选项的含义是传统授权方法（保留 5.x 版本兼容性）。这里选择第二个单选项，如图 2-12 所示，单击【Next】按钮。

（9）打开 Accounts and Roles 窗口，设置服务器的密码，输入两次相同的登录密码，如图 2-13 所示，单击【Next】按钮。注意：系统默认的用户名称为 root，若想添加新用户，可以单击【Add User】按钮进行添加。

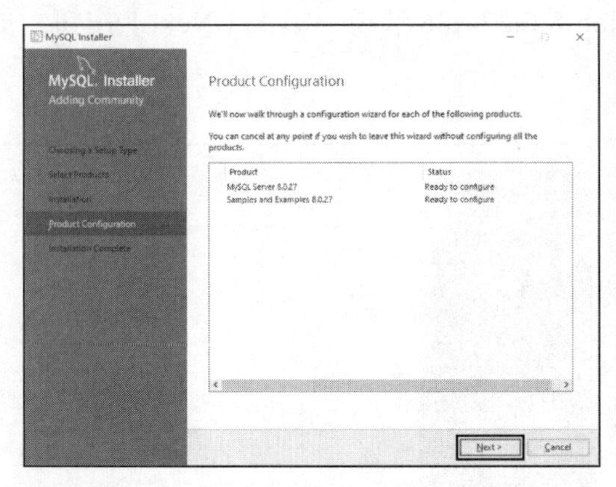

图 2-10　Product Configuration 窗口

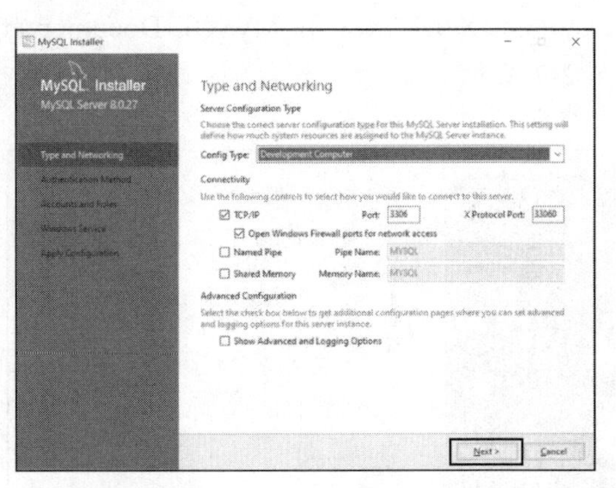

图 2-11　配置 MySQL 服务器

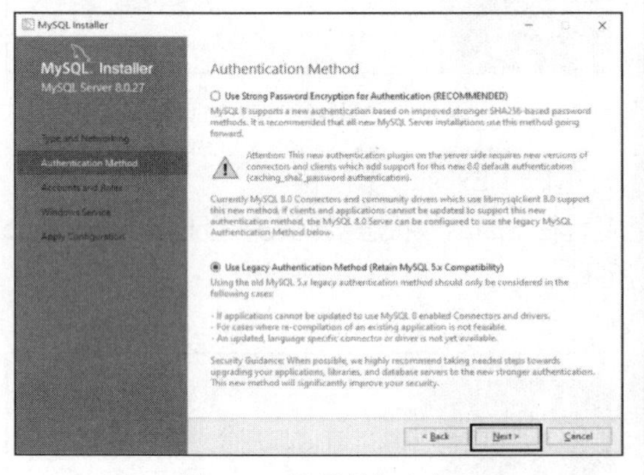

图 2-12　设置授权方式

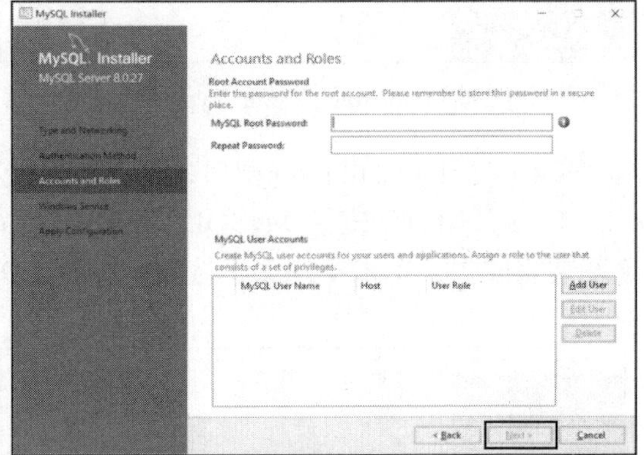

图 2-13　设置服务器的登录密码

（10）打开 Windows Service 窗口，设置服务器名称，采用默认设置，即本案例的服务器名称 MySQL80，如图 2-14 所示，单击【Next】按钮。

（11）打开 Apply configuration 窗口，确认配置服务器，单击【Execute】按钮，如图 2-15 所示。

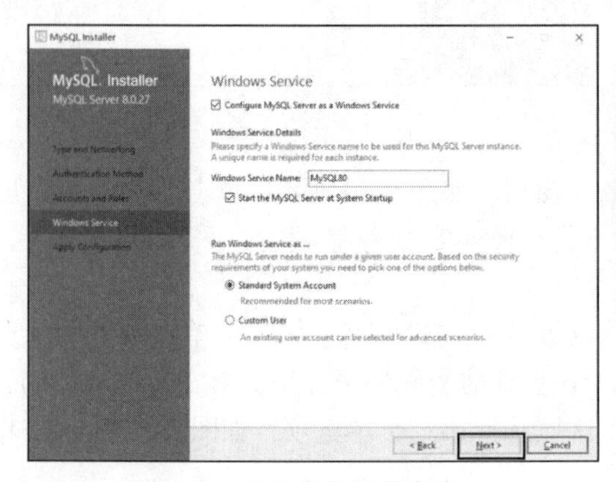

图 2-14　设置服务器的名称

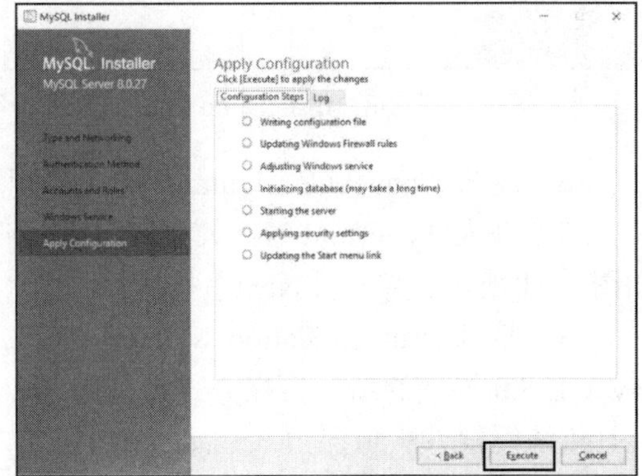

图 2-15　确认配置服务器

（12）系统自动配置 MySQL 服务器，如图 2-16 所示，配置完成后，单击【Finish】按钮。

（13）打开 Product Configuration（产品配置）窗口，如图 2-17 所示，单击【Next】按钮。

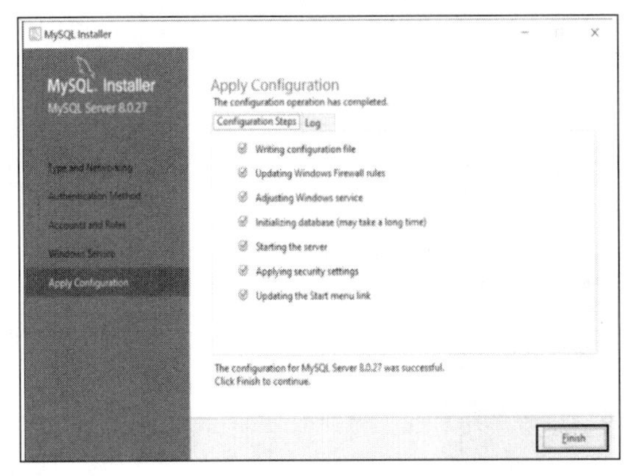

图 2-16　完成服务器的配置

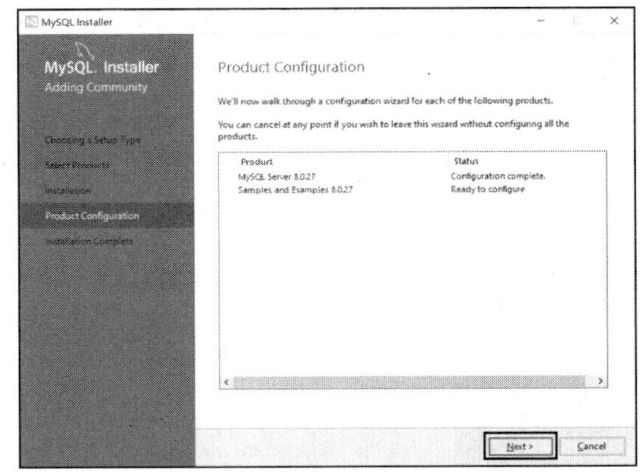

图 2-17　Product Configuration 窗口

（14）进入 Connect To Server（连接服务器）窗口，输入用户名和密码，如图 2-18 所示，单击【Check】按钮，测试服务器能否连接成功。

（15）若服务器能够连接成功，Status（状态）列表下将会显示 Connection succeeded（连接成功），如图 2-19 所示，单击【Next】按钮。

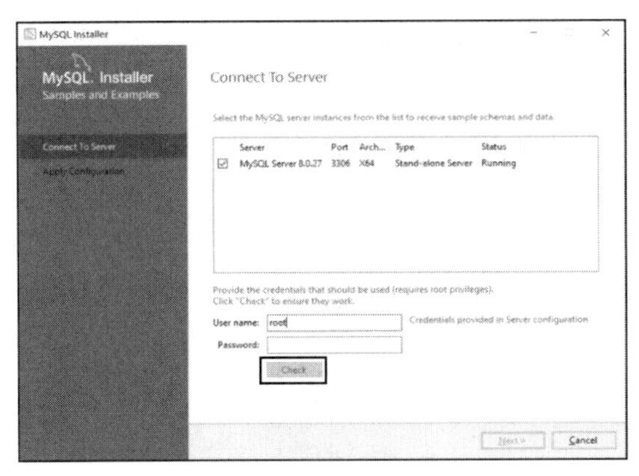

图 2-18　连接服务器

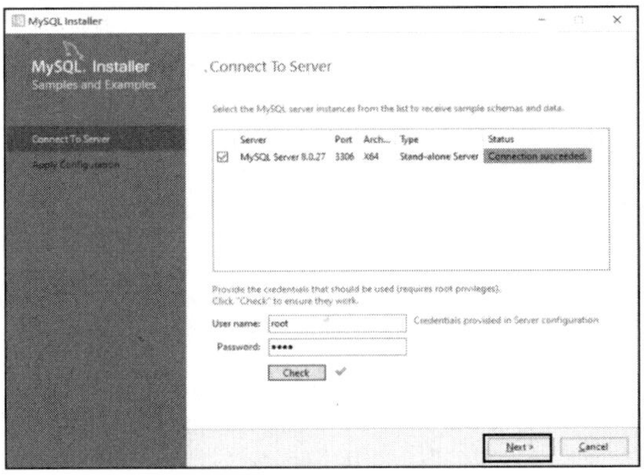

图 2-19　连接服务器成功

（16）打开 Apply Configuration 窗口，如图 2-20 所示，单击【Execute】按钮。

（17）系统自动完成配置，如图 2-21 所示，单击【Finish】按钮。

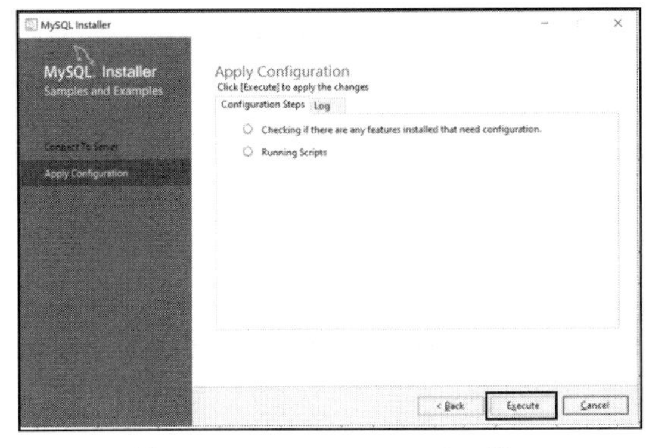

图 2-20　Apply Configuration 窗口

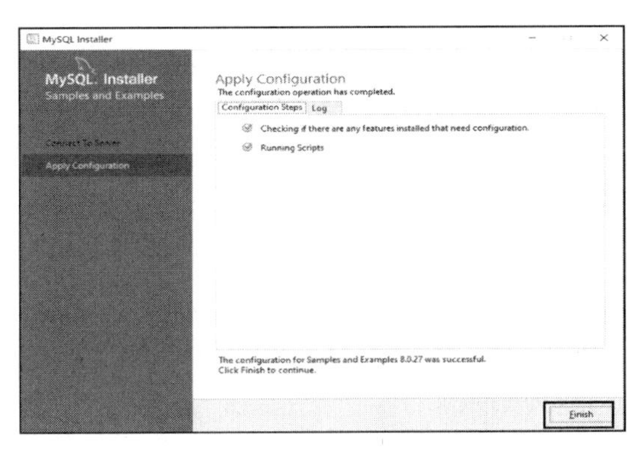

图 2-21　完成配置

（18）进入 Product Configuration（产品配置）窗口，在 Status 列表中显示 Configuration complete（配置完成），如图 2-22 所示，单击【Next】按钮。

（19）进入 Installation Complete（安装完成）窗口，如图 2-23 所示，单击【Finish】按钮，完成 MySQL 的安装。

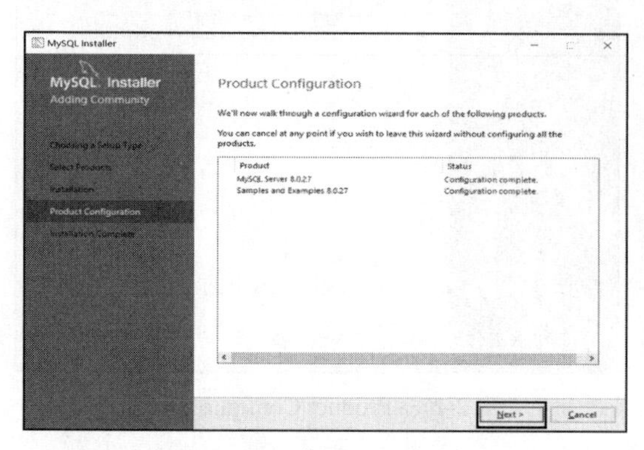

图 2-22　产品配置完成

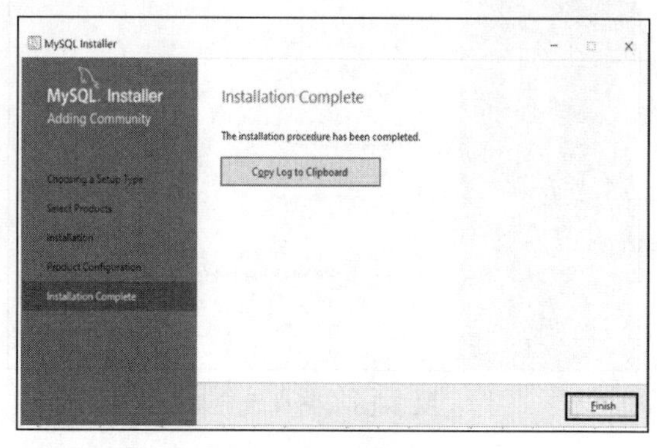

图 2-23　安装完成

（20）按组合键【Ctrl+Alt+Del】，打开“任务管理器”窗口，可以看到 MySQL 服务进程 mysqld.exe 已经启动了，如图 2-24 所示。

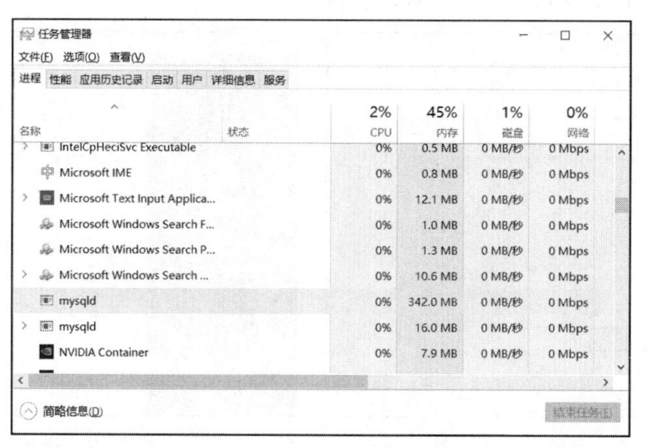

图 2-24　“任务管理器”窗口

2.2.2　MySQL 的卸载

卸载 MySQL 需要保证卸载完全，否则会影响下次安装使用，下面以 Windows 10 为例介绍具体的卸载过程。

（1）在 Windows 服务中停止 MySQL 服务。

（2）打开“控制面板”，单击“程序”，找到 MySQL，右键单击（之后简称右击）各安装项，在弹出的快捷菜单中选择“卸载”命令，将已安装的 MySQL 项全部卸载。

（3）卸载完成后，删除安装目录下的 MySQL 文件夹及程序数据文件夹，如 C:\Program Files（x86）\MySQL、C:\Program Files\MySQL 和 C:\ProgramData\MySQL，一般 ProgramData 目录为隐藏文件。

（4）删除操作完成后，重新启动计算机。

2.3 启动 MySQL 服务和登录 MySQL 数据库

MySQL 安装完毕后，需要启动服务器进程，用户才可以连接 MySQL 进行操作。图 2-14 已将 MySQL 服务器名称设置为 MySQL80，同时勾选了 Start the MySQL Server at System Start up 复选框，所以 MySQL 服务已自动启动。

2.3.1 通过图形界面启动和停止 MySQL 服务

可以通过 Windows 服务管理器启动和停止 MySQL 服务，具体步骤如下。

（1）右击“计算机”，在弹出的快捷菜单中选择“管理”命令，打开“计算机管理”窗口，如图 2-25 所示。

（2）选择“计算机管理（本地）”—“服务和应用程序”—“服务”节点，窗口右边会显示 Windows 系统的所有服务，包含名为 MySQL80 的服务。

（3）MySQL 服务已处于“正在运行”状态，并且该服务的类型为“自动”。

（4）如果想修改 MySQL 服务的状态，可右击 MySQL 服务，进行“启动”“停止”“暂停”“重新启动”等操作，如图 2-26 所示。

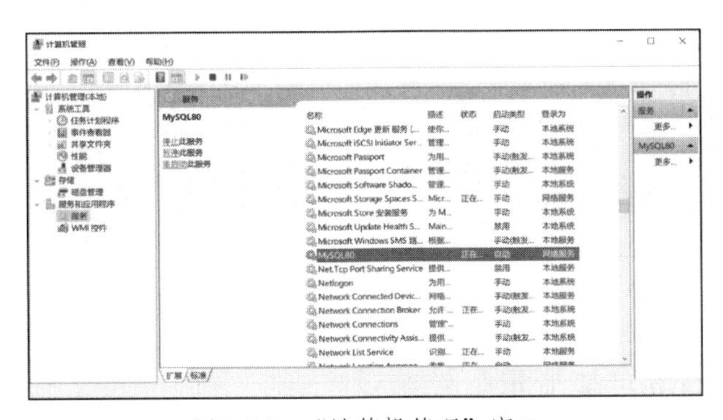

图 2-25 “计算机管理”窗口

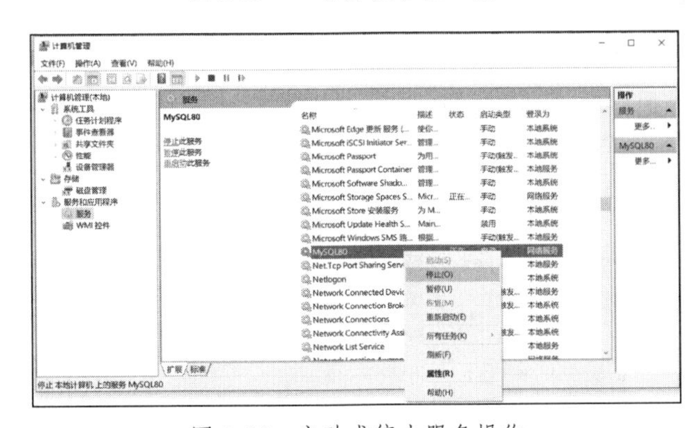

图 2-26 启动或停止服务操作

2.3.2 通过 DOS 窗口启动和停止 MySQL 服务

可以通过 DOS 窗口启动和停止 MySQL 服务，具体步骤如下。

（1）在“任务栏”搜索框中输入“cmd”，如图 2-27 所示，按 Enter 键。

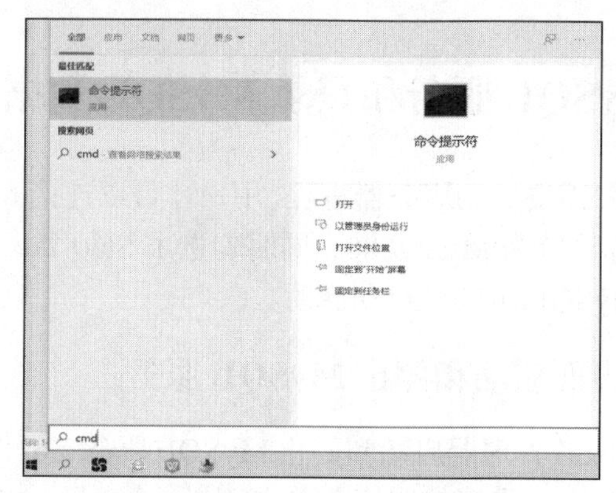

图 2-27　输入“cmd”

（2）在弹出的“命令提示符”窗口中，执行以下命令，启动 MySQL 服务，如图 2-28 所示。

```
net start MySQL80
```

（3）执行以下命令，停止 MySQL 服务，如图 2-29 所示。

```
net stop MySQL80
```

图 2-28　启动 MySQL 服务

图 2-29　停止 MySQL 服务

2.3.3　配置 Path 环境变量

将 MySQL 应用程序的目录添加到 Windows 系统的 Path 环境变量中，可以使以后的操作更加方便。配置 Path 环境变量的具体步骤如下。

（1）右击“计算机”，在弹出的快捷菜单中选择“属性”命令，打开“设置”窗口，选择“高级系统设置”，打开“系统属性”对话框，如图 2-30 所示。

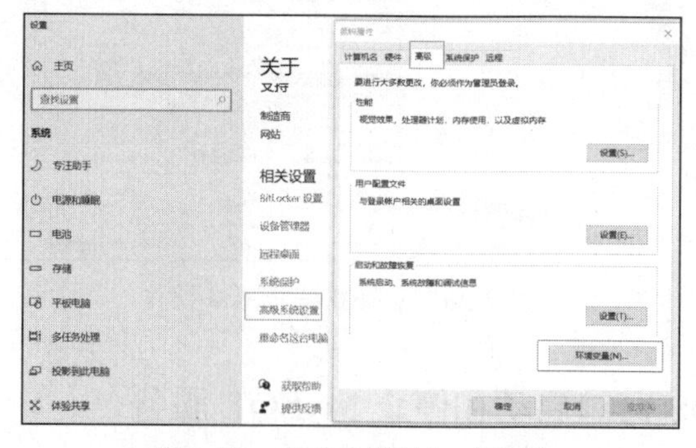

图 2-30　“系统属性”对话框

（2）在“系统属性”对话框中，选择“高级”选项卡，单击右下方的【环境变量】按钮，打开“环境变量”对话框，如图 2-31 所示。

（3）在“系统变量”中选择 Path 变量，单击【编辑】按钮，打开“编辑环境变量”对话框，如图 2-32 所示，再单击【新建】按钮，添加 MySQL 目录 C:\Program Files\MySQL\MySQL Server 8.0\bin，单击【确定】按钮。至此，MySQL 数据库变量添加完成。

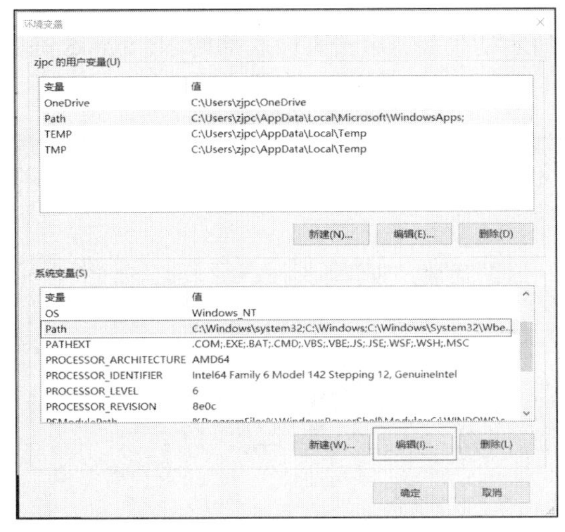

图 2-31 “环境变量”对话框

图 2-32 “编辑环境变量”对话框

2.3.4 登录 MySQL 数据库

在 Windows 系统下，打开“命令提示符”窗口，输入以下命令，登录 MySQL 数据库。

```
mysql -h 127.0.0.1 -uroot -proot
```

其中，mysql 是登录 MySQL 数据库的命令；-h 后面为服务器的 IP 地址，因为 MySQL 服务器部署于本地计算机，所以 IP 为 127.0.0.1；-u 后面接数据库的用户名，此处用 root 用户登录；-p 后面接用户的密码，此处密码为 root。登录成功后窗口如图 2-33 所示。

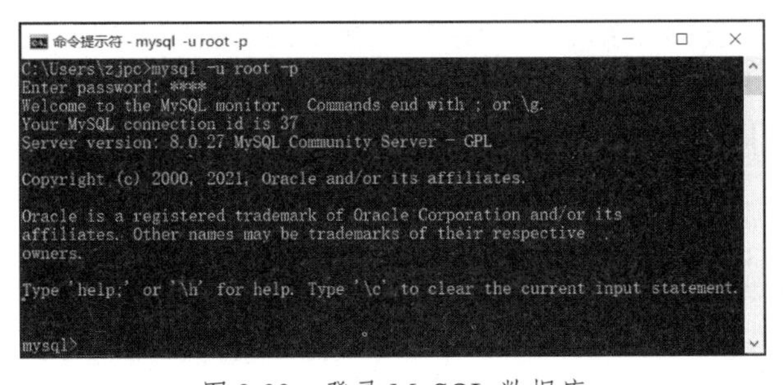

图 2-33 登录 MySQL 数据库

2.4 MySQL 官方图形管理工具 MySQL Workbench

MySQL 图形化管理工具极大地方便了数据库的操作与管理，常用的图形化管理工具有 MySQL Workbench、SQLyog、Navicat 等。其中 MySQL Workbench 提供英文界面，SQLyog、Navicat 提供中文界面。本节重点介绍 MySQL Workbench 客户端管理工具的下载、安装及简单的数据库操作。本书使用 MySQL Workbench 客户端工具实现对数据库的操作、管理及维护。

MySQL 为了方便初级用户操作，专门开发了官方图形化管理工具 MySQL Workbench，下面介绍 MySQL Workbench 的下载、安装及简单的使用。

1．下载 MySQL Workbench 安装文件

（1）打开下载页面，如图 2-34 所示。

（2）单击【Download】按钮，打开图 2-35 所示的页面，单击页面底部的 No thanks,just start my download.链接，开始下载。

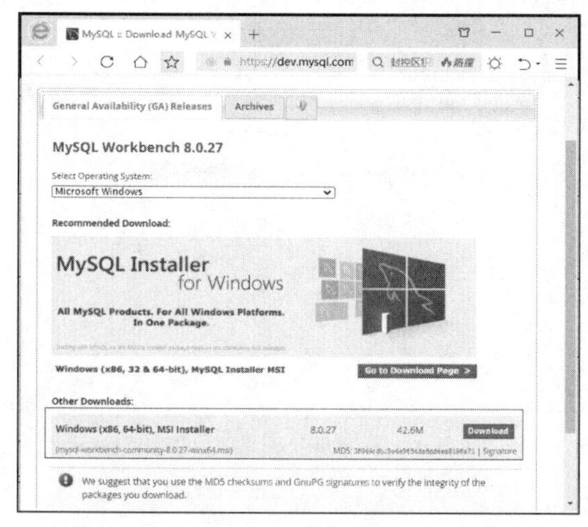

图 2-34　MySQL Workbench 下载页面

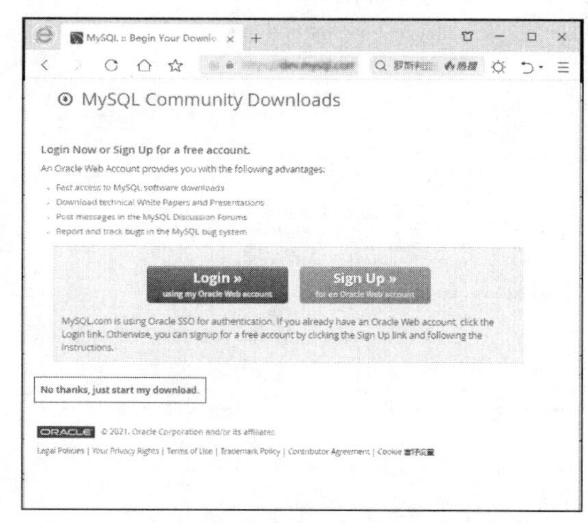

图 2-35　下载 MySQL Workbench

（3）下载完毕后，安装文件如图 2-36 所示。

图 2-36　MySQL Workbench 安装文件

2．安装 MySQL Workbench

（1）双击安装文件进行安装，打开图 2-37 所示的安装向导界面，单击【Next】按钮。

（2）在图 2-38 所示的界面中单击【Change】按钮，设置 MySQL Workbench 的安装路径，然后单击【Next】按钮。

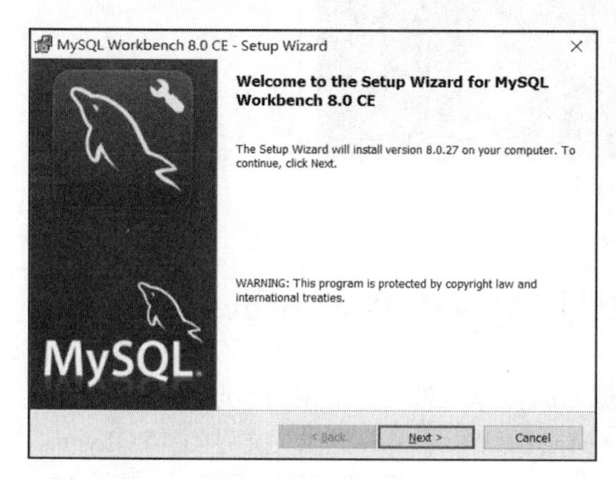

图 2-37　MySQL Workbench 安装向导界面

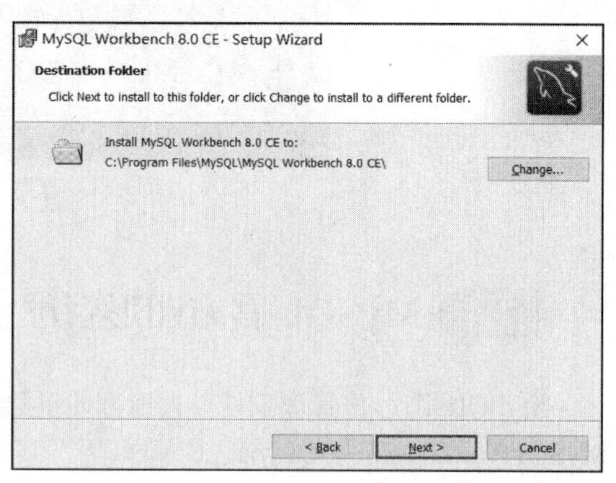

图 2-38　MySQL Workbench 安装路径选择界面

（3）选择默认的 Complete 类型，单击【Next】按钮，如图 2-39 所示。

（4）确认安装信息无误后单击【Install】按钮，如图 2-40 所示。

（5）进入安装进程界面，如图 2-41 所示。

（6）安装完成后单击【Finish】按钮关闭安装界面，如图 2-42 所示，完成 MySQL Workbench 的安装。

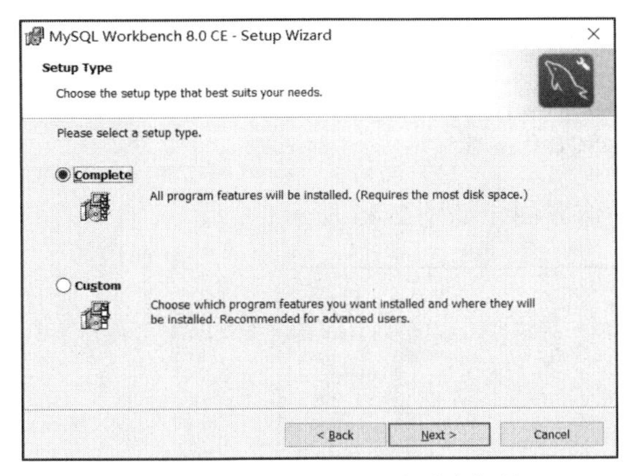

图 2-39　MySQL Workbench 类型选择界面

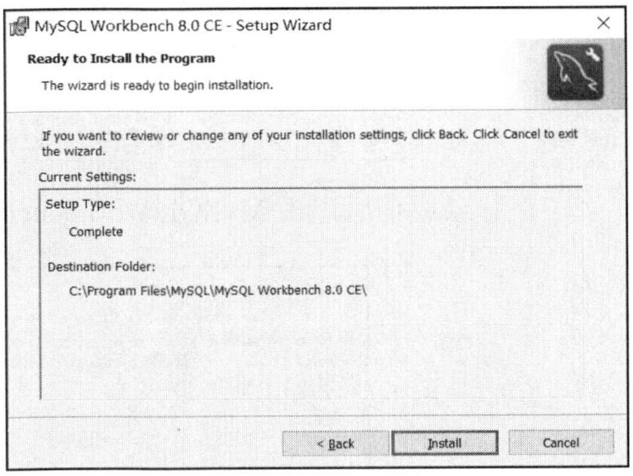

MySQL Workbench 8.0 CE - Setup Wizard
Ready to Install the Program
The wizard is ready to begin installation.
If you want to review or change any of your installation settings, click Back. Click Cancel to exit the wizard.
Current Settings:
Setup Type:
Complete
Destination Folder:
C:\Program Files\MySQL\MySQL Workbench 8.0 CE\
< Back　Install　Cancel

图 2-40　MySQL Workbench 安装信息确认界面

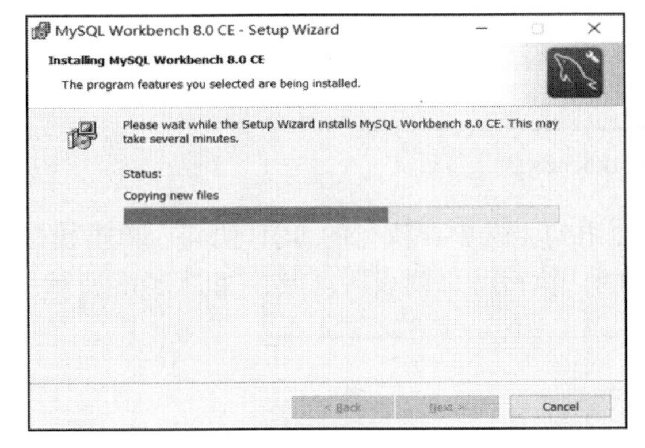

图 2-41　MySQL Workbench 安装进程界面

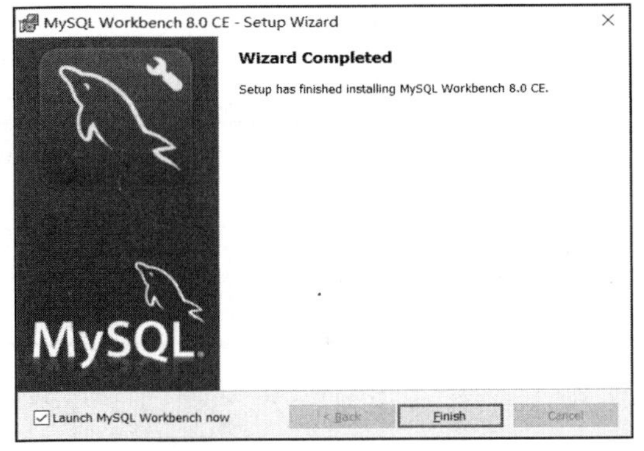

图 2-42　MySQL Workbench 安装完成界面

3．MySQL Workbench 的简单使用

（1）在“开始”菜单中单击 MySQL Workbench8.0 CE，打开 MySQL Workbench 欢迎界面，如图 2-43 所示。

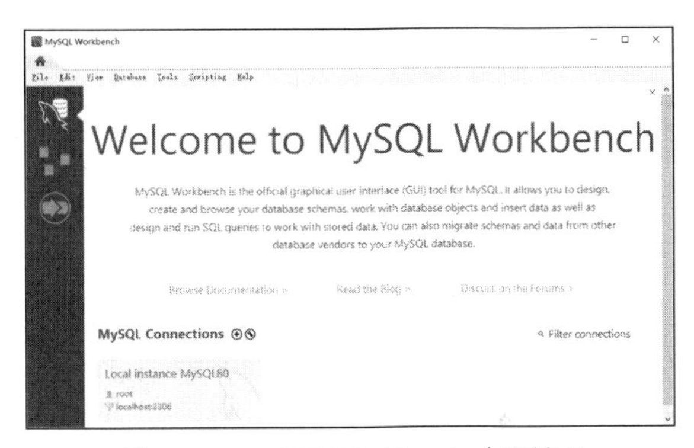

图 2-43　MySQL Workbench 欢迎界面

（2）在图 2-43 中，单击左下方的连接实例，进入连接 MySQL 服务器的界面，如图 2-44 所示，输入登录密码，单击【OK】按钮。

图 2-44　连接 MySQL 服务器

（3）登录成功后进入 MySQL Workbench 操作界面，如图 2-45 所示。

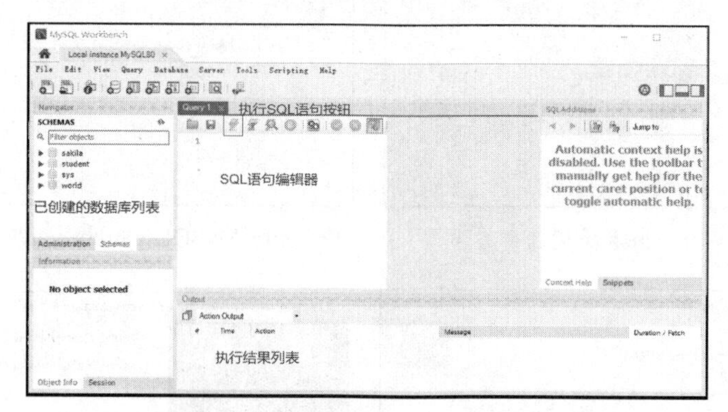

图 2-45　MySQL Workbench 操作界面

（4）在“SQL 语句编辑器”区域输入 SQL 语句，选中要执行的 SQL 语句，单击执行 SQL 语句按钮，执行后的结果将显示在下方的“执行结果列表”区域，如图 2-46 所示。

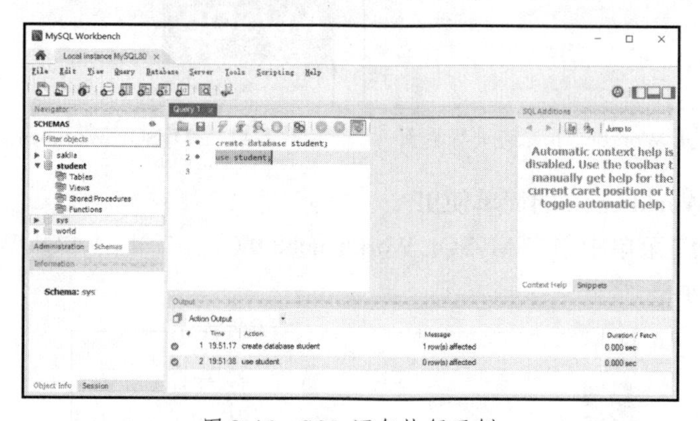

图 2-46　SQL 语句执行示例

2.5 小结

本章介绍了 MySQL 的发展及优势，并以 Windows 平台为例，介绍了 MySQL 的下载、安装、配置、启动和关闭的过程，并介绍了 MySQL Workbench 的下载、安装及简单的使用。

习　题

一、选择题

1. MySQL 属于（　　）系统。

A. DB　　B. 数据库管理系统　　C. DBA　　D. 数据库应用程序

2. MySQL 是一种（　　）数据库管理系统。

A. 层次　　B. 网络　　C. 关系　　D. 对象

3. 下列数据库产品中，（　　）是开源数据库。

A. Oracle　　B. SQL SERVER　　C. MySQL　　D. DB2

二、填空题

1. 用户在“命令提示符”窗口通过________命令启动 MySQL 服务。

2. 用户在“命令提示符”窗口通过________命令停止 MySQL 服务。

三、简答题

1. 请举例说明 MySQL 的优势。

2. 请查询资料举出两个常用的 MySQL 客户端管理工具的例子。

第3章 MySQL 数据库的基本操作

数据库的功能是管理数据，数据必须存储在数据库中才能够被管理。数据库可存储多种类型的对象，如表、视图、索引、存储过程、触发器等。用户通过 SQL 语句可创建各种对象，实现对数据的增、删、改、查等操作。

3.1 关系数据库标准语言 SQL

关系数据库标准语言 SQL

结构化查询语言（Structured Query Language，SQL）是一种在关系数据库中定义和操纵数据的标准语言，是用户与数据库之间进行交流的接口。SQL 已经被大多数关系数据库管理系统采用。

3.1.1 SQL 的发展历史与特点

1．SQL 的发展历史

SQL 对关系模型数据库理论的发展和商用关系数据库管理系统（Relational Database Management System，RDBMS）的研制、使用和推广等，都发挥着极其重要的作用。

1986 年，美国国家标准化组织（American National Standards Institute，ANSI）和国际标准化组织（International Organization for Standardization，ISO）发布了 SQL 标准：SQL86。1989 年，ANSI 发布了一个增强完整性特征的 SQL89 标准。随后，ISO 对标准进行了大量的修改和扩充，并于 1992 年发布了 SQL2 标准，实现了对远程数据库访问的支持。1999 年，ISO 发布了 SQL3 标准，包括对象数据库、开放数据库互联等内容。接下来是 SQL2003 标准、SQL2008 标准、SQL2011 标准，而近期的版本是 SQL2016，SQL2016 的主要新特性包括识别行模式，支持 JSON 对象、多态表函数等。

SQL 作为一种访问关系数据库的标准语言，自问世以来得到了广泛应用，不仅大型商用数据库产品 Oracle、DB2、Sybase、SQL Server 支持它，很多开源的数据库产品如 PostgreSQL、MySQL 也支持它，甚至一些小型的产品如 Access 也支持 SQL。近些年蓬勃发展的 NoSQL 系统最初宣称不再需要 SQL，后来也不得不修正为 Not Only SQL 以支持 SQL。

SQL 成为国际标准后，各种类型的计算机和数据库系统都采用 SQL 作为其存取语言和标准接口，从而使数据库世界有可能连接为一个统一的整体。这一前景具有十分重大的意义。

2．SQL 的特点

SQL 是一门综合的、通用的、功能极强又简洁易学的语言。SQL 集数据定义、数据查询、数据操纵和数据控制于一体，主要特点如下。

（1）语言风格统一

SQL 的语言风格统一，可以独立完成数据库生命周期的全部活动，满足数据库创建、关系模式定义、数据录入、数据删除、数据更新、数据库重构、数据库安全控制等一系列操作的要求。这就为数据库应用系统的开发提供了良好的环境。

（2）高度非过程化

用 SQL 进行数据操作，用户只需提出“做什么”，而不需要指明“怎么做”，因此用户无须了解和解释存取路径等过程化内容。存取路径和 SQL 操作等过程化内容由系统自动完成。这不但大大减轻了用户在程序实现上的负担，而且有利于提高数据的独立性。

（3）面向集合的操作方式

SQL 采用面向集合的操作方式，一次查找的结果可以是若干记录的集合，而且一次插入、删除、更新等操作的对象也可以是若干记录的集合。

（4）同一种语法结构提供两种使用方式

SQL 既是独立式语言，又是嵌入式语言。作为独立式语言，用户可以通过终端键盘直接输入 SQL 命令，对数据库进行操作；作为嵌入式语言，SQL 可以被嵌入宿主语言程序中，供编程使用。在这两种不同的使用方式中，SQL 的语法结构基本上是一致的。

这种以统一的语法结构提供两种不同使用方式的特点，为用户提供了极大的灵活性和方便性。

（5）语言简洁、易学易用

SQL 是一种结构化的查询语言，它的结构、语法、词汇等本质上都是精确、典型的英语结构、语法和词汇，这样用户不需要任何编程经验就可以读懂它、使用它，容易学习，容易使用。其核心功能只使用了几个动词，如表 3-1 所示。

表 3-1　SQL 的主要动词

SQL 功能	动词
数据定义	CREATE、DROP、ALTER
数据操纵	INSERT、DELETE、UPDATE、SELECT
数据控制	COMMIT、ROLLBACK、GRANT、REVOKE

3.1.2　SQL 的分类

通常将 SQL 分为以下 3 类。

1．DDL

DDL 用来定义、修改、删除数据库中的各种对象，包括创建、修改、删除或者重命名模式对象（CREATE、ALTER、DROP、RENAME）的语句，以及删除表中所有行但不删除表（TRUNCATE）的语句等。

2．DML

DML 用来查询、插入、修改、删除数据库中的数据，包括用于查询数据（SELECT）、添加新行数据（INSERT）、修改现有行数据（UPDATE）、删除现有行数据（DELETE）的语句等。

3．DCL

DCL 用于事务控制、并发控制、完整性控制和安全性控制等。事务控制用于把一组

DML 语句组合起来形成一个事务并进行事务控制。通过事务语句可以把对数据所做的修改保存起来（COMMIT）或者回滚这些修改（ROLLBACK）。在事务中设置一个保存点（SAVEPOINT），以便用于可能出现的回溯操作；通过管理权限（GRANT、REVOKE）等语句完成安全性控制，并通过锁定一个数据库表（LOCKTABLE）限制用户对数据访问等操作实现并发控制。

3.2 数据库的管理

数据库的管理

MySQL 数据库的管理主要包括创建数据库、查看数据库、选择数据库及删除数据库等操作。

3.2.1 创建数据库

数据库是存放数据的容器，在设计一个应用系统时，必须先设计数据库。在 MySQL 中，一个数据库服务器可以包含多个数据库，每个数据库存放在以数据库名字命名的文件夹中，这样的文件夹用来存放该数据库中的各种表数据文件。

使用 CREATE DATABASE 语句可以轻松创建 MySQL 数据库，其语法格式如下。

```
CREATE DATABASE 数据库名;
```

【例 3-1】创建 fruitsales 数据库。语句及执行结果如下。

```
CREATE DATABASE fruitsales;
```

	#	Time	Action	Message	Duration / Fetch
	1	17:07:24	CREATE DATABASE fruitsales	1 row(s) affected	0.031 sec

在执行 CREATE DATABASE fruitsales;命令后，执行结果信息行前显示 ，表示命令执行成功（如果显示 ，表示命令执行失败），提示信息 1 row(s) affected 和 0.031sec 表示 1 行受影响，处理时间为 0.031 秒。

【注意】在输入 SQL 语句时，除了字符串常量中的英文字母要区分大小写以外，其他字母均不区分大小写。例如，例 3-1 的 SQL 语句也可写成 create table fruitsales;或 Create Table fruitsales;等。

3.2.2 查看数据库

数据库创建好之后，为了检验数据库是否已经成功创建，可以使用 SHOW 语句查看当前服务器下所有已存在的数据库，其语法格式如下。

```
SHOW DATABASES;
```

【例 3-2】查看所有已存在的数据库，语句及执行结果如下。

```
SHOW DATABASES;
```

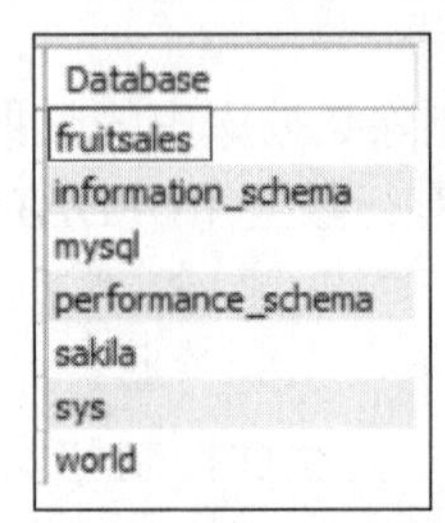

Database
fruitsales
information_schema
mysql
performance_schema
sakila
sys
world

3.2.3 选择数据库

数据库管理系统中一般会存在多个数据库。在操作数据库对象之前，必须先选择要操作的数据库。可以使用 USE 语句选择一个数据库，其语法格式如下。

```
USE 数据库名;
```

【例 3-3】选择 fruitsales 数据库。语句如下。

```
USE fruitsales;
```

3.2.4 删除数据库

在删除数据库之前，首先要确定所操作的数据库对象存在。删除数据库会删除其中所有的对象及数据，因此，删除数据库时需要慎重。删除数据库的操作可以使用 DROP DATABASE 语句，其语法格式如下。

```
DROP DATABASE 数据库名;
```

【例 3-4】删除 fruitsales 数据库。语句如下。

```
DROP DATABASE fruitsales;
```

3.3 MySQL 存储引擎

MySQL 存储引擎

数据库引擎是用于存储、处理和保护数据的核心服务。在 MySQL 中，存储引擎用于指定表的类型，即如何存储和索引数据、是否支持事务等，同时指定表在计算机中的存储方式。为了提高 MySQL 数据库管理系统的使用效率和灵活性，可以根据实际需要选择合适的存储引擎。

3.3.1 MySQL 支持的存储引擎

MySQL 数据库提供了多种存储引擎，每一种存储引擎都有各自的特点，存储引擎是 MySQL 的核心。

在选择存储引擎之前，首先需要确定 MySQL 数据库管理系统支持的存储引擎有哪些。可以使用 SHOW ENGINES 语句查看支持的存储引擎，其语法格式如下。

```
SHOW ENGINES;
```

【例 3-5】查看 MySQL 支持的存储引擎，语句及执行结果如下。

```
SHOW ENGINES;
```

Engine	Support	Comment	Transactions	XA	Savepoints
MEMORY	YES	Hash based, stored in memory, useful for temp...	NO	NO	NO
MRG_MYISAM	YES	Collection of identical MyISAM tables	NO	NO	NO
CSV	YES	CSV storage engine	NO	NO	NO
FEDERATED	NO	Federated MySQL storage engine	NULL	NULL	NULL
PERFORMANCE_SCHEMA	YES	Performance Schema	NO	NO	NO
MyISAM	YES	MyISAM storage engine	NO	NO	NO
InnoDB	DEFAULT	Supports transactions, row-level locking, and fo...	YES	YES	YES
BLACKHOLE	YES	/dev/null storage engine (anything you write to ...	NO	NO	NO
ARCHIVE	YES	Archive storage engine	NO	NO	NO

显示的信息中各列的含义如下。

Engine：数据库存储引擎的名称。

Support：表示 MySQL 是否支持该类存储引擎，YES 表示支持，NO 表示不支持，

DEFAULT 表示该存储引擎是默认使用的。

Comment：表示对该存储引擎的解释说明。

Transactions：表示是否支持事务处理，YES 表示支持，NO 表示不支持，NULL 表示空值。

XA：表示存储引擎所支持的分布式是否符合 XA 规范，YES 表示符合，NO 表示不符合，NULL 表示空值。

Savepoints：表示是否支持保存点，以便事务回滚到指定的保存点，YES 表示支持，NO 表示不支持，NULL 表示空值。

3.3.2 InnoDB 存储引擎

InnoDB 存储引擎是事务型数据库的首选引擎。InnoDB 存储引擎为 MySQL 的表提供了事务提交、回滚、崩溃修复能力和多版本并发控制的事务安全。MySQL 8.0 默认的存储引擎为 InnoDB。

InnoDB 存储引擎支持自动增长列 AUTO_INCREMENT。自动增长列的值不能为空，且值必须唯一。MySQL 中规定自动增长列必须为主键。在插入值时，如果自动增长列不输入值，那么插入的值为自动增长后的值；如果要插入某个确定的值，且该值在前面没有出现过，则可以直接插入。

InnoDB 存储引擎支持外键（FOREIGN KEY）。外键所在的表为子表，外键所依赖的表为父表。父表中被子表外键关联的字段必须设置为主键。当删除、更新父表的某条记录时，子表中关联的记录必须做出相应的改变。

InnoDB 存储引擎的优势在于提供了良好的事务管理、崩溃修复能力和并发控制；缺点在于其读写效率稍差，占用的数据空间相对比较大，用以保存数据和索引。

本书数据库中的数据表主要使用 InnoDB 存储引擎。

3.3.3 MyISAM 存储引擎

MyISAM 存储引擎是 MySQL 中常见的存储引擎，是在 Web、数据仓库和其他应用环境中常用的存储引擎之一。MyISAM 存储引擎拥有较高的插入、查询速度，但不支持事务。

使用 MyISAM 存储引擎创建表，将生成 3 个文件，文件名与表名相同，扩展名指出各文件的类型，其中，以.frm 为扩展名的文件存储表的结构；以.myd 为扩展名的文件存储数据，myd 是 mydata 的缩写；以.myi 为扩展名的文件存储索引，myi 是 myindex 的缩写。

基于 MyISAM 存储引擎的表支持 3 种存储格式：静态型、动态型和压缩型。其中，静态型为 MyISAM 存储引擎的默认存储格式，其字段长度是固定的；动态型包含变长字段，记录的长度不是固定的；压缩型需要使用 myiampack 工具创建，占用的磁盘空间较小。基于 MyISAM 存储引擎的表中的 VARCHAR 和 CHAR 字段可多达 63KB。

MyISAM 存储引擎的优势在于空间占用小、处理速度快；缺点在于不支持事务完整性和并发性。

3.3.4 MEMORY 存储引擎

MEMORY 存储引擎是 MySQL 中一类特殊的存储引擎，它将表中的数据存储在内存中，如果数据库重启或崩溃，表中的数据将全部消失，非常适用于存储临时数据的临时表。

基于 MEMORY 存储引擎的表的数据存储在内存中，因此访问速度非常快，但前提是服务器要有足够的内存来维持 MEMORY 类型表的使用。对于不再需要使用的表，可以释放其所占的内存，甚至可以删除不需要的表。

MEMORY 存储引擎默认使用哈希（HASH）索引，其索引速度要比 B 型树快，也可以在创建索引时选择使用 B 型树索引。

MEMORY 存储引擎的优势在于使用内存存储数据，处理速度非常快；缺点是数据易丢失，生命周期短。基于这些缺点，在选择 MEMORY 存储引擎时要谨慎。

3.3.5 选择存储引擎

在选择存储引擎时，应根据应用特点选择合适的存储引擎，也可以根据实际情况选择多种存储引擎进行组合。

下面针对常用的 InnoDB、MyISAM 和 MEMORY 3 种存储引擎的具体特性进行比较，以便更好地理解各存储引擎的适用场景。3 种存储引擎的具体特性如表 3-2 所示。

表 3-2 3 种存储引擎的具体特性

特性	InnoDB	MyISAM	MEMORY
事务安全	支持	不支持	不支持
存储限制	63 TB	有	有
锁机制	行锁	表锁	表锁
空间使用	高	低	低
内存使用	高	低	高
批量插入速度	低	高	高
对外键的支持	支持	不支持	不支持
数据可压缩	不支持	支持	不支持

InnoDB 存储引擎适用于需要事务支持的场景，其行级锁定的特性对事务的高并发有很好的适应能力。因为可以实现事务的提交（COMMIT）和回滚（ROLLBACK），所以也适用于需要频繁进行更新、删除操作的数据库。

MyISAM 存储引擎适用于不需要事务支持、并发相对较低、数据修改相对较少、以读为主、数据一致性要求不太高的场景。

MEMORY 存储引擎适用于需要较快的读写速度、对数据的安全性要求较低的场景。MEMORY 存储引擎对表的大小有要求，不能建立太大的表。

总之，使用哪一种存储引擎要根据需要灵活选择。在同一个数据库中，不同的表可以使用不同的存储引擎，如果一个表要求较高的事务处理，可以选择 InnoDB 存储引擎；如果一个表会被频繁查询，可以选择 MyISAM 存储引擎；如果是一个用于查询的临时表，可以选择 MEMORY 存储引擎。使用合适的存储引擎，将会提高整个数据库的性能。

3.4 表的管理

表的管理

数据表是数据库中最重要、最基本的操作对象，是数据存储的基本单元。从用户角度来看，表中存储数据的逻辑结构是一张二维表，即由行、列两部分组成。通常称表中的一行为一条记录，称表中的一列为一个字段。

3.4.1 数据类型

数据类型在数据库中扮演着基础而又非常重要的角色，因为选择的数据类型将影响与数据库交互的应用程序的性能。通常来说，如果在一个页面中可以存放尽可能多的行，那么数据库的性能就好。另外，如果在数据库中创建表时选择了错误的数据类型，那么后期维护成本可能非常大，数据库管理员需要花大量时间进行 ALTER TABLE 操作，因此选择一个正确的数据类型至关重要。

在 MySQL 数据库中，每个数据都有其数据类型。MySQL 支持多种数据类型，主要包括字符串类型、数值类型、日期和时间类型、布尔类型。

1．字符串类型

字符串类型用于存储字符串数据，主要包括 CHAR、VARCHAR、TEXT、BLOB、ENUM 和 SET 类型。

（1）CHAR 类型和 VARCHAR 类型

CHAR（L）为固定长度的字符串，L 为字符串长度，取值范围为 0～255。比 L 大的值将被截断，比 L 小的值将用空格填补。

VARCHAR（L）为长度可变的字符串，L 为字符串长度，取值范围为 0～65535。比 L 大的值将被截断，比 L 小的值不会用空格填补，而是按实际长度存储。

字符串值用单引号或双引号引起来。如'banana'和"orange"。

（2）TEXT 类型

TEXT 类型用于存储非二进制字符串，如新闻内容、博客日志、评论和留言等。TEXT 类型分为 4 种：TINYTEXT（最大长度为 255）、TEXT（最大长度为 65535）、MEDIUMTEXT（最大长度为 $2^{24}-1$）、LONGTEXT（最大长度为 $2^{32}-1$）。

（3）BLOB 类型

BLOB 类型用于存储二进制字符串，如图片、音频、视频等。

在项目开发中，更多的时候需要将图片、音频、视频等二进制数据以文件的形式存储于操作系统的文件系统中，而不会存储于数据库表中，毕竟处理这些二进制数据并不是数据库管理系统的强项。

（4）ENUM 类型

ENUM 类型又称为枚举类型，在创建表时，相应字段只能在枚举列表中取值且只能取其中的一个值。其语法格式如下。

```
字段名 ENUM('值1', '值2', ……, '值n')
```

例如，设置性别字段的取值为'男'或'女'中的任意一个。

```
性别 ENUM('男','女')
```

（5）SET 类型

SET 类型可以有零个或多个值，在创建表时，相应字段可从定义的值中选择多个字符串的组合。其语法格式如下。

```
字段名 SET('值1', '值2',……, '值n')
```

例如，设置地址字段的取值列表为('广东省','深圳市','佛山市','东莞市')。

```
地址 SET('广东省','深圳市','佛山市','东莞市')
```

为该字段插入的值为“广东省”和“广东省，佛山市”。

```
INSERT INTO temp(地址) VALUES('广东省'),('广东省,佛山市');
```

2. 数值类型

数值分为整数和小数，其中整数用整数类型，小数用浮点数类型和定点数类型。

（1）整数类型

整数类型是数据库中最基本的数据类型。MySQL 主要提供的整数类型如表 3-3 所示。

表 3-3　MySQL 整数类型

整数类型	字节数	无符号数的取值范围	有符号数的取值范围
TINYINT	1	0 ~ 255	−1287 ~ 127
SMALLINT	2	0 ~ 65535	−32768 ~ 32767
MEDIUMINT	3	0 ~ 16777215	−8388608 ~ −8388607
INT 或 INTEGER	3	0 ~ 4294967295	−2147483648 ~ 2147483637
BIGINT	8	0 ~ 18446744073709551615	−9223372036854775808 ~ 9223372036854775807

MySQL 支持在类型关键字后面的括号内指定整数值的显示宽度。

例如，假设声明一个 INT 类型的字段为出生年份 INT(3)，表明在出生年份字段中的数据只显示 3 位数字的宽度。

（2）浮点数类型和定点数类型

MySQL 使用浮点数类型和定点数类型表示小数。MySQL 主要提供的浮点数类型和定点数类型如表 3-4 所示。

表 3-4　浮点数类型和定点数类型

类型		字节数	负数的取值范围	非负数的取值范围
浮点数类型	FLOAT	3	−3.402823466E+38 ~ −1.175494351E−38	0 和 1.175494351E−38 ~ 3.402823466E+38
	DOUBLE	8	−1.7976931348623157E+308 ~ −2.2250738585072014E−308	0 和 2.2250738585072014E−308 ~ 1.7976931348623157E+308
定点数类型	DECIMAL(M,D)	M+2	同 DOUBLE 类型	同 DOUBLE 类型

3. 日期和时间类型

日期和时间类型的数据被广泛使用，如新闻发布时间、商场活动的持续时间和员工的出生日期等。MySQL 主要提供的日期和时间类型如表 3-5 所示。

表 3-5　日期和时间类型

类型	字节数	取值范围	格式
YEAR	1	1901 ~ 2155	YYYY
DATE	3	1000-01-01 ~ 9999-12-31	YYYY-MM-DD
TIME	3	−838:59:59 ~ 838:59:59	HH:MM:SS
DATETIME	8	1000-01-01 00:00:00 ~ 9999-12-31 23:59:59	YYYY-MM-DD HH:MM:SS
TIMESTAMP	4	19700101080001 ~ 20380119111407	YYYYMMDDHHMMSS

在 SQL 语句中输入的日期值格式为'YYYY-MM-DD'，时间值格式为'HH:MM:SS'，日期时间值格式为'YYYY-MM-DD HH:MM:SS'。

4．布尔类型

布尔类型为 BOOLEAN 类型，只有两个值：TRUE 和 FALSE，即真值和假值。

3.4.2 创建表

创建表实际上是在数据库中定义表的结构。表的结构主要包括表与字段的名称、字段的数据类型，以及建立在表或字段上的约束，约束将在后文详细介绍。

1．创建表

创建表的语句是 CREATE TABLE，其语法格式如下。

```
CREATE  TABLE  表名
( 字段名 1 数据类型,
  字段名 2 数据类型,
  ……
);
```

【例 3-6】在 fruitsales 数据库中创建 fruits_bak1 表。

（1）对数据库进行操作之前，必须首先选择数据库。注意，后续的例题中会省略该语句，请在实际操作时加上。

```
USE fruitsales;
```

（2）创建 fruits_bak1 表。语句如下。

```
CREATE TABLE fruits_bak1(
f_id     CHAR(10),
s_id     INT,
f_name   CHAR(255),
f_price  DECIMAL(8,2)
);
```

或者使用如下语句。

```
CREATE TABLE fruits_bak1(
f_id     CHAR(10)        NOT NULL PRIMARY KEY,
s_id     INT             NOT NULL,
f_name   CHAR(255)       NULL,
f_price  DECIMAL(8,2)
);
```

【说明】NULL 表示空值，即不确定的值，空值不等同于 0、空的字符串等，如果要求某列不能取空值，则可用 NOT NULL 对该列进行约束。

PRIMARY KEY 表示主键，要求作为主键的列，其值必须唯一，设置主键约束可以保证表中记录的唯一性。

2．利用子查询创建表

从已建立的表中提取部分记录组成新表，可利用子查询创建新表。利用子查询创建表的语法格式如下。

```
CREATE  TABLE  表名
  SELECT 语句;
```

【例 3-7】从已建立的 fruits 表中提取供应商号（s_id）为 102 的记录，生成新表 fruits_bak2。语句如下。

```
CREATE TABLE fruits_bak2
  SELECT * FROM fruits
    WHERE s_id=102;
```

查询 fruits_bak2 表的语句及执行结果如下。

```
SELECT * FROM fruits_bak2;
```

f_id	s_id	f_name	f_price
bs1	102	orange	11.20
t1	102	banana	10.30
t2	102	grape	5.30

3.4.3 查看表结构

查看表结构是指查看数据库中已存在表的结构信息，可以查看表中的字段名、字段数据类型、是否为主键、默认值等完整性约束信息。

查看表结构的 SQL 语句是 DESC 或 DESCRIBE，其语法格式如下。

```
DESC 表名;  或  DESCRIBE  表名;
```

【例 3-8】查看 fruits_bak1 表的结构信息，语句及执行结果如下。

```
DESC fruits_bak1;
```

Field	Type	Null	Key	Default	Extra
f_id	char(10)	YES		NULL	
s_id	int	YES		NULL	
f_name	char(255)	YES		NULL	
f_price	decimal(8,2)	YES		NULL	

3.4.4 修改表

在基本表建立并使用一段时间后，可以根据实际需求对基本表的结构进行修改，即增加新字段、删除字段或修改字段的数据类型、字段名等。

1．增加新字段

在一个表中增加一个新的字段，语法格式如下。

```
ALTER  TABLE 表名
  ADD 字段名 数据类型;
```

【注意】一个 ALTER　TABLE…ADD 语句只能为表增加一个新字段，如果要增加多个新字段，则需要使用多个 ALTER　TABLE…ADD 语句。

【例 3-9】为 fruits_bak1 表增加一个新字段 f_date。语句如下。

```
ALTER TABLE fruits_bak1
  ADD f_date DATE;
```

查看 fruits_bak1 表结构的语句及执行结果如下，结果显示已经增加了 f_date 字段。

```
DESC fruits_bak1;
```

Field	Type	Null	Key	Default	Extra
f_id	char(10)	YES		NULL	
s_id	int	YES		NULL	
f_name	char(255)	YES		NULL	
f_price	decimal(8,2)	YES		NULL	
f_date	date	YES		NULL	

2．修改字段的数据类型

修改表中已有字段的数据类型，语法格式如下。

```
ALTER  TABLE  表名
  MODIFY 字段名 数据类型;
```

【注意】一个 ALTER TABLE…MODIFY 语句只能修改一列，如果要修改多列，则需要使用多个 ALTER　TABLE…MODIFY 语句。

【例 3-10】对 fruits_bak1 表中的 f_date 字段进行修改，将其数据类型改为 DATETIME 类型。语句如下。

```
ALTER TABLE fruits_bak1
  MODIFY f_date DATETIME;
```

查看 fruits_bak1 表结构的语句及执行结果如下，结果显示字段 f_date 的数据类型已经由原来的 date 被修改为 datetime。

```
DESC fruits_bak1;
```

Field	Type	Null	Key	Default	Extra
f_id	char(10)	YES		NULL	
s_id	int	YES		NULL	
f_name	char(255)	YES		NULL	
f_price	decimal(8,2)	YES		NULL	
f_date	datetime	YES		NULL	

3．修改字段名

修改表中已有字段的名称，语法格式如下。

```
ALTER  TABLE  表名
  CHANGE 旧字段名 新字段名 新数据类型;
```

【注意】如果不需要修改字段的数据类型，那么将新数据类型设置为与原来相同即可，但数据类型不能为空。

【例 3-11】将 fruits_bak1 表中的 f_date 字段名称改为 f_datetime，数据类型保持不变。语句如下。

```
ALTER TABLE fruits_bak1
  CHANGE f_date f_datetime DATETIME;
```

查看 fruits_bak1 表结构的语句及执行结果如下，结果显示 f_date 的字段名已经被修改为 f_datetime。

```
DESC fruits_bak1;
```

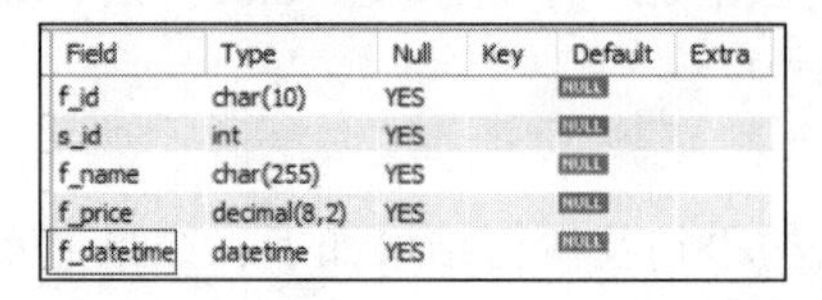

Field	Type	Null	Key	Default	Extra
f_id	char(10)	YES		NULL	
s_id	int	YES		NULL	
f_name	char(255)	YES		NULL	
f_price	decimal(8,2)	YES		NULL	
f_datetime	datetime	YES		NULL	

4．删除字段

从一个表中删除字段的语法格式如下。

```
ALTER  TABLE  表名
  DROP  字段名;
```

【注意】使用 ALTER　TABLE 语句时，一次只能删除一个字段，而且被删除的字段无法恢复。

【例 3-12】删除 fruits_bak1 表中的 f_datetime 字段。语句如下。

```
ALTER TABLE fruits_bak1
  DROP f_datetime;
```

查看 fruits_bak1 表结构的语句及执行结果如下，结果显示原有的字段 f_datetime 已经被删除。

```
DESC fruits_bak1;
```

Field	Type	Null	Key	Default	Extra
f_id	char(10)	YES		NULL	
s_id	int	YES		NULL	
f_name	char(255)	YES		NULL	
f_price	decimal(8,2)	YES		NULL	

5．修改表名

修改表名的语法格式如下。

```
ALTER  TABLE  旧表名 RENAME 新表名;
```

【例 3-13】将 fruits_bak1 表改名为 fruits_bk。语句如下。

```
ALTER TABLE fruits_bak1 RENAME fruits_bk;
SHOW TABLES;                        /*显示数据库中已存在的表*/
```

Tables_in_fruitsales
fruits
fruits_bak2
fruits_bk

6．更改表的存储引擎

MySQL 中主要的存储引擎有 InnoDB、MyISAM、MEMORY 等，MySQL 8.0 默认的存储引擎是 InnoDB。可以通过 ALTER TABLE 语句更改表的存储引擎，其语法格式如下。

```
ALTER TABLE 表名 ENGINE=更改后的存储引擎;
```

【例 3-14】将 fruits_bk 表的存储引擎修改为 MyISAM。修改存储引擎语句、查看表详细结构的语句及执行结果如下。

```
ALTER TABLE fruits_bk ENGINE=MyISAM;
SHOW CREATE TABLE fruits_bk;      /*查看表详细结构*/
```

Table	Create Table
fruits_bk	CREATE TABLE `fruits_bk` (`f_id` char(10) DEFAULT NULL, `s_id` int DEFAULT NULL, `f_name` char(255) DEFAULT NULL, `f_price` decimal(8,2) DEFAULT NULL) ENGINE=MyISAM...

3.4.5 删除表

删除表就是将数据库中已经存在的表从数据库中删除。删除表会将表的定义和表中所有的数据全部删除。因此，在进行删除操作前，最好对表中的数据进行备份，以免造成无法挽回的损失。

删除表的语句为 DROP TABLE，可以同时删除一个或多个数据表，其语法格式如下。

```
DROP TABLE 表名[,表名,……];
```

【说明】语法中[]表示该部分是可选的，注意在书写具体命令时，如果选择了可选部分，则需要将“[]”去掉。后续语法格式中出现的[]，作用与此相同。

【例 3-15】删除数据表 fruits_bk。语句如下。

```
DROP TABLE fruits_bk;
```

3.5 数据维护

数据维护

数据维护是指通过 INSERT、DELETE、UPDATE 语句插入、删除、更新数据库表中记录行的数据，由 DML 实现，数据维护是数据库的主要功能之一。

3.5.1 插入数据

对数据库而言，当创建表之后，应先插入数据，才能查询、更新、删除数据。这样才能保证数据的实时性和准确性。

1．INSERT 语句

当向一个表中添加一行新数据时，需要使用 DML 中的 INSERT 语句。该语句的基本语法格式如下。

```
INSERT  INTO  表名[(字段名1[,字段名2……])]
  VALUES(值1[,值2……])[,(值1[,值2……])][,……]
```

【说明】

（1）插入数据时，值的个数、数据类型、顺序必须与提供字段的个数、数据类型、顺序保持一致或匹配。

（2）如果省略了表名后的字段名列表，则表示为所有字段插入数据，此时必须根据表结构定义中的顺序为所有字段提供数据，否则会出错。

【例 3-16】在 fruitsales 数据库的 fruits_bak2 表中插入一条记录，f_id 的值为'a1'，s_id 的值为 101，f_name 的值为'apple'，f_price 的值为 5.20。

首先查看 fruits_bak2 表的结构，语句及执行结果如下。

```
USE  fruitsales;
DESC fruits_bak2;
```

Field	Type	Null	Key	Default	Extra
f_id	char(10)	YES		NULL	
s_id	int	YES		NULL	
f_name	char(255)	YES		NULL	
f_price	decimal(8,2)	YES		NULL	

然后向 fruits_bak2 表中插入一条记录，查询该表记录信息，验证是否插入成功，语句及执行结果如下。

```
INSERT INTO fruits_bak2(f_id,s_id,f_name,f_price)
  VALUES('a1',101,'apple',5.20);

SELECT * FROM fruits_bak2;
```

f_id	s_id	f_name	f_price
bs1	102	orange	11.20
t1	102	banana	10.30
t2	102	grape	5.30
a1	101	apple	5.20

因上例为所有字段都提供了值，所以该插入操作还可通过如下方式完成。

```
INSERT INTO fruits_bak2
  VALUES('a1',101,'apple',5.20);
```

【例 3-17】在 fruits_bak2 表中增加一种新的水果，f_id 为'n1'，s_id 为 101，f_name 为'durian'，但并没有确定价格，完成此条记录的插入操作。语句及执行结果如下。

```
INSERT INTO fruits_bak2(f_id,s_id,f_name)
  VALUES('n1',101,'durian');
```

或

```
INSERT INTO fruits_bak2
  VALUES('n1',101,'durian',NULL);
```

f_id	s_id	f_name	f_price
bs1	102	orange	11.20
t1	102	banana	10.30
t2	102	grape	5.30
a1	101	apple	5.20
n1	101	durian	NULL

【例 3-18】在 fruits_bak2 表中增加两种水果，一种的 f_id 为'n2'，s_id 为 101，f_name 为'mangosteen'，f_price 为 15.00；另一种的 f_id 为'n3'，s_id 为 102，f_name 为'strawberries'，f_price 为 25.00。语句及执行结果如下。

```
INSERT INTO fruits_bak2
  VALUES('n2',101,'mangosteen',15.00),('n3',102,'strawberries',25.00);
```

f_id	s_id	f_name	f_price
bs1	102	orange	11.20
t1	102	banana	10.30
t2	102	grape	5.30
a1	101	apple	5.20
n1	101	durian	NULL
n2	101	mangosteen	15.00
n3	102	strawberries	25.00

2．利用子查询向表中插入数据

利用子查询向表中插入数据，语法格式如下。

```
INSERT  INTO  表名[(字段名1[,字段名2……])]
  SELECT 语句
```

【例 3-19】使用 INSERT 语句将 fruits 表中供应商号（s_id）为 103 的记录插入 fruits_bak2 表中。语句如下。

```
INSERT INTO fruits_bak2
  SELECT * FROM fruits
    WHERE s_id=103;
```

查询 fruits_bak2 表，验证记录是否插入成功，语句及执行结果如下。

```
SELECT * FROM fruits_bak2;
```

f_id	s_id	f_name	f_price
bs1	102	orange	11.20
t1	102	banana	10.30
t2	102	grape	5.30
a1	101	apple	5.20
n1	101	durian	NULL
n2	101	mangosteen	15.00
n3	102	strawberries	25.00
o2	103	coconut	9.20
a2	103	apricot	2.20

3.5.2　更新数据

若表中的数据出现错误或已经过时了，则需要更新数据。使用 DML 中的 UPDATE 语句可以更新表中已经存在的数据。

1. UPDATE 语句

UPDATE 语句的基本语法格式如下。

```
UPDATE  表名
  SET   字段名=值[,字段名=值,……]
  [WHERE  条件]
```

【说明】

如果不用 WHERE 子句限定要更新的数据行，则会更新整个表的数据行。

【注意】

使用 MySQL Workbench 工具时，MySQL 运行在 SAFE_UPDATES 模式下，该模式会导致非主键条件下无法执行 UPDATE 或 DELETE 命令。需要执行命令 SET SQL_SAFE_UPDATES=0; ，修改数据库模式。

【例 3-20】更新 fruits_bak2 表中水果编号（f_id）为'bs1'的价格（f_price），将其上调 20%。

首先将参数 SQL_SAFE_UPDATES 的值设置为 0。语句如下。

```
SET SQL_SAFE_UPDATES=0;
```

然后更新 fruits_bak2 表，并通过查询该表验证更新操作是否成功，语句及执行结果如下。

```
UPDATE fruits_bak2
  SET f_price = f_price*1.2
    WHERE f_id='bs1';

SELECT * FROM fruits_bak2;
```

f_id	s_id	f_name	f_price
bs1	102	orange	13.44
t1	102	banana	10.30
t2	102	grape	5.30
a1	101	apple	5.20
n1	101	durian	NULL
n2	101	mangosteen	15.00
n3	102	strawberries	25.00
o2	103	coconut	9.20
a2	103	apricot	2.20

【例 3-21】将 fruits_bak2 表中所有水果的价格（f_price）上调 5%。语句如下。

```
UPDATE fruits_bak2 SET f_price =f_price*1.05;
```

查询 fruits_bak2 表，验证更新操作是否成功，语句及执行结果如下。

```
SELECT * FROM fruits_bak2;
```

f_id	s_id	f_name	f_price
bs1	102	orange	14.11
t1	102	banana	10.82
t2	102	grape	5.57
a1	101	apple	5.46
n1	101	durian	NULL
n2	101	mangosteen	15.75
n3	102	strawberries	26.25
o2	103	coconut	9.66
a2	103	apricot	2.31

2．利用子查询更新记录

【例 3-22】根据 fruits 表更新 fruits_bak2 表中水果编号（f_id）为'bs1'的水果价格（f_price）。语句如下。

```
UPDATE fruits_bak2
  SET f_price=(SELECT f_price FROM fruits WHERE f_id='bs1')
  WHERE f_id='bs1';
```

查询 fruits_bak2 表，验证更新操作是否成功，语句及执行结果如下。

```
SELECT * FROM fruits_bak2
```

f_id	s_id	f_name	f_price
bs1	102	orange	11.20
t1	102	banana	10.82
t2	102	grape	5.57
a1	101	apple	5.46
n1	101	durian	NULL
n2	101	mangosteen	15.75
n3	102	strawberries	26.25
o2	103	coconut	9.66
a2	103	apricot	2.31

3.5.3 删除数据

不正确的、过时的数据应该删除。使用 DML 中的 DELETE 语句可以删除表中已经存在的数据。

1．DELETE 语句

DELETE 语句的基本语法格式如下。

```
DELETE  FROM  表名
  [WHERE  条件]
```

【说明】

（1）DELETE 是按行删除数据，不是删除行中某些列的数据（可使用 UPDATE 语句将这些列值修改为 NULL 值）。

（2）如果不用 WHERE 子句限定要删除的数据行，则会删除整个表的数据行。要删除表中的所有数据行，也可通过截断表的语句实现，其语法格式如下。

```
TRUNCATE TABLE 表名;
```

【例 3-23】删除 fruits_bak2 表中 s_id 为 103 的记录。语句如下。

```
DELETE FROM fruits_bak2
  WHERE s_id=103;
```

查询 fruits_bak2 表，验证删除操作是否成功，语句及执行结果如下。

```
SELECT * FROM fruits_bak2;
```

f_id	s_id	f_name	f_price
bs1	102	orange	11.20
t1	102	banana	10.82
t2	102	grape	5.57
a1	101	apple	5.46
n1	101	durian	NULL
n2	101	mangosteen	15.75
n3	102	strawberries	26.25

【例 3-24】删除 fruits_bak2 表中的所有记录。语句如下。

```
DELETE FROM fruits_bak2;
```

或

```
TRUNCATE  TABLE  fruits_bak2;
```

查询 fruits_bak2 表，验证表中是否还有记录，语句及执行结果如下。

```
SELECT * FROM fruits_bak2;
```

f_id	s_id	f_name	f_price

2．利用子查询删除行

【例 3-25】根据 fruits 表创建副本 fruits_bak，删除 fruits_bak 表中供应商为'ACME'的数据行。语句如下。

```
CREATE TABLE fruits_bak
  SELECT * FROM fruits;

DELETE FROM fruits_bak
  WHERE s_id=(SELECT s_id FROM suppliers WHERE s_name='ACME');
```

3.6 数据查询

查询数据是数据库的核心操作，也是使用频率最高的操作之一。SQL 提供了 SELECT 语句进行数据库的查询，该语句具有灵活的使用方式和丰富的功能。

SELECT 语句的基本语法格式如下。

```
SELECT   * |字段名 | 字段表达式[, 字段名 | 字段表达式]……
FROM    表名或视图名[, 表名或视图名]……
[ WHERE  条件表达式 ]
[ GROUP   BY  分组字段名 1[, 分组字段名 2]……
  [ HAVING 组条件表达式] ]
[ ORDER  BY 排序字段名 1 [ ASC| DESC ] [, 排序字段名 2 [ ASC| DESC ]]……]
[ LIMIT [位置偏移量,] 行数;
```

SELECT 语句既可以实现简单的单表查询，也可以实现复杂的连接查询和嵌套查询。

3.6.1　基本查询

基本查询

1．SELECT 子句的规定

SELECT 子句用于描述输出值的字段名或表达式，其语法格式如下。

```
SELECT  [ ALL | DISTINCT]  *  | 字段名或字段名表达式序列
```

【说明】

① DISTINCT 选项表示输出无重复结果的记录；ALL 选项是默认的，表示输出所有记录，包括重复记录。

② * 表示选取表中所有的字段。

（1）查询所有列

【例 3-26】查询本书示例数据库 fruitsales 中的表 fruits、suppliers、customers、orders、orderitms 的表数据和表结构。

查看 fruits 表的语句及执行结果如下。

```
SELECT * FROM fruits;
```

f_id	s_id	f_name	f_price
b2	104	berry	7.60
b5	107	xxxx	3.60
bs1	102	orange	11.20
bs2	105	melon	8.20
c0	101	cherry	3.20
l2	104	lemon	6.40
m1	106	mango	15.60
m2	105	xbabay	2.60
m3	105	xxtt	11.60
o2	103	coconut	9.20
t1	102	banana	10.30
t2	102	grape	5.30
t4	107	xbababa	3.60

查看 fruits 表结构的语句及执行结果如下。

```
DESC fruits;
```

Field	Type	Null	Key	Default	Extra
f_id	char(10)	NO	PRI	NULL	
s_id	int	NO		NULL	
f_name	char(255)	NO		NULL	
f_price	decimal(8,2)	YES		NULL	

查看 suppliers 表的语句及执行结果如下。

```
SELECT * FROM suppliers;
```

s_id	s_name	s_city	s_zip	s_call
101	FastFruit Inc.	Tianjin	300000	48075
102	LT Supplies	Chongqing	400000	44333
103	ACME	Shanghai	200000	90046
104	FNK Inc.	Zhongshan	528437	11111
105	Good Set	Taiyuang	030000	22222
106	Just Eat Ours	Beijing	010	45678
107	DK Inc.	Zhengzhou	450000	33332

查看 suppliers 表结构的语句及执行结果如下。

```
DESC  suppliers;
```

Field	Type	Null	Key	Default	Extra
s_id	int	NO	PRI	NULL	auto_increment
s_name	char(50)	NO		NULL	
s_city	char(50)	YES		NULL	
s_zip	char(10)	YES		NULL	
s_call	char(50)	NO		NULL	

查看 customers 表的语句及执行结果如下。

```
SELECT * FROM customers;
```

c_id	c_name	c_address	c_city	c_zip	c_contact	c_email
10001	RedHook	200 Street	Tianjin	300000	LiMing	LMing@163.com
10002	Stars	333 Fromage Lane	Dalian	116000	Zhangbo	Jerry@hotmail.com
10003	Netbhood	1 Sunny Place	Qingdao	266000	LuoCong	NULL
10004	JOTO	829 Riverside Drive	Haikou	570000	YangShan	sam@hotmail.com

查看 customers 表结构的语句及执行结果如下。

```
DESC customers;
```

Field	Type	Null	Key	Default	Extra
c_id	int	NO	PRI	NULL	auto_increment
c_name	char(50)	NO		NULL	
c_address	char(50)	YES		NULL	
c_city	char(50)	YES		NULL	
c_zip	char(10)	YES		NULL	
c_contact	char(50)	YES		NULL	
c_email	char(255)	YES		NULL	

查看 orders 表的语句及执行结果如下。

```sql
SELECT * FROM orders;
```

o_num	o_date	c_id
30001	2021-09-01 00:00:00	10001
30002	2021-09-12 00:00:00	10003
30003	2021-09-30 00:00:00	10004
30004	2021-10-03 00:00:00	10005
30005	2021-10-08 00:00:00	10001

查看 orders 表结构的语句及执行结果如下。

```sql
DESC orders;
```

Field	Type	Null	Key	Default	Extra
o_num	int	NO	PRI	NULL	auto_increment
o_date	datetime	NO		NULL	
c_id	int	NO		NULL	

查看 orderitems 表的语句及执行结果如下。

```sql
SELECT * FROM orderitems;
```

o_num	o_item	f_id	quantity	item_price
30001	1	a1	10	5.20
30001	2	b2	3	7.60
30001	3	bs1	5	11.20
30001	4	bs2	15	9.20
30002	1	b3	2	20.00
30003	1	c0	100	10.00
30004	1	o2	50	2.50
30005	1	c0	5	10.00
30005	2	b1	10	8.99
30005	3	a2	10	2.20
30005	4	m1	5	14.99

查看 orderitems 表结构的语句及执行结果如下。

```sql
DESC orderitems;
```

Field	Type	Null	Key	Default	Extra
o_num	int	NO	PRI	NULL	
o_item	int	NO	PRI	NULL	
f_id	char(10)	NO		NULL	
quantity	int	NO		NULL	
item_price	decimal(8,2)	NO		NULL	

（2）查询指定的列

【例 3-27】查询客户表 customers 中的客户编号（c_id）、客户名（c_name）和地址（c_address）信息。语句及执行结果如下。

```sql
SELECT c_id,c_name,c_address FROM customers;
```

c_id	c_name	c_address
10001	RedHook	200 Street
10002	Stars	333 Fromage Lane
10003	Netbhood	1 Sunny Place
10004	JOTO	829 Riverside Drive

（3）去掉重复行

【例 3-28】查询订单表 orders 中已下订单的客户编号（c_id）信息。语句及执行结果如下。

```sql
SELECT c_id FROM orders;
```

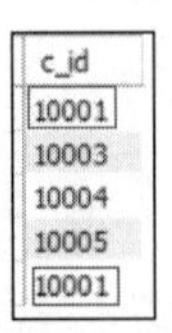

c_id
10001
10003
10004
10005
10001

上面的查询结果中有重复的行值出现，要去掉重复的记录，修改后的语句及执行结果如下。

```sql
SELECT DISTINCT c_id FROM orders;
```

c_id
10001
10003
10004
10005

2．给列设置别名

在查询结果中，第一行（表头）显示的是各个输出字段的名称。为了便于阅读，也可指定更容易理解的列名来取代原来的字段名。设置别名的语法格式如下。

```
原字段名  [AS]  列别名
```

【例 3-29】在 customers 表中查询每个客户的 c_id、c_name、c_email，输出的列名为客户编号、客户姓名、邮箱。语句及执行结果如下。

```
SELECT c_id AS 客户编号,c_name 客户姓名,c_email 邮箱 FROM customers;
```

客户编号	客户姓名	邮箱
10001	RedHook	LMing@163.com
10002	Stars	Jerry@hotmail.com
10003	Netbhood	NULL
10004	JOTO	sam@hotmail.com

3．使用 WHERE 子句指定查询条件

WHERE 子句后的行条件表达式可以由各种运算符组合而成，常用的比较运算符如表 3-6 所示。

表 3-6　常用的比较运算符

运算符名称	符号及格式	说明
算术比较判断	表达式 1 θ 表达式 2 θ 代表的符号为<、<=、>、>=、<>或!=、=	比较两个表达式的值
逻辑比较判断	比较表达式 1 θ 比较表达式 2 θ 代表的符号按优先级由高到低的顺序为 NOT、AND、OR	两个比较表达式进行非、与、或的运算
之间判断	表达式 [NOT] BETWEEN 值 1 AND 值 2	搜索（不）在给定范围内的数据
字符串模糊判断	字符串 [NOT] LIKE 匹配模式	查找（不）包含给定模式的值
空值判断	表达式 IS [NOT] NULL	判断某值是否为空值
之内判断	表达式 [NOT] IN (集合)	判断表达式的值是否在集合内

（1）比较判断

【例 3-30】查询供应商表 suppliers 中供应商编号（s_id）为 101 的供应商名称（s_name）和供应商电话（s_call）。语句及执行结果如下。

```
SELECT s_name,s_call FROM suppliers
  WHERE s_id=101;
```

s_name	s_call
FastFruit Inc.	48075

【例 3-31】查询 fruits 表中 s_id 为 102 的供应商供应的 f_name 为'orange'或'banana'的水果名称及价格信息。语句及执行结果如下。

```
SELECT f_name,f_price FROM  fruits
  WHERE s_id=102 AND (f_name='orange' OR f_name='banana');
```

f_name	f_price
orange	11.20
banana	10.30

（2）之间判断

用 BETWEEN … AND 来确定一个连续的范围，要求 BETWEEN 后面指定小值，AND 后面指定大值。

例如，f_price BETWEEN 10 and 20，它相当于 f_price>=10 AND f_price<=20。

【例 3-32】查询 orders 表中订购日期（o_date）为 2021 年 9 月份的订单编号（o_num）信息。语句及执行结果如下。

```
SELECT o_num FROM orders
  WHERE o_date BETWEEN '2021-09-01' AND '2021-09-30';
```

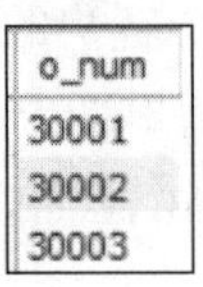

o_num
30001
30002
30003

（3）字符串模糊判断

使用 LIKE 运算符进行字符串模糊匹配查询，其语法格式如下。

```
[ NOT ]  LIKE '匹配字符串'
```

匹配字符串中使用的通配符包括“%”和“_”，“%”表示通配 0 个或任意多个字符；“_”表示通配任意一个字符。

【例 3-33】查询 suppliers 表中供应商名以 Inc.结尾或供应商名称第 3 个字母为 M 的供应商名称及其所在城市的信息。语句及执行结果如下。

```
SELECT s_name,s_city FROM suppliers
  WHERE s_name LIKE '%Inc.' OR s_name LIKE '__M%';
```

s_name	s_city
FastFruit Inc.	Tianjin
ACME	Shanghai
FNK Inc.	Zhongshan
DK Inc.	Zhengzhou

（4）空值判断

【例 3-34】查询 customers 表中 c_email 值为空的客户编号和客户姓名信息。语句及执行结果如下。

```
SELECT c_id,c_name FROM customers
  WHERE c_email IS NULL;
```

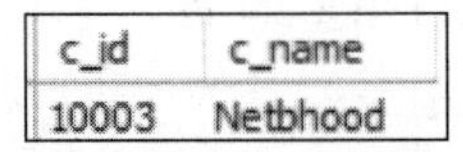

c_id	c_name
10003	Netbhood

【注意】在 WHERE 条件下进行空值判断时不要用“=”进行比较，否则查询结果可能不正确。语句及执行结果如下。

```
SELECT c_id,c_name FROM customers
  WHERE c_email = NULL;
```

c_id	c_name
NULL	NULL

（5）之内判断

可以使用 IN 实现数值之内的判断，例如，f_price IN (10.2,11.2,2.2)，它相当于 f_price=10.2 OR f_price=11.2 OR f_price=2.2。

【例 3-35】查询 fruits 表中 s_id 为 101、102 和 103，且 f_price 不小于 10 的供应商编号、水果名称和价格的信息。语句及执行结果如下。

```
SELECT s_id,f_name,f_price FROM fruits
  WHERE s_id IN(101,102,103) AND f_price>=10;
```

s_id	f_name	f_price
101	blackberry	10.20
102	orange	11.20
102	banana	10.30

4．使用 ORDER BY 子句对查询结果排序

在使用 ORDER BY 子句对查询结果进行排序时，DESC 表示降序，ASC 表示升序，默认为 ASC。同时要注意以下两点。

① 当 SELECT 语句中同时包含 WHERE、GROUP BY、HAVING 等多个子句时，ORDER BY 子句必须放在这些子句的后面。

② 可以使用列的别名、列的位置进行排序。

【例 3-36】以 s_id 降序（若 s_id 相同则以 f_price 升序）显示 fruits 表中 s_id 为 101 和 102 的 s_id、f_id 和 f_price 的信息。语句及执行结果如下。

```
SELECT s_id,f_id,f_price FROM fruits
  WHERE s_id IN(101,102)
  ORDER BY s_id DESC,f_price;
```

s_id	f_id	f_price
102	t2	5.30
102	t1	10.30
102	bs1	11.20
101	c0	3.20
101	a1	5.20
101	b1	10.20

【例 3-37】使用列的别名、列的位置进行排序，改写例 3-36。语句如下。

```
SELECT s_id AS 供应商编号,f_id,f_price FROM fruits
  WHERE s_id IN(101,102)
  ORDER BY 供应商编号 DESC,3;
```

5．使用 LIMIT 限制查询结果数量

SELECT 返回所有匹配的行，若仅需要返回第一行或者前几行，可使用 LIMIT 短语，其语法格式如下。

```
LIMIT [位置偏移量,] 行数
```

【说明】

① “位置偏移量”表明 MySQL 从哪一行开始显示，如果不指定该项，将从表中的第一条记录开始（第一条记录的位置偏移量是 0，第二条记录的位置偏移量是 1，以此类推）。

② “行数”表明返回的记录条数。

③ LIMIT 语句必须是 SELECT 语句的最后一个子句。

【例 3-38】显示 fruits 表中水果价格最高的 3 种水果的信息。语句及执行结果如下。

```
SELECT * FROM fruits
  ORDER BY f_price DESC
  LIMIT 3;
```

f_id	s_id	f_name	f_price
m1	106	mango	15.60
m3	105	xxtt	11.60
bs1	102	orange	11.20

【例 3-39】使用 LIMIT 子句，显示 customers 表中第 2 ~ 3 条记录。语句及执行结果如下。

```
SELECT * FROM customers
  LIMIT 1,2;
```

c_id	c_name	c_address	c_city	c_zip	c_contact	c_email
10002	Stars	333 Fromage Lane	Dalian	116000	Zhangbo	Jerry@hotmail.com
10003	Netbhood	1 Sunny Place	Qingdao	266000	LuoCong	NULL

3.6.2 分组查询

分组查询

数据分组可以通过在 SELECT 语句中加入 GROUP BY 子句完成。用聚合函数对每个组中的数据进行汇总、统计，用 HAVING 子句限定查询结果集中只显示分组后的、聚合函数值满足指定条件的那些组。

1．聚合函数

聚合函数也称为分组函数，作用于查询出的数据组，并返回一个汇总、统计结果。常用的聚合函数如表 3-7 所示。

表 3-7 常用的聚合函数

函数	说明
COUNT(*)	统计记录的个数
COUNT(字段名)	统计指定字段值的个数
SUM(字段名)	计算指定字段的和
AVG(字段名)	计算指定字段的平均值
MAX(字段名)	计算指定字段的最大值
MIN(字段名)	计算指定字段的最小值

使用聚合函数时，需要注意以下两点。

① 聚合函数只能出现在所查询的列、ORDER BY 子句、HAVING 子句中，不能出现在 WHERE 子句、GROUP BY 子句中。

② 除了 COUNT(*)之外，其他聚合函数[包括 COUNT(列名)]都忽略对字段值为 NULL 的计算。

【例 3-40】统计 customers 表中客户的总人数和有电子邮箱的客户数。语句及执行结果如下。

```
SELECT COUNT(*) 总人数,COUNT(c_email) 邮箱人数 FROM customers;
```

总人数	邮箱人数
4	3

2．使用 GROUP BY 子句

（1）按单列分组

【例 3-41】在 fruits 表中，查询每个供应商水果价格的平均值、最高值和最低值。语句及执行结果如下。

```
SELECT s_id,AVG(f_price) 平均价格,MAX(f_price) 最高价格,
  MIN(f_price) 最低价格 FROM fruits
    GROUP BY s_id;
```

s_id	平均价格	最高价格	最低价格
101	6.200000	10.20	3.20
103	5.700000	9.20	2.20
104	7.000000	7.60	6.40
107	3.600000	3.60	3.60
102	8.933333	11.20	5.30
105	7.466667	11.60	2.60
106	15.600000	15.60	15.60

【例 3-42】查询 orderitems 表中每个订单的总金额，并按总金额的降序排列。语句及执行结果如下。

```
SELECT o_num,SUM(quantity*item_price) 总金额  FROM orderitems
  GROUP BY o_num
  ORDER BY 总金额 DESC;
```

o_num	总金额
30003	1000.00
30001	268.80
30005	236.85
30004	125.00
30002	40.00

（2）按多列分组

【例 3-43】查询 orderitems 表订单中订购数量相同的订单数。语句及执行结果如下。

```
SELECT o_num,quantity,count(*) 订单数 FROM orderitems
  GROUP BY o_num,quantity;
```

o_num	quantity	订单数
30001	10	1
30001	3	1
30001	5	1
30001	15	1
30002	2	1
30003	100	1
30004	50	1
30005	5	2
30005	10	2

3．使用 HAVING 子句

【例 3-44】在 fruits 表中，统计每个供应商提供的水果种类数。语句及执行结果如下。

```
SELECT s_id,count(*) 种类数 FROM fruits
  GROUP BY s_id;
```

s_id	种类数
101	3
103	2
104	2
107	2
102	3
105	3
106	1

显示水果种类大于两种的供应商编号及其提供的水果种类数。语句及执行结果如下。

```
SELECT s_id,COUNT(*) 种类数 FROM fruits
  GROUP BY s_id
    HAVING COUNT(*)>2;
```

s_id	种类数
101	3
102	3
105	3

HAVING 后的 COUNT(*)也可用查询列表中的别名“种类数”代替。

```
SELECT s_id,COUNT(*) 种类数 FROM fruits
  GROUP BY s_id
    HAVING 种类数>2;
```

3.6.3 连接查询

连接查询

连接查询是指对两个或两个以上的表或视图进行查询。连接查询是关系数据库中最主要、最有实际意义的查询，是关系数据库的一项核心功能。MySQL 提供了 4 种类型的连接：相等连接、自连接、不等值连接和外连接。以下是进行连接查询时的一些注意事项。

① 要连接的表都要放在 FROM 子句中，表名之间用逗号隔开，例如 FROM fruits, suppliers。

② 为了书写方便，可以为表起别名，表的别名在 FROM 子句中定义，别名放在表名之后，之间用空格隔开，格式为：表名 [AS] 表别名。注意，表的别名一经定义，在整个查询语句中就只能使用表的别名，而不能再使用表名。

③ 连接的条件放在 WHERE 子句中，例如 WHERE fruits.s_id=suppliers.s_id。

④ 如果多个表中有相同名称的字段，在使用这些字段时，必须在这些字段名的前面加上表名来进行区分，表名和字段名用英文句号隔开。例如 SELECT suppliers.s_id。

1．相等连接

相等连接也称为简单连接或内连接，它用于将两个表中指定字段值相等的记录连接起来。

【例 3-45】查询 s_id 为 101 的供应商的 s_name 及其供应水果的 f_id、f_name 和 f_price，查询结果按 f_price 的降序排列。语句及执行结果如下。

```
SELECT s_name,f_id,f_name,f_price FROM fruits f,suppliers AS s
  WHERE f.s_id = s.s_id AND s.s_id = 101
  ORDER BY f_price DESC;
```

s_name	f_id	f_name	f_price
FastFruit Inc.	b1	blackberry	10.20
FastFruit Inc.	a1	apple	5.20
FastFruit Inc.	c0	cherry	3.20

也可通过 SQL99 标准中的 ON 子句实现内连接。语法格式如下。

```
FROM  表名 1  INNER  JOIN 表名 2  ON  表名 1.字段名=表名 2.字段名
```

如例 3-45 用 ON 子句的写法如下。

```
SELECT s_name,f_id,f_name,f_price
  FROM fruits f INNER JOIN suppliers AS s ON f.s_id = s.s_id
  WHERE s.s_id = 101
  ORDER BY f_price DESC;
```

2．自连接

自连接是通过将一个表定义为两个具有不同别名的表的方式（把一个表映射为两个表）完成自己与自己的连接。

【例 3-46】查询 emp 表中在 20 号部门工作的雇员姓名及其经理的编号。语句如下。

```
CREATE TABLE emp(
  empno decimal(4,0) NOT NULL PRIMARY KEY,
  ename varchar(10),
  job  varchar(9),
```

```
   mgr  decimal(4,0),
   sal decimal(7,2),
   deptno decimal(2,0)
);

INSERT INTO emp VALUES(7369,'SMITH','CLERK',7902,800,20)
,(7499,'ALLEN','SALESMAN',7698,1600,30)
,(7566,'JONES','MANAGER',7839,2957,20)
,(7782,'CLARK','MANAGER',7839,2450,10)
,(7788,'SCOTT','ANALYST',7566,3000,20)
,(7876,'ADAMS','CLERK',7788,1100,20)
,(7902,'FORD','ANALYST',7566,3000,20);
```

emp 表中包含的 empno（员工编号）、mgr（主管经理编号）两列之间有参照关系，因为主管经理也是雇员。查询 emp 表中 20 号部门的员工编号、姓名和经理编号的语句及执行结果如下。

```
SELECT empno,ename,mgr FROM emp
  WHERE deptno=20;
```

empno	ename	mgr
7369	SMITH	7902
7566	JONES	7839
7788	SCOTT	7566
7876	ADAMS	7788
7902	FORD	7566

查询 emp 表中在 20 号部门工作的员工姓名及其主管经理的姓名。语句及执行结果如下。

```
SELECT e.ename 员工,m.ename 主管经理
  FROM emp e,emp m
    WHERE m.empno=e.mgr
     AND e.deptno=20;
```

员工	主管经理
SMITH	FORD
SCOTT	JONES
ADAMS	SCOTT
FORD	JONES

3．不等值连接

上面介绍的连接中连接运算符均为等号，也可以使用其他运算符，其他运算符产生的连接称为不等值连接。

【例 3-47】salgrade 表中存放着工资等级的信息，查询 20 号部门员工的姓名、工资及工资等级的信息。语句如下。

```
CREATE TABLE salgrade(
   grade decimal(10,0),
   losal decimal(10,0),
   hisal decimal(10,0)
);

INSERT INTO salgrade values(1,700,1200)
,(2,1201,1400)
,(3,1401,2000)
,(4,2001,3000)
,(5,3001,9999);
```

工资等级由 emp 表中员工工资 sal 与 salgrade 表中 losal 和 hisal 的值比较确定。语句及执行结果如下。

```
SELECT e.ename,e.sal,s.grade
  FROM emp e,salgrade s
  WHERE e.sal  BETWEEN s.losal  AND s.hisal
    AND e.deptno=20;
```

ename	sal	grade
ADAMS	1100.00	1
SMITH	800.00	1
FORD	3000.00	4
SCOTT	3000.00	4
JONES	2957.00	4

4．左外连接

左外连接的语法格式如下。

```
FROM 表1 LEFT [OUTER] JOIN 表2 ON 表1.字段名=表2.字段名
```

左外连接的结果是：显示表 1 中所有记录和表 2 中与表 1，字段名相同的记录，不相同的记录对应列值显示为 NULL。

【例 3-48】通过 customers 和 orders 表查询所有客户的订单信息，包括没有下订单的客户。语句及执行结果如下。

```
SELECT c.c_id,c_name,o_num,o_date
  FROM customers c LEFT JOIN orders o
   ON c.c_id = o.c_id;
```

c_id	c_name	o_num	o_date
10001	RedHook	30005	2021-10-08 00:00:00
10001	RedHook	30001	2021-09-01 00:00:00
10002	Stars	NULL	NULL
10003	Netbhood	30002	2021-09-12 00:00:00
10004	JOTO	30003	2021-09-30 00:00:00

5．右外连接

右外连接的语法格式如下。

```
FROM 表1 RIGHT [OUTER] JOIN 表2 ON 表1.字段名=表2.字段名
```

右外连接的结果是：显示表 2 中所有记录和表 1 中与表 2.字段名相同的记录，不相同的记录对应列值显示为 NULL。

【例 3-49】通过 customers 和 orders 表查询所有订单信息，包括没有客户的订单。语句及执行结果如下。

```
SELECT c.c_id,c_name,o_num,o_date
  FROM customers c RIGHT JOIN orders o
   ON c.c_id = o.c_id;
```

c_id	c_name	o_num	o_date
10001	RedHook	30001	2021-09-01 00:00:00
10003	Netbhood	30002	2021-09-12 00:00:00
10004	JOTO	30003	2021-09-30 00:00:00
NULL	NULL	30004	2021-10-03 00:00:00
10001	RedHook	30005	2021-10-08 00:00:00

3.6.4 子查询

子查询、合并查询结果

子查询是指嵌入在其他 SQL 语句中的一个查询。子查询中可以继续嵌套子查询。通过子查询，一系列简单的查询可以构成复杂的查询，从而增强 SQL 语句的功能。

1．返回单值的子查询

单值子查询向外层查询只返回一个值。

【例 3-50】查询供应商'ACME'供应的水果的编号、名称及价格。语句及执行结果如下。

```
SELECT f_id,f_name,f_price FROM fruits
  WHERE s_id = (SELECT s_id FROM suppliers
```

```
    WHERE s_name='ACME')
```

f_id	f_name	f_price
a2	apricot	2.20
o2	coconut	9.20

【例 3-51】查询供应商'ACME'供应的价格高于水果平均价格的水果的编号、名称及价格。语句及执行结果如下。

```
SELECT f_id,f_name,f_price FROM fruits
  WHERE s_id = (SELECT s_id FROM suppliers WHERE s_name='ACME')
    AND f_price > (SELECT AVG(f_price) FROM fruits);
```

f_id	f_name	f_price
o2	coconut	9.20

2．返回多值的子查询

多值子查询可以向外层查询并返回多个值。在 WHERE 子句中使用多值子查询时，必须使用多值比较操作符：[NOT] IN、[NOT] EXISTS、ANY、ALL。其中 ALL、ANY 必须与比较运算符结合使用。

（1）使用 IN 操作符的多值子查询

IN 操作符与子查询返回列表中的每一个值分别进行相等比较，可实现多值的等号比较。

【例 3-52】查询客户 10001 所下订单的详细信息。语句及执行结果如下。

```
SELECT * FROM orderitems
  WHERE o_num IN (SELECT o_num FROM orders
    WHERE c_id=10001);
```

o_num	o_item	f_id	quantity	item_price
30001	1	a1	10	5.20
30001	2	b2	3	7.60
30001	3	bs1	5	11.20
30001	4	bs2	15	9.20
30005	1	c0	5	10.00
30005	2	b1	10	8.99
30005	3	a2	10	2.20
30005	4	m1	5	14.99

（2）使用 ALL 操作符的多值子查询

使用 ALL 操作符时，只有满足内层查询返回的所有值时才可以执行外层查询。<ALL 表示小于子查询结果中的最小值；>ALL 表示大于子查询结果中的最大值。

【例 3-53】查询 fruits 表中 f_price 高于供应商 101 供应的全部水果价格的 f_id 和 f_price 信息。语句及执行结果如下。

```
SELECT f_id,f_price FROM fruits
  WHERE f_price >ALL (SELECT f_price FROM fruits WHERE s_id = 101);
```

f_id	f_price
bs1	11.20
m1	15.60
m3	11.60
t1	10.30

这个命令相当于下列命令。

```
SELECT f_id,f_price FROM fruits
  WHERE f_price > (SELECT MAX(f_price) FROM fruits WHERE s_id = 101);
```

（3）使用 ANY 操作符的多值子查询

使用 ANY 操作符时，只要满足内层查询返回值中的任意一个，就可以执行外层查询。<ANY 表示小于子查询结果中的最大值；>ANY 表示大于子查询结果中的最小值。

【例 3-54】查询 fruits 表中 f_price 高于供应商 101 供应的任意一种水果价格的 f_id 和 f_price 信息。语句及执行结果如下。

```
SELECT f_id,f_price FROM fruits
  WHERE f_price >ANY (SELECT f_price FROM fruits WHERE s_id = 101);
```

f_id	f_price
a1	5.20
b1	10.20
b2	7.60
b5	3.60
bs1	11.20
bs2	8.20
l2	6.40
m1	15.60
m3	11.60
o2	9.20
t1	10.30
t2	5.30
t4	3.60

这个命令相当于下列命令。

```
SELECT f_id,f_price FROM fruits
  WHERE f_price > (SELECT MIN(f_price) FROM fruits WHERE s_id = 101);
```

（4）使用 EXISTS 操作符的多行查询

EXISTS 操作符比较子查询返回结果的每一行。使用 EXISTS 时应注意：外层查询的 WHERE 子句格式为 WHERE EXISTS；内层子查询中必须有 WHERE 子句，用于给出外层查询和内层子查询所使用表的连接条件。

【例 3-55】查询已下订单的客户编号、姓名、地址和电子邮箱。语句及执行结果如下。

```
SELECT c_id,c_name,c_address,c_email FROM customers
  WHERE EXISTS (SELECT * FROM orders
    WHERE customers.c_id = orders.c_id);
```

c_id	c_name	c_address	c_email
10001	RedHook	200 Street	LMing@163.com
10003	Netbhood	1 Sunny Place	NULL
10004	JOTO	829 Riverside Drive	sam@hotmail.com

用 EXISTS 操作符实现的操作也可以用 IN 操作符实现，上例用 IN 操作符实现如下。

```
SELECT c_id,c_name,c_address,c_email FROM customers
  WHERE c_id IN (SELECT c_id FROM orders);
```

3.6.5 合并查询结果

当两个 SELECT 语句的查询结果结构完全一致时，可以对这两个查询执行并运算，运算符为 UNION。

UNION 的语法格式如下。

```
SELECT 语句 1
  UNION [ALL]
SELECT 语句 2
```

UNION 在连接数据表的查询结果时，会在结果中删除重复的行，以保证所有返回的行都是唯一的。使用 UNION ALL 时，结果中不会删除重复行。

【例 3-56】假设 orderitems 表已按 o_num 和 quantity 分别建立了索引（索引内容参见 n.7 节）。现要查询 o_num 为 30001 和 30002 的订单信息，以及 quantity≥10 的订单信息。为了提高查询速度，需要使用两列中的索引分别进行条件查询，然后合并查询结果。语句及执行结果如下。

```
SELECT * FROM orderitems WHERE o_num IN(30001,30002)
UNION
SELECT * FROM orderitems WHERE quantity >= 10;
```

o_num	o_item	f_id	quantity	item_price
30001	1	a1	10	5.20
30001	2	b2	3	7.60
30001	3	bs1	5	11.20
30001	4	bs2	15	9.20
30002	1	b3	2	20.00
30003	1	c0	100	10.00
30004	1	o2	50	2.50
30005	2	b1	10	8.99
30005	3	a2	10	2.20

```
SELECT * FROM orderitems WHERE o_num IN(30001,30002)
UNION ALL
SELECT * FROM orderitems WHERE quantity >= 10;
```

o_num	o_item	f_id	quantity	item_price
30001	1	a1	10	5.20
30001	2	b2	3	7.60
30001	3	bs1	5	11.20
30001	4	bs2	15	9.20
30002	1	b3	2	20.00
30001	1	a1	10	5.20
30001	4	bs2	15	9.20
30003	1	c0	100	10.00
30004	1	o2	50	2.50
30005	2	b1	10	8.99
30005	3	a2	10	2.20

【例 3-57】对合并后的查询结果排序。

【注意】在 ORDER BY 之后排序的列名必须是第 1 个查询中的列名，如果第 1 个查询中的列名设置了别名，在 ORDER BY 后面也必须要用别名。语句及执行结果如下。

```
SELECT o_num,o_item,quantity 数量 FROM orderitems
  WHERE o_num IN(30001,30002)
UNION
SELECT o_num,o_item,quantity FROM orderitems WHERE quantity >= 10
ORDER BY 数量;
```

o_num	o_item	数量
30002	1	2
30001	2	3
30001	3	5
30001	1	10
30005	2	10
30005	3	10
30001	4	15
30004	1	50
30003	1	100

3.7 索引和视图

索引可以帮助用户提高查询数据的效率，类似于书中的目录。视图是一张虚拟表，是基于一个或几个数据表生成的逻辑表，便于开发者对数据进行筛选。

3.7.1 索引

引入索引的目的是提高查询效率。假设有一个包含数百万条记录的表，要在其中挑选出符合条件的一条记录，如果这个表上没有索引，DBMS 就要顺序逐条读取记录并进行条件比较。这需要大量的磁盘 I/O，会大大降低系统的效率。

索引

简单地说，如果将表看作一本书，索引的作用就类似于书中的目录。如果要在书中查找“指定的内容”，在没有目录的情况下，就必须查阅全书。而有了目录之后，通常先通过目录快速地找到包含所需内容的“页码”，然后根据页码查找“指定的内容”。类似地，如果要在表中查询“指定的记录”，在没有索引的情况下，就必须遍历整个表中的记录。而有了索引之后，只需在索引中找到满足查询条件的索引列值，通过保存在索引中的指向表中真正数据的指针，就能快速找到表中对应的记录。因此，为表建立索引，既能减少查询操作的时间开销，又能减少 I/O 操作的开销。

1．索引的含义和特点

索引是一个单独存储在磁盘上的数据库结构，包含对数据表中所有记录进行引用的指针。

索引用于快速查找在某一列或多列中有确定值的行，所有 MySQL 列类型都可以被索引，对相关列使用索引是提高查询操作速度的最佳途径。

索引是在存储引擎中实现的，所有存储引擎对每个表至少支持 16 个索引，总索引长度至少为 256 个字节。索引有两种存储类型：B 型树（BTREE）索引和哈希（HASH）索引。InnoDB 和 MyISAM 存储引擎支持 BTREE 索引，MEMORY 存储引擎支持 HASH 索引和 BTREE 索引。

索引的优点如下。

（1）创建唯一性索引可以保证数据库表中每一行数据的唯一性。

（2）加快数据的检索速度，这也是创建索引最主要的原因。

（3）加速有依赖关系的子表和父表之间的连接查询。

（4）在使用分组和排序子句进行数据查询时，可以显著减少查询中分组和排序的时间。

索引的缺点如下。

（1）创建索引和维护索引要耗费时间，耗费的时间随数据量的增加而增加。

（2）索引需要占用物理磁盘空间，除了数据表所占的数据空间之外，每个索引还要占用一定的物理磁盘空间。

（3）当对表进行增加（INSERT）、删除（DELETE）和更新（UPDATE）数据操作时，要动态地维护索引，从而降低数据的维护速度。

2．索引的分类

MySQL 的索引包括普通索引、唯一性索引、单列索引、多列索引、全文索引和空间索引等。

（1）普通索引

普通索引是 MySQL 的基本索引类型，可以创建在任何数据类型的列中，而且作为索引的列允许有重复值和空值（NULL）。

（2）唯一性索引

通过 UNIQUE 参数设置的索引为唯一性索引。作为唯一性索引的列，其值必须是唯一的，但允许有空值。

主键（PRIMARY KEY）索引是一种特殊的唯一性索引，不允许有空值。

（3）单列索引和多列索引

单列索引是在表的单个字段上创建的索引。

多列索引是在表的多个字段上创建的一个索引。在查询时，只有在查询条件中使用了这些字段的左边字段时，索引才会被使用。使用多列索引查询时遵循最左前缀集合原则。

（4）全文索引

使用 FULLTEXT 参数设置的索引为全文索引。全文索引只能创建在 CHAR、VARCHAR、TEXT 类型的字段上。查询数据量较大的字符串类型的字段时，使用全文索引可以提高查询速度。MySQL 从 MySQL 3.23 开始支持全文索引，但只有 MyISAM 存储引擎支持全文索引，直到 MySQL 5.6，InnoDB 存储引擎才开始支持全文索引。

（5）空间索引

通过 SPATIAL 参数设置的索引为空间索引。空间索引只能创建在空间数据类型上，可以提高系统获取空间数据的效率。MySQL 中的空间数据类型包括 GEOMETRY、POINT、LINESTRING 和 PLOYGON 等。目前只有 MyISAM 存储引擎支持空间检索，且索引的字段不能为空值。对初学者来说，空间索引很少用到。

3．索引的设计原则

索引设计得不合理或者缺少索引都会对数据库和应用程序的性能造成影响，高效的索引对于获得良好的性能非常重要。

（1）创建唯一性索引

当唯一性是某种数据本身的特征时，可建立唯一性索引。使用唯一性索引可以更快速地确定某条记录。

（2）为经常需要排序（ORDER BY）、分组创建（GROUP BY）的字段创建索引

例如，排序操作会浪费很多时间，如果为排序列创建了索引，可以有效地避免对数据的排序过程。

（3）为经常作为查询条件的字段创建索引

如果某个字段经常用作查询条件中的列，而且该字段有较多不同的值，那么对该字段的查询会影响整个表的查询效率，因此，为其创建索引，可以提高整个表的查询效率。注意对于不同值很少的字段不要创建索引，如性别字段，如果创建索引，不但不会提高查询效率，反而会降低数据更新速度。

（4）限制索引的数量

在表中创建索引时不是数量越多越好。一个表中如果有大量的索引，不仅占用物理磁盘空间，而且会影响数据增加、更新、删除等操作的速度。

（5）数据量小的表尽量不要创建索引

由于表中数据较少，查询花费的时间可能比遍历索引花费的时间还要短，创建索引可能不会产生优化效果。

（6）删除不再使用或很少使用的索引

表中的数据被大量更新，或者改变了数据的使用方式后，原有的一些索引可能不再需要，应

当定期找出这些索引，将它们删除，从而减少索引占用的物理磁盘空间和对修改操作的影响。

4．创建索引

创建索引的方法有以下两种。

① 直接创建索引：通过 CREATE TABLE 语句创建表时直接创建索引，通过 CREATE INDEX 语句在已存在的表上创建索引，通过 ALTER TABLE 语句在已存在的表上创建索引。

② 间接创建索引：当用户在一个表上建立主键（PRIMAPY KEY）或唯一（UNIQUE）约束时，系统会自动创建唯一性索引（UNIQUE INDEX）。

（1）创建表时直接创建索引

创建表时直接创建索引的语法格式如下。

```
CREATE  TABLE  表名(
  字段名 1 数据类型
  ,字段名 2 数据类型
  ,……
  ,[UNIQUE|FULLTEXT|SPATIAL] INDEX 索引名(字段名 [ASC|DESC][,字段名
  [ASC|DESC][,……]])
);
```

【例 3-58】创建 suppliers_bak1 表，同时在 s_name 字段上创建普通索引 name_idx1，要求按降序排列。语句如下。

```
CREATE TABLE suppliers_bak1(
  s_id   INT ,
  s_name  CHAR(50),
  s_city  CHAR(50),
  s_zip   CHAR(10),
  s_call  CHAR(50),
  INDEX name_idx1(s_name DESC)
);
```

【例 3-59】创建 suppliers_bak2 表，同时在 s_id 字段上创建唯一性索引 id_uq_idx2。语句如下。

```
CREATE TABLE suppliers_bak2(
  s_id   INT ,
  s_name  CHAR(50),
  s_city  CHAR(50),
  s_zip   CHAR(10),
  s_call  CHAR(50),
  UNIQUE INDEX id_uq_idx2(s_id)
);
```

（2）通过 CREATE INDEX 语句在已存在的表上创建索引

可以通过 CREATE INDEX 语句在已存在的表上创建索引，其语法格式如下。

```
CREATE [UNIQUE|FULLTEXT|SPATIAL] INDEX 索引名 ON 表名(字段名 [ASC|DESC][,字段名
[ASC|DESC],……])
```

【例 3-60】为 suppliers_bak1 表按 s_id 和 s_name 建立唯一性索引，索引名为 in_uq_idx3。语句如下。

```
CREATE UNIQUE INDEX in_uq_idx3 ON suppliers_bak1(s_id,s_name);
```

（3）通过 ALTER TABLE 语句在已存在的表上创建索引

可以通过 ALTER TABLE 语句在已存在的表上创建索引，其语法格式如下。

```
ALTER TABLE 表名
```

```
ADD [UNIQUE|FULLTEXT|SPATIAL] INDEX 索引名(字段名 [ASC|DESC][,字段名
[ASC|DESC],……])
```

【例 3-61】为 suppliers_bak2 表按 s_city 建立普通索引，索引名为 city_idx4。语句如下。

```
ALTER TABLE suppliers_bak2
  ADD INDEX city_idx4(s_city);
```

5．查看索引

索引创建完成后，可以使用 SQL 语句查看已经创建的索引，查看索引的语法格式如下。语句如下。

```
SHOW  INDEX  FROM  表名;
```

【例 3-62】查看表 suppliers_bak2 的索引信息。语句及执行结果如下。

```
SHOW  INDEX  FROM  suppliers_bak2;
```

Table	Non_unique	Key_name	Seq_in_index	Column_name	Collation	Cardinality	Sub_part	Packed	Null	Index_type	Comment	Index_comment	Visible	Expression
suppliers_bak2	0	id_uq_idx2	1	s_id	A	0	NULL	NULL	YES	BTREE			YES	NULL
suppliers_bak2	1	city_idx4	1	s_city	A	0	NULL	NULL	YES	BTREE			YES	NULL

6．删除索引

当不再需要某个索引时，应该将其删除，释放其所占的物理磁盘空间。

（1）使用 ALTER TABLE 语句删除索引

使用 ALTER TABLE 语句删除索引的语法格式如下。

```
ALTER TABLE 表名
  DROP INDEX 索引名;
```

【例 3-63】删除 suppliers_bak2 表中已建立的索引 city_idx4。语句如下。

```
ALTER TABLE suppliers_bak2
  DROP INDEX city_idx4;
```

验证是否成功删除索引 city_idx4，语句及执行结果如下。

```
SHOW INDEX FROM suppliers_bak2;
```

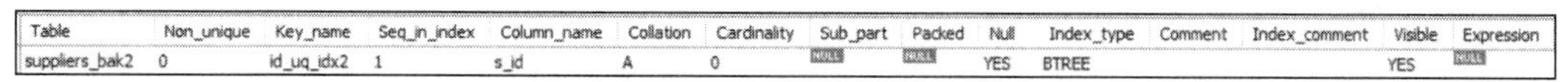

Table	Non_unique	Key_name	Seq_in_index	Column_name	Collation	Cardinality	Sub_part	Packed	Null	Index_type	Comment	Index_comment	Visible	Expression
suppliers_bak2	0	id_uq_idx2	1	s_id	A	0	NULL	NULL	YES	BTREE			YES	NULL

（2）使用 DROP INDEX 语句删除索引

使用 DROP INDEX 语句删除索引的语法格式如下。

```
DROP  INDEX  索引名  ON  表名;
```

【例 3-64】删除 suppliers_bak2 表中已建立的索引 id_uq_idx2。语句如下。

```
DROP INDEX id_uq_idx2 ON suppliers_bak2;
```

验证是否成功删除索引 id_uq_idx2，语句及执行结果如下。

```
SHOW INDEX FROM suppliers_bak2;
```

Table	Non_unique	Key_name	Seq_in_index	Column_name	Collation	Cardinality	Sub_part	Packed	Null	Index_type	Comment	Index_comment	Visible	Expression

3.7.2 视图

视图

视图（View）是由 SELECT 子查询语句定义的一个逻辑表，只有定义而无数据，是一个“虚表”。

视图的使用和管理在许多方面与表相似，如都可以被创建、更改和删除，都可以用来操作数据库中的数据。

视图是查看和操作表中数据的一种方法。除了 SELECT 之外，视图在 INSERT、UPDATE 和 DELETE 方面会受到某些限制。

1．为什么建立视图

使用视图有许多优点，如提供各种数据表现形式、提供某些安全性保证、隐藏数据的逻辑复杂性、简化查询语句、执行特殊查询、保存复杂查询等。

（1）提供各种数据表现形式，隐藏数据的逻辑复杂性并简化查询语句

视图可以通过多种不同的方式将基础表的数据呈现给用户，以符合用户的使用习惯。

在数据库中，各个表之间往往是相互关联的。在查询某些相关信息时，需要将这些表连接在一起进行查询。这就需要用户了解这些表之间的关系，才能正确写出查询语句，这些查询语句一般是比较复杂的，容易写错。如果基于这样的查询创建一个视图，用户就可以直接对这个视图进行简单查询来获得结果，从而隐藏数据的逻辑复杂性并简化查询语句。

例如，在水果销售过程中，经常要查看每个客户所下订单的次数和消费的总金额，则可以基于这个复杂查询建立一个视图，再通过查询该视图完成查询操作。创建视图、查看视图的语句及执行结果如下。

```
CREATE VIEW tj
  AS
  SELECT c.c_id 客户编号,COUNT(*) 下单次数,SUM(quantity*item_price) 总金额
    FROM customers c,orders o,orderitems oi
    WHERE c.c_id = o.c_id AND o.o_num = oi.o_num
    GROUP BY c.c_id;

SELECT * FROM tj;
```

客户编号	下单次数	总金额
10001	8	505.65
10003	1	40.00
10004	1	1000.00

（2）提供某些安全性保证，简化用户权限的管理

视图可以使不同的用户看见不同的数据，从而保证某些敏感数据不被某些用户看见。可以将视图的对象权限授予用户，这样就简化了用户的权限定义。

（3）对重构数据库提供一定的逻辑独立性

在关系数据库中，数据库的重构是不可避免的。视图是数据库三级模式中外模式在 DBMS 中的具体体现。当重构数据库即概念模式发生改变时，通过模式/外模式映射，外模式即视图不用改变，与视图有关的应用程序也不用改变，从而保证了数据的逻辑独立性。

2．创建视图

可以通过 CREATE　VIEW 语句创建视图，语法格式如下。

```
CREATE [OR REPLACE] VIEW  视图名[(别名[,别名]……)]
  AS
  SELECT 语句
[WITH  CHECK  OPTION]
```

【说明】

（1）OR　REPLACE：如果创建的视图已经存在，MySQL 会重建这个视图。

（2）别名：为视图产生的列定义的列名。

（3）WITH CHECK OPTION：所插入或修改的数据行必须满足视图定义的约束条件。

（4）子查询语句中不能包含 ORDER　BY 子句。

【例 3-65】创建带有 WITH CHECK OPTION 选项的视图。语句如下。

```
CREATE VIEW v_fruit
  AS
  SELECT f_id,s_id,f_name,f_price FROM fruits
    WHERE f_price >= 10
WITH CHECK OPTION;
```

通过视图向表中插入 f_price 的值小于 10 的记录，以此验证 WITH CHECK OPTION 的有效性，语句及执行结果如下。

```
INSERT INTO v_fruit(f_id,s_id,f_name,f_price)
  VALUES('b3',101,'pear',5.0));
```

	#	Time	Action	Message	Duration / Fetch
✖	1	20:23:59	INSERT INTO v_fruit(f_id,s_id,f_...	Error Code: 1369. CHECK OPTION failed 'fruitsales.v_fruit'	0.016 sec

通过视图向表中插入 f_price 的值大于等于 10 的记录，因为满足创建视图时的约束条件，插入成功，语句及执行结果如下。

```
INSERT INTO v_fruit(f_id,s_id,f_name,f_price)
  VALUES('b3',101,'pear',15.0);
```

	#	Time	Action	Message	Duration / Fetch
✔	1	20:26:06	INSERT INTO v_fruit(f_id,s_id,f_...	1 row(s) affected	0.016 sec

3．修改视图

MySQL 可通过 CREATE OR REPLACE VIEW 语句和 ALTER VIEW 语句修改视图。

（1）使用 CREATE OR REPLACE VIEW 语句修改视图

CREATE OR REPLACE VIEW 将覆盖原来同名的视图，从而创建新的视图。

【例 3-66】修改例 3-65 建立的视图 v_fruit，取消约束条件检查。语句如下。

```
CREATE OR REPLACE VIEW v_fruit
  AS
  SELECT f_id,s_id,f_name,f_price FROM fruits
    WHERE f_price >= 10;
```

（2）使用 ALTER VIEW 语句修改视图

使用 ALTER VIEW 语句修改视图的语法格式如下。

```
ALTER  VIEW   视图名[(别名[,别名]……)]
  AS
  SELECT 语句
[WITH  CHECK  OPTION];
```

【例 3-67】修改视图 v_fruit，查询供应商 101 供应的水果名称和水果价格。语句如下。

```
ALTER VIEW v_fruit(水果名称,水果价格)
  AS
  SELECT f_name,f_price FROM fruits
    WHERE s_id=101;
```

查看视图 v_fruit，验证视图是否修改成功，语句及执行结果如下。

```
SELECT * FROM v_fruit;
```

水果名称	水果价格
apple	5.20
blackberry	10.20
cherry	3.20

4．删除视图

使用 DROP VIEW 语句删除视图。删除视图对创建该视图的基础表或视图没有任何影响。其语法格式如下。

```
DROP VIEW 视图名[,视图名,……];
```

【例 3-68】删除已创建的视图 v_fruit。语句如下。

```
DROP VIEW v_fruit;
```

5．修改视图数据

对视图的修改实际上是对表中数据的修改，修改视图是指通过视图对表中的数据进行插入、删除和修改等操作。

【例 3-69】根据 fruits 表创建视图，查询每个供应商供应水果的种类数量。语句如下。

```
CREATE VIEW v_tj
  AS
  SELECT s_id  供应商编号,COUNT(*) 供应水果的种类数量 FROM fruits
    GROUP BY s_id;
```

查看视图 v_tj，语句及执行结果如下。

```
SELECT * FROM v_tj;
```

供应商编号	供应水果的种类数量
101	3
103	2
104	2
107	2
102	3
105	3
106	1

通过视图 v_tj 删除表中的数据行，以此说明视图增、删、改操作的局限性，语句及执行结果如下。

```
DELETE FROM v_tj WHERE s_id=101;
```

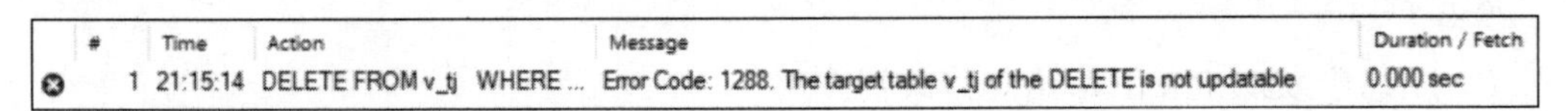

#	Time	Action	Message	Duration / Fetch
1	21:15:14	DELETE FROM v_tj WHERE ...	Error Code: 1288. The target table v_tj of the DELETE is not updatable	0.000 sec

6．不能修改数据的视图

通过视图修改数据时，并不是所有的视图都可以完成对数据的修改操作，如例 3-69 就不能通过视图删除表中的数据行。

以下情况无法通过视图修改数据。

（1）视图中包括 SUM()、COUNT()、MAX()、MIN()、AVG()等函数。

（2）视图中包括 UNION、UNION ALL、DISTINCT、GROUP BY、HAVING 等子句。

（3）包含子查询的视图。

（4）由不可修改的视图创建的视图。

（5）创建视图的表存在没有默认值的列，而且该列还没有包含在视图中。例如通过视图插入数据时，没有默认值的列在插入时既没有给出确定的值，也没有给出空值（NULL），数据库系统则会阻止使用这个视图修改数据。

3.8 小结

本章介绍了关系数据库结构化查询语言 SQL 的发展历史及特点。SQL 通常分为数据定义语言、数据操纵语言和数据控制语言 3 类。SQL 的数据定义语言用来建立具有一定模式的关系集，它支持较多的数据类型。数据定义语言可以通过 CREATE、DROP 等语句定义和删除数据库、关系表、视图和索引。数据操纵语言可以通过 SELECT、INSERT、UPDATE、DELETE 等语句对数据库中的数据进行查询和修改操作。其中，SELECT 语句是最常用、最基本的语句。SQL 包括各种用于查询数据库的语言结构，不仅能进行单表查询，还能进行多表的连接、嵌套和合并查询，并能对查询结果进行统计、计算和排序等。外连接是条件连接的一种变体。这些特性极大地丰富和增强了 SQL 的功能。

SQL 提供了索引功能，创建索引可以提高查询数据的效率，但也要注意，索引有时也会降低数据修改的速度。

SQL 提供了视图功能，视图是由若干个基本表或其他视图导出的表。通过视图可以得到一个结果集，以满足不同用户的特殊需求。视图简化了数据查询，保持了数据独立性并提供了某些安全性保证。此外，通过视图对数据库中的数据进行修改操作时必须遵守相应的约束。

习　　题

一、选择题

1. （　　）是 DML 语句。

A. CREATE　　B. ALTER　　C. SELECT　　D. DROP

2. 支持主外键、索引及事务的存储引擎是（　　）。

A. MySQL　　B. InnoDB　　C. MEMORY　　D. MyISAM

3. 下列（　　）数据类型不是 MySQL 中常用的数据类型。

A. INT　　B. VAR　　C. TIME　　D. CHAR

4. 在选择一个数据类型时，不属于应该考虑的因素是（　　）。

A. 数据类型数值的范围　　B. 列值需要的存储空间数量

C. 列的精度（适用于浮点数和定点数）D. 设计者的习惯

5. 下列关于 ALTER TABLE 语句叙述错误的是（　　）。

A. ALTER TABLE 语句可以添加字段

B. ALTER TABLE 语句可以删除字段

C. ALTER TABLE 语句不可以修改字段名称

D. ALTER TABLE 语句可以修改字段数据类型

6. 若要删除数据库中已经存在的表 S，可用（　　）。

A. DELETE　TABLE　S　　B. TRUNCATE TABLE　S

C. DROP　TABLE　S　　D. DROP　S

7. 若要在基本表 S 中增加一列 CN（课程名），可用（　　）。

A. ADD　TABLE　S　CN　VARCHAR(8)

B. ADD　　TABLE　S　MODIFY CN　VARCHAR(8)

C. ALTER　TABLE　S　ADD　　CN　VARCHAR(8)

D. ALTER　TABLE　S　MODIFY CN　VARCHAR(8)

8. 现有学生表 S(S#, Sname, Sex, Age)，其属性分别表示学生的学号、姓名、性别、年龄。要在表 S 中删除属性“年龄”，可选用的 SQL 语句是（　）。

A. DELETE　Age　FROM　S　　　B. ALTER　TABLE　S　DROP　Age

C. UPDATE　S　Age　　　　　　D. ALTER　TABLE　S　MODIFY　Age

9. 在 SQL 中，与 NOT IN 等价的操作符是（　）。

A. =ANY　　B. <>ANY　　C. =ALL　　D. <>ALL

10. 在 SQL 中，下列操作不正确的是（　）。

A. AGE　IS　NOT　NULL　　　B. NOT　(AGE　IS　NULL)

C. SNAME = '王五'　　　　　D. SNAME = '王%'

11. 在 SQL 中，SALARY　IN (1000, 2000)的语义是（　）。

A. SALARY≤2000　AND　SALARY≥1000

B. SALARY<2000　AND　SALARY>1000

C. SALARY=2000　AND　SALARY=1000

D. SALARY=2000　OR　SALARY=1000

12. 对于基本表 EMP(ENO, ENAME, SALARY, DNO)，其属性分别表示职工的工号、姓名、工资和所在部门的编号。对于基本表 DEPT(DNO, DNAME)，其属性分别表示部门的编号和部门名。如下 SQL 语句的执行含义是（　）。

```
SELECT  COUNT(DISTINCT  DNO))  FROM  EMP;
```

A. 统计职工的总人数　　　　　B. 统计每一部门的职工人数

C. 统计职工服务的部门数目　　D. 统计每一职工服务的部门数目

13. 对第 12 题中的两个基本表，有以下 SQL 语句。

```
UPDATE  EMP  SET  SALARY=SALARY*1.05
 WHERE  DNO='D6'
  AND  SALARY<(SELECT  AVG (SALARY)  FROM  EMP);
```

其含义为（　）。

A. 为工资低于 D6 部门平均工资的所有职工加薪 5%

B. 为工资低于整个企业平均工资的职工加薪 5%

C. 为在 D6 部门工作、工资低于整个企业平均工资的职工加薪 5%

D. 为在 D6 部门工作、工资低于本部门平均工资的职工加薪 5%

14. 设表 S 的结构为 S(SN, CN, grade)，其属性分别表示学生姓名、课程名和成绩，其中学生姓名和课程名都为字符型，成绩为数值型。若要把“张三的数学成绩为 90 分”插入表 S 中，则可用的 SQL 语句是（　）。

A. ADD　　INTO　S　VALUES('张三', '数学', '90')

B. INSERT　INTO　S　VALUES('张三', '数学', '90')

C. ADD　　INTO　S　VALUES('张三', '数学', 90)

D. INSERT　INTO　S　VALUES('张三', '数学', 90)

15. 使用 SQL 语句进行分组检索时，为去掉不满足条件的分组，应当（　　）。

A. 使用 WHERE 子句

B. 在 GROUP BY 后面使用 HAVING 子句

C. 先使用 WHERE 子句，再使用 HAVING 子句

D. 先使用 HAVING 子句，再使用 WHERE 子句

16. 对于 SQL 语句 SELECT * FROM S LIMIT 5,10; ，描述正确的是（　　）。

A. 获取第 6 条到第 10 条记录　　B. 获取第 5 条到第 10 条记录

C. 获取第 6 条到第 15 条记录　　D. 获取第 5 条到第 15 条记录

17. 现有订单表 orders，包含用户编号 userid 和产品编号 productid，以下（　　）语句能够返回至少被订购两次的 productid。

A. SELECT productid FROM orders WHERE COUNT(productid)>1;

B. SELECT productid FROM orders WHERE MAX(productid)>1;

C. SELECT productid FROM orders WHERE HAVING COUNT(productid)>1 GROUP BY productid;

D. SELECT productid FROM orders GROUP BY productid HAVING COUNT (productid)>1;

18. 下面通过聚合函数的结果来过滤查询结果集的 SQL 子句是（　　）。

A. WHERE 子句　　B. GROUP BY 子句

C. HAVING 子句　　D. ORDER BY 子句

19. 对下列查询语句描述正确的是（　　）。

```
SELECT studentid,name,
  (SELECT COUNT(*) FROM studentexam
    WHERE studentexam.studentid = student.studentid) AS examstaken
FROM student
ORDER BY examstaken DESC;
```

A. 从表 student 中查找 studentid 和 name，并按升序排列

B. 从表 student 中查找 studentid 和 name，并按降序排列

C. 从表 student 中查找 studentid、name 和考试次数，并按降序排列

D. 从表 student 中查找 studentid、name，并从 studentexam 表中查找与 studentid 一致的学生的考试次数，并按降序排列

20. 现要从学生选课表 SC 中查找缺少学习成绩 G 的学生的学号 S#和课程号 C#，相应的 SQL 语句如下，将其补充完整。

```
SELECT S#,C# FROM SC WHERE (       );
```

A. G = 0　　B. G <= 0　　C. G = NULL　　D. G IS NULL

21. 执行数据操纵语句 UPDATE student SET s_name='孙丽';的结果是（　　）。

A. 只把姓名为孙丽的记录进行更新　　B. 只把字段名 s_name 改为孙丽

C. 将表中所有人的姓名都修改为孙丽　　D. 修改语句不完整，不能执行

22. 创建索引的作用之一是（　　）。

A. 节省存储空间　　B. 便于管理

C. 提高查询效率　　D. 提高查询和更新的速度

23. 下列（　　）语句不能用于创建索引。

A. CREATE INDEX　　B. CREATE TABLE

C. ALTER TABLE　　　　　　　　　　D. CREATE DATABASE

24. 在 MySQL 中，用于设置唯一性索引的关键字是（　　）。

A. FULLTEXT　　B. ONLY　　C. UNIQUE　　D.INDEX

25. 下面关于索引的描述正确的是（　　）。

A. 经常被查询的列不适合创建索引　　B. 小型表适合创建索引

C. 有很多重复值的列不适合创建索引　　D. 作为外键或主键的列不适合创建索引

26. 在视图上不能完成的操作是（　　）。

A. 更新视图　　　　　　　　B. 查询视图

C. 在视图上定义新的表　　　　D. 在视图上定义新的视图

27. 在数据库系统中，视图是一个（　　）。

A. 真实存在的表，并保存了待查询的数据

B. 真实存在的表，只有部分数据来源于基本表

C. 虚拟表，查询时可以从一个或者多个基本表或视图中导出

D. 虚拟表，查询时只能从一个基本表中导出

28. 用于删除已建立视图 v_cavg 的语句是（　　）。

A. DROP　v_cavg　VIEW　　　　B. DROP　VIEW　v_cavg

C. DELETE　v_cavg　VIEW　　　D. DELETE　VIEW　v_cavg

29. 已有关系模式：图书（图书编号，图书类型，图书名称，作者，出版社，出版日期，ISBN）。图书编号唯一标识一本书。建立“计算机”类图书的视图 computer_book，并要求进行修改、插入操作时保证该视图只有计算机类的图书。实现上述要求的 SQL 语句如下。

```
CREATE  (      ①      )
  AS  SELECT 图书编号,图书名称,作者,出版社,出版日期 FROM 图书
        WHERE 图书类型='计算机'
(      ②      );
```

① A. TABLE computer_book　　　　B. VIEW computer_book

　C. computer_book TABLE　　　　D. couputer_book VIEW

② A. FORALL　　　　　　　　　　B. PUBLIC

　C. WITH CHECK OPTION　　　　D. WITH GRANT OPTION

30. SQL 一般指（　　）。

A. 结构化定义语言　　　　　　B. 结构化控制语言

C. 结构化查询语言　　　　　　D. 结构化操纵语言

二、设计题

1. 假设某商业集团中有若干公司，人事数据库中有 3 个基本表。

职工表：EMP(E#, ENAME, AGE, SEX, ECITY)。

其属性分别表示职工工号、姓名、年龄、性别和居住城市。

工作表：WORKS(E#, C#, SALARY)。

其属性分别表示职工工号、所在公司的编号和工资。

公司表：COMP(C#, CANME, CITY, MGR_E#)。

其属性分别表示公司编号、公司名称、公司所在城市和公司经理的工号。

在 3 个基本表中，字段 AGE 和 SALARY 为数值型，其他字段均为字符型。

（1）检索超过 50 岁的男职工的工号和姓名。

（2）假设每个职工可在多个公司工作，检索每个职工的兼职公司数目和总工资。显示为(E#, NUM, SUM_SALARY)，其属性分别表示工号、公司数目和总工资。

（3）检索联华公司低于本公司职工平均工资的所有职工的工号和姓名。

（4）检索职工人数最多的公司的编号和名称。

（5）检索平均工资高于联华公司平均工资的公司编号和名称。

（6）为联华公司的职工加薪 5%。

（7）在表 WORKS 中删除年龄大于 60 岁的职工记录。

（8）建立一个有关女职工的视图 emp_woman，属性包括(E#, ENAME, C#, CANME, SALARY)。然后对视图 emp_woman 进行操作，检索每一个女职工的总工资（假设每个职工可在多个公司兼职）。

2. 完成以下 MySQL 题目的要求。

（1）创建表 workinfo，要求创建表的同时在 id 字段上创建名为 index_id 的唯一性索引，且降序排列。workinfo 的表结构如表 3-8 所示。

表 3-8 workinfo 的表结构

字段名	字段描述	数据类型	非空	主键	唯一	自增
id	编号	INT	是	是	是	是
name	职位名称	VARCHAR(20)	是	否	否	否
type	职位类型	VARCHAR(10)	否	否	否	否
address	工作地址	VARCHAR(50)	否	否	否	否
wages	工资	INT	否	否	否	否
contents	工作内容	TINYTEXT	否	否	否	否
extra	附加信息	TEXT	否	否	否	否

（2）使用 CREATE INDEX 语句为 name 字段创建长度为 10 的索引 index_name。

（3）使用 ALTER TABLE 语句在 type 和 address 字段上创建名为 index_t 的索引。

（4）使用 ALTER TABLE 语句在 extra 字段上创建名为 index_ext 的全文索引。

（5）删除表 workinfo 的唯一性索引 index_id。

3. 某工厂的信息管理数据库中有如下两个关系模式。

职工(职工号, 姓名, 年龄, 月工资, 部门号, 电话, 办公室)

部门(部门号, 部门名, 负责人代码, 任职时间)

（1）查询每个部门月工资最高的“职工号”的 SQL 语句如下。

```
SELECT 职工号  FROM  职工  E
  WHERE  月工资=(SELECT  MAX(月工资)
    FROM  职工  M
      WHERE  M.部门号=E.部门号);
```

① 请用 30 字以内的文字简要说明该查询语句对查询效率的影响。

② 对该查询语句进行修改，使它既能实现相同功能，又能提高查询效率。

（2）假定分别在“职工”关系中的“年龄”和“月工资”字段上创建索引，如下的 SELECT 查询语句可能不会促使查询优化器使用索引，从而降低查询效率，请写出既能实现相同功能又能提高查询效率的 SQL 语句。

```
SELECT  姓名,年龄,月工资  FROM  职工
  WHERE  年龄>35  OR  月工资<1000;
```

第4章 关系模型的基本原理

1970 年，IBM 研究员埃德加·考特博士在发表的论文《大型共享数据库的关系模型》中首次提出了数据库的关系模型，它是目前关系数据库管理系统（Relational Database Management System，RDBMS）最重要的理论基础之一。

关系模型是数据库使用的一种典型数据模型。在关系模型中，数据库的数据结构为一张二维表。关系模型有着坚实、严格的理论基础。本章将结合 SQL 对关系模型理论基础之一的关系代数和关系运算进行全面描述。

4.1 关系模型的基本概念

关系模型的基本概念

在关系模型中，只有关系这一种单一的数据结构，从用户的角度来说，关系模型的逻辑结构就是一张二维表。第 1 章已经初步介绍了关系模型的一些基本术语，如关系、元组、属性、键和关系模式。本节将介绍关系的其他术语及关系的特性。

4.1.1 基本术语

部分常用基本术语概念如下。

（1）关系（Relation）：关系是用于描述数据的一张二维表，组成表的行称为元组，组成表的列称为属性。如学生信息表的关系模式为“水果信息表(水果编号, 名称, 单价, 供应商编号)”，它包括 4 个属性。

（2）域（Domain）：域指属性的取值范围。例如，“水果信息表”中的单价字段，假设要求每个水果的单价值都必须大于 0，则该属性的域为“单价>0”。

（3）超键（Super Key）：超键能唯一标识关系中每一个元组的属性或属性集。例如，在“水果信息表”中，水果编号能唯一标识一个元组，水果编号和名称组合也能唯一标识一个元组，则水果编号、“水果编号+名称”都为该关系的超键。

（4）候选键（Candidate Key）：也称为候选码。如果一个属性集能唯一标识一个元组，且又不含有多余的属性，则这个属性集称为关系的候选键。一个关系中可以有多个候选键。例如，“水果信息表”的候选键可以有两个，即水果编号和“供应商编号+名称”。

请思考：“水果编号+名称”是否可以作为“水果信息表”的候选键?

（5）主键（Primary Key，PK）：也称为主码。它是一个能唯一标识关系中元组的最小属性集合。可以从关系的候选键中指定其中一个作为关系的主键。一个关系最多只能指定一个主键，且要求作为主键的列不允许取空值（NULL）。例如，在“水果信息表”中指定水果编号作为该关系的主键。

（6）全码（ALL-key）：若关系中所有属性的组合是该关系的一个候选键，则该候选键称为全码。

（7）外键（Foreign Key，FK）：若关系 *R* 中的某个属性 *k* 是另一个关系 *S* 中的主键，则称该属性 *k* 为关系 *R* 的外键。通过外键可以建立两个关系间的联系。

例如在图 4-1 所示的主键、外键示意图中，若指定“供应商编号”为“供应商表”中的主键，而它又出现在“水果信息表”中，则称其为“水果信息表”的外键。

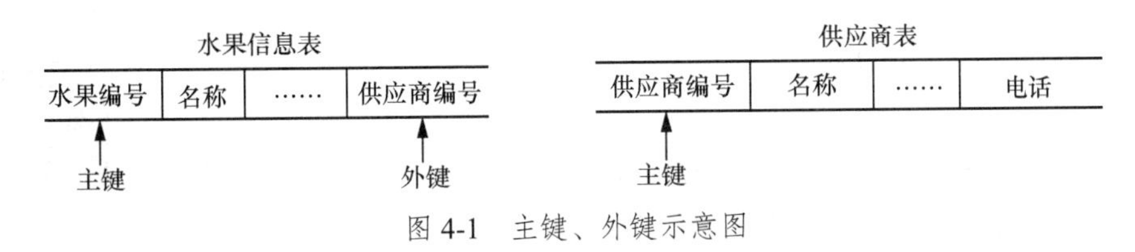

图 4-1　主键、外键示意图

4.1.2　关系的特征

首先，表是一个关系，表的行存储关于实体的数据，表的列存储关于实体的特征。其次，在关系中，每一列的所有取值具有相同的数据类型，每一列的名称都是唯一的，同一关系中，没有任何两列具有相同的名称。在关系模型中，一个关系应具有以下性质。

（1）关系中元组的位置具有顺序无关性，即元组的顺序可以任意交换。

（2）同一属性的数据具有同质性，即每一列中的分量为同一类型的数据，来自同一个域。例如，表 4-1 所示的 fruits（水果信息）表中的 f_price 列，每个分量（即该列每行对应的值）的取值类型都是数值型，域值为大于 0 的数据。

（3）同一关系的属性名具有不可重复性，即同一关系中不同属性的数据可出自同一个域，但不同的属性要赋予不同的属性名。例如，假设将 fruits 表的 f_price 列修改为进价 pur_price 和卖价 sal_price 两列，即两列出自同一个域，但两列的名称必须不同。

（4）各列在理论上是无序的，即列的次序可以任意交换，但使用时可根据习惯考虑列的顺序。

（5）关系中任意两个元组不能完全相同，即任意两个元组的候选键不能相同。例如，表 4-1 的键为 f_id，第 1 个元组的键值为 a1，第 2 个元组的键值为 b1，各元组的键值不能相同。

（6）关系中每个分量必须取原子值，即每个分量都必须是不可分的数据项。例如在表 4-1 中，供应商 101 供应了两种水果，将该表改为表 4-2 的形式，则表 4-2 就不是一个关系。

表 4-1　fruits（水果信息）表

s_id	f_id	f_name	f_price
101	a1	apple	5.2
101	b1	blackberry	10.2
102	bs1	orange	11.2
105	bs2	melon	8.2

表 4-2　修改后的 Employee（雇员）表

s_id	f_id	f_name	f_price
101	a1	apple	5.2
	b1	blackberry	10.2
102	bs1	orange	11.2
105	bs2	melon	8.2

关系模型要求关系必须是规范化的，即关系必须满足一定的规范条件。这些规范条件中最基本的一条就是，关系的每一个分量必须是不可分的数据项。

4.2 数据完整性

数据完整性

数据完整性是指数据库中的数据在逻辑上的一致性、正确性、有效性和相容性。利用完整性约束，DBMS 可以帮助用户阻止错误数据的输入。

例如，在水果销售数据库中，水果关系中的水果编号必须是唯一的，水果价格的取值必须大于 0，水果的供应商编号必须属于供应商关系中已有的供应商等。

为了维护数据库的完整性，DBMS 必须具备以下功能。

（1）提供定义完整性约束条件的机制

完整性约束条件也称为完整性规则，是数据库中的数据必须满足的语义约束条件。关系模式中有 3 类完整性约束：实体完整性、参照完整性和用户定义的完整性。其中实体完整性和参照完整性是关系模型必须满足的完整性约束条件，被称为关系的两个不变性。这些完整性一般由 SQL 的 DDL 语句实现。

（2）提供完整性检查的方法

DBMS 检查数据是否满足完整性约束条件的机制称为完整性检查。一般在 INSERT、UPDATE、DELETE 语句执行后开始检查，也可以在事务提交时检查，检查这些操作执行后数据库中的数据是否违背了完整性约束条件。

（3）进行违约处理

DBMS 若发现用户的操作违背了完整性约束条件，则会采取一定的动作，如拒绝（NO ACTION）执行该操作，或级联（CASCADE）执行其他操作，或将相关值设置为空（SET NULL）。进行违约处理可以保证数据的完整性。

4.2.1　3 类完整性规则

为了维护数据库中数据与现实的一致性，关系数据库的数据与修改操作必须遵循以下 3 类完整性规则。

1．实体完整性规则

实体完整性规则给出了主键取值的最低约束条件。

在关系数据库中，一个关系通常是对现实世界中某一实体的描述。例如，学生关系对应于学生的集合，而现实世界中的每个学生都是可以区分的，即每个学生都具有某种唯一的标识。相应地，关系中的主键可以唯一标识一个元组，即用于标识该元组描述的那个实体。如果一个元组的主键为空或部分为空，该元组就不能用于标识一个实体，就没有存在的意义了，这在数据库中是不允许的。

规则 4.1 主键的各个属性都不能为空值。

所谓空值就是用于表示“不知道”“没意义”“空白”的值，通常用 NULL 表示。如某个水果的价格还“不知道”，其价格就可以用 NULL 表示，或令其为空白。再如，水果订单明细关系——水果订单明细(订单编号, 订购项序号, 水果编号, 数量, 单价)中的(订单编号, 订购项序号)是主键，所以“订单编号”和“订购项序号”这两个属性都不能取空值。

2．参照完整性规则

参照完整性规则给出了在关系之间建立正确联系的约束条件。

现实世界中的各个实体之间往往存在着某种联系，这种联系在关系模型中也用关系来描述。有的联系是从相互有联系的关系中单独分离出的一个新关系，而有的联系则仍然隐含在相互有联系的关系中。总之，这就自然地在关系与关系之间存在相互参照。参照完整性主要是对这种参照关系是否正确进行约束。先来看下面的例子（主键用下划线标识）。

例如，存在如下两个关系。

水果(<u>水果编号</u>, 名称, 单价, 供应商编号)

供应商(<u>供应商编号</u>, 名称, 城市, 邮编, 电话)

这两个关系之间存在相互参照：水果关系参照了供应商关系中的主键“供应商编号”。显然，如果水果关系中的“供应商编号”为空值，则表示该水果还没有供应商；如果有值，就必须是确实已存在的供应商编号，即供应商关系中已经存在的供应商编号。

不仅在两个或两个以上的关系之间可以存在参照关系，在同一关系中的属性之间也可以存在参照关系。

例如，存在关系员工(<u>员工编号</u>, 姓名, 性别, 入职日期, 部门编号, 经理编号)，其中，“经理编号”属性表示员工所在部门经理的编号，由于经理也是员工，所以“经理编号”参照了员工关系中的“员工编号”属性。显然，如果“经理编号”为空值，则表示员工所在部门还没有确定经理；如果有值，就必须是已经存在的员工编号。

定义 设 F 为关系 R 的一个或一组属性（但 F 不是 R 的主键），K 为关系 S 的主键。如果 F 与 K 相对应，则称 F 为关系 R 的外键，并称关系 R 为参照关系，关系 S 为被参照关系。而且关系 R 与关系 S 可以是同一个关系。

规则 4.2 外键要么取空值（要求外键的每个属性均为空值），要么等于被参照关系中的主键的某个值。

参照完整性规则用于定义外键与主键之间的引用规则。

3．用户定义的完整性规则

根据应用环境的特殊要求，关系数据库应用系统中的关系往往还要满足一些特殊的约束条件。

用户定义的完整性规则就是用于反映某一具体关系的数据库应用系统所涉及数据必须满足的语义要求，即给出某些属性的取值范围等约束条件。例如，将水果的单价定义为 DECIMAL(8,2)的数据类型之后，还可以定义一个约束条件，要求单价必须大于 0。

规则 4.3 属性的取值应当满足用户定义的约束条件。

DBMS 应该提供定义和检验这类完整性的机制（如 CHECK 约束），以便用统一的方法处理它们，而不应该由应用程序实现这一功能。

【例 4-1】参照完整性规则在使用时有哪些变通？试举例说明。

参照完整性规则在具体使用时有 3 点变通。

（1）外键和相应的主键可以不同名，只要具有相同的值域即可。

例如在关系数据库中有下列两个关系模式。

S(<u>SNO</u>, SNAME, AGE, SEX)

SC(<u>S#</u>, <u>C#</u>, GRADE)

学号在 S 中命名为 SNO，作为主键；但在 SC 中命名为 S#，作为外键。

（2）依赖关系和参照关系可以是同一个关系，此时表示同一个关系中不同元组之间的联系。

设课程之间有先修、后继联系，模式如下。

R(<u>C#</u>, CNAME, PC#)

其属性表示课号、课名、先修课的课号。如果规定每门课程的直接先修课只有一门，那么模式 R 的主键为 C#，外键为 PC#。这里参照完整性在一个模式中实现，即每门课程的直接先修课必须在关系中出现。

（3）外键值是否允许为空，应视具体问题而定。

在（1）的关系 SC 中，S#不仅是外键，也是主键的一部分，因此这里的 S#值不允许为空。

在（2）的模式 R 中，外键 PC#不是主键的一部分，因此这里的 PC#值允许为空。

4.2.2 MySQL 约束控制

设计数据库时，可以对数据库表中的一些字段设置约束条件，由数据库管理系统自动检测输入的数据是否满足约束条件，不满足约束条件的数据，数据库管理系统拒绝接收。MySQL 中基本的完整性约束条件有 7 种：非空（NOT NULL）约束、主键（PRIMARY KEY）约束、唯一（UNIQUE）约束、检查（Check）约束、外键（FOREIGN KEY）约束、自增（AUTO_INCREMENT）约束和默认值（DEFAULT）约束。下面分别介绍这几种完整性约束。

1．非空（NOT NULL）约束

如果要求表中某个字段在每条记录中都必须有值，则可以向该字段添加非空约束。其语法格式如下。

```
字段名 数据类型 NOT NULL|NULL
```

【说明】

（1）字段默认允许取空值，也可以通过 NULL 关键字显式指明。

（2）使用了非空约束的字段，如果用户在添加数据时没有给定值，数据库管理系统将会报错。

【例 4-2】建立非空约束示例。语句如下。

```
CREATE TABLE fruits(
f_id     CHAR(10)       NOT NULL,
s_id     INT            NOT NULL,
f_name   CHAR(255)      NULL,
f_price DECIMAL(8,2)
);
```

查看 fruits 表结构的语句及执行结果如下，结果显示 f_id 和 s_id 列均不允许取空值。

```
DESC fruits;
```

Field	Type	Null	Key	Default	Extra
f_id	char(10)	NO		NULL	
s_id	int	NO		NULL	
f_name	char(255)	YES		NULL	
f_price	decimal(8,2)	YES		NULL	

2．主键（PRIMARY KEY）约束

主键约束主要针对主键，以保证主键值的完整性。主键约束要求作为主键的字段必须满足以下两个条件。

（1）值唯一。

（2）不能为空值。

指定了表中的主键约束，也就指定了该表的主键。一张表只能指定一个主键约束，因为一张表只允许有一个主键。

主键约束分为列级和表级两种定义方式。列级针对表中的一列，表级针对同一表中的一列或多列。

【例 4-3】建立主键约束示例。

（1）列级主键约束

```
CREATE TABLE fruits(
f_id    CHAR(10) NOT NULL PRIMARY KEY,
s_id    INT       NOT NULL,
f_name  CHAR(255) NULL,
f_price DECIMAL(8,2)
);
```

（2）表级主键约束

```
CREATE TABLE fruits(
f_id    CHAR(10)   NOT NULL,
s_id    INT        NOT NULL,
f_name  CHAR(255)  NOT NULL,
f_price DECIMAL(8,2),
PRIMARY KEY(s_id,f_name)
);
```

查看 fruits 表结构的语句及执行结果如下，结果显示 s_id 列和 f_name 列已被共同设置为主键。

```
DESC fruits;
```

Field	Type	Null	Key	Default	Extra
f_id	char(10)	NO		NULL	
s_id	int	NO	PRI	NULL	
f_name	char(255)	NO	PRI	NULL	
f_price	decimal(8,2)	YES		NULL	

上面的语句将 fruits 表的 s_id 字段和 f_name 字段一起定义为主键约束。因为主键由多个字段组成，所以必须使用表级约束定义。

请思考下面创建主键约束的语句是否正确？为什么？

```
CREATE TABLE fruits(
f_id    CHAR(10)   NOT NULL,
s_id    INT        NOT NULL  PRIMARY KEY,
f_name  CHAR(255)  NOT NULL  PRIMARY KEY,
f_price DECIMAL(8,2)
);
```

【例 4-4】修改主键约束示例。

（1）删除主键约束

```
ALTER TABLE fruits
  DROP PRIMARY KEY;
```

查看 fruits 表结构的语句及执行结果如下，结果显示主键已被删除。

```
DESC fruits;
```

Field	Type	Null	Key	Default	Extra
f_id	char(10)	NO		NULL	
s_id	int	NO		NULL	
f_name	char(255)	NO		NULL	
f_price	decimal(8,2)	YES		NULL	

（2）为已有表添加主键约束

```
ALTER TABLE fruits
  ADD PRIMARY KEY(f_id);
```

查看 fruits 表结构的语句及执行结果如下，结果显示 f_id 列已被设置为主键。

```
DESC fruits;
```

Field	Type	Null	Key	Default	Extra
f_id	char(10)	NO	PRI	NULL	
s_id	int	NO		NULL	
f_name	char(255)	NO		NULL	
f_price	decimal(8,2)	YES		NULL	

3．唯一（UNIQUE）约束

唯一约束主要针对候选键，以保证候选键值的完整性。唯一约束要求作为候选键的字段满足以下两个条件。

（1）值唯一。

（2）可有一个且只能有一个空值。

候选键也是一种键，也能唯一地标识关系中的每一个元组，但其中只能有一个被选作主键，该主键可用主键约束来保证其值的完整性，其他候选键也应有相应的约束来保证其值的唯一性，这就是唯一约束。因此，表中的候选键可设定为唯一约束，反过来，设定为唯一约束的属性或属性组就是该表的候选键。一张表可以指定多个唯一约束，因为一张表允许有多个候选键。

唯一约束既可以在列级定义，也可以在表级定义。

【例 4-5】建立唯一约束示例。

（1）创建 suppliers 表，为 s_call 字段定义唯一约束。

```
CREATE TABLE suppliers(
  s_id      int          NOT NULL PRIMARY KEY,
  s_name    char(50)     NOT NULL,
  s_city    char(50)     NULL,
  s_zip     char(10)     NULL,
  s_call    CHAR(50)     NOT NULL UNIQUE
);
```

查看 suppliers 表结构的语句及执行结果如下，结果显示 s_call 列已被设置为唯一约束。

```
DESC suppliers;
```

Field	Type	Null	Key	Default	Extra
s_id	int	NO	PRI	NULL	
s_name	char(50)	NO		NULL	
s_city	char(50)	YES		NULL	
s_zip	char(10)	YES		NULL	
s_call	char(50)	NO	UNI	NULL	

用此种方法建立的唯一约束，系统会为其自动生成一个随机名称。但由于一个表中可以创建多个唯一约束，为了便于管理，可以采用表级方式通过 CONSTRAINT 关键字为每个唯一约束指定名称。例如，下面的语句将定义的唯一约束命名为 call_UQ。

```
CREATE TABLE suppliers(
  s_id        int         NOT NULL PRIMARY KEY,
  s_name      char(50)    NOT NULL,
  s_city      char(50)    NULL,
  s_zip       char(10)    NULL,
  s_call      CHAR(50),
  CONSTRAINT call_UQ UNIQUE(s_call)
);
```

（2）删除唯一约束 call_UQ。

```
ALTER TABLE  suppliers
  DROP INDEX call_UQ;
```

（3）根据 s_call 字段为已有表 suppliers 创建唯一约束，约束名为 call_UQ。

```
ALTER TABLE  suppliers
  ADD CONSTRAINT call_UQ UNIQUE(s_call);
```

4．检查（CHECK）约束

检查约束通过检查输入表中的数据来维护用户定义完整性，即检查输入的每一个数据，只有符合条件的数据才被允许输入表中。

在检查约束的表达式中，必须引用表中的一个或多个字段。检查约束也分为列级和表级两种定义方式。

【例 4-6】检查约束示例。

（1）建立 employee 表，限制 age 字段的值大于 20 且小于 60。

```
CREATE TABLE  employee(
  eno  DECIMAL(2) PRIMARY KEY,
  ename  VARCHAR(8),
  age   DECIMAL(3) CONSTRAINT age_CK CHECK (age>20 AND age<60),
  deptno  DECIMAL(2),
  address  VARCHAR(30)
);
```

通过向 employee 表中插入违反 age 列 CHECK 约束的数据，验证 CHECK 约束的有效性。

```
INSERT INTO employee(eno,ename,age)
  VALUES(11,'MARY',10);
```

	#	Time	Action	Message	Duration / Fetch
⊗	1	22:37:02	INSERT INTO employee(eno,ename,ag...	Error Code: 3819. Check constraint 'age_CK' is violated.	0.000 sec

（2）删除检查约束 age_CK。

```
ALTER TABLE employee
  DROP CONSTRAINT age_CK;
```

（3）为已有表 employee 添加检查约束，限制每条记录 age 字段的值大于 20 且小于 60，并且 address 字段值以“北京市”开头。

```
ALTER  TABLE  employee
  ADD  CONSTRAINT  age_adrr_CK
  CHECK  (age>20 AND age<60 AND address LIKE '北京市%');
```

5．外键（FOREIGN KEY）约束

外键用于在两个表的数据之间建立连接，以保证表间数据的参照完整性。外键约束涉及的两个表分别称为主（父）表和从（子）表，从表是指外键所在的表，主表是指外键在另一张表中作为主键的表。

外键约束要求：被定义为外键的字段，其取值只能为主表中引用字段的值或空值（NULL）。

对主表主键进行 INSERT、DELETE、UPDATE 操作，会对从表产生什么影响呢?

下面以供应商表和水果表为例，其关系模式如下。

供应商表(供应商编号, 名称, 所在城市, 邮编, 电话)

水果表(水果编号, 名称, 单价, 供应商编号)

供应商表为主表，其主键为供应商编号；水果表为从表，外键为供应商编号。

（1）插入（INSERT）

主表中主键值的插入，不会影响从表中的外键值。

例如，在供应商表（主表）中插入一个新的供应商记录，对水果表（从表）中的记录不产生任何影响。

（2）更新（UPDATE）

如果从表中的外键值与主表中的主键值一样，则对主表中主键值的更新将影响从表中的外键值。

例如，将供应商表（主表）中某个供应商的编号值由 101 改为 201，则水果表（从表）中所有供应商编号值为 101 的值均需要同时改为 201。

（3）删除（DELETE）

主表中主键值的删除，可能会对从表中的外键值产生影响，除非主表中的主键值没有在从表的外键值中出现。

例如，要删除供应商表中 101 供应商的记录，由于该供应商在水果表中已供应了多种水果，因此，为保证表间数据的一致性，需要删除水果表中所有外键值为 101 对应的记录。

对从表外键进行 INSERT、DELETE、UPDATE 操作，又会对主表产生什么影响呢?

（1）插入（INSERT）

插入从表的外键值时，要求插入的外键值应“参照”（REFERENCE）主表中的主键值。

例如，在水果表中插入一条水果信息，但其供应商编号没有在供应商表的供应商编号范围之内，所以，要插入的供应商编号是非法数据，应拒绝此类插入。但如果在水果表中插入的供应商编号在供应商表的供应商编号范围之内，则应接受此类插入。

（2）更新（UPDATE）

更新从表的外键值时，要求更新的外键值需“参照”主表中的主键值。

例如，要更改水果表中某个供应商的供应商编号，但更改的供应商编号不在供应商表的供应商编号范围之内，所以，要更改的供应商编号是非法数据，应拒绝此类修改。但如果在水果表中更改的供应商编号在供应商表的供应商编号范围之内，则应接受此类更改。

（3）删除（DELETE）

从表中元组的删除不需要参照主表中的主键值。

定义外键约束的字段必须是主表中的主键或候选键。一个表可以根据需要创建多个外键。外键约束分为列级和表级两种。创建表级外键约束的语法格式如下。

```
FROEIGN KEY(字段[,字段……]) REFERENCES 主表(字段[,字段……])
[ON DELETE CASCADE|SET NULL|NO ACTION]
[ON UPDATE CASCADE|SET NULL|NO ACTION]
```

【说明】

（1）CASCADE：主表记录的删除或者更新操作，会自动删除或更新子表中与之对应的记录。

（2）SET NULL：主表记录的删除或者更新操作，会将子表中与之对应的记录的外健值自动设置为 NULL。

（3）NO ACTION：执行主表记录的删除或者更新操作时，如果子表中存在与之对应的记录，则删除或更新操作将被禁止执行。

【例 4-7】 建立外键约束示例。

（1）建立 fruits 和 suppliers 表，实现两表间的外键约束，并指定为级联更新。语句如下。

```
CREATE TABLE suppliers(
  s_id        int            NOT NULL PRIMARY KEY,
  s_name      char(50)       NOT NULL,
  s_city      char(50)       NULL,
  s_zip       char(10)       NULL,
  s_call      char(50)       NOT NULL
);

CREATE TABLE fruits(
  f_id        char(10)       NOT NULL PRIMARY KEY,
  s_id        INT            NOT NULL,
  f_name          char(255)      NOT NULL,
  f_price decimal(8,2)       NOT NULL,
  CONSTRAINT sid_FK FOREIGN KEY(s_id) REFERENCES suppliers(s_id)
   ON UPDATE CASCADE
);
```

上面创建的外键约束也可以通过以下列级方式实现。

```
CREATE TABLE fruits(
  f_id        char(10)       NOT NULL PRIMARY KEY,
  s_id        INT            REFERENCES suppliers(s_id) ON UPDATE CASCADE,
  f_name      char(255)      NOT NULL,
  f_price     decimal(8,2) NOT NULL
);
```

（2）删除 fruits 表的 sid_FK 约束。语句如下。

```
ALTER TABLE fruits
 DROP CONSTRAINT sid_FK;
```

（3）为 fruits 表设置与 suppliers 表的外键约束，并指定为级联删除和级联更新。语句如下。

```
ALTER TABLE fruits
  ADD CONSTRAINT sid_FK FOREIGN KEY(s_id) REFERENCES suppliers(s_id)
    ON DELETE CASCADE  ON UPDATE CASCADE;
```

6. 自增（AUTO_INCREMENT）约束

在数据库应用中，若希望在每次插入记录时，系统自动生成字段的主键值，则可以通过为表主键添加 AUTO_INCREMENT 关键字来实现。默认情况下，在 MySQL 中，AUTO_INCREMENT 的初始值为 1，每新增一条记录，字段值自动加 1。一个表只能有一个字段使用自增约束，且该字段必须为主键的一部分。自增约束的字段可以为任何整数类型，如 TINYINT、SMALLINT、INT、BIGINT 等。

【例 4-8】建立自增约束示例。

建立 suppliers 表，为 s_id 字段定义自增约束。语句如下。

```
CREATE TABLE suppliers(
  s_id        int            NOT NULL AUTO_INCREMENT PRIMARY KEY,
  s_name      char(50)       NOT NULL,
  s_city      char(50)       NULL
) ;
```

向 suppliers 表中插入记录，注意不要向 s_id 列中插入具体值。语句如下。

```
INSERT INTO suppliers(s_name,s_city)
  VALUES('FastFruit Inc.','Tianjin')
  ,('LT Supplies','Chongqing')
  ,('ACME','Shanghai');
```

查看 suppliers 表，验证 s_id 列自增约束的有效性，语句及执行结果如下。

```
SELECT * FROM suppliers;
```

s_id	s_name	s_city
1	FastFruit Inc.	Tianjin
2	LT Supplies	Chongqing
3	ACME	Shanghai

7. 默认值（DEFAULT）约束

默认值约束是为表中某列指定默认值。例如在订单表中，可以为订单日期设置默认值为系统当前日期，如果插入一条新的记录时没有为这个字段赋值，那么系统会自动为该字段赋值为系统当前日期。

【例 4-9】建立默认值约束示例。

创建 orders 表，为 o_date 字段定义默认值约束。语句如下。

```
CREATE TABLE orders(
  o_num       INT            NOT NULL AUTO_INCREMENT PRIMARY KEY,
  o_date      DATETIME       DEFAULT(CURDATE()),
  c_id        INT
);
```

向 orders 表中插入记录，语句如下。

```
INSERT INTO orders(o_num,c_id)
  VALUES(30001, 10001),(30002,10003);
```

查看 orders 表，验证 o_date 列默认值约束的有效性，语句及执行结果如下。

```
SELECT * FROM orders;
```

o_num	o_date	c_id
30001	2021-11-29 00:00:00	10001
30002	2021-11-29 00:00:00	10003

4.3 关系代数

关系代数

关系代数与数值代数十分相似，只是研究对象有所不同。数值代数研究数值，而关系代数研究的是表。在数值代数中，各个操作符将一个或多个数值转换为另一个数值。同样，关系代数的各个操作符将一个或两个关系转换为新关系。

由于可以把多个关系定义为属性个数相同的元组的集合，因此就可以将集合代数的操作引入关系代数中。关系代数中的操作可以分为以下两类。

（1）传统的集合运算，包括并、交、差等。

（2）专门的关系运算，包括对关系进行垂直分割（投影）、水平分割（选择）、联合（连接、自然连接）等。

其中传统的集合运算将关系看作元组的集合，其运算是从关系的“水平”方向（行的角度）进行。而专门的关系运算不仅涉及行，而且涉及列。

4.3.1 关系代数的基本操作

关系代数的基本操作有 5 个，分别为并、差、笛卡儿积、投影和选择。它们组成了关系代数完备的操作集。

1. 并（Union）

设关系 R 与 S 具有相同的属性个数 n，且相应的属性取自同一个域，则 R 与 S 并运算的结果为属性个数仍为 n 且由属于 R 或属于 S 的元组构成的一个关系，记作 $R \cup S$。其形式定义如下。

$$R \cup S=\{t \mid t \in R \vee t \in S\}$$

【说明】

（1）t 为元组变量。

（2）关系代数中的逻辑运算符包括逻辑与（$\wedge$）、逻辑或（$\vee$）、逻辑非（$\neg$）。

关系的并操作对应于关系的“插入”记录操作，俗称“+”操作。

【例 4-10】设关系 R 与 S 分别如表 4-3 和表 4-4 所示，计算 $R \cup S$。

表 4-3 关系 *R*

f_id	f_name	f_price	s_id
a1	apple	5.2	101
b1	blackberry	10.2	101
bs1	orange	11.2	102

表 4-4 关系 *S*

f_id	f_name	f_price	s_id
b1	blackberry	10.2	101
bs2	melon	8.2	105

$R\cup S$ 如表 4-5 所示。

表 4-5　$R\cup S$

f_id	f_name	f_price	s_id
a1	apple	5.2	101
b1	blackberry	10.2	101
bs1	orange	11.2	102
bs2	melon	8.2	105

2．差（Difference）

设关系 R 与 S 具有相同的属性个数 n，且相应的属性取自同一个域，则 R 与 S 差运算的结果为属性个数仍为 n 且由属于 R 但不属于 S 的元组构成的一个关系，记为 $R-S$。其形式定义如下。

$$R-S=\{ t \mid t\in R \wedge t \notin S \}$$

关系的差操作对应于关系的“删除”记录操作，俗称“－”操作。

对例 4-10 中的 R 与 S 关系，计算 $R-S$，结果如表 4-6 所示。

表 4-6　$R-S$

f_id	f_name	f_price	s_id
a1	apple	5.2	101
bs1	orange	11.2	102

3．笛卡儿积（Cartesian Product）

设关系 R 与 S 的属性个数（列数）分别为 r 和 s，R 与 S 的笛卡儿积是一个（$r+s$）列的元组集合，每个元组的前 r 列来自 R 的一个元组，后 s 列来自 S 的一个元组，若 R 有 k_1 个元组，S 有 k_2 个元组，则关系 R 与关系 S 的笛卡儿积有 $k_1\times k_2$ 个元组，记为 $R\times S$。其形式定义如下。

$$R\times S=\{ \widehat{t_r t_s} \mid t_r\in R \wedge t_s\in S \}$$

关系的笛卡儿积操作对应于两个关系记录横向合并的操作，俗称“×”操作。

对例 4-10 中的 R 与 S 关系，计算 $R\times S$，结果如表 4-7 所示。

表 4-7　$R\times S$

R.f_id	R.f_name	R.f_price	R.s_id	S.f_id	S.f_name	S.f_price	S.s_id
a1	apple	5.2	101	b1	blackberry	10.2	101
a1	apple	5.2	101	bs2	melon	8.2	105
b1	blackberry	10.2	101	b1	blackberry	10.2	101
b1	blackberry	10.2	101	bs2	melon	8.2	105
bs1	orange	11.2	102	b1	blackberry	10.2	101
bs1	orange	11.2	102	bs2	melon	8.2	105

4．投影（Projection）

关系 R 上的投影是从 R 中选择若干属性列组成新的关系。其形式定义如下。

$$\Pi_A(R)=\{ t[A] \mid t\in R \}$$

其中，A 为 R 中的属性列。

例如，$\Pi_{3,1}(R)$表示其结果关系中第 1 列是关系 R 的第 3 列，第 2 列是 R 的第 1 列。操作符“Π”的下标处也可以用属性名表示。例如，存在关系 R（f_id,f_name,f_price,s_id），那么 $\Pi_{3,1}(R)$ 与 $\Pi_{f\_price,f\_id}(R)$ 是等价的。

投影操作是对一个关系进行垂直分割，消去某些列，并重新安排列的顺序，在 MySQL 中通过 SELECT 短语实现。

对例 4-10 中的 R 关系，计算 $\Pi_{3,1}(R)$，结果如表 4-8 所示。

表 4-8　$\Pi_{3,1}(R)$

f_price	f_id
5.2	a1
10.2	b1
11.2	bs1

5．选择（Selection）

关系 R 上的选择操作是从 R 中选择符合条件的元组。其形式定义如下。

$$ð_F(R)=\{t \mid t \in R \wedge F(t)=\text{true}\}$$

F 表示选择条件，它是一个逻辑表达式，取逻辑值 true 或 false。F 中包括以下两部分。

（1）运算对象，可以是常数、属性名或列的序号。

（2）运算符，包括比较运算符（<、≤、>、≥、=、≠，也称为 θ 符）、逻辑运算符（逻辑与∧、逻辑或∨、逻辑非¬）。

例如，$ð_{3\geqslant 10}(R)$ 表示从关系 R 中挑选出第 3 列值大于或等于 10 的元组所构成的关系。

选择操作是对一个关系进行水平分割，消去某些行，在 MySQL 中通过 WHERE 短语实现。

对例 4-10 中的 R 关系，计算 $ð_{f\_price\geqslant 10}(R)$，结果如表 4-9 所示。

表 4-9　$ð_{f\_price\geqslant 10}(R)$

f_id	f_name	f_price	s_id
b1	blackberry	10.2	101
bs1	orange	11.2	102

4.3.2　关系代数的 3 个组合操作

在关系代数中还可以引进许多其他操作，这些操作可由前面 5 个基本操作推出，在实际使用中极为有用。下面介绍关系代数的交、连接和除 3 个组合操作。

1．交（Intersection）

设关系 R 与 S 具有相同的属性个数 n，且相应的属性取自同一个域，则 R 与 S 交运算的结果为属性个数仍为 n 且由既属于 R 又属于 S 的元组构成的一个关系，记为 $R\cap S$。其形式定义如下：

$$R\cap S=\{\, t \mid t\in R \wedge t\in S \,\}$$

关系的交操作可以用差来表示，即 $R\cap S=R-\{\,R-S\,\}$。

关系的交操作对应于寻找两关系共有记录的操作，是一种关系“查询”操作。

对例 4-10 中的 R 与 S 关系，计算 $R\cap S$，结果如表 4-10 所示。

表 4-10　$R\cap S$

f_id	f_name	f_price	s_id
b1	blackberry	10.2	101

2．连接（Join）

连接也称为θ连接，它是从两个关系的笛卡儿积中选取属性值满足某一θ操作的元组。其形式定义如下。

$$R \underset{A\theta B}{\infty} S=\{\widehat{t_r t_s} \mid t_r \in R \wedge t_s \in S \wedge t_r[A]\ \theta\ t_s[B]\}$$

也可写成如下形式。

$$R \underset{A\theta B}{\infty} S=\delta_{A\theta B}(R\times S)$$

其中，A 和 B 分别为 R 和 S 上的属性。连接运算从 R 与 S 的笛卡儿积 $R\times S$ 中选取在 A 属性上的值与 B 属性上的值满足比较关系θ的元组。

对例 4-10 中的 R 与 S 关系，计算 $R \underset{R.f\_price>S.f\_price}{\infty} S$，结果如表 4-11 所示。

表 4-11　$R \underset{R.f\_price>S.f\_price}{\infty} S$

R.f_id	R.f_name	R.f_price	R.s_id	S.f_id	S.f_name	S.f_price	S.s_id
b1	blackberry	10.2	101	bs2	melon	8.2	105
bs1	orange	11.2	102	b1	blackberry	10.2	101
bs1	orange	11.2	102	bs2	melon	8.2	105

连接运算中有两种最为重要也最为常用的连接，一种是等值连接，另一种是自然连接。

如果θ是等号“=”，该连接操作称为“等值连接”。等值连接可以表示为如下形式。

$$R \underset{A=B}{\infty} S=\delta_{A=B}(R\times S)$$

对例 4-10 中的 R 与 S 关系，计算 $R \underset{2=2}{\infty} S$，结果如表 4-12 所示。

表 4-12　$R \underset{2=2}{\infty} S$

R.f_id	R.f_name	R.f_price	R.s_id	S.f_id	S.f_name	S.f_price	S.s_id
b1	blackberry	10.2	101	b1	blackberry	10.2	101

自然连接是一种特殊的等值连接，它要求从两个关系中取相同属性（组）的值进行比较，并且在结果中把重复的属性（组）列去掉。即若 R 与 S 具有相同的属性组 B，则自然连接可以表示为如下形式。

$$R\infty S=\prod_{\overline{B}}(\delta_{R.B=S.B}(R\times S))$$

其中 $\overline{B}$ 表示去掉重复出现的一个 B 属性（组）列后剩余的属性组。

对例 4-10 中的 R 与 S 关系，计算 $R\infty$S，结果如表 4-13 所示。

表 4-13　$R\infty S$

f_id	f_name	f_price	s_id
b1	blackberry	10.2	101

3．除（Division）

在讲除运算之前，先介绍两个概念，即分量和象集。

（1）分量

设关系模式为 $R(A_1, A_2, \cdots, A_n)$。$t \in R$ 表示 t 是 R 的一个元组，$t[A_i]$则表示元组 t 中对应于属性 A_i 的一个分量。

例如，在例 4-10 的 R 关系中，第 1 个元组 f_id 字段的分量为 a1；第 2 个元组 f_id 字段的分量为 b1。

（2）象集

给定一个关系 $R(X, Z)$，X 和 Z 为属性组。可以定义，当 $t[X]=x$ 时，x 在 R 中的象集为 $Z_x = \{ t[Z] \mid t \in R, t[X]=x \}$，它表示 R 中 X 分量等于 x 的元组集合在属性集 Z 上的投影。

例如，在例 4-10 的 R 关系中，求解 s_id（定义中的 X）等于 101 的元组集合（定义中的 x）在(f_id,f_name,f_price)（定义中的 Z）上的象集。

在关系 R 中，s_id 为 101 的象集为{(a1,apple,5.2),(b1,blackberry,10.2)}。

象集的实质就是进行一次选择运算和一次投影运算。下面来讲除运算。

给定关系 $R(X, Y)$和 $S(Y, Z)$，其中 X、Y、Z 为属性组。R 中的 Y 与 S 中的 Y 可以有不同的属性名，但必须出自相同的域集。

R 与 S 的除运算得到一个新的关系 $P(X)$，P 是 R 中满足下列条件的元组在 X 属性列上的投影：元组在 X 上分量值 x 的象集 Y_x 包含 S 在 Y 上投影的集合。其形式定义如下。

$$R \div S = \{ t_r[X] \mid t_r \in R \wedge \Pi_Y(S) \subseteq Y_x \}$$

其中 Y_x 为 x 在 R 中的象集，$x = t_r[X]$。

关系的除运算分为以下 4 个步骤。

① 将被除关系的属性分为象集属性和结果属性：与除关系相同的属性属于象集属性，不相同的属性属于结果属性。

② 在除关系中，对与被除关系相同的属性（象集属性）进行投影，得到除目标数据集。

③ 将被除关系分组，原则是，结果属性值一样的元组分为一组。

④ 逐一考察每个组，如果它的象集属性值中包含除目标数据集，则对应的结果属性值属于该除法运行结果集。

【例 4-11】设关系 R、S 分别如表 4-14 和表 4-15 所示，求 $R \div S$ 的结果。

表 4-14　关系 *R*

A	*B*	*C*
a_1	b_1	c_2
a_2	b_3	c_7
a_3	b_4	c_6
a_1	b_2	c_3
a_4	b_6	c_6
a_2	b_2	c_3
a_1	b_2	c_1

表 4-15　关系 *S*

B	*C*	*D*
b_1	c_2	d_1
b_2	c_1	d_1
b_2	c_3	d_2

（1）关系 R 与 S 相同的属性组为(B, C)，不相同的属性为 A。

（2）在关系 S 中对属性组(B, C)做投影，得到的结果为$\{(b_1,c_2),(b_2,c_1),(b_2,c_3)\}$

（3）关系 R 的 A 属性在(B, C)列上对应的象集如下。

a_1 在(B, C)列上的象集为$\{(b_1, c_2), (b_2, c_3), (b_2, c_1)\}$。

a_2在(B, C)列上的象集为$\{(b_3, c_7), (b_2, c_3)\}$。

a_3在(B, C)列上的象集为$\{(b_4, c_6)\}$。

a_4在(B, C)列上的象集为$\{(b_6, c_6)\}$。

（4）判断包含关系，对比发现：a_2、a_3、a_4的象集都不包含关系S中(B, C)列上的所有值，所以排除a_2、a_3、a_4；而a_1的象集包含了关系S中(B, C)列上的所有值。因此，$R \div S$的结果如表 4-16 所示。

表 4-16　$R \div S$

A
a_1

除操作适合进行包含"对于所有的或全部的"语句的查询操作。

【例 4-12】下面是对关系做除法的例子。关系R为学生选修课程的情况，如表 4-17 所示，关系C表示课程情况，如表 4-18 所示。请给出$R \div C$的操作结果。

解答：$R \div C$的结果如表 4-19 所示。

结果表示至少选修了C关系所列课程的学生名单。

表 4-17　关系 *R*

S#	SNAME	C#	CNAME
S1	MARY	C1	DB
S1	MARY	C2	OS
S1	MARY	C3	DB
S1	MARY	C4	MIS
S2	JACK	C1	DB
S2	JACK	C2	OS
S3	SMITH	C2	OS
S4	JONE	C2	OS
S4	JONE	C4	MIS

表 4-18　关系 *C*

C#	CNAME
C1	DB
C2	OS
C4	MIS

表 4-19　$R \div C$

S#	SNAME
S1	MARY

4.3.3　关系代数操作实例

在关系代数操作中，把由 5 个基本操作经过有限次复合的式子称为关系代数表达式。这种表达式的运算结果仍为一个关系。可以用关系代数表达式表示各种数据查询的操作。

【例 4-13】有如下 3 个关系。

课程关系　C(C#, CNAME, T#)

学生关系　S(S#, SNAME, AGE, SEX)

选课关系　SC(S#, C#, SCORE)

用关系代数表达式实现下列每个查询操作并给出对应的 SQL 查询语句。

（1）检索选修课程号为 C2 课程的学生的学号与成绩。

$$\Pi_{S\#,\ SCORE}(\eth_{C\#='C2'}(SC))$$

对应的 SQL 查询语句如下。

```
SELECT   S#,SCORE   FROM  SC
  WHERE  C#='C2';
```

（2）检索选修课程号为 C2 课程的学生的学号与姓名。

$$\Pi_{S\#,\ SNAME}(\eth_{C\#='C2'}(S \infty SC))$$

对应的 SQL 查询语句如下。

```
SELECT   S.S#,SNAME   FROM   S,SC
```

```
  WHERE  S.S#=SC.S#  AND  C#='C2';
```

（3）检索选修课程名为数据结构的学生的学号与姓名。

$$\Pi_{S\#,\ SNAME}(\sigma_{CNAME='数据结构'}(S \infty SC \infty C))$$

对应的 SQL 查询语句如下。

```
SELECT  S.S#,SNAME  FROM  S,SC,C
  WHERE  S.S#=SC.S#  AND  SC.C#=C.C#  AND CNAME='数据结构';
```

（4）检索选修课程号为 C2 或 C4 课程的学生的学号。

$$\Pi_{S\#}(\sigma_{C\#='C2' \vee C\#='C4'}(SC))$$

对应的 SQL 查询语句如下。

```
SELECT  S#  FROM  SC
  WHERE C#='C2'  OR  C#='C4';
```

（5）检索至少选修课程号为 C2 和 C4 课程的学生的学号。

$$\Pi_{1}(\sigma_{1=4 \wedge 2='C2' \wedge 5='C4'}(SC \times SC))$$

这里的(SC × SC)）表示关系 SC 自身相乘的笛卡儿积操作。

对应的 SQL 查询语句如下。

```
SELECT  S1.S#  FROM  SC  S1,SC  S2
  WHERE  S1.S#=S2.s#  AND  S1.C#='C2'  AND  S2.C#='C4';
```

（6）检索没有选修 C2 课程的学生的姓名。

$$\Pi_{SNAME}(S) - \Pi_{SNAME}(\sigma_{C\#='C2'}(S \infty SC))$$

这里要用到集合差操作。先求出全体学生的姓名，再求出选修了 C2 课程的学生的姓名，最后对两个集合执行差操作。

对应的 SQL 查询语句如下。

```
SELECT  SNAME  FROM  S
  WHERE  S#  NOT  IN
    (SELECT  S#  FROM  SC  WHERE  C#='C2');
```

（7）检索选修了全部课程的学生的姓名。

编写这个查询语句的关系代数表达式的过程如下。

学生选课情况可用操作$\Pi_{S\#,\ C\#}(SC)$表示。

全部课程可用操作$\Pi_{C\#}(C)$表示。

选修了全部课程的学生的学号可用除法表示，操作结果为学号 S#集。

$$\Pi_{S\#,\ C\#}(SC) \div \Pi_{C\#}(C)$$

通过 S#求学生姓名 SNAME，可以用自然连接和投影操作组合完成。

$$\Pi_{SNAME}(S \infty (\Pi_{S\#,\ C\#}(SC) \div \Pi_{C\#}(C)))$$

对应的 SQL 查询语句如下。

```
SELECT   SNAME  FROM  S
  WHERE NOT  EXISTS
  (SELECT  C#  FROM  C
  WHERE  NOT  EXISTS
    (SELECT  C#  FROM SC  WHERE  S.S#=SC.S#  AND SC.C#=C.C#));
```

可以理解为查询这类学生的姓名——没有一门课程是他没选的。或者用如下不太常规的方式查询。

```
SELECT  SNAME  FROM  S
  WHERE  S#  IN
  (SELECT S#  FROM  SC
    GROUP  BY  S#
      HAVING  COUNT(*)=(SELECT COUNT(*)  FROM  C));
```

（8）检索选修课程包含学生 S3 所学课程的学生的学号。

学生选课情况可用操作$\prod_{S\#,\ C\#}(SC)$表示。

学生 S3 所学课程可用操作$\prod_{C\#}(\sigma_{S\#='S3'}(SC))$表示。

选修课程包含学生 S3 所学课程的学生的学号，可以用除法操作求得。

$$\prod_{S\#,\ C\#}(SC) \div \prod_{C\#}(\sigma_{S\#='S3'}(SC))$$

对应的 SQL 查询语句如下。

```
SELECT  DISTINCT S#  FROM  SC X
  WHERE S#<>'S3' AND NOT EXISTS
  (SELECT  *   FROM SC Y
    WHERE Y.S#='S3'
  AND NOT EXISTS
  (SELECT *   FROM SC Z
    WHERE Z.S#=X.S# AND Z.C#=Y.C#));
```

【总结】

（1）在用关系代数完成查询操作时，首先要确定查询需要的关系，对它们执行笛卡儿积或自然连接操作得到一张大的表格，然后对大表格执行选择和投影操作。但是当查询涉及否定含义或全部值时，就需要用到差操作或除法操作。

（2）关系代数的操作表达式不是唯一的。

（3）在关系代数的操作表达式中，最花费时间和空间的运算是笛卡儿积和连接操作。为此引出以下 3 条启发式优化规则，用于转换表达式，以减少中间关系。

① 尽可能早地执行选择操作。

② 尽可能早地执行投影操作。

③ 避免直接执行笛卡儿积操作，把笛卡儿积操作之前和之后的一连串选择和投影操作合并起来执行。

通常选择操作优先于投影操作比较好，因为选择操作可能会大大减少元组，并且可以利用索引存取元组。

4.4 元组关系演算**

元组关系演算

除了用关系代数表示关系运算外，还可以通过谓词演算来表达关系的运算，这称为关系演算。关系演算可分为元组关系演算和域关系演算，前者以元组为变量，后者以属性（域）为变量，分别简称为元组演算和域演算。

元组演算（Tuple Relational Calculus）以元组为变量，其一般形式如下。

$$\{ t \mid P(t) \}$$

【说明】

（1）t 为元组变量，即将整个 t 作为演算结果对象。

（2）P 为公式，在数理逻辑中也称为谓词。$P(t)$为 t 应该满足的谓词。

（3）$\{t \mid P(t)\}$表示满足公式 P 的所有元组 t 的集合。

元组演算表达式由原子公式和运算符组成。

1．原子公式的 3 种形式

（1）$R(t)$

其中 R 为关系名，t 为元组变量。

t 为 R 中的一个元组。所以，关系 R 可表示为$\{t \mid R(t)\}$。

（2）$t[i]\ \theta\ s[j]$

其中 t 和 s 为元组变量，θ是算术比较运算符，$t[i]$和 $s[j]$分别为 t 的第 i 个分量和 s 的第 j 个分量。

$t[i]\ \theta\ s[j]$表示元组 t 的第 i 个分量与元组 s 的第 j 个分量之间满足条件 θ 。

例如，$t[1]<s[2]$表示元组 t 的第 1 个分量值必须小于 s 的第 2 个分量值。

（3）$t[i]\ \theta\ c$ 或 $c\ \theta\ t[i]$

其中 c 为常量。$t[i]\ \theta\ c$ 表示元组 t 的第 i 个分量与常量 c 满足条件 θ 。

例如，$t[3]=2$ 表示元组 t 的第 3 个分量值必须等于 2。

2．公式的递归定义

在定义关系演算操作时，要用到“自由元组变量”和“约束元组变量”的概念。在一个公式中，如果元组变量未用存在量词“∃”或全称量词“∀”符号定义，那么称其为自由元组变量，否则称其为约束元组变量。

公式可以递归定义如下。

（1）如果 P_1 和 P_2 为公式，那么下面 3 个也为公式。

① $\neg P_1$，如果 P_1 为真，则$\neg P_1$ 为假。

② $P_1 \vee P_2$，如果 P_1 和 P_2 中有一个为真或者同时为真，则 $P_1 \vee P_2$ 为真，仅当 P_1 和 P_2 同时为假时，$P_1 \vee P_2$ 为假。

③ $P_1 \wedge P_2$，P_1 和 P_2 同时为真时 $P_1 \wedge P_2$ 才为真，否则为假。

（2）如果 P 为公式，那么$(\exists t)(P)$和$(\forall t)(P)$也为公式。其中 t 为公式 P 中的自由元组变量，在$(\exists t)(P)$和$(\forall t)(P)$中称其为约束元组变量。

$(\exists t)(P)$表示存在任意一个元组 t，使得公式 P 为真，$(\forall t)(P)$表示对于所有元组 t 都使得公式 P 为真。

（3）公式中各种运算符的优先级从高到低依次为：θ 、∃和∀ 、¬、∧和∨。在公式外还可以加括号，以改变上述优先级顺序。

【例 4-14】设关系 R 和 S 分别如表 4-20 和表 4-21 所示。给出下列元组演算表达式表示的关系。

表 4-20　关系 *R*

A	*B*	*C*
1	2	3
4	5	6
7	8	9

表 4-21　关系 *S*

A	*B*	*C*
1	2	3
3	4	6
5	6	9

（1）$R1=\{t|R(t) \wedge t[1]>2\}$

（2）$R2=\{t|R(t) \wedge \neg S(t)\}$

（3）$R3=\{t|(\exists u)(S(t) \wedge R(u) \wedge t[3]<u[2])\}$

（4）$R4=\{t|(\forall u)(S(t) \wedge R(u) \wedge t[3]>u[1])\}$

（5）$R5=\{t|(\exists u)(\exists v)(R(u) \wedge S(v) \wedge u[1]>v[2] \wedge t[1]=u[2] \wedge t[2]=v[3] \wedge t[3]=u[1])\}$

*R*1、*R*2、*R*3、*R*4 和 *R*5 的计算结果分别如表 4-22～表 4-26 所示。

表 4-22　*R*1

A	*B*	*C*
4	5	6
7	8	9

表 4-23　*R*2

A	*B*	*C*
4	5	6
7	8	9

表 4-24　*R*3

A	*B*	*C*
1	2	3
3	4	6

表 4-25　*R*4

A	*B*	*C*
5	6	9

表 4-26　*R*5

R.B	*S.C*	*R.A*
5	3	4
8	3	7
8	6	7
8	9	7

3．用元组演算表达式表达关系代数中的常用运算

可以将关系代数表达式等价转换为元组表达式。设关系 *R* 和 *S* 都是具有 3 个属性列的关系，下面用元组演算表达式来表示 *R* 和 *S* 的操作。

（1）并

$$R \cup S=\{t|R(t) \vee S(t)\}$$

（2）差

$$R-S=\{t|R(t) \wedge \neg S(t)\}$$

（3）投影

$$\Pi_{i_1,i_2,\cdots,i_k}(R)=\{t|(\exists u)(R(u) \wedge t[1]=u[i_1] \wedge t[2]=u[i_2] \wedge \cdots \wedge t[k]=u[i_k])\}$$

例如，投影操作为$\Pi_{2,3}(R)$，那么元组表达式可写作如下形式。

$$\{t|(\exists u)(R(u) \wedge t[1]=u[2] \wedge t[2]=u[3])\}。$$

（4）笛卡儿积

$$R \times S=\{t|(\exists u)(\exists v)(R(u) \wedge S(v) \wedge t[1]=u[1] \wedge t[2]=u[2] \wedge t[3]=u[3] \wedge t[4]=v[1] \wedge t[5]=v[2] \wedge t[6]=v[3])\}$$

（5）选择

$$\sigma_F(R)=\{t|R(t) \wedge F'\}$$

其中 F'为 F 的等价表达形式。

例如，$\sigma_{2='d'}(R)$ 可写作$\{t|R(t) \wedge t[2]='d'\}$。

（6）交

$$R \cap S=\{t|R(t) \wedge S(t)\}$$

【例 4-15】有如下 3 个关系。

课程关系　C(C#, CNAME, T#)

学生关系　S(S#, SNAME, AGE, SEX)

选课关系　SC(S#, C#, SCORE)

用元组演算表达式实现下列查询操作。

（1）检索选修课程号为 C2 课程的学生的学号与成绩。

$$\{t \mid (\exists u)\ (\ SC\ (u) \wedge u[2]='C2' \wedge t[1]=u[1] \wedge t[2]=u[3])\ \}$$

（2）检索进修课程号为 C2 课程的学生的学号与姓名。

$$\{t \mid (\exists u)(\exists v)(\ S(u) \wedge SC(v) \wedge v[2]='C2' \wedge u[1]=v[1] \wedge t[1]=u[1] \wedge t[2]=u[2]\ )\ \}$$

（3）检索选修数据结构课程的学生的学号与姓名。

$$\{t \mid (\exists u)(\exists v)(\exists w)(S(u) \wedge SC(v) \wedge C(w) \wedge u[1]=v[1] \wedge v[2]=w[1] \wedge w[2]= \text{'数据结构'} \wedge t[1]=u[1] \wedge t[2]=u[2]\ )\ \}$$

（4）检索选修课程号为 C2 或 C4 课程的学生的学号。

$$\{t \mid (\exists u)(\ SC(u) \wedge (u[2]='C2' \vee u[2]='C4') \wedge t[1]=u[1]\ )\ \}$$

（5）检索至少选修课程号为 C2 和 C4 课程的学生的学号。

$$\{t \mid (\exists u)(\exists v)(\ SC(u) \wedge SC(v) \wedge u[1]=v[1] \wedge u[2]='C2' \wedge v[2]='C4' \wedge t[1]=u[1]\ )\ \}$$

（6）检索选修全部课程的学生的姓名。

$$\{t \mid (\exists u)(\forall v)(\exists w)(S(u) \wedge C(v) \wedge SC(w) \wedge u[1]=w[1] \wedge v[1]=w[2] \wedge t[1]=u[2]\ )\ \}$$

4.5 小结

数据库的完整性指的是数据库中数据的正确性、有效性和相容性，防止错误信息进入数据库。关系数据库的完整性通过 DBMS 的完整性子系统来保障。

在完整性约束中，主键必须满足实体完整性，即主键不能为空；外键必须满足参照完整性，即必须有与之匹配相应关系的候选键；检查约束必须满足用户定义完整性，保证关系中属性域的正确性。

关系数据模型中的数据操作包含两种方式：关系代数和关系演算。

5 种基本的关系代数运算为并、差、笛卡儿积、投影和选择。3 种组合关系运算为关系的交、除、连接。通过这些关系代数运算可方便地实现关系数据库的查询和修改操作。

将数理逻辑中的谓词演算推广到关系运算中，就得到了关系演算。关系演算可分为元组关系演算和域关系演算两种。元组关系演算以元组为变量，用元组演算公式描述关系。关系代数与关系演算的表达是等价的。关系数据库语言都属于非过程性语言，以关系代数为基础的数据库语言非过程性较弱，以关系演算为基础的数据库语言非过程性较强。

习　题

一、选择题

1. 在关系模型的完整性约束中，实体完整性规则是指关系中（ ① ），而参照完整性规则要求（ ② ）。

① A. 属性值不允许重复　　B. 属性值不允许为空
　 C. 主键值不允许为空　　D. 外键值不允许为空

② A. 不允许引用不存在的元组　　B. 允许引用不存在的元组

C. 不允许引用不存在的属性　　　　D. 允许引用不存在的属性

2. 若规定工资表中基本工资不得超过5000元，则这个规定属于（　　）。

A. 关系完整性约束　　　　B. 实体完整性约束

C. 参照完整性约束　　　　D. 用户定义完整性

3. 以下关于外键和相应主键之间的关系，不正确的是（　　）。

A. 外键一定要与主键同名　　　　B. 外键不一定要与主键同名

C. 主键值不允许取空值，但外键值可以取空值

D. 外键所在的关系与主键所在的关系可以是同一个关系

4. 允许取空值但不允许出现重复值的约束是（　　）。

A. NULL　　B. UNIQUE　　C. PRIMARY KEY　　D. FOREIGN KEY

5. 有两个关系模式 $R(A, B, C, D)$ 和 $S(A, C, E, G)$，则 $X=R\times S$ 的关系模式是(　　)。

A. $X(A, B, C, D, E, G)$　　　　B. $X(A, B, C, D)$

C. $X(R.A, B, R.C, D, S.A, S.C, E, G)$　　　　D. $X(B, D, E, G)$

6. 若 $R=\{a1, a2, a3\}$，$S=\{b1, b2, b3\}$,则 $R\times S$ 中共有（　　）个元组。

A. 6　　B. 8　　C. 9　　D. 12

7. 在关系模型中，投影操作是指从关系中（　　）。

A. 抽出特定的元组　　　　B. 抽出特定的属性

C. 建立相应的影响　　　　D. 建立相应的图形

8. 对关系的描述中，下列说法不正确的是（　　）。

A. 每一列的分量是同一种类型的数据来自同一个域

B. 不同列的数据可以出自同一个域

C. 行的顺序可以任意交换，但列的顺序不能任意交换

D. 关系中任意两个元组不能完全相同

9. 有关系 $R(A, B, C)$，其主键为 A；关系 $S(D, A)$，其主键为 D，外键为 A，S 参照 R 的属性 A。关系 R 和 S 分别如表4-27和表4-28所示，关系 S 中违反关系完整性的元组是（　　）。

A. (1，2)　　B. (2，NULL)

C. (3，3)　　D. (4，1)

表4-27　关系 *R*

A	*B*	*C*
1	2	3
2	1	3

表4-28　关系 *S*

D	*A*
2	NULL
3	3
4	1

10. 关系运算中花费时间可能最长的运算是（　　）。

A. 投影　　B. 选择　　C. 笛卡儿积　　D. 并

11. 设关系 R 和 S 的属性个数分别为2和3，那么 $R \underset{1<2}{\infty} S$ 等价于________。

A. $\delta_{1<2}(R\times S)$　　B. $\delta_{1<4}(R\times S)$　　C. $\delta_{1<2}(R\ \infty\ S)$　　D. $\delta_{1<4}(R\ \infty\ S)$

12. 常用的关系运算是关系代数和（ ① ）。在关系代数中，对一个关系进行选择操作后，新关系的元组个数（ ② ）原来关系的元组个数。

① A. 集合代数　　B. 逻辑演算　　C. 关系演算　　D. 集合演算

② A. 小于　　B. 小于或等于　　C. 等于　　D. 大于

13.下列式子中，不正确的是（　　）。

A. $R-S=R-(R\cap S)$　　B. $R=(R-S)\cup(R\cap S)$

C. $R\cap S=S-(S-R)$　　D. $R\cap S=S-(R-S)$

14. 关系 R、S、T、U 分别如表 4-29～表 4-32 所示。关系代数表达式 $R\times S\div T-U$ 的运算结果是（　　）。

表 4-29　R

A	B
1	a
2	b
3	a
3	b
4	a

表 4-30　S

C
x
y

表 4-31　T

A
1
3

表 4-32　U

B	C
a	x
c	z

A.

B	C
a	y

B.

B	C
b	x

C.

B	C
a	x
b	x
b	y

D.

B	C
a	x
c	z

15. 设关系 R 和 S 都是二元关系，那么与元组表达式

$$\{t|(\exists u)(\exists v)(R(u)\wedge S(v)\wedge u[1]=v[1]\wedge t[1]=v[1]\wedge t[2]=v[2])\}$$

等价的关系代数表达式是（　　）。

A. $\Pi_{3,4}(R\infty S)$　　B. $\Pi_{2,3}(R\underset{1=3}{\infty}S)$

C. $\Pi_{3,4}(R\underset{1=1}{\infty}S)$　　D. $\Pi_{3,4}(\eth_{1=1}(R\infty S))$

16. 设有关系 $R(A,B,C)$和 $S(B,C,D)$，那么与 $R\infty S$ 等价的关系代数表达式是（　　）。

A. $\eth_{3=5}(R\underset{2=1}{\infty}S)$　　B. $\Pi_{1,2,3,6}(\eth_{3=5}(R\underset{2=1}{\infty}S))$

C. $\eth_{3=5\wedge 2=4}(R\times S)$　　D. $\Pi_{1,2,3,6}(\eth_{3=2\wedge 2=1}(R\times S))$

17. 假设学生关系为 S(s#,sname,sex,age)，课程关系为 C(c#,cname,teacher)，学生选课关系为 SC(s#,c#,grade)。那么要查找选修“DB”课程的“女”学生姓名，将涉及关系（　　）。

A. S　　B. SC 和 C　　C. S 和 SC　　D. S、SC 和 C

18. 在关系代数表达式的查询优化中，不正确的叙述是（　　）。

A. 尽可能早地执行连接操作　　B. 尽可能早地执行选择操作

C. 尽可能早地执行投影操作　　D. 把笛卡儿积和随后的选择合并成连接运算

19. 设数据库中存在供应商关系 S 和零件关系 P，其中供应商关系 S(sno,sname,szip,city)中的属性分别为供应商代码、供应商名、邮编、供应商所在城市；零件关系 P(pno, pname, color, weight, city)中的属性分别为零件号、零件名、颜色、质量、产地。要求一个供应商可以供应多种零件，而一种零件可由多个供应商供应。请将下面的 SQL 语句空缺部分补充完整。

```
CREATE  TABLE  SP ( Sno  CHAR(5),
                    Pno  CHAR(6),
                    Status  CHAR(8),
                    Qty   NUMERIC(9),
                  ____①____  (Sno,Pno),
                  ____②____  Sno),
                  ____③____  Pno));
```

查询供应了“红”色零件的供应商代码、零件号和数量（Qty）的元组演算表达式如下。

$\{t|(\exists u)(\exists v)(\exists w)(\underline{④} \wedge u[1]=v[1] \wedge v[2]=w[1] \wedge w[3]=\text{'红'} \wedge \underline{⑤})\}$

① A. FOREIGN KEY　　B. PRIMARY KEY

C. FOREIGN KEY (Sno) REFERENCES S

D. FOREIGN KEY (Pno) REFERENCES P

② A. FOREIGN KEY　　B. PRIMARY KEY

C. FOREIGN KEY (Sno) REFERENCES S

D. FOREIGN KEY (Pno) REFERENCES P

③ A. FOREIGN KEY　　B. PRIMARY KEY

C. FOREIGN KEY (Sno) REFERENCES S

D. FOREIGN KEY (Pno) REFERENCES P

④ A. $S(u) \wedge SP(v) \wedge P(w)$　　B. $SP(u) \wedge S(v) \wedge P(w)$

C. $P(u) \wedge SP(v) \wedge S(w)$　　D. $S(u) \wedge P(v) \wedge SP(w)$

⑤ A. $t[1]=u[1] \wedge t[2]=w[2] \wedge t[3]=v[4]$　　B. $t[1]=v[1] \wedge t[2]=u[2] \wedge t[3]=u[4]$

C. $t[1]=w[1] \wedge t[2]=u[2] \wedge t[3]=v[4]$　　D. $t[1]=u[1] \wedge t[2]=v[2] \wedge t[3]=v[4]$

20. 设关系 *R* 和 *S* 分别如表 4-33 和表 4-34 所示。

表 4-33 *R*

A	*B*	*C*	*D*
2	1	*a*	*c*
2	1	*a*	*d*
3	2	*b*	*d*
3	2	*b*	*c*
2	1	*b*	*d*

表 4-34 *S*

C	*D*	*F*
a	*c*	5
a	*c*	2
b	*d*	6

与元组演算表达式 $\{t|(\exists u)(\exists v)(R(u) \wedge S(v) \wedge u[3]=v[1] \wedge u[4]=v[2] \wedge u[1]> v[3] \wedge t[1]=u[2])\}$ 等价的关系代数表达式是<u>①</u>，关系代数表达式 $R \div S$ 的运算结果是<u>②</u>。

① A. $\Pi_{A,B}(\eth_{A>E}(R \infty S))$　　B. $\Pi_{B}(\eth_{A>E}(R \times S))$

C. $\Pi_{B}(\eth_{A>E}(R \infty S))$　　D. $\Pi_{B}(\eth_{R.C=S.C \wedge A>E}(R \times S))$

② A.

A	*B*
2	1
3	2

B.

A	*B*
2	1

C.

C	*D*
a	*c*
b	*d*

D.

A	*B*	*E*
2	1	5
1	1	2

二、填空题

1. 关系代数中专门的关系运算包括选择、投影和连接，主要实现________类操作。
2. 关系数据库中，关系称为________，元组称为________，属性称为________。
3. 关系中不允许有重复元组的原因是________。
4. 实体完整性规则是对________的约束，参照完整性规则是对________的约束。
5. 关系代数的 5 个基本操作是________。

三、操作题

1. 设教学数据库有以下 4 个关系。

教师关系　T(T#, TNAME, TITLE)

课程关系　C(C#, CNAME,T#)

学生关系　S(S#, SNAME,AGE,SEX)

选课关系　SC(S#, C#, SCORE)

试用关系代数表达式表示下列查询操作。

（1）检索年龄小于 17 岁的女学生的学号和姓名。

（2）检索男学生所学课程的课程号和课程名。

（3）检索男学生所学课程的任课老师的职工号和姓名。

（4）检索至少选修了两门课程的学生的学号。

（5）检索学号为 S2 和 S4 的学生选修的课程的课程号。

（6）检索 WANG 同学不选修课程的课程号。

（7）检索全部学生都选修课程的课程号与课程名。

（8）检索选修课程包含 LIU 老师所授全部课程的学生的学号。

2. 设有关系 S(s#, sname, age, sex)

SC(s#, c#, grade)

C(c#, cname,teacher)

用元组演算表达式表示下列查询操作。

（1）检索选修课程号为 k5 课程的学生的学号和成绩。

（2）检索选修课程号为 k8 课程的学生的学号和姓名。

（3）检索选修课程名为“C 语言”的学生的学号和姓名。

（4）检索选修课程号为 k1 或 k5 课程的学生的学号。

（5）检索选修全部课程的学生的姓名。

四、设计题

阅读下列说明，回答问题 1 和问题 2。

【说明】

某工厂信息管理数据库的部分关系模式如下所示。

职工(职工号, 姓名, 年龄, 月工资, 部门号, 电话, 办公室)

部门(部门号, 部门名, 负责人代码, 任职时间)

关系模式的主要属性、含义及约束如表 4-35 所示，“职工”和“部门”的关系示例分别如表 4-36 和表 4-37 所示。

表 4-35　关系模式的主要属性、含义及约束

属性	含义和约束条件
职工号	唯一标记每个职工的编号，每个职工属于并且仅属于一个部门
部门号	唯一标记每个部门的编号，每个部门有一个负责人，且其也是一个职工
月工资	500 元≤月工资≤5000 元

表 4-36　“职工”关系

职工号	姓名	年龄	月工资	部门号	电话	办公室
1001	郑俊华	26	1000	1	8001233	主楼 201
1002	王平	27	1100	1	8001234	主楼 201
1003	王晓华	38	1300	2	8001235	1 号楼 302
5001	赵欣	25	0	NULL		

表 4-37 “部门”关系

部门号	部门名	负责人代码	任职时间
1	人事处	1002	2004-8-3
2	机关	2001	2003-8-3
3	销售科		
4	生产科	4002	2003-6-1

【问题 1】

根据上述说明，由 SQL 定义的“职工”和“部门”的关系模式，以及统计各部门的人数 C、工资总数 Totals、平均工资 Averages 的 D_S 视图如下所示，请在空缺处填写正确的内容。

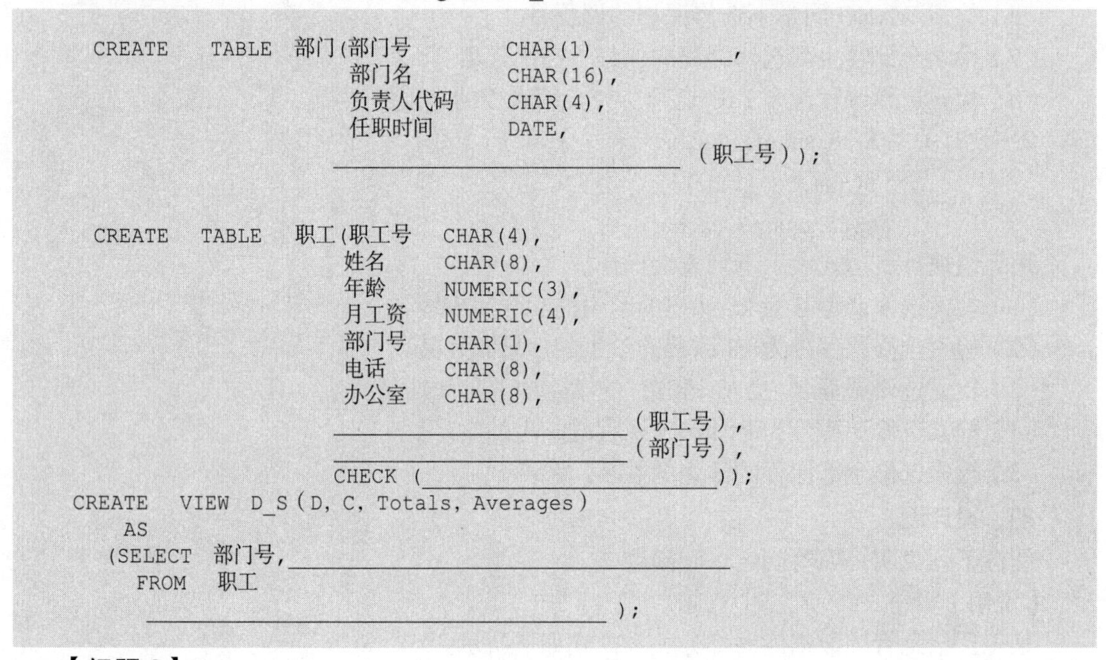

```
CREATE   TABLE  部门(部门号        CHAR(1) __________,
                    部门名        CHAR(16),
                    负责人代码    CHAR(4),
                    任职时间      DATE,
                  ____________________________ (职工号));

CREATE   TABLE  职工(职工号   CHAR(4),
                   姓名     CHAR(8),
                   年龄     NUMERIC(3),
                   月工资   NUMERIC(4),
                   部门号   CHAR(1),
                   电话     CHAR(8),
                   办公室   CHAR(8),
                  _______________________(职工号),
                  _______________________(部门号),
                  CHECK (________________________));
CREATE   VIEW  D_S(D, C, Totals, Averages)
    AS
   (SELECT  部门号,___________________________________
     FROM   职工
   _____________________________________ );
```

【问题 2】

在问题 1 定义的视图 D_S 中，下面哪个查询或更新是允许执行的？为什么？

（1）UPDATE D_S SET D=3 WHERE D=4;

（2）DELETE FROM D_S WHERE C>6;

（3）SELECT D,AverageS FROM D_S
WHERE C>(SELECT C FROM D_S WHERE D='1');

（4）SELECT D,C FROM D_S WHERE Totals>10000;

（5）SELECT * FROM D_S;

中篇　高级应用篇

第5章　存储函数与存储过程

存储过程和存储函数是数据库中由用户定义的一组 SQL 语句的集合，能够被直接调用执行，或者被程序、触发器或其他存储过程等调用执行。存储过程和存储函数可以避免开发人员重复编写相同的 SQL 语句，而且存储过程和存储函数是在 MySQL 服务器中存储和执行的，可以减少客户端和服务器端的数据传输，同时执行速度快，能提高系统性能，确保数据库安全。

本章将介绍存储过程和存储函数的定义、作用，以及创建、调用执行及删除存储过程和存储函数的方法。

5.1 常用的系统函数

常用的系统函数

函数是一组编译好的 SQL 语句，可以没有参数，也可以有多个参数，并且定义了一系列操作，返回一个数值或数值的集合，或者执行一些操作。

MySQL 提供了丰富的系统函数，包括数学函数、字符串函数、日期和时间函数、系统信息函数、条件判断函数、加密函数等。借助这些函数对数据进行处理，增强了数据库功能，满足了用户的不同需求，方便了用户对数据的查询和修改。

5.1.1 数学函数

数学函数主要用于处理数值数据，在 MySQL 中，常用的数学函数有绝对值函数、三角函数、对数函数、随机数函数等，如表 5-1 所示。

表 5-1　常用的数学函数

函数名	功能
ABS(x)	返回 x 的绝对值
PI()	返回圆周率
SQRT(x)	返回非负数 x 的二次方根

续表

函数名	功能
MOD(x,y)	返回 x 被 y 除后的余数
CEILING(x)	返回不小于 x 的最小整数值
FLOOR(x)	返回不大于 x 的最大整数值
RAND()	返回 0～1.0 范围内的随机浮点数
ROUND(x,y)	返回 x 的四舍五入值，保留 y 位小数
TRUNCATE(x,y)	对操作数 x 进行截取操作，保留 y 位小数
SIGN(x)	返回参数的符号，x 为负数、0 或正数时返回结果依次为-1、0、1
POW(x,y)或 POWER(x,y)	返回 x 的 y 次方
EXP(x)	返回 e 的 x 次方
LOG(x)	返回 x 的自然对数，即 x 的基数为 e 的对数
LOG10(x)	返回 x 的基数为 10 的对数
RADIANS(x)	将角度 x 转换为弧度
DEGREES(x)	将弧度 x 转换为角度
SIN(x)	返回 x 的正弦值，其中 x 为弧度值
ASIN(x)	返回 x 的反正弦值
COS(x)	返回 x 的余弦值，其中 x 为弧度值
ACOS(x)	返回 x 的反余弦值
TAN(x)	返回 x 的正切值，其中 x 为弧度值
ATAN(x)	返回 x 的反正切值
COT(x)	返回 x 的余切值，其中 x 为弧度值

【例 5-1】示例语句及执行结果如下。

```
SELECT  SQRT(ROUND(ABS(-4.01*4.01),0)),MOD(-10,3),MOD(10,-3)
```

SQRT(ROUND(ABS(-4.01*4.01),0))	MOD(-10,3)	MOD(10,-3)
4	-1	1

5.1.2　字符串函数

字符串函数主要用于处理字符串数据，MySQL 中的字符串函数主要有计算字符串字符数的函数、计算字符串长度的函数、合并字符串的函数、转换字符串大小写的函数、删除空格的函数、取子串的函数等。

1．计算字符串字符数的函数和计算字符串长度的函数

CHAR_LENGTH(str)返回字符串 str 包含的字符个数。

LENGTH(str)的返回值为字符串的字节长度。使用 utf-8（UNICODE 的一种变长字符编码，UNICODE 又称万国码）编码字符集时，一个汉字为 3 个字节，一个数字或字母为 1 个字节。

【例 5-2】示例语句及执行结果如下。

```
SELECT  CHAR_LENGTH('CHINA'),LENGTH('CHINA');
```

CHAR_LENGTH('CHINA')	LENGTH('CHINA')
5	5

```
SELECT   CHAR_LENGTH('中国') 字符数,LENGTH('中国') 字符串长度;
```

字符数	字符串长度
2	6

2．字符串合并函数

CONCAT(s1,s2,…)的返回结果为 s1、s2、…连接成的字符串，如果任何一个参数为 NULL，则返回值为 NULL。

CONCAT_WS(sep,s1,s2,…)的返回结果为 s1、s2、…连接成的字符串，并用 sep 字符间隔。

【例 5-3】示例语句及执行结果如下。

```
SELECT CONCAT('MySQL 版本：',@@version) 版本信息 1,
       CONCAT_WS('-','MySQL','8.0.27') 版本信息 2;
```

版本信息1	版本信息2
MySQL版本：8.0.27	MySQL-8.0.27

3．字符串大小写转换函数

LOWER(str)或 LCASE(str)将字符串 str 中的字母字符全部转换为小写字母。

UPPER(str)或 UCASE(str)将字符串 str 中的字母字符全部转换为大写字母。

【例 5-4】根据用户名查询 customers 表中指定用户的信息，要求用户在输入用户名时不进行大小写字母的限制。语句及执行结果如下。

```
SELECT * FROM customers
  WHERE LOWER(c_name)=LCASE('redhOOK');
```

c_id	c_name	c_address	c_city	c_zip	c_contact	c_email
10001	RedHook	200 Street	Tianjin	300000	LiMing	LMing@163.com

4．删除空格函数

LTRIM(str)返回删除前端空格的字符串 str。

RTRIM(str)返回删除尾部空格的字符串 str。

TRIM(str)返回删除前端和尾部空格的字符串 str。

【注意】这 3 个函数只删除字符串前端和尾部空格，不删除字符串中间的空格。

【例 5-5】根据用户名查询 customers 表中指定用户的信息，考虑用户输入值时可能存在输入前端或尾部空格的情况。语句及执行结果如下。

```
SELECT * FROM customers
  WHERE UPPER(c_name)=TRIM(UCASE(' redhOOK '));
```

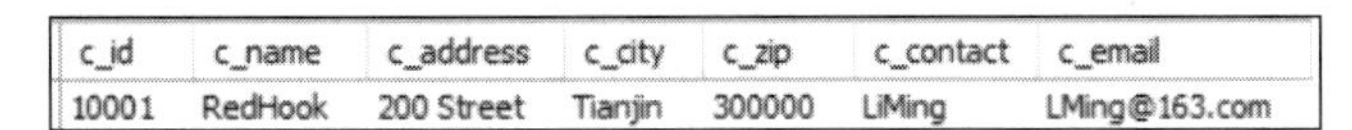

c_id	c_name	c_address	c_city	c_zip	c_contact	c_email
10001	RedHook	200 Street	Tianjin	300000	LiMing	LMing@163.com

【注意】用户在前台“登录界面”输入用户名时可能无意中加上了前后空格，在后台数据库表中查找该用户时，则需要将前后空格全部删除。

5．取子串函数

LEFT(str,length)返回字符串 str 最左侧长度为 length 的子串。

RIGHT(str,length)返回字符串 str 最右侧长度为 length 的子串。

SUBSTRING(str,start,length)返回字符串 str 从 start 开始、长度为 length 的子串。

【例 5-6】返回 fruits 表中 f_name 值以'b'开头的水果信息。语句及执行结果如下。

```
SELECT * FROM fruits
  WHERE SUBSTRING(f_name,1,1)='b';
```

f_id	s_id	f_name	f_price
b1	101	blackberry	10.20
b2	104	berry	7.60
t1	102	banana	10.30

SQL 语句也可写成如下形式。

```
SELECT * FROM fruits WHERE f_name  LIKE 'b%';
```

6．其他字符串函数

其他常用的字符串函数如表 5-2 所示。

表 5-2　其他常用的字符串函数

函数名	功能
INSERT(s1,x,len,s2)	将字符串 s1 中从 x 位置开始、长度为 len 的子串替换为 s2
REPLACE(s,s1,s2)	将字符串 s 中所有的子串 s1 替换为 s2
STRCMP(s1,s2)	比较字符串 s1 和 s2，相等返回 0，大于或等于返回 1，小于返回-1
REPEAT(s,n)	返回字符串 s 重复 n 次的结果
REVERSE(s)	将字符串 s 反转，返回的字符串顺序与 s 顺序相反
FIND_IN_SET(s1,s2)	返回字符串 s1 在字符串列表 s2 中出现的位置，字符串列表 s2 是一个由多个逗号分隔的字符串组成的列表
POSITION(s1 IN s2)或 LOCATE(s1,s2)	返回子串 s1 在字符串 s2 中第一次出现的位置

5.1.3　日期和时间函数

日期和时间函数主要用于处理日期和时间值，一般的日期函数除了使用 DATE 类型的参数外，也可以使用 DATETIME 或者 TIMESTAMP 类型的参数，但会忽略这些值的时间部分。同理，使用 TIME 类型参数的函数，也可以使用 TIMESTAMP 类型的参数，但会忽略日期部分，许多日期和时间函数可以同时使用数字和字符串类型的参数。

1．获取当前系统日期及指定日期年、月、日的函数

CURDATE()或 CURRENT_DATE()返回当前系统日期，格式为 YYYY-MM-DD。

YEAR(d)、MONTH(d)、DAY(d)分别返回日期或日期时间 d 的年、月、日的值。

【例 5-7】显示当前系统日期及当前系统年、月、日的值。语句及执行结果如下。

```
SELECT  CURDATE(),YEAR(CURDATE()),MONTH(CURDATE()),DAY(CURDATE());
```

CURDATE()	YEAR(CURDATE())	MONTH(CURDATE())	DAY(CURDATE())
2021-11-29	2021	11	29

【例 5-8】通过 orders 表和 customers 表，查询 2021 年下订单的客户编号、姓名及所在城市。语句及执行结果如下。

```
SELECT distinct c.c_id,c_name,c_city FROM customers c,orders o
  WHERE c.c_id=o.c_id AND YEAR(o_date)=2021;
```

c_id	c_name	c_city
10001	RedHook	Tianjin
10003	Netbhood	Qingdao
10004	JOTO	Haikou

2．获取当前系统日期时间的函数

NOW()、SYSDATE()、CURRENT_TIMESTAMP()、LOCALTIME()这 4 个函数的作用相同，均返回当前系统的日期时间，格式为 YYYY-MM-DD HH:MM:SS。

【例 5-9】根据出生日期计算年龄。语句及执行结果如下。

```
SELECT SYSDATE(),YEAR(SYSDATE())-YEAR('2003/05/23') 年龄;
```

SYSDATE()	年龄
2021-11-29 19:26:21	18

3．其他日期和时间函数

其他常用的日期和时间函数如表 5-3 所示。

表 5-3　其他常用的日期和时间函数

函数名	功能
CURTIME()或 CURRENT_TIME()	返回当前的系统时间
DAYOFWEEK(date)	返回日期 date 为一星期中的第几天(1 ~ 7)
QUARTER(date)	返回日期 date 为一年中的第几季度（1 ~ 4）
WEEK(date)	返回日期 date 为一年中的第几周（0 ~ 53）
HOUR(time)	返回 time 的小时值（0 ~ 23）
MINUTE(time)	返回 time 的分钟数（0 ~ 59）
SECOND(time)	返回 time 的秒数（0 ~ 59）
DATE_ADD(date,INTERVAL i keyword)	返回日期 date 加上间隔时间 i 的结果，如 DATE_ADD ('2021-11-29', INTERVAL 2 YEAR)
DATE_SUB(date,INTERVAL i keyword)	返回日期 date 减去间隔时间 i 的结果，如 DATE_SUB ('2021-11-29 20:10:58',INTERVAL 10 SECOND)
DATEDIFF(date1,date2)	返回起始时间 date1 和结束时间 date2 之间的天数

5.1.4　系统信息函数

MySQL 的系统信息包括数据库服务器的版本号、当前登录的用户名和连接次数、系统字符集、最后一个自动生成的 ID 值等。

1．获取 MySQL 服务器版本号、用户名和数据库名的函数

USER()返回当前登录的用户名。

DATABASE()返回当前正在使用的数据库名。

VERSION()返回 MySQL 服务器版本号。

【例 5-10】显示当前 MySQL 服务器版本号、登录的用户名和使用的数据库。语句及执行结果如下。

```
SELECT VERSION() 版本号,USER() 登录名,DATABASE() 数据库名;
```

版本号	登录名	数据库名
8.0.27	root@localhost	fruitsales

2．其他系统信息函数

其他常用的系统信息函数如表 5-4 所示。

表 5-4　其他常用的系统信息函数

函数名	功能
CONNECTION_ID()	返回 MySQL 服务器当前连接的次数，每个连接都有各自唯一的 ID
FOUND_ROWS()	返回最后一个 SELECT 查询检索的总行数
CHARSET(str)	返回字符串 str 的字符集，默认的字符集为 utf-8
LAST_INSERT_ID()	返回最后生成的 AUTO_INCREMENT 值

5.1.5　条件判断函数

条件判断函数也称为流程控制函数，根据不同的条件，执行相应的流程。MySQL 中的条件判断函数有 IF()、IFNULL()和 CASE。

1．IF()函数

IF(条件表达式,v_1,v_2)，如果条件表达式为真，则函数返回 v_1 的值，否则返回 v_2 的值。

【例 5-11】显示 customers 表的 c_id、c_name 和 c_email，当 c_email 字段值为 NULL 时，显示值为 none，否则显示当前字段的值。语句及执行结果如下。

```
SELECT c_id,c_name,IF(c_email IS NULL,'none',c_email) c_email
  FROM customers;
```

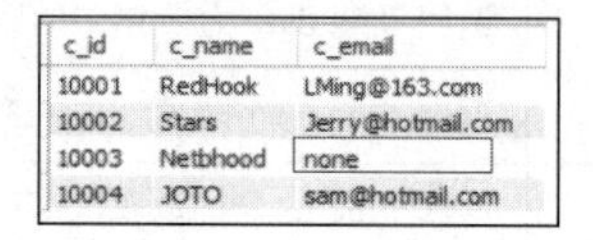

c_id	c_name	c_email
10001	RedHook	LMing@163.com
10002	Stars	Jerry@hotmail.com
10003	Netbhood	none
10004	JOTO	sam@hotmail.com

2．IFNULL()函数

IFNULL(v_1,v_2)返回参数 v_1 或 v_2 的值。若 v_1 不为 NULL，则返回 v_1 的值，否则返回 v_2 的值。

【例 5-12】使用 IFNULL()函数实现例 5-11。语句及执行结果如下。

```
SELECT c_id,c_name,IFNULL(c_email,'none') c_email
  FROM customers;
```

3．CASE 函数

（1）CASE 函数的语法格式一如下。

```
CASE 表达式
  WHEN  v1  THEN  r1
  WHEN  v2  THEN  r2
  ……
  [ELSE   rn]
END
```

如果表达式的值等于 v_1、v_2、…、v_{n-1} 中的某个值 v_i，则返回该值对应位置 THEN 后面的结果。如果与所有值都不相等，则返回 ELSE 后面的 r_n。

【例 5-13】对 fruits 表按 f_name 的升序排列，显示前 3 条记录中水果的中文名称。语句及执行结果如下。

```
SELECT f_name,
  CASE f_name
   WHEN 'apple'      THEN '苹果'
   WHEN 'apricot'    THEN '杏'
   WHEN 'banana'     THEN '香蕉'
  END 中文名称
 FROM fruits
 ORDER BY f_name LIMIT 3;
```

f_name	中文名称
apple	苹果
apricot	杏
banana	香蕉

（2）CASE 函数的语法格式二如下。

```
CASE
  WHEN  条件表达式  THEN  r1
  WHEN  条件表达式  THEN  r2
  ……
  [ELSE   rn]
END
```

如果条件表达式的值为真，则返回对应位置 THEN 后面的结果。如果所有条件表达式的值都不为真，则返回 ELSE 后面的 r_n。

【例 5-14】对 fruits 表按 f_name 的升序排列，显示前 3 条记录中水果单价与平均单价的比较信息。语句及执行结果如下。

```
SELECT f_name,f_price,
  CASE
   WHEN f_price>(SELECT AVG(f_price) FROM fruits) THEN '高于平均价格'
   WHEN f_price<(SELECT AVG(f_price) FROM fruits) THEN '低于平均价格'
   ELSE '等于平均价格'
  END 价格比较
 FROM fruits
 ORDER BY f_name LIMIT 3;
```

f_name	f_price	价格比较
apple	5.20	低于平均价格
apricot	2.20	低于平均价格
banana	10.30	高于平均价格

5.1.6 加密函数

加密函数主要用于对数据进行加密处理，以保证某些重要数据不被窃取。这些函数在保证数据库安全方面非常有用。

MD5(str)用于计算字符串 str 的 MD5 128 比特校验和。

SHA(str)用于计算字符串 str 的 SHA 校验和。SHA 加密算法安全性比 MD5 更强。

SHA2(str,hash_length)以 hash_length 为长度，加密 str。hash_length 的取值可以为 224、256、384、512 和 0，其中 0 等价于 256。

【例 5-15】创建用户 user 表，对每条记录的密码字段值进行加密。

```
CREATE TABLE user(
  u_id int NOT NULL AUTO_INCREMENT PRIMARY KEY,
  u_name varchar(20),
  u_pass varchar(256)
);
```

向 user 表中插入行数据，对插入的 u-pass 列的值进行加密，语句如下。

```
INSERT INTO user(u_name,u_pass)
 VALUES('mary',SHA2('123456',0))
      ,('jack',MD5('jack12345'));
```

查看 user 表，语句及执行结果如下，结果显示 u-pass 列的值均已被加密。

```
SELECT * FROM user;
```

u_id	u_name	u_pass
1	mary	8d969eef6ecad3c29a3a629280e686cf0c3f5d5a86aff3ca12020c923adc6c92
2	jack	99eb5eb6e26676eda9dbd54b1e146b24

5.2 存储函数

存储函数

为了提高代码的复用性及可维护性，经常需要将频繁使用的业务逻辑封装为存储程序。MySQL 提供了丰富的系统函数，方便用户对数据的查询和修改操作。此外，用户也可以创建自定义的存储函数。MySQL 与其他数据库管理系统一样，也提供了用于编写结构化程序的变量、运算符、流程控制结构等，这些内容是用 MySQL 编写程序的基础。

5.2.1　常量与变量

在程序运行过程中，程序本身不能改变其值的数据，称为常量。相应地，在程序运行过程中可以改变其值的数据，称为变量。

1．常量

在 SQL 程序设计过程中，常量的格式取决于其数据类型，常用的包括字符串常量、数值常量、日期和时间常量、布尔值常量和空值 NULL。

（1）字符串常量

字符串常量指用单引号或双引号引起来的字符序列。在 MySQL 中推荐使用单引号。

【例 5-16】查询表 fruits 中 f_name 值为 apple 的供应商编号。语句及执行结果如下。

```
SELECT s_id FROM fruits
  WHERE f_name='apple';
```

s_id
101

请思考，为什么下列 SQL 语句没有查到结果记录？

```
SELECT s_id FROM fruits
  WHERE 'f_name'='apple';
```

s_id

（2）数值常量

数值常量可以分为整数常量和小数常量。

【例 5-17】统计 orderitems 表中订单数量大于等于 3 单的订单编号 o_num。语句及执行结果如下。

```
SELECT o_num 订单编号,COUNT(*) 订单数量 FROM orderitems
  GROUP BY o_num
    HAVING 订单数量>=3;
```

订单编号	订单数量
30001	4
30005	4

（3）日期和时间常量

日期和时间常量使用特定格式的字符日期值表示，用单引号引起来。

【例 5-18】根据 orders 表和 customers 表，查询 2021 年 9 月 30 日的订单编号、用户名称及地址信息。语句及执行结果如下。

```
SELECT o_num,c_name,c_address FROM orders o,customers c
 WHERE o.c_id=c.c_id and o_date='2021/09/30';
```

o_num	c_name	c_address
30003	JOTO	829 Riverside Drive

（4）布尔值常量

布尔值常量只有 true 和 false 两个值，SQL 语句执行结果用 1 代表 true，用 0 代表 false。

【例 5-19】查询 fruits 表中水果编号以't'开头的水果的水果编号 f_id、水果名称 f_name 及水果单价 f_price 是否大于水果平均单价。语句及执行结果如下。

```
SELECT f_id,f_name,f_price>(SELECT AVG(f_price) FROM fruits) 单价比较结果
 FROM fruits
  WHERE f_id LIKE 't%';
```

f_id	f_name	单价比较结果
t1	banana	1
t2	grape	0
t4	xbababa	0

（5）空值 NULL

NULL 适用于各种字段类型，通常表示“不确定的值”，NULL 参与的运算，结果仍为 NULL。

【例 5-20】在 fruits 表中插入一条记录，f_id 为 t3,s_id 为 101，f_name 为 orange。

```
INSERT INTO fruits(f_id,s_id,f_name)
 VALUES('t3',101,'orange');
```

将插入的 f_id 值为 t3 的记录中的 f_price 值在原有价格基础上增加 1.5 元。更新、查询语句及执行结果如下。

```
UPDATE fruits SET f_price=f_price+1.5 WHERE f_id='t3';

SELECT * FROM fruits WHERE f_id='t3';
```

f_id	s_id	f_name	f_price
t3	101	orange	NULL

删除 fruits 表中 f_price 值为 NULL 的记录。

```
DELETE FROM fruits WHERE f_price IS NULL;
```

2．变量

变量用于临时存放数据，变量中的数据随程序的运行而变化，变量有名字和数据类型两个属性。在 MySQL 中，存在两种变量：一种是系统定义和维护的全局变量，通常在名称前加“@@”符号；另一种是用户定义的用来存放中间结果的局部变量，通常在名称前加“@”符号。

（1）局部变量

局部变量的作用范围被限制在程序内部，它可以作为计数器来计算循环次数，或控制循环执行的次数；另外，利用局部变量还可以保存数据值，供控制流语句测试及保存由存储过程返回的数据值等。

① 局部变量的定义与赋值。

使用 SET 语句定义局部变量，并为其赋值。SET 语句的语法格式如下。

```
SET  @局部变量名=表达式 1[,@局部变量名=表达式 2,……]
```

【说明】SET 语句可以同时定义多个变量，变量之间用逗号隔开即可。

② 局部变量的显示。

使用 SELECT 语句显示局部变量。SELECT 语句的语法格式如下。

```
SELECT  @局部变量名[,@局部变量名,……]
```

【例 5-21】查询 fruits 表中的最高单价值，将其赋给变量 max_value，并显示其值。语句及执行结果如下。

```
SET @max_value=(SELECT MAX(f_price) FROM fruits);
SELECT @max_value 最高单价;
```

最高单价
15.60

【例 5-22】将 suppliers 表中供应商编号为 101 的供应商姓名和电话的值分别赋给变量 name 和 phone，并显示两个变量的值。语句及执行结果如下。

```
SELECT s_name,s_call INTO @name,@phone FROM suppliers
  WHERE s_id=101;
SELECT @name,@phone;
```

@name	@phone
FastFruit Inc.	48075

【例 5-23】根据 name 变量所给的值查询 customers 表中指定客户的信息。语句及执行结果如下。

```
SET @name='RedHook';
SELECT * FROM customers WHERE c_name=@name;
```

c_id	c_name	c_address	c_city	c_zip	c_contact	c_email
10001	RedHook	200 Street	Tianjin	300000	LiMing	LMing@163.com

（2）全局变量

全局变量是 MySQL 系统提供并赋值的变量。用户不能定义全局变量，只能使用。常用的系统全局变量及说明如表 5-5 所示。

表 5-5　MySQL 系统全局变量及说明

全局变量名称	说明
@@version	返回服务器版本号
@@basedir	返回 MySQL 安装基准目录
@@license	返回服务器的许可类型
@@port	返回服务器侦听 TCP/IP 连接所用端口

【例 5-24】通过全局变量查看 MySQL 的相关信息。语句及执行结果如下。

```
SELECT @@version,@@basedir,@@license,@@port;
```

@@version	@@basedir	@@license	@@port
8.0.27	C:\Program Files\MySQL\MySQL Server 8.0\	GPL	3306

5.2.2　语句块、注释和重置语句结束标记

编写存储程序时，完成的功能往往由一组 SQL 语句组成，此时需要使用 BEGIN…END

语句块将这些语句组合起来形成一个逻辑单元。

例如，对于存储过程中的源代码，为了方便编程人员开发或调试、帮助用户理解程序员的意图，可对一些语句加注释进行说明。这些注释在程序编译和执行时被忽略，只起到说明作用。

1．语句块

BEGIN…END 用于定义 SQL 语句块，其语法格式如下。

```
BEGIN
    SQL 语句 | SQL 语句块
END
```

【说明】

① BEGIN…END 语句块包含了该程序块的所有处理操作，允许语句块嵌套。

② 在 MySQL 中单独使用 BEGIN…END 语句块没有任何意义，只有将其封装在存储过程、存储函数、触发器等存储程序内部才有意义。

2．注释

在源代码中加入注释便于用户更好地理解程序。有两种声明注释的方法：单行注释和多行注释。

（1）单行注释

使用“#”符号作为单行语句的注释符，写在需要注释的行或语句后方。

【例 5-25】单行注释示例。

```
#求两个数的最小值
SET  @x=5,@y=6;                      #定义两个变量并赋值
SELECT IF(@x<@y,@x,@y) 最小值;  #比较两个变量并输出最小值
```

最小值
5

（2）多行注释

在符号“/*”和“*/”之间可以连续书写多行注释语句。

【例 5-26】多行注释示例。

/*在 MySQL Workbench 工具下，MySQL 执行 UPDATE 或 DELETE 语句时，如果 WHERE 语句中没有给出包含主键的条件，则执行报错，WHERE 语句中包含主键条件则执行正常。这是因为 MySQL 运行在 safe-updates 模式下，该模式会导致非主键条件下无法执行 UPDATE 或 DELETE 语句，需要执行命令 SET SQL_SAFE_UPDATES = 0 修改数据库模式。*/

```
SET SQL_SAFE_UPDATES=0;
DELETE FROM fruits WHERE f_name='xxtt';
```

3．重置语句结束标记

在 MySQL 中，服务器处理的语句是以分号结束的。但在创建存储函数、存储过程的时候，函数体或存储过程体中可以包含多个 SQL 语句，每个 SQL 语句都以分号结尾，而服务器处理程序时遇到第一个分号则结束程序运行，这时就需要使用 DELIMITER 语句将 MySQL 语句的结束标记修改为其他符号。

DELIMITER 语句的语法格式如下。

```
DELIMITER 符号
```

【说明】

（1）符号可以是一些特殊符号，如两个“#”、两个“@”、两个“$”、两个“%”等。但要避免使用反斜杠“/”字符，因为它是 MySQL 的转义字符。

（2）若要恢复使用分号作为结束标记，执行 DELIMITER ; 命令即可。

【例 5-27】将语句结束标记修改为“@@”，执行完 SQL 语句后，再将结束标记修改为默认的分号。

```
DELIMITER @@
SELECT * FROM fruits@@

DELIMITER ;
SELECT * FROM fruits;
```

5.2.3 存储函数的操作

用户在编写程序的过程中，不仅可以调用系统函数，也可以根据应用程序的需要自定义存储函数。

1．创建存储函数

创建存储函数需要使用 CREATE FUNCTION 语句，其语法格式如下。

```
CREATE FUNCTION 函数名([参数名 参数数据类型[,……]])
RETURNS  函数返回值的数据类型
BEGIN
  函数体;
  RETURN  语句;
END
```

2．调用存储函数

新创建的存储函数的调用方法与系统函数相同，其语法格式如下。

```
SELECT  函数名([参数值[,……]])
```

【例 5-28】创建存储函数 sphone()，根据所给的供应商编号 s_id 的值，函数返回该供应商的电话 s_call。语句及执行结果如下。

```
DELIMITER @@
CREATE  FUNCTION sphone(sid INT)
  RETURNS char(20)
  BEGIN
    RETURN (SELECT s_call FROM suppliers WHERE s_id=sid);
  END@@
```

#	Time	Action	Message	Duration / Fetch
1	19:04:54	CR...	Error Code: 1418. This function has none of DETERMINISTIC, NO SQL, or READS SQL DATA in its declarat...	0.000 sec

【说明】

（1）报错的原因：MySQL 开启了 bin-log 日志，所以在创建存储函数时，必须声明其为确定性（DETERMINISTIC）函数，或者声明为只读数据（READS SQL DATA）。

（2）解决方法：设置 log_bin_trust_function_creators 全局变量为 1，信任存储程序的创建者。

首先，将全局变量 log_bin_trust_function_creators 的值设为 1，语句如下。

```
SET GLOBAL log_bin_trust_function_creators = 1;
```

其次，创建存储函数。语句如下。

```
DELIMITER @@
CREATE  FUNCTION sphone(sid INT)
 RETURNS char(20)
 BEGIN
  RETURN (SELECT s_call FROM suppliers WHERE s_id=sid);
 END@@
```

最后，执行存储函数，语句执行结果如下。

```
DELIMITER ;
SELECT sphone(101);
```

sphone(101)
48075

3．删除存储函数

当不再需要某个存储函数时，可用 DROP FUNCTION 语句进行删除，其语法格式如下。

DROP FUNCTION 函数名;

【注意】函数名后面不要加括号。

【例 5-29】删除例 5-28 创建的 sphone()存储函数。

```
DROP FUNCTION sphone;
```

5.3 程序流程控制语句

程序流程控制语句

在存储过程和存储函数等存储程序中，可以通过流程控制语句来控制程序的执行。在 MySQL 中，可以使用 IF 语句、CASE 语句、LOOP 语句、LEAVE 语句、REPEAT 语句和 WHILE 语句来进行流程控制。

5.3.1 条件判断语句

MySQL 与其他的编程语言一样，也具有条件判断语句。条件判断语句主要的作用是根据条件的变化选择执行不同的代码，常用的条件判断语句有 IF 语句和 CASE 语句。

1．程序中变量的使用

局部变量可以在程序中声明并使用，这些变量的作用范围限于 BEGIN…END 语句块中。

（1）声明变量

在存储程序（如存储函数、存储过程、触发器等）中需使用 DECLARE 语句声明局部变量，其语法格式如下。

```
DECLARE  局部变量名[,局部变量名,……]  数据类型  [DEFAULT  默认值];
```

【说明】

① DECLARE 声明的局部变量，变量名前不能加“@”。

② DEFAULT 子句提供了一个默认值，如果没有给默认值，局部变量初始值默认为 NULL。

（2）为变量赋值

声明变量后，可以使用 SET 命令为变量赋值，其语法格式如下。

```
SET  局部变量名=表达式 1[,局部变量名=表达式 2,……];
```

【例 5-30】创建求任意两个数的和的存储函数 sum_fn()。

```
DELIMITER @@
CREATE FUNCTION sum_fn(a float,b float)
RETURNS FLOAT
 BEGIN
  DECLARE  x,y float;        #声明两个整型变量,注意变量名前没有“@”
  SET x=a,y=b;               #为两个整型变量赋值,注意变量名前没有“@”
  RETURN x+y;
 END@@
```

执行存储函数 sum_fn 的语句及执行结果如下。

```
DELIMITER ;
SELECT  sum_fn(7,3);
```

sum_fn(7,3)
10

2．IF 语句

在 MySQL 中为了控制程序的执行方向，引入了 IF 语句。IF 语句主要包括以下两种形式。

（1）形式一

```
    IF  条件表达式  THEN
      SQL 语句块 1;
    [ELSE
      SQL 语句块 2; ]
    END IF;
```

ELSE 短语用方括号括起来，表示可选项。

【例 5-31】创建函数 max_fn()，判断整型变量 a、b 的大小。

```
DELIMITER @@
CREATE FUNCTION max_fn(a int,b int)
 RETURNS  INT
 BEGIN
  IF a>b THEN
     RETURN a;
   ELSE
     RETURN b;
   END IF;
  END@@
```

执行存储函数 max_fn 语句的执行结果如下。

```
DELIMITER ;
SELECT max_fn(7,8) 最大值;
```

最大值
8

（2）形式二

IF…END IF 语句一次只能判断一个条件，而语句 IF…ELSEIF…END IF 则可以判断两个及两个以上的条件，该语句的语法格式如下。

```
IF 条件表达式 1  THEN
  SQL 语句块 1;
ELSEIF 条件表达式 2  THEN
  SQL 语句块 2;
……
ELSE
  SQL 语句块 n;
END IF;
```

【例 5-32】创建判断某一年是否为闰年的函数 leap_year()。

闰年的判断条件为：年值能被 4 整除但不能被 100 整除，或者能被 400 整除。

```
DELIMITER @@
CREATE FUNCTION leap_year(year_date  INT)
  RETURNS VARCHAR(20)
  BEGIN
   DECLARE leap BOOLEAN;
   IF MOD(year_date,4)<>0 THEN
      SET leap=FALSE;
   ELSEIF MOD(year_date,100)<>0 THEN
      SET leap=true;
   ELSEIF MOD(year_date,400)<>0 THEN
      SET leap=FALSE;
   ELSE
      SET leap=TRUE;
   END IF;
   IF leap THEN
      RETURN ('闰年');
    ELSE
      RETURN('平年');
  END IF;
END@@
```

执行存储函数 leap_year 的语句及执行结果如下。

```
DELIMITER ;
SELECT leap_year(2024);
```

leap_year(2024)
闰年

3．CASE 语句

CASE 语句的作用与 IF…ELSEIF…END IF 语句相同，也可以实现多项选择。但 CASE 语句是一种更简洁的表示法，并且相较 IF 结构表示法消除了一些重复。CASE 语句共有两种形式。

（1）形式一

第一种形式是获取一个选择器的值，系统根据其值查找与此相匹配的 WHEN 常量，当找到一个匹配常量时，就执行与该常量相关的 THEN 子句。如果没有与选择器相匹配的 WHEN 常量，就执行 ELSE 子句。此时该语句的语法格式如下。

```
CASE  表达式
   WHEN   表达式值 1  THEN    SQL 语句块 1;
   WHEN   表达式值 2  THEN    SQL 语句块 2;
   ……
   WHEN   表达式值 n  THEN    SQL 语句块 n;
   [ELSE  SQL 语句块 n+1;]
END;
```

【例 5-33】创建存储函数 email()，根据所给的客户编号 c_id 的值，返回该客户的邮箱 c_email，再并显示 orders 表中的 o_num、c_id 和客户邮箱。语句如下。

```
DELIMITER @@
CREATE FUNCTION email(cid INT)
 RETURNS CHAR(20)
 BEGIN
  RETURN(SELECT c_email FROM customers WHERE c_id=cid);
  END@@
```

查询语句中调用存储函数 email 的语句及执行结果如下。

```
DELIMITER ;
SELECT o_num,c_id,CASE c_id
  WHEN 10001 THEN email(10001)
  WHEN 10002 THEN email(10002)
  WHEN 10003 THEN email(10003)
  WHEN 10004 THEN email(10004)
 END 客户邮箱
FROM orders;
```

o_num	c_id	客户邮箱
30001	10001	LMing@163.com
30002	10003	NULL
30003	10004	sam@hotmail.com
30004	10005	NULL
30005	10001	LMing@163.com

（2）形式二

第二种形式不使用选择器，而是判断每个 WHEN 子句中的条件。此时该语句的语法格式如下。

```
CASE
  WHEN   条件表达式 1  THEN   SQL 语句块 1;
  WHEN   条件表达式 2  THEN   SQL 语句块 2;
  ……
  WHEN   条件表达式 n  THEN   SQL 语句块 n;
  [ELSE  SQL 语句块 n+1;]
END;
```

【例 5-34】用第二种形式实现例 5-33。

```
SELECT o_num,c_id,CASE
  WHEN c_id=10001 THEN email(10001)
  WHEN c_id=10002 THEN email(10002)
  WHEN c_id=10003 THEN email(10003)
  WHEN c_id=10004 THEN email(10004)
 END 客户邮箱
FROM orders;
```

5.3.2 循环语句

循环语句与条件语句一样，也能控制程序的执行流程，它允许重复执行一个语句或一组语句。MySQL 支持 3 种类型的循环：LOOP 循环、WHILE 循环、REPEAT 循环。

1．LOOP 循环

LOOP 循环为无条件循环，如果没有指定 LEAVE 语句，循环将一直执行，成为死循环。而 LEAVE 语句通常与条件语句结合使用，当条件表达式为真时，结束循环。该语句的语法格式如下。

```
[标签:] LOOP
  SQL 语句块;
  IF 条件表达式 THEN
    LEAVE  标签;
  END IF;
END LOOP [标签];
```

【例 5-35】LOOP 循环示例。创建 sum_fn1()存储函数，计算 1 ~ n 的偶数和。语句如下。

```
DELIMITER @@
```

```
CREATE FUNCTION sum_fn1(n  int)
RETURNS  INT
BEGIN
 DECLARE s,i INT;
 SET s=0,i=1;
 loop_label: LOOP        #指明 LOOP 循环标签 loop_label
    IF i%2=0 THEN
     SET s=s+i;
   END IF;
   SET i=i+1;
   IF i>n THEN
      LEAVE loop_label;  #通过标签结束 LOOP 循环
   END IF;
  END LOOP loop_label;
  RETURN s;
END@@
```

执行存储函数 sum_fn1 的语句及执行结果如下。

```
DELIMITER ;
SELECT sum_fn1(5);
```

sum_fn(5)
6

2．WHILE 循环

对于 WHILE 循环，每次执行循环时，都会判断循环条件，如果为 TRUE，循环就继续执行；如果为 FALSE，循环就停止执行。该语句的语法格式如下。

```
WHILE 条件表达式 DO
    SQL 语句块;
END WHILE;
```

【例 5-36】WHILE 循环示例。创建 sum_fn2()存储函数，计算 1 ~ n 的和。语句如下。

```
DELIMITER @@
CREATE FUNCTION sum_fn2(n int)
RETURNS  INT
BEGIN
 DECLARE s,i INT;
 SET s=0,i=1;
 WHILE i<=n DO
  SET s=s+i;
  SET i=i+1;
 END WHILE;
 RETURN s;
END@@
```

执行存储函数 sum_fn2 的语句及执行结果如下。

```
DELIMITER ;
SELECT sum_fn2(5);
```

sum_fn2(5)
15

3．REPEAT 循环

执行 REPEAT 循环语句时，先执行内部的循环语句块，在语句块执行结束时判断条件表达式是否为真，如果为真则结束循环，否则重复执行内部语句块。该语句的语法格式如下。

```
REPEAT
  SQL语句块;
 UNTIL 条件表达式
END REPEAT;
```

【例 5-37】REPEAT 循环示例。创建 sum_fn3()存储函数，计算 1 ~ *n* 中能被 3 和 5 整除的数的和。

```
DELIMITER @@
CREATE FUNCTION sum_fn3(n  int)
RETURNS  INT
BEGIN
 DECLARE s,i INT;
 SET s=0,i=1;
 REPEAT
  IF i%3=0 AND i%5=0 THEN
   SET s=s+i;
  END IF;
  SET i=i+1;
  UNTIL i>n
 END REPEAT;
 RETURN s;
END@@
```

执行存储函数 sum_fn3 的语句及执行结果如下。

```
DELIMITER ;
SELECT sum_fn3(30);
```

sum_fn3(30)
45

5.4 存储过程

存储过程

存储过程是一个可编程的函数，在数据库中创建并保存，由 SQL 语句和一些特殊的控制结构组成。存储过程是在数据库编程中对面向对象方法的模拟，以实现不同的应用程序执行相同的函数或者封装特定的功能。

5.4.1 存储过程概述

存储过程（Stored Procedure）是一组用于完成特定功能的 SQL 语句的集合，编译后留存在数据库服务器端，用户通过指定存储过程的名称并给出参数（如果该存储过程带有参数）来执行存储过程。存储过程的主要优点如下。

（1）存储过程执行速度快。存储过程在创建时被编译，在第一次执行之后，就驻留在内存中，之后每次执行该存储过程均不需要再重新编译，所以使用存储过程可以提高数据库的执行速度。

（2）存储过程可以减少网络通信流量。存储过程由多条 SQL 语句组成，但调用执行仅通过一条语句实现，所以只有少量的 SQL 语句在网络中传输，从而减少了网络流量并减轻了网络负载。

（3）存储过程具有安全特性。参数化的存储过程可以防止 SQL 注入式攻击，而且系统管理员可以通过 GRANT、REVOKE 等语句实现对用户数据访问权限的控制，避免了非授权用户对数据的访问，保证了数据安全。

（4）存储过程允许模块化编程。创建一次存储过程并存储在数据库中后，就可以在程序中反复调用，减少了数据库开发人员的工作量。而且数据库专业人员可以随时对存储过程进行修改，对应用程序源代码没有丝毫影响。

5.4.2 创建存储过程

创建存储过程需要使用 CREATE PROCEDURE 语句，其语法格式如下。

```
CREATE  PROCEDURE 存储过程名()
BEGIN
    过程体;
END
```

【例 5-38】创建存储过程 apple_proc(),在 fruits 表中查询供应 apple 的供应商编号 s_id。

```
SET GLOBAL log_bin_trust_function_creators = 1;

DELIMITER @@
CREATE PROCEDURE apple_proc()
BEGIN
  SELECT  s_id FROM  fruits WHERE  f_name='apple';
END@@
```

5.4.3 调用存储过程

一旦存储过程创建后，就可以多次调用该存储过程。

可以使用 CALL 语句直接调用存储过程。CALL 语句的语法格式如下。

```
CALL  存储过程名();
```

【例 5-39】调用例 5-38 创建的存储过程。语句及执行结果如下。

```
DELIMITER ;
CALL apple_proc();
```

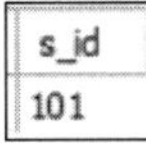

s_id
101

5.4.4 存储过程的参数

在创建存储过程时，需要考虑存储过程的灵活应用，以便重复使用。使用参数可以使程序单元变得灵活。参数是一种向程序单元输入、输出数据的机制。存储过程可以接收和返回 0 到多个参数。MySQL 有 3 种参数模式：IN、OUT 和 INOUT。

创建带参数的存储过程的语法格式如下。

```
CREATE PROCEDURE 存储过程名(
   IN | OUT | INOUT  参数 1  数据类型,
     IN | OUT | INOUT  参数 2  数据类型,……
)
BEGIN
  过程体;
END
```

1．IN 参数

IN 参数为输入参数，该类型的参数值由调用者传入，并且只能被存储过程读取。

【例 5-40】 创建一个向 suppliers 表中插入新记录的存储过程 s_in_proc()。语句如下。

```
DELIMITER @@
  CREATE  PROCEDURE s_in_proc(
   IN p_sid   INT,
   IN p_sname CHAR(50),
   IN p_city  CHAR(50),
   IN p_zip   CHAR(10),
   IN p_call  CHAR(50)
  )
  BEGIN
   INSERT INTO suppliers
      VALUES(p_sid,p_sname,p_city,p_zip,p_call);
  END@@
```

调用存储过程的语句如下。

```
DELIMITER ;
CALL s_in_proc(108,'XiaoTong','GuangZhou','510000','1367845123');
```

查看 suppliers 表，验证存储过程 s_in_proc 是否执行成功，语句及执行结果如下。

```
SELECT * FROM suppliers  WHERE  s_id=108;
```

s_id	s_name	s_city	s_zip	s_call
108	XiaoTong	GuangZhou	510000	1367845123

2．OUT 参数

OUT 参数为输出参数，该类型的参数值由存储过程写入。OUT 类型的参数适用于存储过程向调用者返回一个或多个值的情况。

【例 5-41】创建存储过程 s_out_proc()，根据提供的供应商编号，返回供应商的名称和电话。语句如下。

```
DELIMITER @@
CREATE PROCEDURE s_out_proc(
  IN  i_sid   INT,
  OUT o_name  CHAR(50),
  OUT o_call  CHAR(50)
  )
  BEGIN
   SELECT s_name,s_call  INTO o_name,o_call FROM suppliers
    WHERE s_id=i_sid;
  END@@
```

执行存储过程 s_out_proc 并查看输出的结果，语句及执行结果如下。

```
DELIMITER ;
CALL s_out_proc(108,@v_name,@v_call);
SELECT @v_name,@v_call;
```

@v_name	@v_call
XiaoTong	1367845123

3．INOUT 参数

IN 参数可以接收一个值，但是不能在过程中修改这个值；对于 OUT 参数而言，它在调用时为空，在过程执行中为这个参数指定一个值，并在执行结束后返回。而 INOUT 类型的参数同时具有 IN 参数和 OUT 参数的特性，在过程中可以读取和写入该类型的参数。

【例 5-42】使用 INOUT 参数实现两个数的交换。语句如下。

```
DELIMITER @@
CREATE PROCEDURE swap(
  INOUT p_num1  int,
  INOUT p_num2  int
 )
  BEGIN
   DECLARE var_temp int;
   SET var_temp=p_num1;
   SET p_num1=p_num2;
   SET p_num2=var_temp;
  END@@
```

执行存储过程 swap 并查看输出结果，语句及执行结果如下。

```
DELIMITER ;
SET @v_num1=1;
SET @v_num2=2;
CALL swap(@v_num1,@v_num2);
SELECT @v_num1,@v_num2;
```

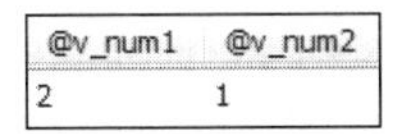

@v_num1	@v_num2
2	1

5.4.5 删除存储过程

删除存储过程是指删除数据库中已经存在的存储过程，MySQL 中使用 DROP PROCEDURE 语句来删除存储过程。DROP PROCEDURE 的语法格式如下。

```
DROP PROCEDURE 存储过程名;
```

【例 5-43】删除已创建的存储过程 swap。

```
DROP PROCEDURE swap;
```

5.4.6 存储过程与存储函数的区别

存储过程与存储函数的区别如下。

（1）一般存储过程实现的功能要复杂一点，而存储函数实现的功能针对性比较强。存储过程功能强大，可以执行修改表等一系列数据库操作；用户定义的函数不能用于执行修改全局数据库状态的操作。

（2）存储过程可以返回参数，而函数只能返回值。函数只能返回一个变量，存储过程可以返回多个参数。存储过程的参数包括 IN、OUT、INOUT3 种类型，而函数只有 IN 类型。存储过程声明时不需要描述返回类型，而函数声明时需要描述返回类型，且函数体中必须包含一个有效的 RETURN 语句。

（3）函数可以嵌入 SQL 语句中使用，也可以在 SELECT 语句中作为查询语句的一部分被调用；而存储过程一般作为一个独立的部分执行。

5.5 游标

游标

通过 SELECT 语句进行查询操作时，返回的结果是一个由多行记录组成的集合。而程序设计语言有时要处理以集合形式返回的数据集中的每一行数据，为此 SQL 提供了游标机制。以游标充当指针，使应用程序设计语言一次只能处理查询结果中的一行。

在 MySQL 中，为了逐条处理 SELECT 语句返回的一组记录，可以在存储程序中使用游标。

5.5.1 游标的使用

游标的使用包括声明游标、打开游标、提取数据和关闭游标。注意游标只能在存储过程或存储函数中使用，不能单独使用。

1．声明游标

在存储程序中，声明游标与声明变量一样，都需要使用 DECLARE 语句，其语法格式如下。

```
DECLARE  游标名 CURSOR FOR  SELECT 语句;
```

【说明】

（1）声明游标的作用是得到一个 SELECT 查询结果集，该结果集中包含应用程序中要处理的数据，从而方便用户逐条处理。

（2）SELECT 语句是针对表或视图的查询语句，可以使用 WHERE 条件、ORDER BY 和 GROUP BY 等子句，但不能使用 INTO 子句。

2．打开游标

使用 OPEN 语句打开游标，其语法格式如下。

```
OPEN   游标名;
```

游标必须先声明再打开。打开游标后，SELECT 语句的查询结果就会被传送到游标工作区，以便用户读取。

3．提取数据

游标打开后，可使用 FETCH 语句将游标工作区中的数据读取到变量中，其语法格式如下。

```
FETCH  游标名  INTO   变量名 1[,变量名 2,……];
```

成功打开游标后，游标指针指向结果集的第一行之前，而 FETCH 语句将使游标指针指向下一行。因此，第一次执行 FETCH 语句时，将检索第一行中的数据并将其保存到变量中。随后每执行一次 FETCH 语句，该指针都移动到结果集的下一行。可以在循环中使用 FETCH 语句，这样每一次循环都会从结果集中读取一行数据，然后进行相同的逻辑处理。

4．关闭游标

游标使用完后，需用 CLOSE 语句将其关闭，其语法格式如下。

```
CLOSE  游标名;
```

游标一旦关闭，其占用的资源就会被释放，用户不能再从结果集中检索数据，如果想重新检索，必须重新打开游标。

【例 5-44】创建存储过程 c_cur()，用游标提取 customers 表中指定客户的姓名和联系人。语句如下。

```
DELIMITER @@
CREATE PROCEDURE c_cur(cid INT)
  BEGIN
    DECLARE cname    CHAR(50);            #定义存放姓名值的变量
```

```
    DECLARE ccontact  CHAR(50);              #定义存放联系人值的变量
    DECLARE c_cur CURSOR                     #声明游标
      FOR  SELECT  c_name,c_contact FROM customers
        WHERE  c_id=cid;
    OPEN  c_cur;                             #打开游标
    FETCH c_cur INTO cname,ccontact;         #提取游标数据到变量
    CLOSE c_cur;                             #关闭游标
    SELECT cname,ccontact;
  END@@
```

执行存储过程 c_cur 的语句及执行结果如下。

```
DELIMITER ;
CALL c_cur(10001);
```

cname	ccontact
RedHook	LiMing

5.5.2 异常处理

在处理存储程序的 SQL 语句时，可能会因某条 SQL 语句的执行问题而导致错误，出现错误后 MySQL 会立即停止对存储程序的处理。例如，向一个表中插入新的记录而主键值已经存在，这条 INSERT 语句将会导致一个出错消息，从而终止该存储程序的运行。存储程序出现错误时,数据库开发人员并不希望 MySQL 自动终止存储程序的运行,而 MySQL 的错误处理机制可以帮助数据库开发人员控制程序流程。

MySQL 在处理异常时，特定错误条件需要特定处理。错误条件事先预测程序运行过程中可能遇到的问题，处理程序定义了在遇到这些问题时采取的处理方式，并且保证存储程序在遇到警告或错误时能继续运行。这样可以增强存储程序处理问题的能力，避免程序运行异常停止。

存储程序中的异常处理通过 DECLARE HANDLER 语句实现，其语法格式如下。

DECLARE 错误处理类型 HANDLER FOR 错误条件 错误处理程序;

【说明】

（1）一般情况下，异常处理语句置于存储程序（存储过程或存储函数）中才有意义。

（2）异常处理语句必须放在所有变量及游标定义之后、所有 MySQL 表达式之前。

（3）错误处理类型只有 CONTINUE 和 EXIT 两种，CONTINUE 表示错误发生后，MySQL 立即运行自定义错误处理程序，然后忽略该错误继续执行其他 MySQL 语句。EXIT 表示错误发生后，MySQL 立即运行自定义错误处理程序，然后停止其他 MySQL 语句的执行。

（4）错误条件定义了错误处理程序运行的时机，错误条件有以下几种取值。

① SQLSTATE 'ANSI 标准错误代码'：包含 5 个字符的字符串错误值。

```
DECLARE EXIT HANDLER FOR SQLSTATE '42S02' SET @info='NO_SUCH_TABLE';
```

② MySQL 错误代码：匹配数值类型的错误代码。

```
DECLARE EXIT HANDLER FOR 1146  SET @info='NO_SUCH_TABLE';
```

③ SQLWARNING：匹配所有 01 开头的 SQLSTATE 错误代码。

```
DECLARE EXIT HANDLER FOR SQLWARNING  SET @info='ERROR';
```

④ NOT FOUND：匹配所有 02 开头的 SQLSTATE 错误代码。

```
DECLARE EXIT HANDLER FOR NOT FOUND  SET @info='NO_SUCH_TABLE';
```

⑤ SQLEXCEPION：匹配所有未被 SQLWARNING 或 NOT FOUND 捕获的 SQLSTATE 错误代码。

```
DECLARE EXIT HANDLER FOR SQLEXCEPTION  SET @info='ERROR';
```

（5）错误发生后，MySQL 会立即执行错误处理程序中的 MySQL 语句。

【例 5-45】创建存储函数 f_in_fun()，向 fruits 表插入一条记录，f_id、s_id 和 f_name 字段的值分别为 a1、101 和 banana，已知 a1 水果编号已存在于 fruits 表中，违背了主键约束。语句如下。

```
DELIMITER @@
CREATE FUNCTION f_in_fun(fid CHAR(10),sid INT,fname CHAR(255))
  RETURNS VARCHAR(20)
  BEGIN
    INSERT INTO fruits(f_id,s_id,f_name)
      VALUES(fid,sid,fname);
    RETURN '插入成功';
  END@@

DELIMITER ;
SELECT f_in_fun('a1',101,'banana');
```

执行后的出错信息如下。

#	Time	Action	Message	Duration / Fetch
1	19:38:22	SELECT f_in_fun('a1',101,'banana') LIMIT 0, 1000	Error Code: 1062. Duplicate entry 'a1' for key 'fruits.PRIMARY'	0.016 sec

下面是存储函数的创建，加入了错误处理机制，解决了 MySQL 自动终止存储程序运行的问题。

```
DROP FUNCTION f_in_fun;

DELIMITER @@
CREATE FUNCTION f_in_fun(fid CHAR(10),sid INT,fname CHAR(255))
  RETURNS VARCHAR(20)
  BEGIN
    DECLARE EXIT HANDLER FOR SQLSTATE '23000'
      RETURN '违反主键约束！';
    INSERT INTO fruits(f_id,s_id,f_name)
      VALUES(fid,sid,fname);
    RETURN '插入成功';
  END@@
```

执行存储函数 f_in_fun，验证异常处理的有效性，语句及执行结果如下。

```
DELIMITER ;
SELECT f_in_fun('a1',101,'banana');
```

f_in_fun('a1',101,'banana')
违反主键约束！

```
SELECT f_in_fun('c1',101,'banana');
```

f_in_fun('c1',101,'banana')
插入成功

【注意】错误处理语句 DECLARE EXIT HANDLER FOR SQLSTATE '23000'可以替换为 DECLARE EXIT HANDLER FOR 1062，因为 MySQL 错误代码 1062 对应 ANSI 标准错误

代码 23000。

【例 5-46】创建存储过程 fprice_proc()，使用游标显示 fruits 表中单价排名前 3 的水果名称和供应商编号。语句如下。

```
DELIMITER @@
CREATE PROCEDURE fprice_proc(OUT result CHAR(50))
  BEGIN
    DECLARE fname CHAR(255);
    DECLARE sid INT;
    DECLARE flag BOOLEAN DEFAULT TRUE;
    DECLARE mycur CURSOR
    FOR SELECT f_name,s_id FROM fruits ORDER BY f_price DESC LIMIT 3;
    DECLARE EXIT HANDLER FOR NOT FOUND SET flag=FALSE;
    SET result='';
    OPEN mycur;
    WHILE flag DO
      FETCH mycur INTO fname,sid;
      SET result=CONCAT(result,space(2),fname,space(2),sid);
    END WHILE;
    CLOSE mycur;
  END@@
```

执行存储函数 fprice_proc 的语句及执行结果如下。

```
DELIMITER ;
CALL fprice_proc(@result);
SELECT @result;
```

@result
mango 106 orange 102 banana 102

【例 5-47】创建存储过程 price_up_proc(),使用游标更新 fruits 表中 f_price 的值,f_price 值小于或等于 5 元时单价增加 20%，大于 5 元且小于或等于 10 元时单价增加 10%，其他情况增加 5%。

```
DELIMITER @@
CREATE PROCEDURE price_up_proc()
 BEGIN
  DECLARE fid   CHAR(10);
  DECLARE fprice DECIMAL(8,2);
  DECLARE flag BOOLEAN DEFAULT TRUE;
  DECLARE price_cur  CURSOR
    FOR SELECT f_id,f_price FROM fruits;
  DECLARE CONTINUE HANDLER FOR NOT FOUND SET flag=FALSE;
  OPEN price_cur;
  WHILE flag DO
    FETCH  price_cur INTO fid,fprice;
    CASE
      WHEN fprice<=5  THEN SET fprice=fprice*1.2;
      WHEN fprice<=10 THEN SET fprice=fprice*1.1;
      ELSE                SET fprice=fprice*1.05;
      END CASE;
      UPDATE fruits SET f_price=fprice WHERE f_id=fid;
    END WHILE;
    CLOSE price_cur;
  END@@
```

执行存储过程 price_up_proc 并查看 fruits 表中记录值的变化，语句及执行结果如下。

```
DELIMITER ;
SET SQL_SAFE_UPDATES=0;
CALL price_up_proc();
SELECT * FROM fruits;
```

f_id	s_id	f_name	f_price
a1	101	apple	5.72
a2	103	apricot	2.64
b1	101	blackberry	10.71
b2	104	berry	8.36
b5	107	xxxx	4.32
bs1	102	orange	11.76
bs2	105	melon	9.02
c0	101	cherry	3.84
l2	104	lemon	7.04
m1	106	mango	16.38
m2	105	xbabay	3.12
m3	105	xxtt	12.18
o2	103	coconut	10.12
t1	102	banana	10.82
t2	102	grape	5.83
t4	107	xbababa	5.18

5.6 小结

本章介绍了 MySQL 编程的基础知识，常量、变量的使用及编程中常用的系统函数；详细讲述了存储过程和存储函数。存储过程和存储函数都是用户自定义的SQL语句的集合，而且都存储于服务器端，只要调用就可以在服务器端执行，提高代码的复用性和共享性。在创建存储过程或存储函数时涉及变量、游标的定义和使用，以及对流程的控制，这些内容均为本章的重点。

存储程序中的 IF 语句可实现简单条件判断、二重分支判断和多重分支判断。当使用 IF 语句时，注意 END IF 是两个词，而 ELSEIF 是一个词。CASE 语句可实现多重分支判断。LOOP 语句、WHILE 语句和 REPEAT 语句可实现循环控制操作。

在使用 SELECT 语句查询数据库时，查询返回的数据存放在结果集中。用户在得到结果集后，需要逐行逐列地获取其中存储的数据，从而在应用程序中使用这些值，游标机制可完成此类操作。

当存储程序运行错误时，可以使用异常处理机制来处理出现的错误。

习　　题

一、选择题

1. 下列（　　）函数是用来取绝对值的。

A. MAX()　　B. REPLACE()　　C. ABS()　　D. ABC()

2. 下列（　　）函数是用来返回当前登录名的。

A. USER()　　B. SHOW USER()

C. SESSION_USER()　　D. SHOW USERS()

3. 下面（　　）是创建自定义函数的语法。

A. CREATE TABLE　　B. CREATE VIEW

C. CREATE FUNCTION　　D. 以上都不是

4. 存储过程是在 MySQL 服务器中定义并（　　）的 SQL 语句集合。

A. 保存　　B. 执行　　C. 解释　　D. 编写

5. 下面关于存储过程的叙述错误的是（　　）。

A. MySQL 允许在存储过程创建时引用一个不存在的对象

B. 存储过程可以带多个输入参数，也可以带多个输出参数

C. 使用存储过程可以减少网络流量

D. 在一个存储过程中不可以调用其他存储过程

6. 下面（　　）是删除存储过程的语法。

A. DROP TABLE　　B. DROP PROCEDURE

C. DROP FUNCTION　　D. 以上都不是

7. 下列控制流程中，MySQL 存储过程不支持（　　）。

A. WHILE　　B. FOR　　C. LOOP　　D. REPEAT

8. MySQL 存储过程的流程控制中 IF 必须与（　　）成对出现。

A. ELSE　　B. WHEN　　C. LEAVE　　D. END IF

9. 以下游标的使用步骤正确的是（　　）。

A. 声明游标、使用游标、打开游标、关闭游标

B. 打开游标、声明游标、使用游标、关闭游标

C. 声明游标、打开游标、选择游标、关闭游标

D. 声明游标、打开游标、使用游标、关闭游标

10. 下列（　　）语句用来定义游标。

A. CREATE　　B. DECLARE

C. DECLARE…CURSOR FOR…　　D. SHOW

二、简答题

1. 存储过程中的代码可以改变吗？

2. 存储过程可以调用其他存储过程吗？

3. 为什么存储过程的参数不能与数据表中的字段名相同？

三、操作题

1. 创建存储函数 cnt_f()，统计 fruits 表中记录的个数，并调用执行该存储函数。

2. 创建存储过程 sum_price()，统计 fruits 表中 f_price 的和（要求使用游标完成），并调用执行该存储过程。

第6章 触发器与事务处理

触发器是指由事件触发某个操作，这些事件包括 INSERT、UPDATE 和 DELETE 操作。当用户在表中执行这些操作时，数据库系统就会激活触发器执行相应的操作。

当多个用户访问同一份数据时，一个用户在更新数据的过程中其他用户可能同时发起更新请求，为保证数据的更新，从一个一致性状态变更为另一个一致性状态，需要引入事务的概念。对于数据库管理系统而言，事务与锁是实现数据一致性与并发性的基石。

本章将介绍触发器的含义、作用，创建触发器、查看触发器和删除触发器的方法，以及各种事件的触发器的执行情况；讲解如何在数据库中通过事务与锁实现数据的一致性与并发性，以及多用户的并发访问。

6.1 触发器

触发器

触发器是一个功能强大的工具，可以使多个用户在保持数据完整性和一致性的良好环境下进行数据修改操作。

6.1.1 触发器概述

触发器（TRIGGER）是一个特殊的存储过程，它的执行不是由 CALL 语句调用，也不是手动启动，而是由事件触发，当对一个表进行 INSERT、UPDATE、DELETE 操作时就会激活相应的触发器并执行。触发器经常用于加强数据的完整性约束和业务规则等。触发器类似于约束，但比约束更加灵活，具有更精细和更强大的数据控制能力。

下面举例说明为什么要使用触发器。在具体项目开发时，经常会遇到如下案例。

① 新的水果供应商加入后，需要在供应商表中添加一条与该供应商相关的记录，那么供应商的总数必须同时改变。

② 某供应商退出时，需要在供应商表中删除该供应商的记录，同时也希望删除该供应商提供的水果记录。

上述案例虽然实现的业务逻辑不同，但是共同之处在于表发生更改时都要自动完成一些操作。

下面介绍触发器的作用。

（1）提高安全性

对用户操作数据库的权限进行控制。例如，基于时间限制用户的操作，如不允许下班后和节假日修改数据库数据；再如，基于数据库中的数据限制用户的操作，如不允许银行卡的余额为负数。

（2）实现审计功能

可以跟踪用户对数据库的操作，审计用户操作数据库的语句，将用户对数据库的更改写入审计表。

（3）实现非标准的数据完整性规则

触发器可以对与数据库相关的表进行更新操作。在更新或删除时级联更新或删除其他表中与之匹配的行。在更新或删除时将其他表中与之匹配的行设置为NULL。

触发器可以产生比检查约束更复杂的限制，因为触发器可以引用列或数据库对象。

触发器能够回退那些破坏相关完整性的操作，取消试图进行数据更改的事务。当插入一个与其主键值不匹配的外键值时，触发器会被激活，取消插入操作。

触发器可以自动计算数据值，如果数据值达到了一定的要求，则进行特定的处理。

6.1.2 创建触发器

在MySQL中通过CREATE TRIGGER语句创建触发器，其语法格式如下。

```
CREATE  TRIGGER  触发器名
  BEFORE | AFTER
  INSERT | DELETE | UPDATE
  ON   表名
  FOR  EACH  ROW
    触发的SQL语句
```

【说明】

（1）AFTER触发器是在触发操作（INSERT、UPDATE和DELETE）之后触发当前创建的触发器，如果触发操作失败，则此触发器不会执行。可利用AFTER触发器维护表间数据的一致性。BEFORE触发器是在触发操作（INSERT、UPDATE和DELETE）之前触发当前创建的触发器，再执行触发的操作。触发器先于触发操作执行，用于对触发的操作数据进行前期判断，根据情况修改数据。

（2）INSERT表示将新记录插入表时激活触发器，UPDATE表示激活表中某一行或多行数据时激活触发器，DELETE表示删除表中记录时激活触发器。

【例6-1】创建触发器del_tri，触发器将记录哪些用户删除了fruits表中的数据，以及删除时间和进行操作的类型。

首先创建merch_log日志信息表，用于存储用户对表的操作。

```
CREATE  TABLE  merch_log(
  who        VARCHAR(30),
  oper_date  DATE,
  oper       VARCHAR(20)
);
```

在fruits表上创建触发器，当用户对fruits表进行DELETE操作时进行触发，并向merch_log表中添加操作的用户名、日期及类型。

```
CREATE   TRIGGER  del_tri
  AFTER  DELETE
  ON  fruits
  FOR  EACH  ROW
  INSERT  INTO  merch_log(who,oper_date,oper)
    VALUES(USER(),SYSDATE(),'DELETE');
```

为了测试该触发器是否正常运行，在 fruits 表中删除 f_id 为 a1 的记录，并查询日志信息表 merch_log。语句及执行结果如下。

```
DELETE FROM fruits WHERE f_id='a1';
SELECT * FROM merch_log;
```

who	oper_date	oper
root@localhost	2021-12-02	DELETE

在 MySQL 触发器的触发体中，SQL 语句可以访问受触发语句影响的每行的列值，即在字段名前加上 OLD.限定词表示变化前的值，在字段名前加上 NEW.限定词表示变化后的值。

在 INSERT 触发器中，只能使用 NEW.列名，因为不涉及旧值行。

在 DELETE 触发器中，只能使用 OLD.列名，因为不涉及新值行。

在 UPDATE 触发器中，可以使用 OLD.列名引用更新前某一行的旧值，使用 NEW.列名引用更新后行的新值。

【例 6-2】本例题实现级联更新。在修改 suppliers 表的 s_id 之后（AFTER）级联地、自动地修改 fruits 表中该供应商的 s_id。

```
CREATE TRIGGER tr_up
  AFTER UPDATE
  ON suppliers
  FOR EACH ROW
  UPDATE fruits SET s_id=NEW.s_id WHERE s_id=OLD.s_id;
```

更新 suppliers 表中的数据，以触发触发器 tr_up 的执行。

UPDATE suppliers SET s_id=110 WHERE s_id=101;

查看 fruits 表，语句及执行结果如下，结果显示触发器已成功执行，fruits 表中的相应数据已更新。

```
SELECT * FROM fruits WHERE s_id=110;
```

f_id	s_id	f_name	f_price
b1	110	blackberry	10.20
c0	110	cherry	3.20

6.1.3 查看触发器

查看触发器是指查看数据库中已存在触发器的定义、状态和语法信息等。可以通过数据库 information_schema 中的系统表 triggers 查询指定触发器的指定信息。

【例 6-3】查询例 6-2 创建的触发器 tr_up 的信息。语句及执行结果如下。

```
USE information_schema;
SELECT * FROM triggers WHERE trigger_name='tr_up';
```

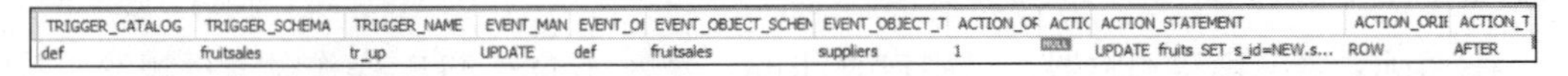

TRIGGER_CATALOG	TRIGGER_SCHEMA	TRIGGER_NAME	EVENT_MAN	EVENT_OI	EVENT_OBJECT_SCHEN	EVENT_OBJECT_T	ACTION_OF	ACTIC	ACTION_STATEMENT	ACTION_ORII	ACTION_T
def	fruitsales	tr_up	UPDATE	def	fruitsales	suppliers	1	NULL	UPDATE fruits SET s_id=NEW.s...	ROW	AFTER

6.1.4 删除触发器

如果某个触发器不再使用，则可通过 DROP TRIGGER 语句将其删除，其语法格式如下。

```
DROP TRIGGER 触发器名;
```

【例 6-4】删除例 6-2 建立的 tr_up 触发器。语句如下。

```
DROP TRIGGER tr_up;
```

6.2 事务

事务

数据库是一个共享资源库，可供多个用户使用。当用户建立与数据库的会话后，就可以对数据库进行操作，而用户对数据库的操作是通过多个事务进行的。允许多个用户同时使用的数据库系统称为多用户数据库系统，例如飞机订票数据库系统、银行数据库系统等。在这种系统中，在同一时刻并发运行的事务数可达到百个。

6.2.1 事务的概述

事务（Transaction）通常包含一系列 INSERT、DELETE、UPDATE 等修改操作，这些修改操作是一个不可分割的逻辑工作单元。如果事务成功执行，那么该事务中所有的修改操作都会被成功执行，并将执行结果提交至数据库文件永久保存。如果事务中某个修改操作执行失败，那么事务中的所有修改操作均会被撤销，所有受影响的数据将返回事务开始前的状态。

一个事务对应现实世界中的一项业务，例如，要完成从银行账户 A 向银行账户 B 转账 1000 元的业务，在数据库管理系统中需要进行如下两步操作。

```
UPDATE  账户A  SET  余额 = 余额-1000;
UPDATE  账户B  SET  余额 = 余额+1000;
```

为确保此项业务有效完成，在数据库管理系统中必须保证这两条 UPDATE 语句要么都执行，要么都不执行。这时就可以通过数据库中的事务来实现。

6.2.2 事务的 ACID 特性

事务的处理必须满足 ACID 特性，即原子性（A）、一致性（C）、隔离性（I）和持久性（D）。

1．原子性（Atomicity）

原子性意味着每个事务都必须作为一个不可分割的单元，事务中包含的所有操作要么全执行，要么全不执行。

以银行转账事务为例，假如现在账户 A 的余额为 2000 元，账户 B 的余额为 3000 元，这时数据库反映出来的结果为“账户 A+账户 B=5000 元”；在转账事务中当从账户 A 提款 1000 元且未向账户 B 存款时，数据库的状态为“账户 A+账户 B=1000 元+3000 元=4000 元”，丢失了 1000 元。所以事务处理过程中数据库中的数据是不一致的，而事务处理完成后，事务处理过程中不一致的状态会被账户“A 为 1000 元、账户 B 为 4000 元”的另一种一致状态替代。

从上例可以发现，在事务处理之前和处理之后，数据库中的数据是一致的，虽然在事务处理过程中会出现短暂的不一致状态，但必须保证事务结束时数据库中的数据一致。这就需要事务处理的原子性提供保证。

实现事务的原子性，需要 DBMS 把那些未成功执行的事务中已执行的操作对数据库中数据产生的影响“抹掉”。DBMS 有一个事务日志，其中记录了每个事务对数据库所做变更的“旧值”和“新值”。当一个事务执行失败时，便将这些变更了的“新值”恢复回“旧值”，就像该事务根本未执行过一样。

2．一致性（Consistency）

一致性是指事务完成时，必须使所有数据从一种一致性状态变更为另一种一致性状态，以确保数据的完整性。

例如，上例的银行转账事务必须保证 A、B 两个账户的总余额不变，转账前总余额必须与转账后总余额一致。

DBMS 无法自动实现每一事务的一致性，因为每个事务都有各自具体的一致性限制，但可以将其作为一种数据的完整性限制明确给出。

3．隔离性（Isolation）

数据库允许多个并发事务同时对数据进行读写操作。隔离性可以防止多个事务并发执行时，操作命令交叉执行而导致的数据不一致状态。

例如，对上例的银行转账事务，如果有另一个事务进行账户汇总，它在事务结束之前计算 A+B，则得到一个不正确的结果值；若再根据这个值修改其他数据，则会变为一个不正确的数据库状态，即便两个事务都完成了。

为防止这种因并发事务相互干扰而导致的数据库不正确或不一致性，DBMS 必须对它们的执行予以一定的控制，使若干并发执行的结果等价于串行执行的结果。也就是说，在事务执行过程中，操作结果是相互不可见，即完全“隔离”的。这种特性通过锁机制实现。

4．持久性（Durability）

事务完成之后，所进行的修改对数据的影响是永久性的，即使出现系统故障，数据仍可以恢复。

DBMS 通过日志记录每个事务的操作及其结果和写入磁盘的信息。无论何时发生故障，都能用这些记录的信息来恢复数据库。

MySQL 中提供的 InnoDB 数据库存储引擎支持 ACID 事务、行级锁和高并发。为了支持事务，InnoDB 存储引擎引入了与事务处理相关的 REDO（重做）日志和 UNDO（撤销）日志。

事务执行时需要将执行的事务日志写入日志文件，对应的文件为 REDO 日志。当每条 SQL 语句进行数据修改操作时，都先将 REDO 日志写入日志缓冲区。当客户端进行 COMMIT 命令提交时，日志缓冲区的内容会被刷新到磁盘。REDO 日志对应磁盘上的 ib_logfileN 文件，在 MySQL 崩溃恢复时会重新执行 REDO 日志中的记录。REDO 日志文件如图 6-1 所示。

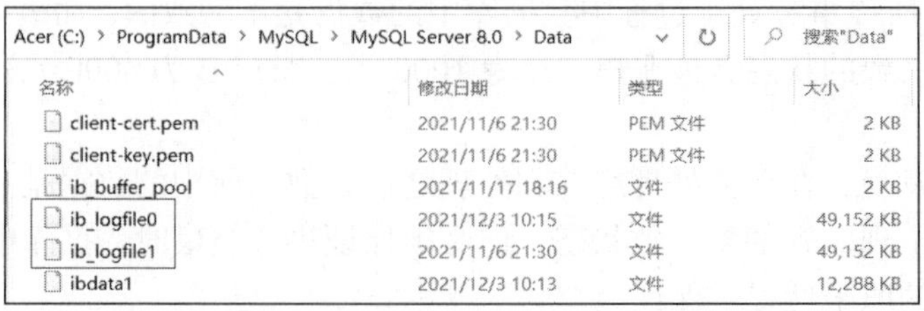

Acer (C:) › ProgramData › MySQL › MySQL Server 8.0 › Data　　搜索"Data"

名称	修改日期	类型	大小
client-cert.pem	2021/11/6 21:30	PEM 文件	2 KB
client-key.pem	2021/11/6 21:30	PEM 文件	2 KB
ib_buffer_pool	2021/11/17 18:16	文件	2 KB
ib_logfile0	2021/12/3 10:15	文件	49,152 KB
ib_logfile1	2021/11/6 21:30	文件	49,152 KB
ibdata1	2021/12/3 10:13	文件	12,288 KB

图 6-1　在资源管理器中显示 REDO 日志文件

与 REDO 日志相反，UNDO 日志主要用于事务异常时的数据回滚，具体内容是复制事务前的数据库内容到 UNDO 缓冲区，然后在合适的时间将内容刷新到磁盘。与 REDO 日志不同的是，磁盘上不存在单独的 UNDO 日志文件，所有的 UNDO 日志均存放于表空间对应的.ibd 数据文件中。

6.2.3 MySQL 事务控制语句

应用程序主要通过指定事务启动和结束的时间来控制事务。

1．事务模式

MySQL 有 3 种事务模式：自动提交事务模式、显式事务模式和隐式事务模式。

（1）自动提交事务模式。每条单独的语句都是一个事务，该模式是 MySQL 默认的事务管理模式。在此模式下，当一条语句成功执行后，它会被自动提交，而当执行过程中产生错误时，它会被自动回滚。

（2）显式事务模式。该模式允许用户定义事务的启动和结束。事务以 BEGIN WORK 或 START TRANSACTION 语句显式开始，以 COMMIT 或 ROLLBACK 语句显式结束。

（3）隐式事务模式。在当前事务完成提交或回滚后，新事务自动启动。隐式事务不需要以 BEGIN WORK 或 START TRANSACTION 语句标识事务的开始，但需要以 COMMIT 或 ROLLBACK 语句提交或回滚事务。

可以通过 SET AUTOCOMMIT 命令修改当前连接的提交方式，其语法格式如下。

```
SET AUTOCOMMIT = 0|1;
```

【说明】

① SET AUTOCOMMIT=1 是默认的，为自动提交事务模式。

② SET AUTOCOMMIT=0，设置之后的所有事务都需要通过明确的命令进行提交和回滚。

2．开始事务

MySQL 默认设置下事务都是自动提交的，即执行 SQL 语句后马上执行 COMMIT 操作。因此要显式开启一个事务，必须使用 START TRANSACTION 或 BEGIN WORK 语句，其语法格式如下。

```
START TRANSACTION;
```

或

```
BEGIN WORK;
```

【说明】

在存储过程中只能通过 START TRANSACTION 语句开启一个事务，因为 MySQL 数据库分析器会自动将 BEGIN 识别为 BEGIN…END 语句。

3．提交事务

COMMIT 语句用于结束一个用户定义的事务，保证对数据的修改已经成功写入数据库，此时事务正常结束，其语法格式如下。

```
COMMIT [WORK] [AND [NO] CHAIN] [[NO] RELEASE];
```

【说明】

① 提交事务的最简单形式——只需要给出 COMMIT 命令，也可以写为 COMMIT

WORK。

② AND CHAIN 子句会在当前事务结束时，立刻启动一个新事务，并且新事务与刚结束的事务隔离等级相同。

③ RELEASE 子句终止了当前事务后，会使服务器断开与当前客户端的连接。

④ NO 关键字可以抑制 CHAIN 或 RELEASE 的完成。

4．回滚事务

回滚事务使用 ROLLBACK 语句，回滚会结束用户的事务，并撤销正在进行的所有未提交的修改（BEGIN WORK 或 START TRANSACTIO 后的所有修改）。ROLLBACK 语句的语法格式如下。

```
ROLLBACK [WORK] [AND [NO] CHAIN] [[NO] RELEASE];
```

【例 6-5】假设银行存在两个借记卡账户（account）“李三”与“王五”，因借记卡账户不能透支，即两个账户的余额（balance）不能小于 0。创建存储过程 tran_proc()，实现两个账户间的转账业务。语句如下。

```
#创建test数据库并选择其为当前数据库
CREATE DATABASE test;
USE test;

#建立account表
CREATE TABLE account(
 account_no    INT           AUTO_INCREMENT  PRIMARY KEY,
 account_name  VARCHAR(10)   NOT NULL,
 balance      INT UNSIGNED                #balance不能取负值
);

#向account表插入记录
INSERT INTO account VALUES(null,'李三',1000);
INSERT INTO account VALUES(null,'王五',1000);

#创建存储过程tran_proc()，实现转账业务
DELIMITER @@
CREATE PROCEDURE tran_proc(
    IN from_account INT,
    IN to_account   INT,
    IN money      INT)
 BEGIN
   DECLARE CONTINUE HANDLER FOR 1690
    BEGIN
      SELECT '余额小于0' 信息;
        ROLLBACK;                        #回滚事务
    END;
   START TRANSACTION;                    #开始事务
    UPDATE account SET balance=balance+money
      WHERE account_no=to_account;
    UPDATE account SET balance=balance-money
      WHERE account_no=from_account;
   COMMIT;                               #提交事务
 END@@
```

执行存储过程 tran_proc 并查看 account 表中的数据，语句及执行结果如下。结果显示，account_no 值为 1 的记录的 balance 的值已由原来的 1000 被修改为 200。

```
DELIMITER ;
CALL tran_proc(1,2,800);
SELECT * FROM account;
```

account_no	account_name	balance
1	李三	200
2	王五	1800

执行存储过程 tran_proc，继续从 account_no 值为 1 的记录中转出 800 元，因余额为 200 元，不足 800 元，所以撤销了转出操作。语句及执行结果如下。

```
CALL tran_proc(1,2,800);
```

信息
余额不足

```
SELECT * FROM account;
```

account_no	account_name	balance
1	李三	200
2	王五	1800

5．设置保存点

用户可以通过 ROLLBACK TO 语句使事务回滚到某个点，但事先需通过 SAVEPOINT 语句创建一个保存点，一个事务中可以有多个 SAVEPOINT。

SAVEPOINT 语句的语法格式如下。

```
SAVEPOINT 保存点名称;
```

回滚事务到保存点的 ROLLBACK 语句的语法格式如下。

```
ROLLBACK [WORK] TO SAVEPOINT 保存点名称;
```

【例 6-6】下面创建两个存储过程，分别对同一个事务中创建的两个相同账号的银行账户进行不同的处理。

创建 save_p1_proc()存储过程，仅仅撤销第二条 INSERT 语句，但提交第一条 INSERT 语句。

```
DELIMITER @@
CREATE PROCEDURE save_p1_proc()
 BEGIN
  DECLARE CONTINUE HANDLER FOR 1062
  BEGIN
   ROLLBACK TO b;                                 #事务回滚到保存点 b
  END;
  START TRANSACTION;
   INSERT INTO account VALUES(null,'赵四',1000);
   SAVEPOINT b;                                   #设置保存点
                       #last_insert_id()获取'赵四'账户的账号
   INSERT INTO account VALUES(last_insert_id(),'钱六',1000);
  COMMIT;
 END@@
```

执行存储过程 save_p1_proc 并查看 account 表，语句及执行结果如下。结果显示，赵四的纪录成功插入，而钱六的纪录未成功插入，因为操作已被撤销。

```
DELIMITER ;
CALL save_p1_proc();
SELECT * FROM account;
```

account_no	account_name	balance
1	李三	200
2	王五	1800
3	赵四	1000

创建 save_p2_proc()存储过程，先撤销第二条 INSERT 语句，再撤销所有的 INSERT 语

句。首先删除 account 表中之前插入的 account_no=3 的记录并查看 account 表，语句及执行结果如下。

```
DELETE FROM account WHERE account_no=3;
SELECT * FROM account;
```

account_no	account_name	balance
1	李三	200
2	王五	1800

其次创建存储过程 save_p2_proc，语句如下。

```
DELIMITER @@
CREATE PROCEDURE save_p2_proc()
 BEGIN
  DECLARE CONTINUE HANDLER FOR 1062
  BEGIN
   ROLLBACK TO b;
   ROLLBACK;
  END;
  START TRANSACTION;
   INSERT INTO account VALUES(null,'赵四',1000);
   SAVEPOINT b;
   INSERT INTO account VALUES(last_insert_id(),'钱六',1000);
  COMMIT;
 END@@
```

最后执行存储过程 save_p2_proc 并查看 account 表，语句及执行结果如下。

```
DELIMITER ;
CALL save_p2_proc();
SELECT * FROM account;
```

account_no	account_name	balance
1	李三	200
2	王五	1800

6.3 并发控制

并发控制

对于多用户数据库系统而言，当多个用户并发操作时，会出现多个事务同时操作同一数据的情况。若不对并发操作加以控制，就可能发生读取或写入不正确数据的情况，从而破坏数据库的一致性，所以数据库管理系统必须提供并发控制机制。

6.3.1 并发控制的基本概念

事务串行执行（Serial Execution）：DBMS 按顺序一次执行一个事务，执行完一个事务后才会执行另一事务。这类似于现实世界中的排队售票，售出一个顾客的票后再售出下一个顾客的票。事务的串行执行容易控制，不易出错。

事务并发执行（Concurrent Execution）：DBMS 同时执行多个事务对同一数据的操作（并发操作），为此，DBMS 需要对各事务中的操作顺序进行安排，以达到同时运行多个事务的目的。

在单处理机系统中，事务的并发执行实际上是这些并发事务轮流交叉进行，这种并发执行方式称为交叉并发方式。在多处理机系统中，每个处理机可以运行一个事务，多个处理机可以同时运行多个事务，实现事务真正的并发运行，这种并发执行方式称为同时并发方式。

并发执行的事务可能出现同时读写数据库中同一数据的情况，如果不加以控制，可能引起数据的读写冲突，对数据库的一致性造成破坏。这类似于多列火车都需要经过同一段铁路线，车站调度室需要安排多列火车通过同一段铁路线的顺序，否则就可能造成严重的火车相撞事故。

因此，DBMS 对事务并发执行的控制，可归结为对数据访问冲突的控制，以确保并发事务间数据访问的互不干扰，即保证事务的隔离性。

6.3.2 并发执行可能引起的问题

要对事务的并发执行进行控制，首先应了解事务的并发执行可能引起的问题，才可以据此做出相应控制，以避免问题的出现。

事务中的操作归根结底就是读或写。两个事务之间相互干扰就是其操作彼此冲突。因此，事务间的相互干扰问题可归纳为写—写、读—写、写—读 3 种冲突（读—读不冲突），分别会导致“丢失更新”问题、“不可重复读”和“幻影读”两种问题及“读脏数据”问题。

1．丢失更新（Lost Update）

丢失更新又称为覆盖未提交的数据，也就是说，一事务更新的数据尚未提交，另一事务又对该数据进行更新，使前一个事务更新的数据丢失。

原因：由两个（或多个）事务对同一数据并发写入引起，称为写—写冲突。

结果：与串行执行两个（或多个）事务的结果不一致。

图 6-2 说明了丢失更新的情况，其中图 6-2（a）为事务的执行顺序，图 6-2（b）为按（a）顺序执行的结果。其中 R（A）表示读取 A 的值，W（A）表示将值写入 A。

执行时刻	事务 T_1	事务 T_2
t_1	R(A)	
t_2	W(A)	
t_3		W(A)
t_4	R(A)	
t_5	⋮	⋮
t_6		

（a）事务的执行顺序

执行时刻	事务 T_1	事务 T_2
t_1	R(A)：5	
t_2	W(A)：6→A	
t_3		W(A)：7→A
t_4	R(A)：7?	⋮
t_5	⋮	
t_6		

（b）按（a）顺序执行的结果

图 6-2　丢失更新

从图 6-2（b）可以看出，事务 T_1 在 t_2 时刻将 A 值更新为 6，被事务 T_2 在 t_3 时刻将 A 值更新为 7，于是，事务 T_1 在 t_4 时刻进行 R(A)操作，读出来的值为 7，而不是自己更新的 6，导致事务 T_1 的用户很迷惑，因为他不知道自己的事务 T_1 对 A 对象的更新值已经被事务 T_2 的更新值覆盖。这种事务间的干扰实际上已违背了事务的隔离性。

2．不可重复读（Unrepeatable Read）

不可重复读也称为读值不可复现，具体体现为其他事务对同一数据的写入，导致一个事务两次读取该数据的值不同。

原因：该问题由读—写冲突引起。

结果：第二次读的值与第一次读的值不同。

图 6-3 说明了不可重复读的情况，其中 6-3（a）为事务的执行顺序，图 6-3（b）为按（a）顺序执行的结果。

执行时刻	事务 T_1	事务 T_2
t_1	R(A)	
t_2		W(A)
t_3	R(A)	
t_4	⋮	
t_5		⋮

（a）事务的执行顺序

执行时刻	事务 T_1	事务 T_2
t_1	R(A)：5	
t_2		W(A)：6→A
t_3	R(A)：6?	
t_4	⋮	
t_5		⋮

（b）按（a）顺序执行的结果

图 6-3　不可重复读

从图 6-3（b）可以看出，事务 T_1 在 t_1 时刻读得 A 的值为 5，事务 T_2 接着在 t_2 时刻将 A 的值改为 6，然后事务 T_1 在 t_3 时刻又来读 A，这时读得的值为 6。由于事务 T_1 未对 A 做过任何修改，因此在事务内部，前后两次读取的对象值不一致，即重复读同一对象其值不同。

幻影读（Phantom Read）与不可重复读的区别是：不可重复读的操作对象是数据，而幻影读的操作对象是表中的记录。

同一个事务内，两条相同的查询语句查询结果应该相同。但是，如果另一个事务同时提交了新数据，当前事务再次查询表中的记录时，就会发现前后两次查询的结果不同。

3．读脏数据（Dirty Read）

读脏数据也称为读未提交的数据，也就是说，一个事务更新的数据尚未提交，就被另一个事务读取，如果前一个事务因故要回退（ROLLBACK）更新的数据，后一个事务读到的数据就是没有意义的数据了，即脏数据。

原因：由后一个事务读取了前一个事务写了但尚未提交的数据引起，称为写—读冲突。

结果：读取了可能要回退的更新数据。但是如果前一个事务不回退，那么后一个事务读到的数据仍是有意义的。

图 6-4 说明了可能读到脏数据的情况。图 6-4（a）为事务的执行顺序，图 6-4（b）为按（a）顺序执行的结果。

执行时刻	事务 T_1	事务 T_2
t_1	R(A)	
t_2	W(A)	
t_3		R(A)
t_4	ROLLBACK	
t_5	⋮	⋮
t_6		

（a）事务的执行顺序

执行时刻	事务 T_1	事务 T_2
t_1	R(A)：5	
t_2	W(A)：6→A	
t_3		R(A)：6
t_4	ROLLBACK：A 的值恢复为 5	
t_5		
t_6		但事务 T_2 仍可能用 6 这个脏数据作为 A 的值做其他事情

（b）按（a）顺序执行的结果

图 6-4　读脏数据

从图 6-4（b）可以看出，事务 T_1 在 t_2 时刻先将 A 的初值 5 改为 6，事务 T_2 在 t_3 时刻从内存读取 A 的值为 6，接着事务 T_1 由于某种原因在 t_4 时刻回退了修改操作，这时 A 的值又恢复为 5，这样事务 T_2 刚刚读到的 6 就是一个脏数据，除非它重新读取 A 的值。

导致上述 3 类数据不一致的主要原因是并发操作破坏了事务的隔离性。而并发控制就是要求 DBMS 提供并发控制功能，以正确的方式执行并发事务，避免并发事务之间相互干扰造成的数据不一致性，保证数据库的完整性。

6.3.3 事务隔离级别

隔离性是事务最重要的基本特性之一，是解决事务并发执行时可能出现的相互干扰问题的基本技术。

隔离级别定义了一个事务与其他事务的隔离程度。在并发事务中，总体来说会出现 4 种异常情况：丢失更新、读脏数据、不可重复读和幻影读。

事务中遇到这些类型的异常现象与事务隔离级别的设置有关，事务的隔离级别限制越多，可消除的异常现象就越多。隔离级别分为 4 级。

（1）未提交读（Read Uncommitted）。此隔离级别，用户可以对数据执行未提交读；在事务结束前可以更改数据集内的数值，行也可以出现在数据集中或从数据集消失。它是 4 个级别中限制最小的级别。

（2）提交读（Read Committed）。此隔离级别不允许用户读未提交的数据，因此不会出现读脏数据的情况，但数据可能会在事务结束前被修改，从而产生不可重复读或幻影读数据。

（3）可重复读（Repeatable Read）。此隔离级别保证在一个事务中重复读到的数据保持同样的值，而不会出现读脏数据、不可重复读的问题。但允许其他用户将新的幻影行插入数据集，且能被当前事务后续读取。

（4）可串行化（Serializable）。此隔离级别是 4 种隔离级别中限制最多的级别，称为可串行化，不允许其他用户在事务完成之前更新数据集或将行插入数据集内。

表 6-1 所示的是 4 种隔离级别允许的不同类型的行为。

表 6-1　事务的 4 种隔离级别

隔离级别	丢失更新	读脏数据	不可重复读	幻影读
未提交读（Read Uncommitted）	是	是	是	是
提交读（Read Committed）	否	否	是	是
可重复读（Repeatable Read）	否	否	否	是
可串行化（Serializable）	否	否	否	否

更低的隔离级别可以支持更高的并发处理，同时占用的系统资源更少，但产生的异常问题也更多。

6.3.4 MySQL 事务隔离级别设置

MySQL 中只有支持事务的存储引擎（如 InnoDB）才可以定义一个隔离级别。

1．MySQL 隔离级别的设置

MySQL 提供了 4 种隔离级别，分别是可串行化（Serializable）、可重复读（Repeatable Read）、提交读（Read Committed）、未提交读（Read Uncommitted）。定义事务的隔离级别可以使用 SET TRANSACTION 语句，其语法格式如下。

```
SET [GLOBAL|SESSION] TRANSACTION ISOLATION LEVEL
  SERIALIZABLE|REPEATABLE READ|READ COMMITED|READ UNCOMMITED;
```

【说明】

① GLOBAL，定义的隔离级别适用于所有 SQL 用户。

② SESSION，定义的隔离级别只适用于当前运行的会话和连接。

③ MySQL 默认的事务隔离级别是 REPEATABLE READ。

④ 系统变量@@TRANSACTION_ISOLATION 存储了事务的隔离级别，可以通过 SELECT 语句查看该系统变量，以获取事务当前的隔离级别。

2．READ UNCOMMITED 隔离级别

设置 READ UNCOMMITED（读取未提交数据）隔离级别，所有事务都可以看到其他未提交事务的执行结果。该隔离级别很少用于实际，因为它的性能并未比其他级别优越多少。读取未提交的数据，也称脏读（dirty read）。

【例 6-7】脏读现象示例。

（1）打开 MySQL 客户机 A，依次执行下面的语句，结果显示如下。

```
USE test;
SET SESSION TRANSACTION ISOLATION LEVEL READ UNCOMMITED;
SELECT @@transaction_isolation;
```

@@transaction_isolation
READ-UNCOMMITTED

```
START TRANSACTION;
SELECT * FROM account;
```

account_no	account_name	balance
1	李三	200
2	王五	1800

（2）打开 MySQL 客户机 B，依次执行下面的语句。

```
USE test;
SET SESSION TRANSACTION ISOLATION LEVEL READ UNCOMMITED;
START TRANSACTION;
UPDATE account SET balance=balance+1000 WHERE account_no=1;
```

（3）打开 MySQL 客户机 A，执行下面的语句，结果显示如下。

```
SELECT * FROM account;
```

account_no	account_name	balance
1	李三	1200
2	王五	1800

MySQL 客户机 A 看到了 MySQL 客户机 B 尚未提交的更新结果，造成脏读现象。

（4）关闭 MySQL 客户机 A 与 MySQL 客户机 B，由于两个客户机的事务都没有提交，所以，account 表中的数据没有变化，李三的账户余额仍然为 200。

3．READ COMMITED 隔离级别

READ COMMITED（读取提交的数据）满足了隔离的简单定义：一个事务只能看见已提交事务所做的改变。这种隔离级别可以避免脏读现象，但可能导致不可重复读和幻影读，因为同一事务的其他实例在该实例处理期间可能进行新的提交，所以同一查询可能返回不同结果。

【例 6-8】不可重复读现象示例。

（1）打开 MySQL 客户机 A，依次执行下面的语句，结果显示如下。

```
SET SESSION TRANSACTION ISOLATION LEVEL READ COMMITTED;
SELECT @@transaction_isolation;
```

@@transaction_isolation
READ-COMMITTED

```
START TRANSACTION;
SELECT * FROM account;
```

account_no	account_name	balance
1	李三	200
2	王五	1800

（2）打开 MySQL 客户机 B，依次执行下面的语句。

```
SET SESSION TRANSACTION ISOLATION LEVEL READ COMMITTED;
START TRANSACTION;
UPDATE account SET balance=balance+1000 WHERE account_no=1;
COMMIT;
```

（3）打开 MySQL 客户机 A，执行下面的语句，结果显示如下。

```
SELECT * FROM account;
```

account_no	account_name	balance
1	李三	1200
2	王五	1800

MySQL 客户机 A 在同一个事务中两次执行 SELECT * FROM account;的结果不同，造成不可重复读现象。

【说明】不可重复读现象与脏读现象的区别在于，脏读现象是读取了其他事务未提交的数据；而不可重复读现象读到的是其他事务已提交（COMMIT）的数据。

（4）关闭 MySQL 客户机 A 与 MySQL 客户机 B，由于 MySQL 客户机 B 的事务已经提交，所以，account 表中李三的账户余额从 200 元增加到了 1200 元。

4．REPEATABLE READ 隔离级别

REPEATABLE READ（可重复读）是 MySQL 的默认事务隔离级别，它确保同一事务内相同查询语句的执行结果一致。这种隔离级别可以避免脏读及不可重复读的现象，但可能出现幻影读现象。

【例 6-9】幻影读现象示例。

（1）打开 MySQL 客户机 A，依次执行下面的语句，结果显示如下。

```
SET SESSION TRANSACTION ISOLATION LEVEL REPEATABLE READ;
SELECT @@transaction_isolation;
```

@@transaction_isolation
REPEATABLE-READ

```
START TRANSACTION;
SELECT * FROM account;
```

account_no	account_name	balance
1	李三	1200
2	王五	1800

（2）打开 MySQL 客户机 B，依次执行下面的语句，结果显示如下。

```
SET SESSION TRANSACTION ISOLATION LEVEL REPEATABLE READ;
START TRANSACTION;
INSERT INTO account VALUES(10,'赵六',3000);
COMMIT;
```

```
SELECT * FROM account;
```

account_no	account_name	balance
1	李三	1200
2	王五	1800
10	赵六	3000

（3）打开 MySQL 客户机 A，执行下面的语句，结果显示如下。

```
SELECT * FROM account;
```

account_no	account_name	balance
1	李三	1200
2	王五	1800

查询结果显示，account 表中不存在 account_no=10 的账户信息。

（4）由于 MySQL 客户机 A 检测到 account 表中不存在 account_no=10 的账户信息，在 MySQL 客户机 A 中继续执行下面的 INSERT 语句，结果显示如下。

```
INSERT INTO account VALUES(10,'赵六',3000);
```

	#	Time	Action	Message	Duration / Fetch
⊗	1	19:00:44	INSERT INTO account VA...	Error Code: 1062. Duplicate entry '10' for key 'account.PRIMARY'	0.000 sec

运行结果显示 account 表中确实存在 account_no=10 的账户信息，但 REPEATABLE READ（可重复读）隔离级别使 MySQL 客户机 A 无法查询到 account_no=10 的账户信息，这种现象称为幻影读现象。

【说明】幻影读与不可重复读现象的不同之处在于，幻影读现象读不到其他事务已提交的行数据，而不可重复读现象可以读到其他事务已提交的数据。

5．SERIALIZABLE 隔离级别

SERIALIZABLE 是最高的隔离级别，它通过强制事务排序，避免相互冲突。简单来说，它是在读取的每个数据行上加上共享锁。在这个级别中，可能会导致大量的锁等待现象。该隔离级别主要用于分布式事务。

SERIALIZABLE 隔离级别可以有效避免幻影读现象，但是会降低 MySQL 的并发访问性能，因此，不建议将事务的隔离级别设置为 SERIALIZABLE。

【例 6-10】避免幻影读现象示例。

（1）打开 MySQL 客户机 A，依次执行下面的语句，结果显示如下。

```
SET SESSION TRANSACTION ISOLATION LEVEL SERIALIZABLE;
SELECT @@transaction_isolation;
```

@@transaction_isolation
SERIALIZABLE

```
START TRANSACTION;
SELECT * FROM account;
```

account_no	account_name	balance
1	李三	1200
2	王五	1800
10	赵六	3000

（2）打开 MySQL 客户机 B，依次执行下面的语句，结果显示如下。

```
SET SESSION TRANSACTION ISOLATION LEVEL SERIALIZABLE;
START TRANSACTION;
INSERT INTO account VALUES(20,'马七',5000);
```

#	Time	Action	Message	Duration / Fetch
1	19:08:37	INSERT INTO account VALUES(20,'马七',5000)	Running...	?

#	Time	Action	Message	Duration / Fetch
1	19:08:37	INSERT INTO account VALUES(20,'...	Error Code: 2013. Lost connection to MySQL server during query	30.015 sec

```
SELECT * FROM account;
```

account_no	account_name	balance
1	李三	1200
2	王五	1800
10	赵六	3000

由于出现了锁等待超时引发的错误异常，事务被回滚，所以 account_no=20 的账户信息并没有被添加到 account 表中。

对于大部分应用来说，READ COMMITTED 是最合适的隔离级别。虽然 READ COMMITTED 隔离级别存在不可重复读和幻影读现象，但是它能提供较高的并发性。如果所处的数据库中存在大量的并发事务，并且对事务的处理和响应速度要求较高，则使用 READ COMMITTED 隔离级别比较合适。

相应地，如果所连接的数据库用户比较少，多个事务并发访问同一资源的概率比较小，并且用户的事务可能会执行很长一段时间，那么这种情况下使用 REPEATABLE READ 或 SERIALIZABLE 隔离级别较合适，因为它不会发生不可重复读和幻影读现象。

6.4 封锁机制

封锁机制

封锁是实现并发控制的一种非常重要的技术。封锁是指事务 T 在对某个数据对象进行操作之前，先向系统发出请求，对其加锁。加锁后事务 T 就对该数据对象进行了一定的控制，在事务 T 释放它的锁之前，其他事务不能更新此数据对象。

6.4.1 锁

锁实质上是允许（或阻止）一个事务对一个数据对象的存取特权。一个事务对一个对象加锁的结果是将其他事务“封锁”在该对象之外，特别是防止其他事务对该对象进行更改，而加锁的事务可以执行它所希望的处理并维持该对象的正确状态。一个锁总是与某一事务的操作相关联。

1．锁的类型

锁的类型主要有 3 种，即排他锁、共享锁和意向锁。

（1）排他锁

排他锁（Exclusive Locks，简称 X 锁）又称为写锁。若一个事务 T 在数据对象 R 上获得了排他锁，则事务 T 既可以对 R 进行读操作，也可以进行写操作。而其他任何事务不能对 R 加任何锁，因而不能进行任何操作，直至事务 T 释放了对 R 加的锁。所以排他锁也是独占锁。

（2）共享锁

共享锁（Share Locks，简称 S 锁）又称为读锁。若一个事务 T 在数据对象 R 上获得了共享锁，则它只能对 R 进行读操作，不能对 R 进行写操作。其他事务可以也只能同时对 R 加共享锁。

（3）意向锁

意向锁（Intention Locks）分为意向共享锁（IS）和意向排他锁（IX）两类。意向锁表示一个事务有意向在某些数据上加共享锁或排他锁。“有意向”表示事务想执行操作但还没有真正执行。

显然，排他锁比共享锁更“强”，因为共享锁只禁止其他事务的写操作，而排他锁既禁止其他事务的写操作，又禁止读操作。

2．锁的相容矩阵

锁与锁之间的关系，要么相容，要么互斥。

锁 A 与锁 B 相容是指操作同一组数据时，如果事务 T_1 获取了锁 A，另一个事务 T_2 还可以获取锁 B。

锁 A 与锁 B 互斥是指操作同一组数据时，如果事务 T_1 获取了锁 A，另一个事务 T_2 在事务 T_1 释放 A 之前无法获取锁 B。

共享锁、排他锁、意向共享锁、意向排他锁之间的相容或互斥关系如表 6-2 所示。其中 Y 表示相容，N 表示互斥。

表 6-2　锁相容/互斥矩阵

持有锁	请求锁			
	S	X	IS	IX
S	Y	N	Y	N
X	N	N	N	N
IS	Y	N	Y	Y
IX	N	N	Y	Y

3．锁的粒度

封锁对象的大小称为封锁粒度（Lock Granularity）。根据对数据的不同处理，封锁的对象可以是字段、记录、表等逻辑单元，也可以是页（数据页或索引页）、块等物理单元。

封锁粒度与系统的并发度和并发控制的开销密切相关。封锁粒度越小，系统中能被封锁的对象就越多，并发度越高，但封锁机构越复杂，系统开销就越大。相反，封锁粒度越大，系统中能够被封锁的对象就越少，并发度越小，封锁机构简单，相应的系统开销也就越小。

因此，在实际应用中，选择封锁粒度应同时考虑封锁开销和并发度两个因素，对系统开销与并发度进行权衡，以求得最优的效果。一般来说，需要处理大量元组的用户事务可以以关系为封锁单元；而对于只处理少量元组的用户事务，可以以元组为封锁单位，以提高并发度。

6.4.2　封锁协议

在运用封锁机制时，还需要进行一些约定，例如何时开始封锁、封锁多长时间、何时释放等，这些封锁规则称为封锁协议（Lock Protocol）。

上面讲述过的并发操作带来的丢失更新、读脏数据、不可重复读等数据不一致问题，可以通过三级封锁协议给予不同程度的解决。

1．一级封锁协议

一级封锁协议内容：事务 T 在修改数据对象之前必须对其加 X 锁，直至事务结束。

具体地说，就是任何企图更新数据对象 R 的事务必须先执行“Xlock　R”操作，以获得对 R 进行更新的权力并取得 X 锁。如果未获得 X 锁，则该事务进入等待状态，直到获得 X 锁，该事务才能继续执行下去。

一级封锁协议规定事务在更新数据对象时必须获得 X 锁，使得两个同时要求更新 R 的并行事务之一必须在一个事务更新操作执行完成之后才能获得 X 锁，这样就避免了两个事务读到同一个 R 值而先后更新出现的数据丢失更新问题。

但一级封锁协议只有在修改数据时才进行加锁，如果只是读取数据，则并不加锁，所以它不能防止读脏数据和不可重复读的情况。

【例 6-11】利用一级封锁协议解决表 6-3 中的数据丢失更新问题。

表 6-3　数据丢失更新问题

时间	事务 T_1	A 的值	事务 T_2
t_0	R(A)	100	—
t_1	—	100	R(A)
t_2	A:=A−30	—	—
t_3	—	—	A:=A*2
t_4	W(A)	70	—
t_5	—	200	W(A)

解答：

解决数据丢失更新问题的加锁过程如表 6-4 所示。

表 6-4　解决数据丢失更新问题的加锁过程

时间	事务 T_1	A 的值	事务 T_2
t_0	Xlock A	—	—
t_1	R(A)	100	—
t_2	—	—	Xlock A
t_3	A:=A−30	—	等待
t_4	W(A)	70	等待
t_5	COMMIT	—	等待
t_6	Unlock X	—	等待
t_7	—	—	Xlock A
t_8	—	70	R(A)
t_9	—	—	A:=A*2
t_{10}	—	140	W(A)
t_{11}	—	—	COMMIT
t_{12}	—	—	Unlock X

事务 T_1 先对 A 进行 X 封锁，事务 T_2 执行“Xlock A”操作，未获得 X 锁，则进入等待状态，直到事务 T_1 更新 A 值以后，解除 X 封锁操作（Unlock　X）。此后事务 T_2 再执行“Xlock　A”操作，获得 X 锁，并对 A 值进行更新（此时 R 已是事务 T_1 更新过的值，A=70）。

2．二级封锁协议

二级封锁协议内容：在一级封锁协议的基础上，事务 T 在读取数据对象 R 之前必须先对其加 S 锁，读完后释放 S 锁。

二级封锁协议不但可以解决数据丢失更新问题，还可以进一步防止读脏数据。但二级封锁协议在读取数据之后会立即释放 S 锁，所以它仍然不能解决不可重复读的问题。

【例 6-12】利用二级封锁协议解决表 6-5 中的读脏数据问题。

表 6-5　读脏数据问题

时间	事务 T_1	A 的值	事务 T_2
t_0	R(A)	100	—
t_1	A:=A−30	—	—
t_2	W(A)	70	—
t_3	—	70	R(A)
t_4	ROLLBACK	100	—

解答：

加锁过程如表 6-6 所示。

表 6-6　解决读脏数据问题的加锁过程

时间	事务 T_1	A 的值	事务 T_2
t_0	Xlock A	—	—
t_1	R(A)	100	—
t_2	A:=A−30	—	—
t_3	W(A)	70	—
t_4	—	—	Slock A
t_5	ROLLBACK	—	等待
t_6	Unlock X	100	等待
t_7	—	—	Slock A
t_8	—	100	R(A)
t_9	—	—	COMMIT
t_{10}	—	—	Unlock S

事务 T_1 先对 A 进行 X 封锁，将 A 的值改为 70，但尚未提交。这时事务 T_2 请求对数据 A 加 S 锁，因为 T_1 已对 A 加了 X 锁，T_2 只能等待，直至事务 T_1 释放 X 锁。之后事务 T_1 因某种原因撤销操作，数据 A 恢复原值 100，并释放 A 上的 X 锁。事务 T_2 可对数据 A 加 S 锁，读取 A=100，得到了正确的结果，从而避免了事务 T_2 读取脏数据。

3．三级封锁协议

三级封锁协议内容：在一级封锁协议的基础上，事务 T 在读取数据 R 之前必须先对其加 S 锁，读完后并不释放 S 锁，直至事务 T 结束时才释放。

所以三级封锁协议除了可以防止丢失更新和读脏数据外，还可以进一步防止不可重复读，彻底解决并发操作带来的数据不一致问题。

【例 6-13】利用三级封锁协议解决表 6-7 中的不可重复读问题。

表 6-7　不可重复读问题

时间	事务 T_1	A 的值	事务 T_2
t_0	R(A)	100	—
t_1	—	100	R(A)
t_2	—	—	A:=A×2
t_3	—	200	W(A)
t_4	—	—	COMMIT
t_5	R(A)	200	—

解答：

加锁过程如表 6-8 所示。

表 6-8　解决不可重复读问题的加锁过程

时间	事务 T_1	A 的值	事务 T_2
t_0	Slock A	—	—
t_1	R(A)	100	—
t_2	—	—	Xlock A
t_3	R(A)	100	等待
t_4	COMMIT	—	等待
t_5	Unlock S	—	等待
t_6	—	—	Xlock A
t_7	—	100	R(A)
t_8	—	—	A:=A*2
t_9	—	200	W(A)
t_{10}	—	—	COMMIT
t_{11}	—	—	Unlock X

事务 T_1 读取 A 值之前先对其加 S 锁，这样其他事务只能对 A 加 S 锁，而不能加 X 锁，即其他事务只能读取 A，而不能对 A 进行修改。

当事务 T_2 在 t_2 时刻申请对 A 加 X 锁时被拒绝，使其无法执行修改操作，只能等待事务 T_1 释放 A 上的 S 锁，这时事务 T_1 再读取数据 A 进行核对时，得到的值仍为 100，与一开始读取的数据是一致的，即可重复读。

事务 T_1 释放 S 锁后，事务 T_2 才可以对 A 加 X 锁，进行更新操作，从而保证数据的一致性。

4．封锁协议总结

封锁协议的内容和优缺点如表 6-9 所示。

表 6-9　封锁协议的内容和优缺点

<table>
<tr><th>级别</th><th colspan="3">内容</th><th>优点</th><th>缺点</th></tr>
<tr><td>一级封锁协议</td><td rowspan="3">事务在修改数据之前，必须先对该数据加 X 锁，直到事务结束时才释放</td><td colspan="2">只读数据的事务可以不加锁</td><td>防止“丢失更新”</td><td>不加锁的事务，可能“读脏数据”，也可能“不可重复读”</td></tr>
<tr><td>二级封锁协议</td><td rowspan="2">其他事务在读数据之前必须先加 S 锁</td><td>读完后即刻释放 S 锁</td><td>防止“丢失更新”
防止“读脏数据”</td><td>对加 S 锁的事务，可能“不可重复读”</td></tr>
<tr><td>三级封锁协议</td><td>直到事务结束才释放 S 锁</td><td>防止“丢失更新”
防止“读脏数据”
防止“不可重复读”</td><td>—</td></tr>
</table>

6.4.3　“死锁”问题

在事务并发执行过程中，可以通过加锁的方式来解决并发操作带来的数据不一致问题，但也可能会因此引发“死锁”问题。

如果事务 T_1 封锁了数据 R_1，事务 T_2 封锁了数据 R_2，然后事务 T_1 请求封锁 R_2，因为事务 T_2 已经封锁了 R_2，于是事务 T_1 等待事务 T_2 释放 R_2 上的锁。接着事务 T_2 又申请封锁 R_1，因为事务 T_1 已经封锁了 R_1，事务 T_2 也只能等待事务 T_1 释放 R_1 上的锁。这样就出现了事务 T_1 在等待事务 T_2，而事务 T_2 又在等待事务 T_1 的局面，T_1 和 T_2 两个事务永远不能结束，形成“死锁”（Dead Lock）。

通常来说，死锁都是应用设计方面的问题，通过调整业务流程、数据库对象设计、事务大小，以及访问数据库的 SQL 语句，可以避免绝大部分死锁。下面介绍几种避免死锁的常用方法。

（1）在应用中，如果不同的程序会并发存取多个表，应尽量约定以相同的顺序访问表，这样可以大大降低产生死锁的概率。

（2）当程序以批量方式处理数据时，如果事先对数据排序，保证每个线程按固定的顺序来处理记录，也可以大大降低出现死锁的可能性。

（3）在事务中，如果要更新记录，应该直接申请足够级别的排他锁，而不应先申请共享锁，更新时再申请排他锁。因为当用户申请排他锁时，其他事务可能又获得了相同记录的共享锁，从而造成锁冲突，甚至死锁。

（4）在 REPEATABLE READ 隔离级别下，如果两个线程同时对相同条件记录用 SELECT…FOR UPDATE 加排他锁，在没有符合该条件记录的情况下，两个线程都会加锁成功。程序发现记录尚不存在，就会试图插入一条新记录，如果两个线程都这么做，就会出现死锁。这种情况下，将隔离级别改为 READ COMMITTED 就可以避免该问题。

（5）当隔离级别为 READ COMMITTED 时，如果两个线程都先执行 SELECT…FOR UPDATE，判断是否存在符合条件的记录，不存在就插入记录。此时，只有一个线程能插入成功，另一个线程会出现锁等待，当第 1 个线程提交后，第 2 个线程会因主键值重复而出错，虽然这个线程出错了，但是会获得一个排他锁，这时如果有第 3 个线程又来申请排他锁，也会出现死锁。对于这种情况，可以直接进行插入操作，再捕获主键值重复的异常情况，或者在遇到主键值重复错误时，执行 ROLLBACK，释放获得的排他锁。

6.5 MySQL 的并发控制

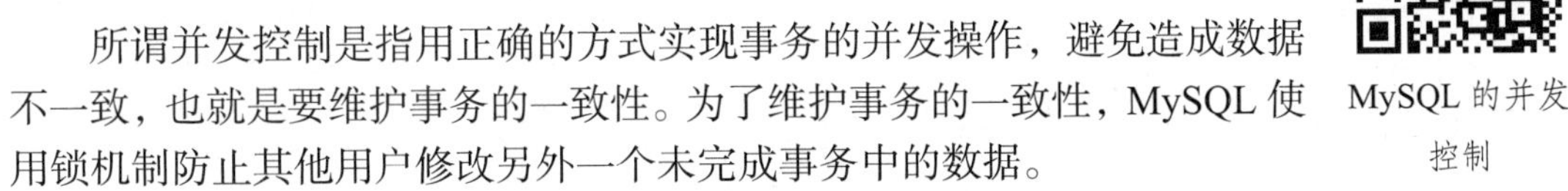

MySQL 的并发控制

所谓并发控制是指用正确的方式实现事务的并发操作，避免造成数据不一致，也就是要维护事务的一致性。为了维护事务的一致性，MySQL 使用锁机制防止其他用户修改另外一个未完成事务中的数据。

MySQL 的锁分为表级锁和行级锁。表级锁是以表为单位进行加锁，行级锁是以记录为单位进行加锁。表级锁的粒度大，行级锁的粒度小。锁粒度越小，并发访问性能就越高，越适合进行并发更新操作；锁粒度越大，并发访问性能就越低，越适合进行并发查询操作。另外，锁粒度越小，完成某个功能时所需要的加锁、解锁次数就越多，导致消耗较多的服务器资源，甚至出现资源的恶性竞争，发生死锁。

6.5.1 表级锁

表级锁是指整个表被客户锁定。表级锁包括读锁和写锁两种。

任何针对表的查询操作或者更新操作，MySQL 都会隐式地施加表级锁。隐式锁的生命周期（指在同一个 MySQL 会话中，对数据加锁到解锁的时间间隔）非常短暂，且不受数据库开发人员的控制。

MySQL 施加表级锁的命令语法格式如下。

```
LOCK TABLES 表名 READ|WRITE [,表名  READ|WRITE,……] ;
```

【说明】

① READ 施加表级读锁，WRITE 施加表级写锁。

② 对表施加读锁后，客户机 A 对该表的后续更新操作将出错；客户机 B 对该表的后续查询操作可以继续进行，对该表的后续更新操作将被阻塞。

③ 对表施加写锁后，客户机 A 的后续查询操作及后续更新操作都可以继续进行；客户机 B 对该表的后续查询操作及后续更新操作都将被阻塞。

MySQL 解锁的命令语法格式如下。

```
UNLOCK TABLES;
```

【例 6-14】表级锁示例。

（1）打开 MySQL 客户机 A，对 account 表加读锁，语句及执行结果如下。

```
USE test;

LOCK TABLES account READ;
SELECT * FROM account;
```

account_no	account_name	balance
1	李三	1200
2	王五	1800
10	赵六	3000

向表中插入一条记录，因为加的是读锁，不能对表进行修改操作，所以插入失败，语句及执行结果如下。

```
INSERT INTO account VALUES('100','王小一',5000);
```

#	Time	Action	Message	Duration / Fetch
1	10:59:17	INSERT INTO account VALUES('100','王小一',5000)	Error Code: 1099. Table 'account' was locked with a READ lock and can't be updated	0.000 sec

（2）打开 MySQL 客户机 B，对 account 表加读锁，语句及执行结果如下。

```
USE test;

LOCK TABLES account READ;
SELECT * FROM account;
```

account_no	account_name	balance
1	李三	1200
2	王五	1800
10	赵六	3000

解除读锁，语句如下。

```
UNLOCK TABLES;
```

加写锁，失败，因为 account 已被客户机 A 加了读锁，语句及执行结果如下。

```
LOCK TABLES account WRITE;
```

#	Time	Action	Message	Duration / Fetch
1	11:03:57	LOCK TABLES account WRITE	Error Code: 2013. Lost connection to MySQL server during query	30.514 sec

（3）打开 MySQL 客户机 A，执行下面的 SQL 语句，解除读锁。

```
UNLOCK TABLES;
```

（4）打开 MySQL 客户机 B，依次执行下面的语句，语句及执行结果如下。

```
LOCK TABLES account WRITE;
INSERT INTO account VALUES(20,'马七',5000);
SELECT * FROM account;
```

account_no	account_name	balance
1	李三	1200
2	王五	1800
10	赵六	3000
20	马七	5000

```
UNLOCK TABLES;
```

6.5.2 行级锁

比起表级锁，行级锁可对锁定过程进行更精细的控制。在这种情况下，只有线程使用的行是被锁定的。表中的其他行对于其他线程都是可用的。

行级锁包括共享锁（S）、排他锁（X），其中共享锁也叫读锁，排他锁也叫写锁。

（1）在查询语句中，为符合查询条件的记录施加共享锁，语法格式如下。

```
SELECT * FROM 表名 WHERE 条件 LOCK IN SHARE MODE;
```

（2）在查询语句中，为符合查询条件的记录施加排他锁，语法格式如下。

```
SELECT * FROM 表名 WHERE 条件 FOR UPDATE;
```

（3）在修改（INSERT、UPDATE、DELETE）语句中，MySQL 将会对符合条件的记录自动施加隐式排他锁。

【例 6-15】行级锁示例。

（1）在 MySQL 客户机 A 上执行下面的 SQL 语句，开启事务，并为 account 表施加行级写锁。语句及执行结果如下。

```
USE test;

START TRANSACTION;
SELECT * FROM account WHERE account_no=20 FOR UPDATE;
```

account_no	account_name	balance
20	马七	5000

（2）在 MySQL 客户机 B 上执行下面的 SQL 语句，开启事务，并为 account 表施加行级写锁。此时，MySQL 客户机 B 被阻塞。语句及执行结果如下。

```
USE test;

START TRANSACTION;
SELECT * FROM account WHERE account_no=20 FOR UPDATE;
```

#	Time	Action	Message	Duration / Fetch
1	17:17:50	SELECT * FROM account LIMIT 0, 1000 FOR UPDATE	Error Code: 2013. Lost connection to MySQL server during query	30.498 sec

（3）在 MySQL 客户机 A 上执行下面的 SQL 语句，为 account 表解锁。

```
COMMIT;
```

（4）在 MySQL 客户机 B 上执行下面的 SQL 语句。因为 MySQL 客户机 A 释放了 account 表的行级锁，所以 MySQL 客户机 B 被“唤醒”，得以继续执行。语句及执行结果如下。

```
SELECT * FROM account WHERE account_no=20 FOR UPDATE;
```

account_no	account_name	balance
20	马七	5000

```
COMMIT;
```

6.5.3 表的意向锁

为了允许行级锁和表级锁共存，实现多粒度锁机制，InnoDB 存储引擎提供了两种内部使用的意向锁，这两种意向锁都是表级锁。

① 意向共享锁（IS）：事务在为一个数据行加共享锁之前必须先取得该表的 IS 锁。

② 意向排他锁（IX）：事务在为一个数据行加排他锁之前必须先取得该表的 IX 锁。

意向锁是 InnoDB 自动加的，不需要用户干预。对于 UPDATE、DELETE 和 INSERT 语句，InnoDB 会自动为涉及的数据集加排他锁；对于普通 SELECT 语句，InnoDB 不会加任何锁。

6.6 小结

数据库触发器是一类靠事件驱动的特殊存储过程。触发器一旦由某用户定义，任何用户对触发器规定的数据进行更新操作，均会自动激活相应的触发器并采取应对措施。可以使用触发器实现数据完整性保护功能，其中触发事件即完整性约束条件，而完整性约束检查即触发条件的检查过程，最后处理过程的调用即完整性检查的处理。

本章重点介绍了事务管理及其主要技术。保证数据一致性是对数据库最基本的要求。事务是数据库的逻辑工作单位，是由若干操作组成的序列。只要 DBMS 能够保证系统中一切事务的原子性、一致性、隔离性和持久性，就能保证数据库处于一致状态。

事务是并发控制的基本单位，为了保证事务的一致性，DBMS 需要对并发操作进行控制。事务的并发是指多个事务同时对相同的数据进行操作，事务并发会带来丢失更新、脏读、不可重复读等数据不一致问题。锁技术通过为并发事务加读锁或写锁，并制订相关的锁协议来避免上述问题。对数据对象施加封锁，会带来死锁问题，并发控制机制必须提供适合数据库特点的解决方案。

习 题

一、选择题

1. MySQL 支持的触发器不包括（ ）。

A. INSERT 触发器　　B. DELETE 触发器

C. CHECK 触发器　　D. UPDATE 触发器

2. 下列说法中错误的是（ ）。

A. 常用触发器有 INSERT、UPDATE、DELETE3 种

B. 对于同一张数据表，可以同时有两个 BEFORE UPDATE 触发器

C. NEW 在 INSERT 触发器中用来访问被插入的行

D. OLD 取到的字段值只能读不能被更新

3. 删除触发器的语句是（ ）。

A. CREATE TRIGGER 触发器名　　B. DROP DATABASE 触发器名

C. DROP TRIGGER 触发器名　　D. SHOW TRIGGER 触发器名

4. MySQL 的事务不具有的特征是（ ）。

A. 原子性　　B. 隔离性　　C. 一致性　　D. 共享性

5. MySQL 中常见的锁类型不包括（ ）。

A. 共享　　B. 意向　　C. 架构　　D. 排他

6. 事务的隔离级别不包括（ ）。

A. READ UNCOMMITTED　　B. READ COMMITTED

C. REPEATABLE READ　　D. REPEATABLE ONLY

7. 死锁发生的原因是（ ）。

A. 并发控制　　B. 服务器故障　　C. 数据错误　　D. 操作失误

8. 事务中能实现回滚的命令是（ ）。

A. TRANSACTION　　B. COMMIT　　C. ROLLBACK　　D. SAVEPOINT

9. 若有并发执行的 3 个事务 T1、T2、T3，事务 T1 对数据 D1 加了共享锁，事务 T2、T3 分别对数据 D2、D3 加了排他锁，之后事务 T1 对数据（ ① ），事务 T2 对数据（ ② ）。

① A. D2、D3 加排他锁都成功

B. D2、D3 加共享锁都成功

C. D2 加共享锁成功，D3 加排他锁失败

D. D2、D3 加排他锁和共享锁都失败

② A. D1、D3 加共享锁都失败

B. D1、D3 加共享锁都成功

C. D1 加共享锁成功，D3 加排他锁失败

D. D1 加排他锁成功，D3 加共享锁失败

10. 对于事务的 ACID 性质，关于原子性的描述正确的是（ ）。

A. 指数据库内容不出现矛盾的状态

B. 若事务正常结束，即使发生故障，新结果也不会从数据库中消失

C. 事务中的所有操作要么都执行，要么都不执行

D. 若多个事务同时进行，则其与顺序实现的处理结果是一致的

11.一级封锁协议解决了事务并发操作带来的（　　）不一致的问题。

A. 数据丢失修改　　B. 数据不可重复读

C. 读脏数据　　D. 数据重复修改

12.一个事务在执行过程中，其正在访问的数据被其他事务修改，导致处理结果不正确，这违背了事务的（　　）。

A. 原子性　　B. 一致性　　C. 隔离性　　D. 持久性

13."一旦事务成功提交，其对数据库的更新操作将永久有效，即使数据库发生故障"，这一性质是指事务的（　　）。

A. 原子性　　B. 一致性　　C. 隔离性　　D. 持久性

14. 事务 T_1、T_2、T_3 分别对数据 D_1、D_2、D_3 的并发操作如表 6-10 所示，其中 T_1 与 T_2 间并发操作（ ① ），T_2 与 T_3 间并发操作（ ② ）。

表 6-10　事务 T_1、T_2、T_3 分别对数据 D_1、D_2、D_3 的并发操作

时间	事务 T_1	事务 T_2	事务 T_3
t_1	读 D_1=50	—	—
t_2	D_2=100	—	—
t_3	读 D_3=300	—	—
t_4	$X_1=D_1+D_2+D_3$	—	—
t_5	—	读 D_2=100	—
t_6	—	读 D_3=300	—
t_7	—	—	读 D_2=100
t_8	—	$D_2=D_3$-D_2	—
t_9	—	写 D_2	—
t_{10}	读 D_1=50	—	—
t_{11}	读 D_2=200	—	—
T_{12}	读 D_3=300	—	—
t_{13}	$X_1=D_1+D_2+D_3$	—	—
t_{14}	验算不对	—	$D_2=D_2+50$
t_{15}	—	—	写 D_2

① A. 不存在问题　B. 将丢失更新　C. 不能重复读　D. 将读脏数据

② A. 不存在问题　B. 将丢失更新　C. 不能重复读　D. 将读脏数据

15. 火车售票点 T_1、T_2 分别售出了两张 2021 年 1 月 1 日到北京的硬卧票，但数据库中的剩余票数却只减少了两张，造成数据不一致的原因是（　　）。

A. 系统信息显示出错　　B. 丢失了某售票点更新

C. 售票点重复读数据　　D. 售票点读了脏数据

16. 若系统中存在 5 个等待事务 T_0、T_1、T_2、T_3、T_4，其中 T_0 正等待被 T_1 锁住的数据项 A_1，T_1 正等待被 T_2 锁住的数据项 A_2，T_2 正等待被 T_3 锁住的数据项 A_3，T_3 正等待被

T_4锁住的数据项 A_4，T_4 正等待被 T_0 锁住的数据项 A_0，则系统处于（　　）的工作状态。

A. 并发处理　　B. 封锁　　C. 循环　　D. 死锁

17. 事务回滚指令 ROLLBACK 执行的结果是（　　）。

A. 跳转到事务程序开始处继续执行

B. 撤销该事务对数据库的所有 INSERT、UPDATE、DELETE 操作

C. 将事务中所有变量值恢复到事务开始时的初值

D. 跳转到事务程序结束处继续执行

二、填空题

1. 事务的 ACID 特性包括________、一致性、________和持久性。

2. 在众多的事务控制语句中，用来撤销事务的操作语句为________，用于持久化事务对数据库操作的语句为________。

3. 如果对数据库的并发操作不加以控制，则会带来 3 类问题：________、________和不可重复读。

4. 封锁能避免错误的发生，但会引起________。

三、操作题

1. 使用触发器可以实现数据库的审计操作，记载数据的变化、操作数据库的用户、操作数据库、操作时间等。请完成如下任务。

（1）创建雇员表 empsa。其中，empno 为雇员编号，empname 为雇员姓名，empsal 为雇员的工资。

（2）创建审计表 ad。其中，oempsal 字段记录更新前的工资旧值，nempsal 字段记录更新后的新值，user 为操作的用户，time 字段保存更改的时间。

（3）创建审计雇员表工资变化的触发器。

（4）验证触发器。

2. 阅读下列说明，回答问题 1 和问题 2。

【说明】

某银行的存款业务分为如下 3 个过程。

（1）读取当前账户余额，记为 $R(b)$。

（2）当前余额 b 加上新存入的金额 x 作为新的余额 b，即 $b=b+x$。

（3）将新余额 b 写入当前账户，记为 $W(b)$。

存款业务分布于该银行各营业厅，并允许多个客户同时向同一账号存款，针对这一需求，解决下述问题。

【问题 1】假设同时有两个客户向同一账号发出存款请求，该程序会出现什么问题？

【问题 2】用 SQL 编写的存款业务事务程序如下。

```
  ......
  SET SESSION TRANSACTION ISOLATION LEVEL READ UNCOMMIT
TED
  UPDATE accounts SET 余额=余额+数量 WHERE 账号=AccountNo
  COMMINT
  ......
```

该程序段能否办理存款业务？若不能，请修改其中的语句。

第7章 数据库的安全管理

企业数据库中的数据对于企业至关重要，尤其是一些敏感数据，必须加以保护，以防止被故意破坏或改变、未授权存取和非故意损坏。其中，非故意损坏属于数据完整性和一致性保护问题，而故意破坏或改变、未授权存取则属于数据库安全保护问题。

数据库安全性概述

7.1 数据库安全性概述

数据库的安全性（Security）是指保护数据库，防止不合法使用，以免数据被泄露、更改或破坏。

对于任意一种数据库，如果安全性得不到保证，数据库就会面临各种威胁。为了保证自身的安全，数据库提供了用户标识与鉴别、存取控制策略、视图机制、审计跟踪和数据加密等安全技术。

1．用户标识与鉴别

实现数据库安全性的工作之一是用户的标识与鉴别，即用什么标识一个用户以及怎样识别它。常用的用户识别方法有以下 3 种。

（1）用户的个人特征识别：用户的声音、指纹、签名等。

（2）用户的特有东西识别：用户的磁卡、钥匙等。

（3）用户的自定义识别：用户设置的口令、密码和一组预定义的问答等。

2．存取控制策略

实现数据库安全性的另一项工作是授权及其验证，确保只将访问数据库的权限授予有资格的用户，同时使所有未授权用户无法接近数据，这主要通过数据库系统的存取控制策略实现。

存取控制策略主要包括如下两部分。

（1）定义用户权限，并将用户权限登记到数据字典中

用户对某一数据对象的操作权力称为权限。某个用户应该具有何种权限是管理问题和规范问题，而不是技术问题。DBMS 的功能就是保证这些规范的执行，为此 DBMS 必须提供适当的语言来定义用户权限，这些定义经编译后存放在数据字典中，被称作安全规则或授权规则。

（2）合法权限检查

每当用户发出存取数据的操作请求后，DBMS 查找数据字典，根据安全规则进行合法

权限检查。若用户的操作请求超出了定义的权限，系统将拒绝执行此操作。

3．视图机制

视图可以作为一种安全机制。通过视图用户只能查看和修改其可见的数据，不可见也不可以访问其他数据库或关系。如果某一用户想要访问视图的结果集，则必须获得相应的访问权限。

4．审计跟踪

由于任何系统的安全保护措施都不是完美无缺的，蓄意盗取、破坏数据的人总会想方设法打破限制。审计功能将用户对数据库的所有操作自动记录下来并放入“审计日志”（Audit Log）中，这就是审计跟踪。DBA 可以利用审计跟踪信息，重现导致数据库现有状况的一系列事件，找出非法存取数据的人、存取时间和内容等，为分析攻击线索提供依据。一般地，将审计跟踪与数据库日志记录结合起来，会实现更好的安全审计效果。

审计通常是很费时间和空间的，所以 DBMS 往往将其作为可选功能，允许 DBA 根据应用对安全性的要求，灵活地打开或关闭审计功能。审计功能主要用于安全性要求较高的部门。

5．数据加密

对于高度敏感的数据，例如财务数据、军事数据、国家机密数据，除以上安全措施外，还需要采用数据加密技术。

数据加密是防止数据库数据在存储和传输中失密的有效手段。加密的基本思想是根据一定的算法将原始数据（明文）变换为不可直接识别的数据（密文），从而使未掌握解密算法的人无法获知数据内容。

由于数据加密与解密是比较费时的操作，而且数据加密与解密程序会占用大量系统资源，因此数据加密功能通常也作为可选功能，允许用户自由选择。

7.2 MySQL 的安全设置

MySQL 的安全设置用于实现“正确的人”能够“正确地访问正确的数据库资源”，MySQL 通过两个模块实现数据库资源的安全访问控制：身份认证模块和权限验证模块。

身份认证模块用于实现数据库用户登录主机时的身份认证，只有合法地登录主机并通过身份认证的数据库用户，才能成功连接 MySQL 服务器，继而向 MySQL 服务器发送 MySQL 命令或者 SQL 语句。

权限验证模块用于验证 MySQL 账户是否有权执行该 MySQL 命令或 SQL 语句，确保“数据库资源”被正确地访问或者执行。

安装 MySQL 后，默认情况下会自动创建 root 超级管理员账户，该账户用于管理 MySQL 服务器的全部资源。在进行数据库安全设置操作时，需要使用 root 账户登录，以控制整个 MySQL 服务器。特别提醒：只有在特殊需要时才使用 root 账户登录，日常的 MySQL 操作不应该使用 root 账户。

7.2.1 权限表

权限表

MySQL 服务器通过权限表来控制用户对数据库的访问，权限表存储在名为 mysql 的数据库中。MySQL 会根据这些权限表的内容为每个用户赋予相应的权限。这些权限表中最重要的是 user 表、db 表。除此之外，还有 table_priv 表、

column_priv 表和 proc_priv 表等。

1．user 表

user 表是 MySQL 中最重要的一个权限表，记录允许连接到服务器的账号信息。MySQL 8.0.27 中的 user 表有 51 个字段，这些字段可以分为 4 类，分别为用户列、权限列、安全列和资源控制列。

（1）用户列。用户列中常用的字段有 3 个，即 Host、User 和 authentication_string，分别表示主机名、用户名和密码。当用户与服务器建立连接时，先根据 user 表中的 Host、User 和 authentication_string 3 个字段判断连接的主机名、用户名和密码是否存在。如果存在，则通过身份验证，否则拒绝连接。

当添加、删除、修改或者查看用户信息时，其实就是对 user 表进行增、删、改、查等操作。

【例 7-1】查询 user 表中相关用户字段信息。语句及执行结果如下。

```
SELECT Host,User,authentication_string FROM mysql.user;
```

Host	User	authentication_string
localhost	mysql.infoschema	A005$THISISACOMBINATIONOFINVALIDSAL...
localhost	mysql.session	A005$THISISACOMBINATIONOFINVALIDSAL...
localhost	mysql.sys	A005$THISISACOMBINATIONOFINVALIDSAL...
localhost	root	*81F5E21E35407D884A6CD4A731AEBFB6AF20...

（2）权限列。user 表中包括几十个以_priv 结尾的与权限有关的字段，这些权限不仅包括查询权限、修改权限等普通权限，还包括关闭服务器权限、超级权限和加载用户等高级权限。普通权限用于操作数据库，高级权限用于管理数据库。

这些字段的值只有 Y 或 N，Y 表示该用户有对应的权限，N 表示该用户没有对应的权限，默认值为 N，可以使用 GRANT 语句为用户赋予相应的权限。

【例 7-2】查询 localhost 主机下用户的 select_priv、insert_priv、update_priv 权限。语句及执行结果如下。

```
SELECT select_priv,insert_priv,update_priv,User,Host FROM mysql.user
WHERE Host='localhost';
```

select_priv	insert_priv	update_priv	User	Host
Y	N	N	mysql.infoschema	localhost
N	N	N	mysql.session	localhost
N	N	N	mysql.sys	localhost
Y	Y	Y	root	localhost

（3）安全列。安全列包括 12 个字段，其中 2 个是与 ssl 相关的，2 个是与 x509 相关的，其他 8 个是与授权插件和密码相关的。ssl 用于加密；x509 标准可用于标识用户；plugin 字段是用于验证用户身份的插件，如果该字段为空，服务器就通过内建授权验证机制验证用户身份。

【例 7-3】查询服务器是否支持 ssl 功能。语句及执行结果如下。

```
SHOW VARIABLES LIKE 'have_openssl';
```

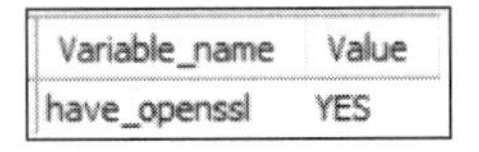

Variable_name	Value
have_openssl	YES

（4）资源控制列。资源控制列的字段用来限制用户使用的资源，包括以下 4 个字段。

① max_questions：用户每小时允许执行的查询操作次数。

② max_updates：用户每小时允许执行的更新操作次数。

③ max_connections：用户每小时允许执行的连接操作次数。

④ max_user_connections：用户允许同时建立的连接数。

【例 7-4】查询 root 用户的 4 个资源控制字段信息。语句及执行结果如下。

```
SELECT max_questions,max_updates,max_connections,max_user_connections
FROM mysql.user
  WHERE User='root';
```

max_questions	max_updates	max_connections	max_user_connections
0	0	0	0

这些字段的默认值为 0，表示没有限制。

若一个小时内用户查询或者连接数量超过资源控制限制，用户将被锁定，直到下一个小时才可以再次执行相应的操作。可以使用 GRANT 语句更新这些字段的值。

2．db 表

db 表也是 MySQL 数据库中非常重要的权限表。db 表中存储了用户对某个数据库的操作权限，决定用户能从哪个主机存取哪个数据库。db 表比较常用，字段大致分为两类：用户列和权限列。

（1）用户列。db 表的用户列包括 3 个字段，即 Host、User、Db，分别表示主机名、用户名和数据库名，具体表示从某个主机连接某个用户对某个数据库的操作权限。

（2）权限列。db 表中包括 19 个权限字段，其中 create_routine_priv 和 alter_routine_priv 两个字段表明用户是否有创建和修改存储过程的权限。

user 表中的权限是针对所有数据库的，如果希望用户只对某个数据库有操作权限，则需要将 user 表中对应的权限字段值设置为 N，然后在 db 表中设置对应数据库的操作权限。例如，user 表中的 select_priv 字段值取 Y，那么该用户可以查询所有数据库中的表；如果某个用户只设置了查询 fruits 表的权限，那么 user 表中的 select_priv 字段取值为 N。而这个 select 权限则被记录在 db 表中，db 表中 select_priv 字段的取值将为 Y。由此可知，用户先根据 user 表的内容获取权限，再根据 db 表的内容获取权限。

3．tables_priv 表

tables_priv 表用于设置单个表的操作权限，包括 8 个字段。

【例 7-5】查看 tables_priv 表的表结构。语句及执行结果如下。

```
DESC mysql.tables_priv;
```

Field	Type	Null	Key	Default	Extra
Host	char(255)	NO	PRI		
Db	char(64)	NO	PRI		
User	char(32)	NO	PRI		
Table_name	char(64)	NO	PRI		
Grantor	varchar(288)	NO	MUL		
Timestamp	timestamp	NO		CURRENT_TIMESTAMP	DEFAULT_GENERATED on update CURRENT_TIMESTAMP
Table_priv	set('Select','Insert','Update','Delete','Create','Dr...	NO			
Column_priv	set('Select','Insert','Update','References')	NO			

各字段的说明如下。

（1）Host、Db、User、Table_name 分别表示主机名、数据库名、用户名和表名。

（2）Grantor 表示修改该记录的用户。

（3）Timestamp 表示修改该记录的时间。

（4）Table_priv 表示对表进行操作的权限，包括 Select、Insert、Update、Delete、Create、Drop、Grant、References、Index 和 Alter。

（5）Column_priv 表示对表中的列进行操作的权限，包括 Select、Insert、Update 和 Refrences。

4．column_priv 表

column_priv 表用于设置表中某一列的操作权限，包括 7 个字段，分别为 Host、Db、User、Table_name、Column_name、Timestamp、Column_priv。其中 Column_name 用于指定对哪些数据列具有操作权限。

MySQL 中的权限是按照 user 表、db 表、tables_priv 表和 columns_priv 表的顺序进行分配的。在数据库系统中，先判断 user 表中的值是否为 Y，如果为 Y，就不需要检查后面的表了；如果 user 表中的值为 *N*，则依次检查 db 表、tables_priv 表和 columns_priv 表。

5．proc_priv 表

proc_priv 表用于设置存储过程和存储函数的操作权限，包括 8 个字段，各字段的含义如下。

（1）Host、Db、User 分别表示主机名、数据库名和用户名。

（2）Routine_name 表示存储过程或存储函数的名称。

（3）Routine_type 表示存储过程或存储函数的类型。该字段包括两个值，分别为 function 和 procedure。function 表示存储函数，procedure 表示存储过程。

（4）Grantor 表示插入或修改该记录的用户。

（5）Proc_priv 表示拥有的权限，包括 Excute、Alter Routine、Grant3 种。

（6）Timestamp 表示存储记录更新的时间。

7.2.2 用户管理

用户管理

新安装的 MySQL 数据库系统通常只有一个名为 root 的用户。这个用户是 MySQL 服务器安装成功后，由系统创建的，并且被赋予了操作和管理 MySQL 的所有权限。

在对 MySQL 的日常管理和实际操作中，为了避免恶意用户冒名使用 root 账号操控数据库，通常需要创建一系列具有适当权限的账号，尽可能地不用或者少用 root 账号登录系统，以确保数据安全。

MySQL 的用户包括 root 用户和普通用户，root 用户为超级管理员，拥有对整个 MySQL 服务器的完全控制权限，而普通用户只能拥有被赋予的权限。

在 MySQL 数据库中，为了防止非授权用户对数据库进行存取，DBA 可以创建登录用户、修改用户信息并删除用户。

1．创建用户

在 MySQL 数据库中，创建用户主要通过 CREATE USER 语句实现，使用该语句创建用户时不赋予任何权限，需要通过 GRANT 语句分配权限。CREATE USER 语句的语法格式如下。

```
CREATE USER 用户 [IDENTIFIED BY '密码']
          [,用户 [IDENTIFIED BY '密码']]……;
```

【说明】

① 用户的格式：用户名@主机名。

主机名即用户连接 MySQL 时所在主机的名称。如果在创建时只给出了账号的用户名，而没有指定主机名，则主机名会默认为“%”，表示一组主机；localhost 表示本地主机。

② IDENTIFIED BY 子句指定创建用户时的密码。

【例 7-6】创建本地用户 tempuser，其密码为 temp。语句如下。

```
CREATE USER tempuser@localhost IDENTIFIED BY 'temp';
```

创建的新用户的详细信息自动保存在系统数据库 mysql 的 user 表中，执行如下 SQL 语句，可查看数据库服务器的用户信息。语句及执行结果如下。

```
USE mysql;
SELECT * FROM user WHERE user='tempuser';
```

Host	User	Select_priv	Insert_priv	Update_priv	Delete_priv	Create_priv	Drop_priv	Reload_priv
localhost	tempuser	N	N	N	N	N	N	N

2．修改用户密码

在 MySQL 中，用户包括 root 用户和普通用户。root 用户拥有最高权限，因此必须保证 root 用户的密码安全。在创建普通用户后，允许对其密码进行修改。

可以使用 SET PASSWORD 语句修改 root 用户和普通用户的登录密码，其语法格式如下。

SET PASSWORD FOR 用户='新密码';

【例 7-7】修改用户账号 tempuser 的密码为 123456。语句如下。

```
SET PASSWORD FOR tempuser@localhost='123456';
```

【例 7-8】修改 root 超级用户的密码为 root。语句如下。

```
SET PASSWORD FOR root@localhost='root';
```

3．修改用户名

修改已经存在的普通用户的用户名，可以使用 RENAME USER 语句，其语法格式如下。

RENAME USER 旧用户名 TO 新用户名[,旧用户名 TO 新用户名][,……];

【例 7-9】修改普通用户 tempuser 的用户名为 temp_U。语句如下。

```
RENAME USER tempuser@localhost TO temp_U@localhost;
```

通过查看系统表 user 验证用户名是否修改成功。语句及执行结果如下。

```
USE mysql;
SELECT * FROM user WHERE user='temp_U' and host='localhost';
```

Host	User	Select_priv	Insert_priv	Update_priv	Delete_priv	Create_priv	Drop_priv	Reload_priv
localhost	temp_U	N	N	N	N	N	N	N

4．删除用户

使用 DROP USER 语句可删除一个或多个 MySQL 用户，并撤销其权限，其语法格式如下。

```
DROP USER 用户[,……];
```

【例 7-10】删除用户 temp_U。语句如下。

```
DROP USER temp_U@localhost;
```

通过查看系统表 user 验证用户 temp_U 是否删除成功。语句及执行结果如下。

```
USE mysql;
SELECT * FROM user WHERE user='temp_U' and host='localhost';
```

Host	User	Select_priv	Insert_priv	Update_priv	Delete_priv	Create_priv	Drop_priv	Reload_priv
NULL	NULL	NULL	NULL	NULL	NULL	NULL	NULL	NULL

7.2.3　权限管理

权限管理

权限管理主要是对登录到MySQL服务器的数据库用户进行权限验证。所有用户的权限都存储在 MySQL 的权限表中。合理的权限管理能够保证数据库系统的安全，不合理的权限设置会给数据库系统带来安全隐患。

权限管理主要包括两方面内容：授予权限和撤销权限。

1．授予权限

创建了用户并不意味着用户可以对数据库随心所欲地进行操作，用户对数据进行任何操作，都需要具有相应的操作权限。

在 MySQL 中，针对不同的数据库资源，可以将权限分为 5 类，即 MySQL 字段级别权限、MySQL 表级别权限、MySQL 存储程序级别权限、MySQL 数据库级别权限和 MySQL 服务器管理员级别权限。

下面依次介绍每种权限级别具有的权限类型及为用户授予权限的语句。

（1）授予 MySQL 字段级别权限

在 MySQL 中，使用 GRANT 语句授予权限。授予 MySQL 字段级别权限的语法格式如下。

```
GRANT 权限名称(列名[,列名,……])[, 权限名称(列名[,列名,……]),……]
  ON TABLE 数据库名.表名或视图名
  TO 用户[,用户,……];
```

具有 MySQL 字段级别权限的用户，可以对指定数据库中指定表所指定的列执行所授予的权限操作。

系统数据库 mysql 的系统表 columns_priv 中记录了用户 MySQL 字段级别权限的验证信息。columns_priv 权限表提供的权限较少，如表 7-1 所示。MySQL 字段级别的用户仅能对字段进行查询、插入及修改等操作。

表 7-1　columns_priv 权限表提供的权限

权限名称	权限类型	说明
SELECT	Column_priv	查询数据库表中的记录
INSERT		向数据库表中插入记录
UPDATE		修改数据库表中的记录
REFERENCES		创建外键参照特定的表
ALL PRIVILEGES|ALL	以上所有权限类型	以上所有权限

【例 7-11】创建新用户 column_user，并授予其对 fruits 表中列的操作权限。语句如下。

```
CREATE USER column_user@localhost  IDENTIFIED  BY 'password';

GRANT  SELECT(f_name,f_price),UPDATE(f_price),REFERENCES(s_id)
  ON TABLE fruitsales.fruits
  TO column_user@localhost;
```

查看系统表 columns_priv，验证用户 Column_user 是否已经具有相应列的操作权限。语句及执行结果如下。

```
SELECT * FROM mysql.columns_priv;
```

Host	Db	User	Table_name	Column_name	Timestamp	Column_priv
localhost	fruitsales	column_user	fruits	f_name	0000-00-00 00:00:00	Select
localhost	fruitsales	column_user	fruits	f_price	0000-00-00 00:00:00	Select,Update
localhost	fruitsales	column_user	fruits	s_id	0000-00-00 00:00:00	References

以 column_user 用户连接 MySQL 服务器，执行权限范围内的查询和非授权的查询。语句及执行结果如下。

```
SELECT f_name,f_price FROM fruitsales.fruits;
```

f_name	f_price
apple	5.20
apricot	2.20
blackberry	10.20
berry	7.60
xxxx	3.60
orange	11.20

```
SELECT f_id FROM fruitsales.fruits;
```

#	Time	Action	Message	Duration / Fetch
1	21:09:00	SELECT f_id FROM fruit...	Error Code: 1143. SELECT command denied to user 'column_user'@'localhost' for column 'f_id' in table 'fruits'	0.000 sec

（2）授予 MySQL 表级别权限

授予 MySQL 表级别权限的语法格式如下。

```
GRANT 权限名称[, 权限名称,……]
  ON TABLE 数据库名.表名或数据库名.视图名
  TO 用户[,用户,……];
```

具有 MySQL 表级别权限的用户可以对指定数据库中指定表执行所授予的权限操作。

系统数据库 mysql 的系统表 tables_priv 中记录了用户 MySQL 表级别权限的验证信息。tables_priv 权限表提供的权限如表 7-2 所示。

表 7-2 tables_priv 权限表提供的权限

权限名称	权限类型	说明
SELECT	Table_priv	查询数据库表中的记录
INSERT		向数据库表中插入记录
UPDATE		修改数据库表中的记录
DELETE		删除数据库表中的记录
CREATE		创建数据库表，但不允许创建索引和视图
DROP		删除数据库表及视图的定义，但不能删除索引
GRANT		将自己的权限分享给其他 MySQL 用户
REFERENCES		创建外键参照特定的表
INDEX		创建或删除索引
ALTER		执行 ALTER TABLE 操作，修改表结构
CREATE VIEW		执行 CREATE VIEW 操作，创建视图。创建视图时，还需要具有基表的 SELECT 权限
SHOW VIEW		执行 SHOW CREATE VIEW 操作，查看视图的定义
TRIGGER		创建、执行并删除触发器
ALL PRIVILEGES|ALL	以上所有权限类型	以上所有权限

【例 7-12】创建新用户 table_user，并授予其对 fruits 表的操作权限。语句如下。

```
CREATE USER table_user@localhost IDENTIFIED BY 'password';
```

```
GRANT ALTER,SELECT,INSERT(f_id,f_name,f_price)
 ON TABLE fruitsales.fruits
 TO table_user@localhost;
```

查看系统表 tables_priv，验证用户 table_user 是否已经具有对 fruits 表的相应操作权限。语句及执行结果如下。

```
SELECT * FROM mysql.tables_priv
  WHERE host='localhost' and user='table_user';
```

Host	Db	User	Table_name	Grantor	Timestamp	Table_priv	Column_priv
localhost	fruitsales	table_user	fruits	root@localhost	0000-00-00 00:00:00	Select,Alter	Insert

以 table_user 用户连接 MySQL 服务器，执行如下语句。

```
ALTER TABLE fruitsales.fruits
  ADD f_origin VARCHAR(50);
```

查看 fruits 表，用户 table_user 已经成功对表 fruits 的表结构进行了修改。语句及执行结果如下。

```
DESC fruitsales.fruits;
```

Field	Type	Null	Key	Default	Extra
f_id	char(10)	NO	PRI	NULL	
s_id	int	NO		NULL	
f_name	char(255)	NO		NULL	
f_price	decimal(8,2)	YES		NULL	
f_origin	varchar(50)	YES		NULL	

【例 7-13】创建新用户 view_user，只授予其查询供应商 101 水果销售情况信息的权限。

```
CREATE USER view_user@localhost IDENTIFIED BY 'password';

USE fruitsales;
CREATE VIEW s101_od AS
 SELECT s_name,o_num,f_name,quantity
   FROM fruits f,orderitems o,suppliers s
   WHERE f.f_id=o.f_id AND f.s_id=s.s_id AND s.s_id=101;

GRANT SELECT ON s101_od TO view_user@localhost;
```

以 view_user 用户连接 MySQL 服务器，执行如下语句，显示结果如下。

```
SELECT * FROM fruitsales.s101_od;
```

s_name	o_num	f_name	quantity
FastFruit Inc.	30001	apple	10
FastFruit Inc.	30003	cherry	100
FastFruit Inc.	30005	cherry	5
FastFruit Inc.	30005	blackberry	10

（3）授予 MySQL 存储程序级别权限

授予 MySQL 存储程序级别权限的语法格式如下。

```
GRANT 权限名称[, 权限名称,……]
  ON  FUNCTION|PROCEDURE  数据库名.函数名 | 数据库名.存储过程名
  TO 用户[,用户,……];
```

具有 MySQL 存储程序级别权限的用户，可以对指定数据库中的存储过程或存储函数执行所授予的权限操作。

系统数据库 mysql 的系统表 procs_priv 中记录了用户 MySQL 存储程序级别权限的验证信息。procs_priv 权限表提供的权限如表 7-3 所示。

表 7-3　procs_priv 权限表提供的权限

权限名称	权限类型	说明
GRANT	Proc_priv	将自己的权限分享给其他 MySQL 用户
EXECUTE		执行存储过程或存储函数
ALTER ROUTINE		修改、删除存储过程或存储函数
ALL PRIVILEGES|ALL	以上所有权限类型	以上所有权限

【例 7-14】创建新用户 proc_user，并授予其对 fruitsales 数据库中的存储过程执行操作的权限。语句如下。

```
CREATE USER proc_user@localhost  IDENTIFIED BY 'password';

DELIMITER @@
CREATE PROCEDURE fruitsales.test_p()
 BEGIN
  SELECT * FROM fruitsales.fruits;
 END@@

 DELIMITER ;
 GRANT EXECUTE ON PROCEDURE fruitsales.test_p
 TO  proc_user@localhost;
```

查看系统表 procs_priv，验证用户 proc_user 是否已经具有对存储过程 test_p 执行操作的权限。语句及执行结果如下。

```
SELECT * FROM mysql.procs_priv WHERE user='proc_user';
```

Host	Db	User	Routine_name	Routine_type	Grantor	Proc_priv	Timestamp
localhost	fruitsales	proc_user	test_p	PROCEDURE	root@localhost	Execute	0000-00-00 00:00:00

以 proc_user 用户连接 MySQL 服务器，执行如下语句，结果显示如下。

```
CALL fruitsales.test_p;
```

f_id	s_id	f_name	f_price	f_origin
a1	101	apple	5.20	NULL
a2	103	apricot	2.20	NULL
b1	101	blackberry	10.20	NULL
b2	104	berry	7.60	NULL
b5	107	xxxx	3.60	NULL
bs1	102	orange	11.20	NULL

（4）授予 MySQL 数据库级别权限

授予 MySQL 数据库级别权限的语法格式如下。

```
GRANT 权限名称[, 权限名称,……]
 ON  数据库名.*
 TO 用户[,用户,……];
```

数据库名.*表示指定数据库中的所有对象。具有 MySQL 数据库级别权限的用户，可以对指定数据库中的对象执行所授予的权限操作。

系统数据库 mysql 的系统表 db 中记录了用户 MySQL 数据库级别权限的验证信息。db 权限表提供的权限如表 7-4 所示。

表 7-4　db 权限表提供的权限

权限名称	权限类型	说明
SELECT	Select_priv	查询数据库表中的记录
INSERT	Insert_priv	向数据库表中插入记录
UPDATE	Update_priv	修改数据库表中的记录
DELETE	Delete_priv	删除数据库表中的记录
CREATE	Create_priv	创建数据库或者数据库表，但不允许创建索引和视图
DROP	Drop_priv	删除数据库、数据库表及视图的定义，但不能删除索引
GRANT	Grant_priv	将自己的权限分享给其他 MySQL 用户
REFERENCES	References_priv	创建外键参照特定的表
INDEX	Index_priv	创建或者删除索引
ALTER	Alter_priv	执行 ALTER TABLE 操作，修改表结构。修改表名时，还需要具有旧表的 DROP 权限及新表的 CREATE、INSERT 权限
CREATE TEMPORARY TABLES	Create_tmp_table_priv	执行 CREATE TEMPORARY TABLE 操作，创建临时表
LOCK TABLES	Lock_tables_priv	执行 LOCK TABLES 操作，显式地加锁，执行 UNLOCK TABLES 操作，显式地解锁
EXECUTE	Execute_priv	执行存储过程或者存储函数
CREATE VIEW	Create_view_priv	执行 CREATE VIEW 操作，创建视图。创建视图时，还需要持有基表的 SELECT 权限
SHOW VIEW	Show_view_priv	执行 SHOW CREATE VIEW 操作，查看视图的定义
CREATE ROUTINE	Create_routine_priv	创建存储过程或者存储函数
ALTER ROUTINE	Alter_routine_priv	修改、删除存储过程或者存储函数
EVENT	Event_priv	创建、修改、删除并查看事件
TRIGGER	Trigger_priv	创建、执行并删除触发器
ALL PRIVILEGES|ALL	以上所有权限类型	以上所有权限

【例 7-15】创建新用户 database_user，并授予其对 fruitsales 数据库的操作权限。

```
CREATE USER database_user@localhost IDENTIFIED BY 'password';

GRANT CREATE,SELECT,DROP ON fruitsales.*
TO database_user@localhost;
```

查看系统表 db，验证用户 database_user 是否已经具有对数据库 fruitsales 表的相应操作权限。语句及执行结果如下。

```
SELECT * FROM mysql.db
 WHERE host='localhost' and user='database_user';
```

Host	Db	User	Select_priv	Insert_priv	Update_priv	Delete_priv	Create_priv	Drop_priv	Grant_priv	References_priv
localhost	fruitsales	database_user	Y	N	N	N	Y	Y	N	N

以 database_user 用户连接 MySQL 服务器，依次执行如下语句，显示结果如下。

```
CREATE TABLE fruitsales.test(
id INT NOT NULL PRIMARY KEY,
  name  VARCHAR(10)
);
```

#	Time	Action	Message	Duration / Fetch
1	17:54:11	CREATE TABLE fruitsales.test (id INT NOT NULL PRIMARY KEY, name VARCHAR(10))	0 row(s) affected	0.047 sec

```
DROP TABLE fruitsales.test;
```

	#	Time	Action	Message	Duration / Fetch
✓	1	17:55:45	DROP TABLE fruitsales.test	0 row(s) affected	0.031 sec

(5) 授予 MySQL 服务器管理员级别权限

授予 MySQL 服务器管理员级别权限的语法格式如下。

```
GRANT 权限名称[, 权限名称,……]
  ON  *.*
  TO 用户[,用户,……];
```

*.*表示所有数据库中的所有对象。拥有 MySQL 服务器管理员级别权限的用户，可以对服务器上所有数据库及所有对象执行所授予的权限操作。

系统数据库 mysql 的系统表 user 中记录了用户 MySQL 服务器管理员级别权限的验证信息。user 权限表提供的权限不仅包含表 7-4 所示的数据库级别的所有权限类型，还包含对整个 MySQL 服务器管理员的“管理”权限，其权限如表 7-5 所示。

表 7-5　MySQL 服务器管理员的“管理”权限

权限名称	权限类型	说明
RELOAD	Reload_priv	执行 FLUSH HOSTS、FLUSH LOGS、FLUSH PRIVILEGES、FLUSH STATUS、FLUSH TABLES、FLUSH THREADS、REFRESH 及 RELOAD 等刷新操作
SHUTDOWN	Shutdown_priv	执行 mysqladmin 的 SHUTDOWN 操作，停止服务器的运行
PROCESS	Process_priv	执行 SHOW PROCESS LIST 操作，显示 MySQL 服务器上正在执行的线程，还可以执行 KILL 操作终止该线程
FILE	File_priv	执行 LOAD DATA INFILE、SELECT…INTO OUTFILE 操作或者 FILE()函数
SHOW DATABASES	Show_db_priv	执行 SHOW DATABASES 操作
SUPER	Super_priv	执行 CHANGE MASTER TO、KILL、PURGE BINARY LOGS、SET GLOBAL 及 mysqladmin 的 DEBUG 等操作
REPLICATION SLAVE	Repl_slave_priv	该权限应该授予从服务器连接主服务器的 MySQL 账户，没有该权限，将不能从服务器获取主服务器的更新
REPLICATION CLIENT	Repl_client_priv	执行 SHOW MASTER STATUS、SHOW SLAVE STATUS 操作
CREATE USER	Create_user_priv	执行 CREATE USER、DROP USER、RENAME USER、REVOKE ALL PRIVILEGES 操作
CREATE TABLESPACE	Create_tablespace_priv	创建、修改并删除表空间或者日志文件组

【例 7-16】创建新用户 server_user，并授予其对所有数据库的操作权限。语句如下。

```
CREATE USER server_user@localhost IDENTIFIED BY 'password';

GRANT ALL PRIVILEGES
  ON *.*
  TO server_user@localhost;
```

查看系统表 user，验证用户 server_user 是否具有对所有数据库的操作权限。语句及执行结果如下。

```
SELECT * FROM mysql.user
  WHERE host='localhost' and user='server_user';
```

Host	User	Select_priv	Insert_priv	Update_priv	Delete_priv	Create_priv	Drop_priv	Reload_priv	Shutdown_priv
localhost	server_user	Y	Y	Y	Y	Y	Y	Y	Y

以 server_user 用户连接 MySQL 服务器，执行如下语句，结果显示如下。

```
CREATE DATABASE test_db;
```

#	Time	Action	Message	Duration / Fetch
1	18:04:31	CREATE DATABASE test_db	1 row(s) affected	0.015 sec

（6）权限的转移

权限的转移通过在 GRANT 语句中使用 WITH GRANT OPTION 子句实现。如果指定为 WITH GRANT OPTION，则表示 TO 子句中的所有用户都具有将自己的权限授予其他用户的权限，而不管其他用户是否拥有该权限。

【例 7-17】创建新用户 u1 和 u2，赋予 u1 对 fruits 表进行增、删、改、查的权限，并且 u1 能够将其具有的权限转移给 u2。语句如下。

```
CREATE USER u1@localhost IDENTIFIED BY '123';
CREATE USER u2@localhost IDENTIFIED BY '456';

GRANT SELECT,INSERT,UPDATE,DELETE ON fruitsales.fruits
  TO u1@localhost
  WITH GRANT OPTION;
```

以 u1 用户连接 MySQL 服务器，执行如下语句。

```
GRANT SELECT ON fruitsales.fruits TO u2@localhost;
```

以 u2 用户连接 MySQL 服务器，执行如下语句，结果显示如下。

```
SELECT * FROM fruitsales.fruits;
```

f_id	s_id	f_name	f_price	f_origin
a1	101	apple	5.20	NULL
a2	103	apricot	2.20	NULL
b1	101	blackberry	10.20	NULL
b2	104	berry	7.60	NULL
b5	107	xxxx	3.60	NULL
bs1	102	orange	11.20	NULL

2. 撤销权限

撤销权限就是撤销已经赋予用户的某些权限。撤销用户不必要的权限在一定程度上可以保证数据的安全。权限撤销后，用户账户的记录将从系统表 db、tables_priv、columns_priv 和 procs_priv 中删除，但是用户账户记录仍然在 user 表中保存（删除 user 中的账户记录使用 DROP USER 语句）。

使用 REVOKE 语句撤销权限，语法格式有两种，一种是撤销用户的所有权限，另一种是撤销用户的指定权限。

（1）撤销所有权限

撤销用户所有权限的 REVOKE 语句的语法格式如下。

```
REVOKE ALL PRIVILEGES,GRANT OPTION
  FROM 用户[,用户,……];
```

【例 7-18】撤销例 7-11 中用户 column_user@localhost 的所有权限。

首先，查看用户 column_user 的权限。语句及执行结果如下。

```
SELECT * FROM mysql.columns_priv
  WHERE user='column_user' AND host='localhost';
```

Host	Db	User	Table_name	Column_name	Timestamp	Column_priv
localhost	fruitsales	column_user	fruits	f_name	0000-00-00 00:00:00	Select
localhost	fruitsales	column_user	fruits	f_price	0000-00-00 00:00:00	Select,Update
localhost	fruitsales	column_user	fruits	s_id	0000-00-00 00:00:00	References

其次，撤销其拥有的所有权限，语句如下。

```
REVOKE ALL PRIVILEGES,GRANT OPTION
  FROM column_user@localhost;
```

再次，查看系统表 column_priv，验证其是否具有任何列级权限。语句及执行结果如下。

```
SELECT * FROM mysql.columns_priv
  WHERE user='column_user' AND host='localhost';
```

Host	Db	User	Table_name	Column_name	Timestamp	Column_priv
NULL	NULL	NULL	NULL	NULL	NULL	NULL

最后，查看系统表 user，验证其权限情况。语句及执行结果如下。

```
SELECT * FROM mysql.user
  WHERE host='localhost' and user='column_user';
```

Host	User	Select_priv	Insert_priv	Update_priv	Delete_priv	Create_priv	Drop_priv	Reload_priv	Shutdown_priv
localhost	column_user	N	N	N	N	N	N	N	N

（2）撤销指定权限

撤销用户指定权限的 REVOKE 语句的语法格式如下。

```
REVOKE 权限名称[(列名[,列名,……])][,权限名称[(列名[,列名,……])],……]
  ON  *.*|数据库名.*|数据库名.表名或视图名
  FROM  用户[,用户,……];
```

【例 7-19】撤销例 7-14 中用户 database_user@localhost 的 CREATE 和 DROP 权限。依次执行下面语句，结果显示如下。

```
SELECT * FROM db
  WHERE host='localhost' and user='database_user';
```

Host	Db	User	Select_priv	Insert_priv	Update_priv	Delete_priv	Create_priv	Drop_priv	Grant_priv
localhost	fruitsales	database_user	Y	N	N	N	Y	Y	N

```
REVOKE  CREATE,DROP  ON fruitsales.*
  FROM database_user@localhost;

SELECT * FROM mysql.db
  WHERE host='localhost' and user='database_user';
```

Host	Db	User	Select_priv	Insert_priv	Update_priv	Delete_priv	Create_priv	Drop_priv	Grant_priv
localhost	fruitsales	database_user	Y	N	N	N	N	N	N

7.2.4 角色管理

角色管理

从前面的介绍可以看出，MySQL 的权限设置非常复杂，权限类型也非常多，这就为 DBA 有效管理数据库权限带来了困难。另外，数据库的用户通常有几十个、几百个，甚至成千上万个。如果管理员逐个为用户授予或撤销相应的权限，则工作量非常大。为了简化权限管理，MySQL 提供了角色的概念。

角色是具有名称的一组相关权限的集合，即将不同的权限集合在一起。可以通过角色为用户授权，也可以撤销角色。由于角色集合了多种权限，所以当为用户授予角色时，相当于为用户授予了多种权限。从而避免向用户逐一授权，简化用户权限的管理。

下面以项目开发中常见的场景为例，例如应用程序需要读或写权限、运维人员需要具有数据库的完全访问权限、部分开发人员需要读取权限、部分需要写权限，要向多个用户授予相同的权限集，则应按照创建新角色、授予角色权限、授予用户角色的步骤来实现。

1．创建角色

创建角色的语法格式如下。

```
CREATE ROLE  角色;
```

【说明】角色格式：角色名@主机名。

【例 7-20】分别在本地主机上创建应用程序角色 app、运维人员角色 ops、开发人员读角色 dev_read、开发人员写角色 dev_write。

创建 4 类角色，语句如下。

```
CREATE ROLE app@localhost,ops@localhost,
  dev_read@localhost,dev_write@localhost;
```

通过系统表 user 查看 4 类角色的权限情况。语句及执行结果如下。

```
SELECT * FROM mysql.user WHERE host='localhost'
  AND user IN('app','ops','dev_read','dev_write');
```

Host	User	Select_priv	Insert_priv	Update_priv	Delete_priv	Create_priv	Drop_priv	Reload_priv	Shutdown_priv
localhost	app	N	N	N	N	N	N	N	N
localhost	dev_read	N	N	N	N	N	N	N	N
localhost	dev_write	N	N	N	N	N	N	N	N
localhost	ops	N	N	N	N	N	N	N	N

2．授予角色权限

授予角色权限的语法格式类似于授予用户权限，只需将 GRANT 语句 TO 后的用户改为角色即可。

【例 7-21】分别授予角色 app 数据读写权限、角色 ops 数据库访问权限、角色 dev_read 读取权限、角色 dev_write 写权限。语句如下。

```
GRANT SELECT,INSERT,UPDATE,DELETE ON fruitsales.*  TO app@localhost;

GRANT ALL PRIVILEGES ON  fruitsales.*  TO ops@localhost;

GRANT SELECT ON  fruitsales.*  TO dev_read@localhost;

GRANT INSERT,UPDATE,DELETE ON  fruitsales.*  TO dev_write@localhost;
```

通过系统表 user 查看授予权限后 4 类角色的权限情况。语句及执行结果如下。

```
SELECT * FROM mysql.db WHERE host='localhost' AND
  user IN('app','ops','dev_read','dev_write');
```

Host	Db	User	Select_priv	Insert_priv	Update_priv	Delete_priv	Create_priv	Drop_priv	Grant_priv
localhost	fruitsales	app	Y	Y	Y	Y	N	N	N
localhost	fruitsales	dev_read	Y	N	N	N	N	N	N
localhost	fruitsales	dev_write	N	Y	Y	Y	N	N	N
localhost	fruitsales	ops	Y	Y	Y	Y	Y	Y	N

3．授予用户角色

授予用户角色的语法格式如下。

```
GRANT 角色[,角色,……] TO 用户[,用户,……];
```

【例 7-22】分别将角色授予新用户 app01、ops01、dev01、dev02、dev03。语句如下。

```
#创建新的用户账号
CREATE USER app01@localhost  IDENTIFIED BY  '000000';

CREATE USER ops01@localhost  IDENTIFIED BY  '000000';

CREATE USER dev01@localhost  IDENTIFIED BY  '000000';

CREATE USER dev02@localhost  IDENTIFIED BY  '000000';

CREATE USER dev03@localhost  IDENTIFIED BY  '000000';

#为用户账号分配角色
GRANT app@localhost TO app01@localhost;

GRANT ops@localhost TO ops01@localhost;

GRANT dev_read@localhost TO dev01@localhost;

GRANT dev_read@localhost,dev_write@localhost
  TO  dev02@localhost,dev03@localhost;

#用户使用角色权限前，必须先激活角色
set global activate_all_roles_on_login=ON;
```

以 dev01 用户连接 MySQL 服务器，执行如下语句，结果显示如下。

```
SELECT * FROM fruitsales.suppliers;
```

s_id	s_name	s_city	s_zip	s_call
101	FastFruit Inc.	Tianjin	300000	48075
102	LT Supplies	Chongqing	400000	44333
103	ACME	Shanghai	200000	90046
104	FNK Inc.	Zhongshan	528437	11111
105	Good Set	Taiyuang	030000	22222
106	Just Eat Ours	Beijing	010	45678
107	DK Inc.	Zhengzhou	450000	33332

4．撤销用户角色

撤销用户角色的语法格式如下。

```
REVOKE 角色[,角色,……] FROM 用户[,用户,……];
```

【例 7-23】撤销用户 dev01 的角色 dev_read。语句如下。

```
REVOKE dev_read@localhost FROM dev01@localhost;
```

以 dev01 用户连接 MySQL 服务器，执行如下语句，结果显示如下。

```
SELECT * FROM fruitsales.suppliers;
```

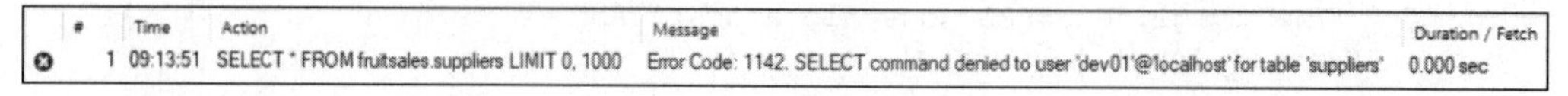

#	Time	Action	Message	Duration / Fetch
1	09:13:51	SELECT * FROM fruitsales.suppliers LIMIT 0, 1000	Error Code: 1142. SELECT command denied to user 'dev01'@'localhost' for table 'suppliers'	0.000 sec

5．删除角色

删除角色的语法格式如下。

```
DROP ROLE 角色[,角色,……];
```

【例 7-24】删除角色 app 和 ops。语句及执行结果如下。

```
DROP ROLE 'app'@'localhost','ops'@'localhost';
```

#	Time	Action	Message	Duration / Fetch
1	09:16:47	DROP ROLE 'app'@'localhost','ops'@'localhost'	0 row(s) affected	0.015 sec

7.2.5 密码管理**

root 用户具有对整个 MySQL 服务器的完全控制权限，对于 root 用户密码丢失的特殊情况，MySQL 提供了相应的解决处理机制。MySQL 8.0 允许数据库管理员设置密码过期时间和对密码重用的限制。

1．Windows 系统下丢失 MySQL root 登录密码的解决方法

（1）以管理员身份打开“命令提示符”窗口，关闭 MySQL 服务，进入 MySQL 的 bin 目录，执行命令及执行结果如图 7-1 所示。

图 7-1　在“命令提示符”窗口关闭 MySQL 服务

【注意】输入相关命令时，请读者使用自己的 MySQL 服务器名和 MySQL 安装路径。

（2）开启安全模式下的 MySQL 服务，执行命令及执行结果如图 7-2 所示，命令执行后光标一直在闪烁。

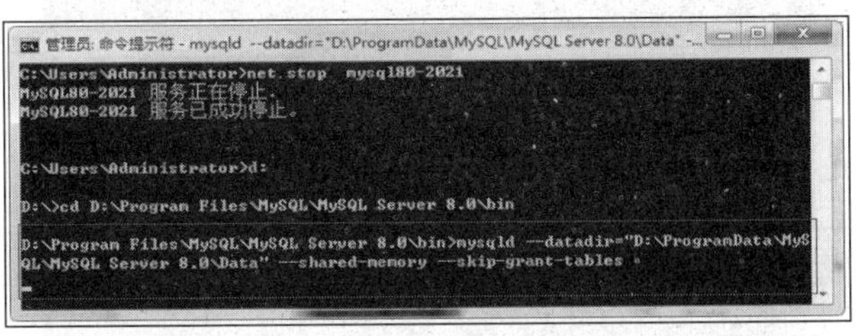

图 7-2　开启安全模式下的 MySQL 服务

（3）在不关闭图 7-2 所示窗口的基础上，重新打开一个“命令提示符”窗口，登录 MySQL，执行命令及执行结果如图 7-3 所示。

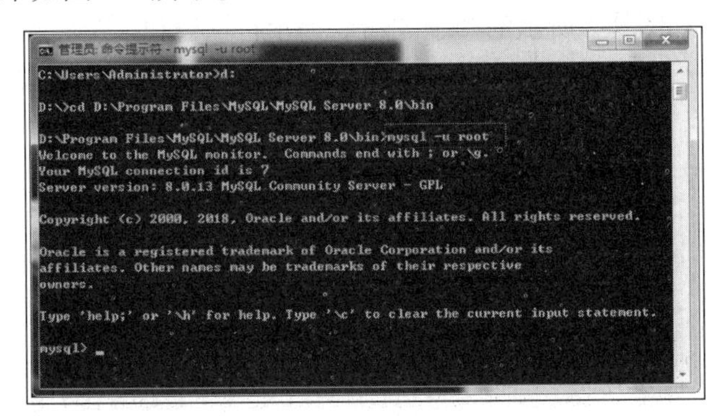

图 7-3　在安全模式下登录 MySQL

（4）使用 UPDATE 语句将 root 的密码置空。在 MySQL 8.0 的安全模式下，如果 root 用户的密码不为空，就无法直接修改。SQL 语句及执行结果如图 7-4 所示。

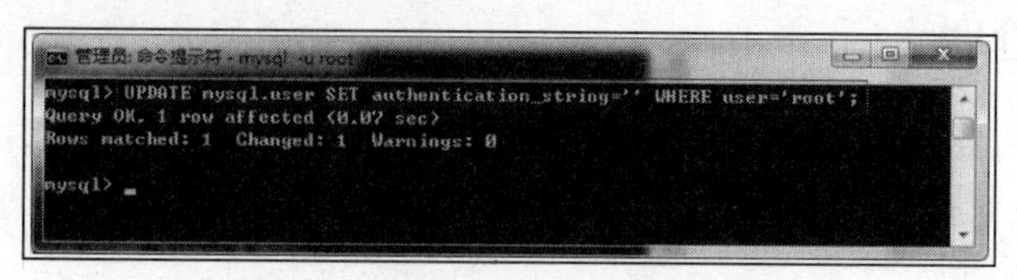

图 7-4　修改 root 用户密码为空

（5）执行完图 7-4 中的语句后，需要刷新一下，如果不刷新，就会报错，SQL 语句及执行结果如图 7-5 所示。

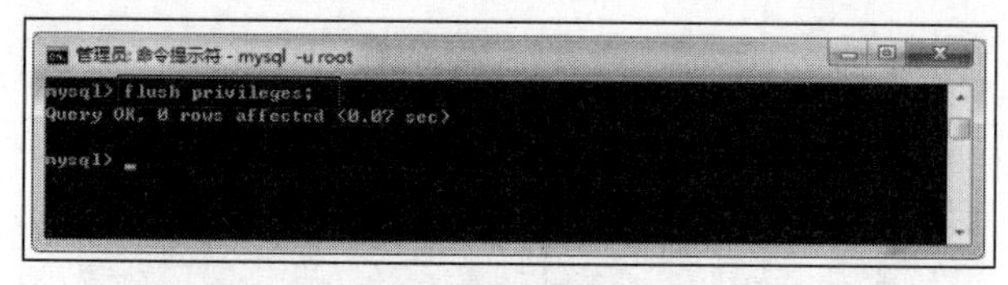

图 7-5　刷新

（6）刷新之后使用 ALTER USER 语句修改用户的密码，SQL 语句及执行结果如图 7-6 所示。

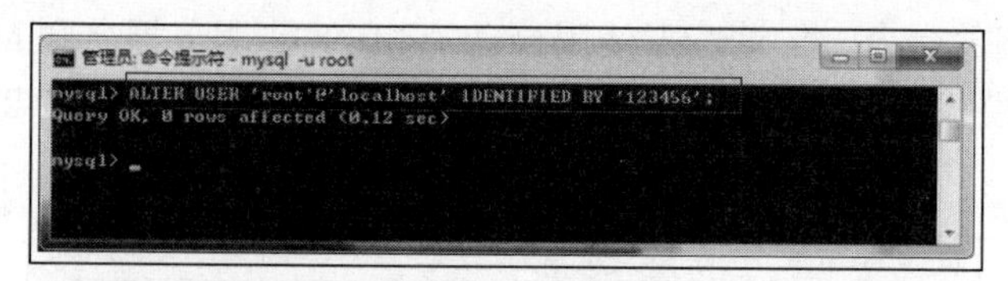

图 7-6　修改 root 用户密码成功

（7）退出 MySQL，SQL 语句及执行结果如图 7-7 所示。

图 7-7　退出 MySQL

（8）关闭图 7-7 和图 7-2 所示的两个"命令提示符"窗口。

（9）重新打开一个"命令提示符"窗口，重启 MySQL 服务，执行命令及执行结果如图 7-8 所示。

图 7-8　重启 MySQL 服务

（10）MySQL 服务启动成功之后，root 用户用新密码登录 MySQL，执行命令及执行结果如图 7-9 所示。执行结果显示，在 Windows 下 root 用户密码重置成功。

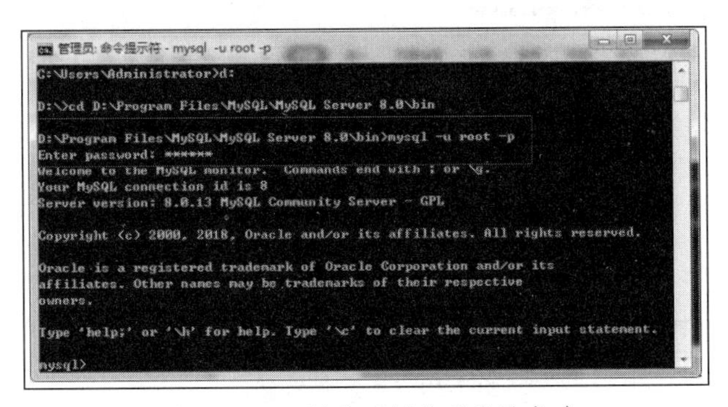

图 7-9　root 用户以新密码登录成功

2．密码管理

MySQL 密码管理功能包括密码过期和密码重用限制。密码过期要求定期修改密码，密码重用限制不允许使用旧密码。

（1）密码过期策略

在 MySQL 中，数据库管理员可以手动设置账号密码过期，也可以建立一个自动密码过期策略。过期策略可以是全局的，也可以为每个账号设置单独的过期策略。

手动设置账号密码过期的 SQL 语法格式如下。

```
ALTER USER 用户 PASSWORD EXPIRE;
```

【例 7-25】将用户 pwd 账号的密码设置为过期。

创建用户 pwd，语句如下。

```
CREATE USER pwd@localhost IDENTIFIED BY '123456';
```

通过系统表 user 查看用户 pwd 密码过期的设置情况。语句及执行结果如下。

```
SELECT user,host,password_last_changed,password_lifetime, password_expired
FROM mysql.user
WHERE user='pwd' AND host='localhost';
```

user	host	password_last_changed	password_lifetime	password_expired
pwd	localhost	2021-12-10 15:30:34	NULL	N

将用户 pwd 的密码设置为过期。语句及执行结果如下。

```
ALTER USER pwd@localhost PASSWORD EXPIRE;
```

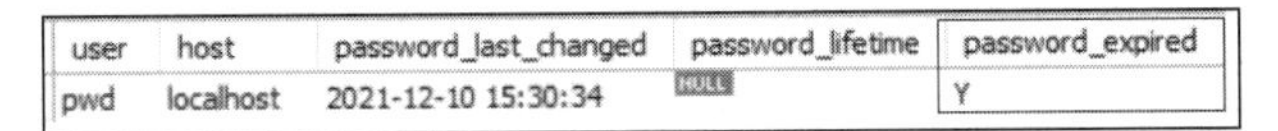

user	host	password_last_changed	password_lifetime	password_expired
pwd	localhost	2021-12-10 15:30:34	NULL	Y

以 pwd 用户连接 MySQL 服务器，将会显示密码过期重置窗口，在窗口中重新设置密码，如图 7-10 所示。因为密码过期后，只有重新设置密码，该用户才能正常使用 MySQL。

MySQL 使用 default_password_lifetime 系统变量建立全局密码过期策略。其默认值为 0，表示不使用自动过期策略。其允许的值为正整数 *n*，表示密码必须每隔 *n* 天进行修改。手动设置全局密码过期时间的 SQL 语句格式如下。

```
SET PERSIST default_password_lifetime = 天数。
```

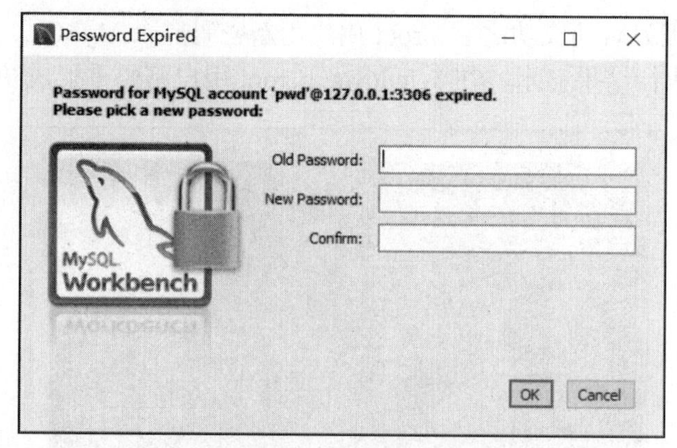

图 7-10　重置密码窗口

每个用户既可沿用全局密码过期策略，也可以单独设置策略。为每个用户单独设置密码过期策略的 SQL 语法格式如下。

```
ALTER USER 用户 PASSWORD EXPIRE INTERVAL n DAY|NEVER|DEFAULT;
```

【说明】

① INTERVAL n DAY：设置密码过期的天数。

② NEVER：设置密码永不过期。

③ DEFAULT：沿用全局密码过期策略。

【例 7-26】设置用户 pwd 的密码过期策略。语句如下。

```
#设置 pwd 用户的账号密码每隔 90 天过期
ALTER USER pwd@localhost PASSWORD EXPIRE INTERVAL 90 DAY;
```

通过系统表 user 查看用户 pwd 的密码过期天数。语句及执行结果如下。

```
SELECT user,host,password_last_changed,password_lifetime,
  password_expired FROM mysql.user
  WHERE user='pwd' AND host='localhost';
```

user	host	password_last_changed	password_lifetime	password_expired
pwd	localhost	2021-12-10 15:52:35	90	N

```
#设置密码永不过期
ALTER USER pwd@localhost PASSWORD EXPIRE NEVER;
```

通过系统表 user 查看用户 pwd 的密码设置情况。语句及执行结果如下。

```
SELECT user,host,password_last_changed,password_lifetime,
  password_expired FROM mysql.user
  WHERE user='pwd' AND host='localhost';
```

user	host	password_last_changed	password_lifetime	password_expired
pwd	localhost	2021-12-10 15:52:35	0	N

```
#设置全局密码过期策略，每隔 180 天过期
SET PERSIST default_password_lifetime=180;
#沿用全局密码过期策略
ALTER USER pwd@localhost PASSWORD EXPIRE DEFAULT;
```

通过系统表 user 查看用户 pwd 的密码设置情况。语句及执行结果如下。

```
SELECT user,host,password_last_changed,password_lifetime,
  password_expired FROM mysql.user
  WHERE user='pwd' AND host='localhost';
```

user	host	password_last_changed	password_lifetime	password_expired
pwd	localhost	2021-12-10 15:52:35	NULL	N

（2）密码重用策略

MySQL 限制使用已用过的密码。重用限制策略基于密码更改的次数和使用的时间。重用策略可以是全局的，也可以为每个账号单独设置。

账号的历史密码包含过去该账号所使用的密码。MySQL 基于以下规则限制密码重用。

① 如果账号的密码限制基于密码更改的次数，那么新密码不能从最近限制的密码中选择。例如，如果密码更改的最小值为 3，那么新密码不能与最近使用的 3 个密码中的任何一个相同。

② 如果账号密码限制基于时间，那么新密码不能从规定时间内选择。例如，如果密码重用周期为 60 天，那么新密码不能从最近 60 天内使用的密码中选择。

MySQL 使用 password_history 和 password_reuse_interval 系统变量设置密码重用策略。password_history 规定密码重用的数量，password_reuse_interval 规定密码重用的周期。手动设置全局密码重用策略的 SQL 语句格式如下。

```
SET PERSIST password_history= 密码重用数量;
SET PERSIST password_reuse_interval = 密码重用周期;
```

每个用户既可沿用全局密码重用策略，也可以单独设置策略。为每个用户单独设置密码重用策略的 SQL 语句格式如下。

```
ALTER USER 用户 PASSWORD HISTORY n|DEFAULT
[REUSE INTERVAL n DAY|DEFAULT];
```

或

```
ALTER USER 用户 PASSWORD REUSE INTERVAL n DAY|DEFAULT
[HISTORY n|DEFAULT];
```

【说明】

① INTERVAL n DAY：设置密码重用限制天数。

② HISTORY n：设置密码重用限制个数。

③ DEFAULT：沿用全局密码重用策略。

【例 7-27】设置用户 pwd 的密码重用策略。

#不能使用最近使用过的 3 个密码

```
ALTER USER pwd@localhost PASSWORD HISTORY 3;
```

通过系统表 user 查看用户 pwd 的密码策略情况。语句及执行结果如下。

```
SELECT user,host,password_reuse_history,password_reuse_time
  FROM mysql.user WHERE user='pwd' AND host='localhost';
```

user	host	password_reuse_history	password_reuse_time
pwd	localhost	3	NULL

#不能使用最近一年内的密码

```
ALTER USER pwd@localhost PASSWORD REUSE INTERVAL 365 DAY;
```

通过系统表 user 查看用户 pwd 的密码策略情况。语句及执行结果如下。

```
SELECT user,host,password_reuse_history,password_reuse_time
  FROM mysql.user WHERE user='pwd' AND host='localhost';
```

user	host	password_reuse_history	password_reuse_time
pwd	localhost	3	365

```
#既不能使用最近使用过的 5 个密码，也不能使用 300 天内的密码
ALTER USER pwd@localhost
  PASSWORD HISTORY 5 PASSWORD REUSE INTERVAL 300 DAY;
```

通过系统表 user 查看用户 pwd 的密码策略情况。语句及执行结果如下。

```
SELECT user,host,password_reuse_history,password_reuse_time
  FROM mysql.user WHERE user='pwd' AND host='localhost';
```

user	host	password_reuse_history	password_reuse_time
pwd	localhost	5	300

#设置全局密码重用策略，不能使用最近使用过的 6 个密码

```
SET PERSIST password_history=6;
SET PERSIST password_reuse_interval=180;
```

#沿用全局策略

```
ALTER USER pwd@localhost PASSWORD HISTORY DEFAULT PASSWORD
  REUSE INTERVAL DEFAULT;
```

通过系统表 user 查看用户 pwd 的密码策略情况。语句及执行结果如下。

```
SELECT user,host,password_reuse_history,password_reuse_time
FROM mysql.user WHERE user='pwd' AND host='localhost';
```

user	host	password_reuse_history	password_reuse_time
pwd	localhost	NULL	NULL

7.3 小结

数据库安全是指保护数据以防止非法使用造成的数据泄密、更改和破坏。数据库的安全管理涉及用户的访问权限问题，通过设置用户标识、用户的存取控制权限，定义视图，审计、数据加密技术等，保证数据不被非法使用。

实现数据库系统安全性的技术和方法有多种，最重要的是用户标识、存取控制技术和视图技术。DBA 可以通过 CREATE USER 语句创建用户，并对用户进行管理。存取控制功能一般通过 SQL 的 GRANT 语句和 REVOKE 语句实现。数据库角色是一组权限的集合。使用角色来管理数据库权限可以简化授权的过程。在 SQL 中通过 CREATE ROLE 语句创建角色，通过 GRANT 语句为角色授权。

习　题

一、选择题

1. MySQL 中存储用户全局权限的表是（　　）。

A. tables_priv　　B. procs_priv　　C. columns_priv　　D. user

2. 修改自己的 MySQL 服务器密码的命令是（　　）。

A. MYSQL　　B. GRANT

C. SET PASSWORD　　D. CHANGE PASSWORD

3. 对用户访问数据库的权限加以限定是为了保证数据库的（　　）。

A. 安全性　　B. 完整性　　C. 一致性　　D. 并发性

4. 在数据库系统中，定义用户可以对哪些数据对象进行何种操作被称为（　　）。

A. 审计　　B. 授权　　C. 定义　　D. 视图

5. 为u1用户分配数据库temp中s表的查询和数据插入权限的语句是（　　）。

A. GRANT SELECT,INSERT ON temp.s FOR u1@localhost;

B. GRANT SELECT,INSERT ON temp.s TO u1@localhost;

C. GRANT u1@localhost TO SELECT,INSERT FOR temp.s;

D. GRANT u1@localhost TO temp.s ON SELECT,INSERT;

6. 某高校5个系的学生信息存放在同一个基本表中，采取（　　）措施可使各系的管理员只能读取本系学生的信息。

A. 建立各系的列级视图，并将对该视图的读权限赋予该系的管理员

B. 建立各系的行级视图，并将对该视图的读权限赋予该系的管理员

C. 将学生信息表的部分列的读权限赋予各系的管理员

D. 将修改学生信息表的权限赋予各系的管理员

7. 关于SQL对象的操作权限，描述正确的是（　　）。

A. 权限的种类分为INSERT、DELETE和UPDATE 3种

B. 权限只能应用于实表，不能应用于视图

C. 使用REVOKE语句撤销权限

D. 使用COMMIT语句赋予权限

8. 在使用CREATE USER创建用户时设置口令的语句是（　　）。

A. IDENTIFIED BY　　B. IDENTIFIED WITH

C. PASSWORD　　D. PASSWORD BY

9. 用户刚创建后，只能登录连接到服务器，而无法执行任何数据库操作的原因是（　　）。

A. 用户还需要修改密码

B. 用户未激活

C. 用户还没有任何数据库对象的操作权限

D. 以上皆有可能

10. 在MySQL中，删除用户的语句是（　　）。

A. DROP USER　　B. REVOKE USER

C. DELETE USER　　D. DENY USER

二、填空题

1. 对数据库________性的保护是指要采取措施，防止数据库中的数据被非法访问、修改，甚至恶意破坏。

2. 安全性控制的一般方法有________、________、________、________和________5种。

3. 在MySQL中，可以使用________语句为数据库添加用户。

4. ________是具有名称的一组相关权限的组合。

5. 授予权限和撤销权限的语句依次是________和________。

三、操作题

1. 表 DEPT 结构：DEPT(deptno, dname, loc)

请用 SQL 的 GRANT 和 REVOKE 语句（加上视图机制）完成以下授权定义或存取控制功能。

（1）创建本地用户账号 test_user，其密码为 test。

（2）向用户 test_user 授予对象 SCOTT.DEPT 的 SELECT 权限。

（3）向用户 test_user 授予对象 SCOTT.DEPT 的 INSERT、DELETE 权限，仅对 loc 字段具有更新的权限。

（4）用户 test_user 具有对 DEPT 表操作的所有权限，并具有为其他用户授权的权限。

（5）撤销用户 test_user 的所有权限。

（6）用户 test_user 只能查看 10 号部门的信息，不能查看其他部门的信息。

（7）建立角色 ROLE1，并授予其对 SCOTT 数据库的所有操作权限。

（8）将 ROLE1 角色的权限授予用户 test_user。

（9）撤销用户 test_user 的 ROLE1 角色。

（10）删除角色 ROLE1。

2. 阅读下列说明，回答问题（1）~（3）。

【说明】

某工厂仓库管理数据库的部分关系模式如下所示。

仓库(仓库号, 面积, 负责人, 电话)

原材料(编号, 名称, 数量, 储备量, 仓库号)

要求一种原料只能存放在同一仓库中。“仓库”和“原材料”的关系实例分别如表 7-6 和表 7-7 所示。

表 7-6 “仓库”关系

仓库号	面积	负责人	电话
01	500	李劲松	8765412
02	300	陈东明	87654122
03	300	郑文	87654123
04	400	刘春来	87654125

表 7-7 “原材料”关系

编号	名称	数量	储备量	仓库号
1001	小麦	100	50	01
2001	玉米	50	30	01
1002	大豆	20	10	02
2002	花生	30	50	02
3001	菜籽	60	20	03

（1）根据上述说明，用 SQL 定义“原材料”和“仓库”的关系模式如下。

```
CREATE  TABLE 仓库(仓库号 Char(4),面积 Int,负责人 Char(8), 电话 Char(8),
__________①__________ ); #主键定义

CREATE  TABLE 原材料(
```

```
    编号 Char(4)  ______②______, #主键定义
    名称 CHAR(6),数量 INT,储备量 INT,
    仓库号 ________③________ ,
    ___________④___________); #外键定义
```

（2）将下面的 SQL 语句补充完整，完成“查询存放原材料数量最多的仓库号”的功能。

```
SELECT 仓库号
FROM__________①__________
_______________②_______________ ;
```

（3）将下面的 SQL 语句补充完整，实现“01 号仓库所存储的原材料信息只能由管理员李劲松维护，而采购员李强能够查询所有原材料库存信息”的功能。

```
CREATE VIEW raws_in_wh01 AS
SELECT ____①____ FROM 原材料 WHERE 仓库号='01';
Grant ______②______ ON _____③_____ TO 李劲松;
Grant ______④______ ON _____⑤_____ TO 李强;
```

第8章 数据库的备份与恢复

任何一个系统都难免出现多种原因引发的各种故障，数据库系统也是如此，故障可能来自硬件（如CPU、内存、系统总线、电源等）、软件（如DBMS、OS、应用程序等）、磁盘损坏，乃至病毒和人为的有意破坏等。

因此，DBMS 必须具有将数据库从错误状态恢复到某一已知正确状态的功能，这就是数据库的恢复。数据库系统采用的恢复技术是否行之有效，不仅对系统的可靠性发挥着决定性作用，而且对系统的运行效率也有很大影响，是衡量系统性能优劣的重要指标。

8.1 数据库备份与恢复概述

数据库备份与恢复概述

在数据库的实际使用过程中，存在着一些不可预估的因素，如断电、自然灾害等，这不仅会影响数据的正确性，甚至会导致数据部分或全部丢失。为了保证数据的安全性，需要定期对数据进行备份。如果数据库中的数据出现错误，则需要使用备份的数据进行数据恢复，使损失降到最低。

8.1.1 备份与恢复管理

数据库的可恢复性（Recovery）是指DBMS能把数据库从被破坏、不正确的状态恢复到最近的正确状态。

在系统正常运行时，必须进行数据转储并建立日志。

（1）定期备份数据库，将数据转储到另一个磁盘或磁带等存储介质中。备份周期应当根据数据库应用系统可承受的恢复时间来定，而且定期备份工作应当在系统负载最低的时候进行。

（2）建立日志文件。记录事务的开始、结束标志，将事务对数据库的每一次插入、删除和修改前后的值写入日志文件，以便有据可查。所有对数据库中数据的修改都必须先写入日志文件，再将修改写入数据库。

发生故障时，DBMS要借助日志文件做好恢复工作，常用的恢复方法如下。

（1）重做（REDO）已提交事务的操作。当发生故障而使系统崩溃后，对那些已提交但结果尚未真正写入磁盘的事务进行重做，使数据库恢复到崩溃时所处的状态。

（2）撤销（UNDO）未提交事务的操作。系统崩溃时，那些未提交事务操作对数据库产生的更改必须恢复原状，使数据库只反映已提交事务的操作结果。

8.1.2 故障类型

数据库系统引入事务概念之后，数据库的故障具体体现在事务执行的成功与失败上。常见的故障有 3 类：事务故障、系统故障和介质故障。

1．事务故障

事务故障就是一个事务无法正常执行。事务故障又可分为两种。

（1）可以预期的事务故障。即在程序中可以事先预估的错误，例如银行账户透支，商品库存量达到最低值等，此时继续取款或发货就会出现问题。这种情况可以在事务代码中加入判断和 ROLLBACK 语句。当事务执行到 ROLLBACK 语句时，由系统对事务进行撤销操作，即执行 UNDO 操作。

（2）非预期的事务故障。即在程序中发生的无法预估的错误，例如数据错误（有的错误数据在输入时是无法检验出来的，例如存入银行账户的金额 3500 误输入 5300）、运算溢出、并发事务发生死锁而被选中撤销的事务（事务不能再执行下去，但系统未崩溃，该事务可在后面的某个时间重启执行）等。此时由系统直接对该事务执行 UNDO 处理。

一个事务故障既不影响其他事务，也不会影响数据库。所以它是一种影响较小且较常见的故障。

2．系统故障

引起系统停止运转且要求随之重新启动的事件称为“系统故障”，例如硬件故障、软件错误或系统断电等情况。系统故障影响正在运行的所有事务，但不会破坏数据库，这时内存数据库缓冲区中的内容都会丢失，所有运行事务都会非正常终止。

系统故障可能导致事务出现两种情况。

（1）尚未完成的事务。发生系统故障时，一些尚未完成的事务结果可能已写入物理数据库，从而造成数据库可能处于不正确的状态。

（2）已提交的事务。发生系统故障时，有些已完成事务更改的数据可能有一部分甚至全部留在了内存缓冲区，尚未写回磁盘中的物理数据库，系统故障使这些事务对数据库的修改部分或全部丢失，这也会使数据库处于不一致状态。

系统重新启动时，具体处理分为以下两种。

（1）对未完成事务进行 UNDO 处理。

（2）对已提交事务但更新还留在内存缓冲区的事务进行 REDO 处理。

3．介质故障

系统故障常称为软故障，介质故障称为硬故障。硬故障指外存故障，如磁盘损坏、磁头碰撞、瞬时强磁场干扰等。发生介质故障时，磁盘中的物理数据库会遭到毁灭性破坏。

介质故障恢复的方法有以下两种。

（1）重新将转储的后备副本装入新的磁盘，使数据库恢复到转储时的状态。

（2）从日志中找出转储后所有已提交的事务，对这些已提交的事务进行 REDO 处理，将数据库恢复到故障前某一时刻的状态。

上述各类故障都可以采用各种技术与机制来恢复，也存在难以恢复的故障，如地震、火灾、爆炸等自然灾害造成外存（包括日志、数据库、备份等）的严重毁坏。对这类灾难性故障，一般的恢复技术是难以奏效的，采用分布式或远程调用（日志、备份等）技术是较好的方法。

8.1.3 备份与恢复策略

数据库恢复的基本原理是数据冗余。建立冗余数据最常用的技术是数据备份和登记日志文件。通常在一个数据库系统中，这两种方法是一起使用的。当系统在运行过程中发生故障时，利用数据库后备副本和日志文件就可以将数据库恢复到故障前的某个一致性状态。

1．数据备份

备份是为了支持磁盘本身发生故障等情况下的数据库恢复。备份转储是一个很长的过程，备份时需要考虑两个方面：一是怎样复制数据库，二是在什么情况下进行备份转储。

对于怎样复制数据库的问题，可以采用海量转储和增量转储两种策略。

（1）海量转储。每次复制整个数据库。

（2）增量转储。每次只转储上次转储后被更改的数据。上次转储以后对数据库的更新修改情况记录在日志文件中，利用日志文件，将更新过的那些数据重新写入上次转储的文件，就完成了转储操作，这与转储整个数据库的效果是一样的，但花费的时间要少很多。

对于在什么情况下进行备份转储的问题，可以采用静态转储和动态转储两种策略。

（1）静态转储是指在系统中无运行事务时进行的转储操作。

静态转储期间不允许有任何数据存取活动，因而必须在当前所有用户的事务结束之后进行，新用户事务又必须在转储结束之后才能进行。显然静态转储得到的一定是一个数据一致的副本，但它降低了数据库的可用性。

（2）动态转储是指转储期间允许对数据库进行存取或更改的转储操作。

动态转储可以弥补静态转储的不足，它无须等待正在运行的用户事务结束，也不会影响新事务的运行。但是，转储结束时并不能保证后备副本上的数据正确有效。例如，在转储期间的某个时刻，系统将数据 X=100 转储到磁盘上，而在下一时刻，某一事务又将 X 改为 200。转储结束后，后备副本上的 X 已是过时的数据了。

为此必须把转储期间各事务对数据库的修改活动记录在日志文件中，这样后备副本加上日志文件就能将数据库恢复到某一时刻的正确状态。

2．登记日志文件

在系统运行时，数据库与事务都在不断变化，为了在发生故障后能够使系统恢复到正常状态，必须在系统正常运行期间随时记录它们的变化情况，以便提供恢复所需的信息。这种历史记录称为“日志”。

为了保证数据库的可恢复性，登记日志文件时必须遵循以下两条原则。

（1）事务登记的顺序必须严格按照并发事务执行的时间顺序。

（2）必须先写日志文件，后写数据库。

如果先将修改写入了数据库，而在日志文件中没有登记这个修改，以后就无法恢复这个修改了。如果先写日志文件，但没有修改数据库，在进行恢复时，只要执行 UNDO 或 REDO 操作就可以了，并不会影响数据库的正确性。

所以为了安全，一定要先写日志文件，再将修改写入数据库，这就是“先写日志文件”原则。

8.1.4　具有检查点的恢复技术

当发生系统故障时，首先必须查阅日志，确定哪些事务要重做（REDO）、哪些事务要撤销（UNDO）。问题是如何查阅日志，又从哪里查起呢？一种选择是从头查起，这显然是不明智的。因为搜索整个日志将耗费大量的时间，并且很多需要重做（REDO）处理的事务实际上它们的更新操作结果已被数据库了，然而恢复子系统又重新执行了这些操作，浪费了大量的时间。为了解决这些问题，引入检查点机制，这种检查点机制大大减少了数据库恢复的时间，如图 8-1 所示。

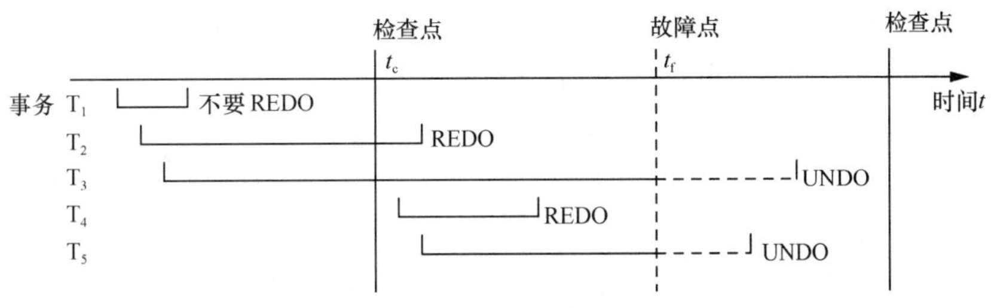

图 8-1　检查点机制

设数据库系统运行时，在 t_c 时刻产生了一个检查点，而在下一个检查点来临之前的 t_f 时刻系统发生了故障。假设此阶段运行的事务共有 5 个，即 T_1~T_5。

（1）事务 T_1 不必恢复。因为数据的更新已经在检查点 t_c 前写入数据库。

（2）事务 T_2 和事务 T_4 必须重做（REDO）。因为它们结束在下一个检查点之前，它们对数据库的修改仍然存在内存缓冲区中，还未写入磁盘。

（3）事务 T_3 和事务 T_5 必须撤销（UNDO）。因为它们还未做完，必须撤销事务对数据库已做的修改。

8.2　MySQL 数据备份与恢复

MySQL 数据备份与恢复

数据备份是数据库管理员非常重要的工作之一。硬件的损坏、用户的错误操作、服务器的彻底崩溃和自然灾害等都可能导致数据丢失，因此 MySQL 管理员应该定期备份数据库，确保意外情况发生时，管理员可以通过已备份的文件将数据库还原到备份时的状态，尽可能减少损失。

8.2.1　使用 mysqldump 命令备份数据

mysqldump 是 MySQL 提供的一个非常有用的数据库备份工具命令。执行 mysqldump 命令时，可以将数据库备份为一个文本文件，该文件实际包含了多个 CREATE TABLE 和 INSERT 语句，使用这些语句可以重新创建表并插入数据。

1．备份单个数据库

使用 mysqldump 命令备份数据库或表，命令形式如下。

```
mysqldump -u 用户名 -h 主机名 -p 数据库名 >备份文件名.sql
```

【例 8-1】使用 mysqldump 命令备份数据库 fruitsales，存于 D:\sqls 文件夹下，文件名为 fruitsales.sql（注意：要保证 D 盘下已经创建了 sqls 文件夹）。

在“命令提示符”窗口执行如下命令。

```
mysqldump -u root -h localhost -p fruitsales>d:\sqls\fruitsales.sql
```

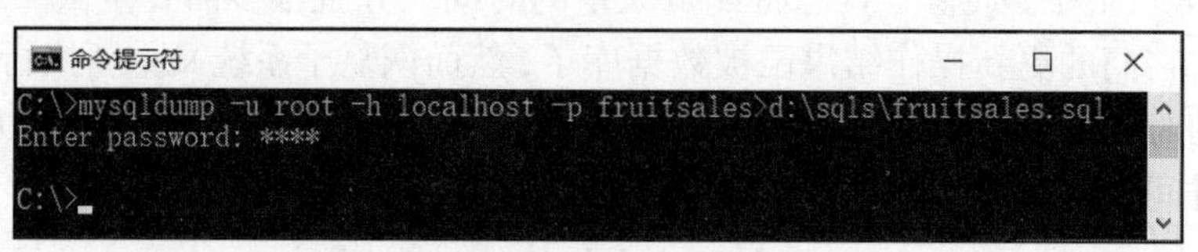

输入密码后，MySQL 会对数据库进行备份，在 D:\sqls 文件夹下使用文本编辑器打开备份文件 fruitsales.sql，可看到图 8-2 所示的文件内容。

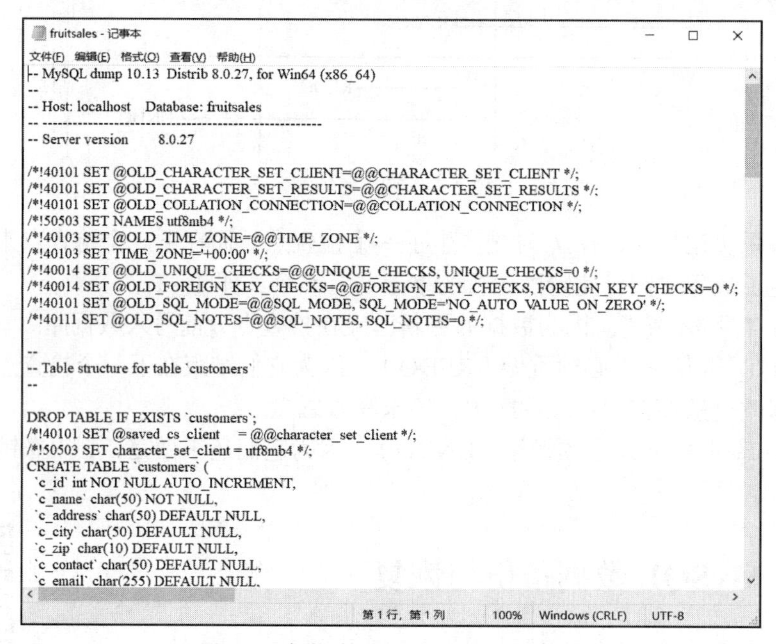

图 8-2　备份的 fruitsales.sql 文件内容

备份文件开头首先表明了备份文件使用的 MySQL，dump 工具的版本号，其次是备份账户的主机名及备份的数据库名称，最后是 MySQL 服务器的版本号，这里为 8.0.27。

备份文件中的“--”字符开头的行为注释语句，以“/*!”开头、“*/”结尾的语句为可执行的 MySQL 注释，这些语句可以被 MySQL 执行，但在其他数据库管理系统中将被作为注释忽略，这可以提高数据库的可移植性。

备份文件中一些语句以数字开头，这些数字代表 MySQL 的版本号，这些数字表明这些语句只有在指定的 MySQL 版本或者比该版本高的情况下才能被执行。例如 40101，表明这些语句只能在 MySQL 4.01.01 或者更高的版本中才能被执行。

备份文件中的 SET 语句将一些系统变量值赋给用户定义的变量，以确保被恢复数据库的系统变量与备份时的变量相同。

```
/*!40101 SET @OLD_CHARACTER_SET_CLIENT=@@CHARACTER_SET_CLIENT */;
```

该 SET 语句将当前系统变量 CHARACTER_SET_CLIENT 的值赋给用户定义的变量

@OLD_CHARACTER_SET_CLIENT。其他变量与此类似。

在备份文件的最后几行，MySQL 使用 SET 语句恢复服务器系统变量原来的值。

```
/*!40101 SET CHARACTER_SET_CLIENT=@OLD_CHARACTER_SET_CLIENT */;
```

该语句将用户定义的变量@OLD_CHARACTER_SET_CLIENT 中保存的值赋给实际的系统变量 CHARACTER_SET_CLIENT。

备份文件中的 DROP 语句、CREATE 语句和 INSERT 语句都是数据恢复时使用的。

2．备份数据库中的某个或某些表

使用 mysqldump 命令备份数据库中指定的某个或某些表，命令形式如下。

```
mysqldump -u 用户名 -h 主机名 -p 数据库名 表名 [表名……]>备份文件名.sql
```

【例 8-2】使用 mysqldump 命令备份数据库 fruitsales 中的 fruits 表、suppliers 表，存于 D:\sqls 文件夹下，文件名为 table_f_s.sql。

在“命令提示符”窗口执行如下命令。

```
mysqldump -u root -h localhost -p fruitsales fruits suppliers>d:\sqls\table_f_s.sql
```

3．备份多个数据库

使用 mysqldump 命令备份多个数据库，需要使用--databases 参数，命令形式如下。

```
mysqldump -u 用户名 -h 主机名 -p --databases 数据库名[数据库名……]>备份文件名.sql
```

【例 8-3】使用 mysqldump 命令备份数据库 fruitsales 和系统样例数据库 world，存于 D:\sqls 文件夹下，文件名为 db_f_w.sql。

在“命令提示符”窗口执行如下命令。

```
mysqldump -u root -h localhost -p --databases fruitsales world>d:\sqls\db_f_w.sql
```

4．备份所有数据库

使用 mysqldump 命令备份所有数据库，需要使用--all-databases 参数，命令形式如下。

```
mysqldump -u 用户名 -h 主机名 -p --all-databases >备份文件名.sql
```

【例 8-4】使用 mysqldump 命令备份所有数据库，存于 D:\sqls 文件夹下，文件名为 db_all.sql。

在“命令提示符”窗口执行如下命令。

```
mysqldump -u root -h localhost -p --all-databases>d:\sqls\db_all.sql
```

8.2.2 使用 mysql 命令恢复数据

使用 mysqldump 命令可以将数据库中的数据备份为一个扩展名为.sql 的文本文件。若要恢复数据，可以使用 mysql 命令。mysql 命令可以执行备份文件中的 CREATE 语句和 INSERT 语句。通过 CREATE 语句创建数据库和表，通过 INSERT 语句插入备份的数据。

使用 mysql 命令恢复数据，命令形式如下。

```
mysql -u 用户名 -p [数据库名] < 备份文件名.sql
```

【例 8-5】使用 mysql 命令将 table_f_s.sql 文件中备份的两个表 fruits 和 suppliers 恢复到数据库 fruitsales 中。

（1）数据库 fruitsales 中已经存在表 fruits 和 suppliers，使用 SQL 语句先将其删除，以便后面查看恢复后的效果。

```
USE fruitsales;
DROP TABLE fruits,suppliers;
```

（2）在“命令提示符”窗口中执行如下命令，将表 fruits 和 suppliers 恢复到数据库 fruitsales 中。

```
mysql -u root -p fruitsales<d:\sqls\table_f_s.sql
```

【注意】在此示例中，必须确保 MySQL 服务器中已经存在命令中的数据库，如果数据库不存在，必须先创建相应的数据库，否则在数据恢复过程中会出错。

【例 8-6】使用 mysql 命令将 db_f_w.sql 文件中备份的数据库 fruitsales 和 world 恢复到 MySQL 服务器上。

（1）MySQL 服务器上已经存在数据库 fruitsales 和 world，使用 SQL 语句先将其删除，以便后面查看恢复后的效果。

```
DROP DATABASE fruitsales;
DROP DATABASE world;
```

（2）在“命令提示符”窗口中执行如下命令，恢复数据库 fruitsales 和 world。

```
mysql -u root -p <d:\sqls\db_f_w.sql
```

8.3 表数据的导出与导入

表数据的导出与导入

有些情况下，需要将 MySQL 数据库中的数据导出到外部存储文件中，MySQL 数据库中的数据可以导出为 SQL 文本文件、XML 文件或者 HTML 文件。同样这些导出的文件也可再次导入 MySQL 数据库。在日常维护中，经常需要进行表的导出和导入操作。

8.3.1 使用 SELECT…INTO OUTFILE 语句导出表数据

在 MySQL 中，可以使用 SELECT … INTO OUTFILE 语句将一个数据库中满足条件的记录导出到指定格式的文本文件中，该文本文件使用特殊符号分隔多个字段值。

使用 SELECT … INTO OUTFILE 语句导出表数据的语法格式如下。

```
SELECT 语句 INTO OUTFILE '文本文件名.txt'
[FIELDS [TERMINATED BY '字符']
        [[OPTIONALLY] ENCLOSED BY '字符']
        [ESCAPED BY '字符']
]
[LINES  [STARTING BY '字符串']
        [TERMINATED BY '字符串']
];
```

【说明】

① FIELDS 子句后的 TERMINATED BY '字符'：设置字段之间的分隔字符，可以为单个或多个字符，默认为制表符'\t'。

② [OPTIONALLY] ENCLOSED BY '字符'：设置字段的包围字符，只能为单个字符。如果使用 OPTIONALLY 选项，只在 CHAR 和 VARCAHR 等字符串类型的字段值两边添加字段包围符。

③ ESCAPED BY '字符'：设置如何写入或读取特殊字符，只能为单个字符，即设置转

义字符，默认值为'\'。

④ STARTING BY '字符串'：设置每行开头的字符，可以为单个或多个字符，默认情况下不使用任何字符。

⑤ LINE 子句后的 TERMINATED BY '字符串'：设置每行的结束符，可以为单个或多个字符，默认值为'\n'。

【注意】

① FIELDS 和 LINES 两个子句都是可选的，如果两个都被指定了，FIELDS 就必须位于 LINES 前面。

② 由于 MySQL 默认对导出的目录有权限限制，在使用 SELECT …INTO OUTFILE 语句进行导出时，导出的文本文件路径需要指定为 MySQL 的 secure_file_priv 参数所指定的位置，可以通过以下语句获取该路径。查询语句及编者系统返回结果如下。

```
SELECT @@secure_file_priv;
```

@@secure_file_priv
C:\ProgramData\MySQL\MySQL Server 8.0\Uploads\

【例 8-7】使用 SELECT …INTO OUTFILE 语句备份 fruitsales 数据库中的 customers 表的数据。要求字段之间用“|”隔开，字符型数据用双引号引起来。语句如下。

```
USE fruitsales;

SELECT * FROM customers INTO OUTFILE
 'C:/ProgramData/MySQL/MySQL Server 8.0/Uploads/customers.txt'
 FIELDS TERMINATED BY '|' OPTIONALLY ENCLOSED BY '"'
 LINES  TERMINATED BY '\r\n';
```

用文本编辑器打开 customers.txt，可以看到图 8-3 所示的文件内容。

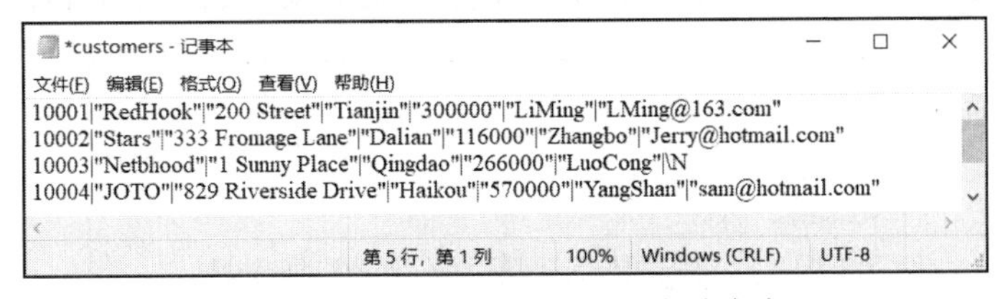

```
10001|"RedHook"|"200 Street"|"Tianjin"|"300000"|"LiMing"|"LMing@163.com"
10002|"Stars"|"333 Fromage Lane"|"Dalian"|"116000"|"Zhangbo"|"Jerry@hotmail.com"
10003|"Netbhood"|"1 Sunny Place"|"Qingdao"|"266000"|"LuoCong"|\N
10004|"JOTO"|"829 Riverside Drive"|"Haikou"|"570000"|"YangShan"|"sam@hotmail.com"
```

图 8-3　导出的 customers.txt 文件内容

【例 8-8】使用 SELECT …INTO OUTFILE 语句备份 fruitsales 数据库中的 suppliers 表的数据。要求每行记录以字符串“>”开头、以字符串“<end>”结尾。语句如下。

```
SELECT * FROM suppliers INTO OUTFILE
 'C:/ProgramData/MySQL/MySQL Server 8.0/Uploads/suppliers.txt'
 LINES  STARTING BY '>' TERMINATED BY '<end>\r\n';
```

用文本编辑器打开 suppliers.txt，可以看到图 8-4 所示的文件内容。

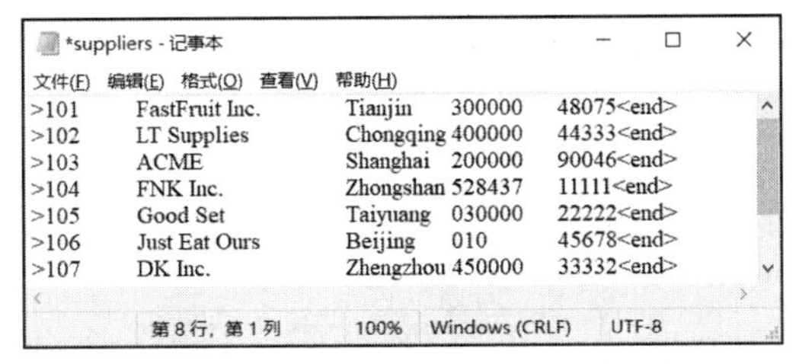

```
>101	FastFruit Inc.	Tianjin	300000	48075<end>
>102	LT Supplies	Chongqing	400000	44333<end>
>103	ACME	Shanghai	200000	90046<end>
>104	FNK Inc.	Zhongshan	528437	11111<end>
>105	Good Set	Taiyuang	030000	22222<end>
>106	Just Eat Ours	Beijing	010	45678<end>
>107	DK Inc.	Zhengzhou	450000	33332<end>
```

图 8-4　导出的 suppliers.txt 文件内容

8.3.2 使用 mysqldump 命令导出表数据

除了可以使用 SELECT …INTO OUTFILE 语句导出文本文件外，还可以使用 mysqldump 命令。mysqldump 命令不仅可以备份数据库，将数据导出为包含 CREATE、INSERT 的 SQL 文件，还可以将表数据导出为纯文本文件。

使用 mysqldump 命令导出表数据的语法格式如下。

```
mysqldump -u root -p -T "目标路径" 数据库名 [表名 表名……]
  [--fields-terminated-by=字符]
  [--fields-enclose-by=字符]
  [--fields-optionally-enclosed-by=字符]
  [--fields-escaped-by=字符]
  [--lines-terminated-by=字符串]
```

【说明】

① 只有指定-T 参数，才能导出为纯文本文件。

② 导出生成的文件有两个，一个是包含创建表 CREATE TABLE 语句的“表名.sql”文件，另一个是包含数据的“表名.txt”文件。

③ 目标路径必须是 MySQL 的 secure_file_priv 参数所指定的位置。

④ 各选项功能对应 SELECT …INTO OUTFILE 语句中的各对应项功能。

【例 8-9】使用 mysqldump 命令将 fruitsales 数据库 fruits 表中的记录导出为文本文件。在“命令提示符”窗口执行如下命令。

```
mysqldump -u root -p -T "C:\ProgramData\MySQL\MySQL Server 8.0\Uploads" fruitsales
fruits --lines-terminated-by=\r\n
```

命令执行完后，可以在 C:\ProgramData\MySQL\MySQL Server 8.0\Uploads 下看到一个名为 fruits.sql 的文件和一个名为 fruits.txt 的文件。fruits.sql 文件内容如图 8-5 所示。

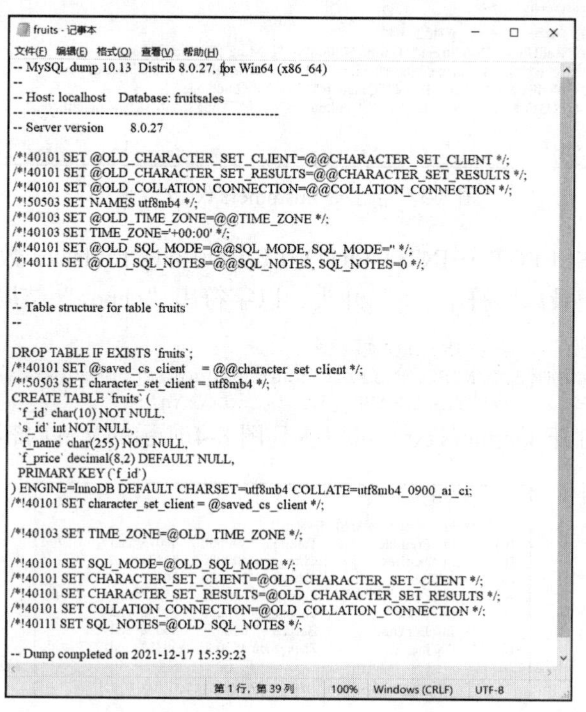

```
-- MySQL dump 10.13  Distrib 8.0.27, for Win64 (x86_64)
--
-- Host: localhost    Database: fruitsales
-- ------------------------------------------------------
-- Server version	8.0.27

/*!40101 SET @OLD_CHARACTER_SET_CLIENT=@@CHARACTER_SET_CLIENT */;
/*!40101 SET @OLD_CHARACTER_SET_RESULTS=@@CHARACTER_SET_RESULTS */;
/*!40101 SET @OLD_COLLATION_CONNECTION=@@COLLATION_CONNECTION */;
/*!50503 SET NAMES utf8mb4 */;
/*!40103 SET @OLD_TIME_ZONE=@@TIME_ZONE */;
/*!40103 SET TIME_ZONE='+00:00' */;
/*!40101 SET @OLD_SQL_MODE=@@SQL_MODE, SQL_MODE='' */;
/*!40111 SET @OLD_SQL_NOTES=@@SQL_NOTES, SQL_NOTES=0 */;

--
-- Table structure for table `fruits`
--

DROP TABLE IF EXISTS `fruits`;
/*!40101 SET @saved_cs_client     = @@character_set_client */;
/*!50503 SET character_set_client = utf8mb4 */;
CREATE TABLE `fruits` (
  `f_id` char(10) NOT NULL,
  `s_id` int NOT NULL,
  `f_name` char(255) NOT NULL,
  `f_price` decimal(8,2) DEFAULT NULL,
  PRIMARY KEY (`f_id`)
) ENGINE=InnoDB DEFAULT CHARSET=utf8mb4 COLLATE=utf8mb4_0900_ai_ci;
/*!40101 SET character_set_client = @saved_cs_client */;

/*!40103 SET TIME_ZONE=@OLD_TIME_ZONE */;

/*!40101 SET SQL_MODE=@OLD_SQL_MODE */;
/*!40101 SET CHARACTER_SET_CLIENT=@OLD_CHARACTER_SET_CLIENT */;
/*!40101 SET CHARACTER_SET_RESULTS=@OLD_CHARACTER_SET_RESULTS */;
/*!40101 SET COLLATION_CONNECTION=@OLD_COLLATION_CONNECTION */;
/*!40111 SET SQL_NOTES=@OLD_SQL_NOTES */;

-- Dump completed on 2021-12-17 15:39:23
```

图 8-5 用 mysqldump 命令导出的 fruits.sql 文件内容

用 mysqldump 命令导出的 fruits.txt 文件内容如图 8-6 所示。

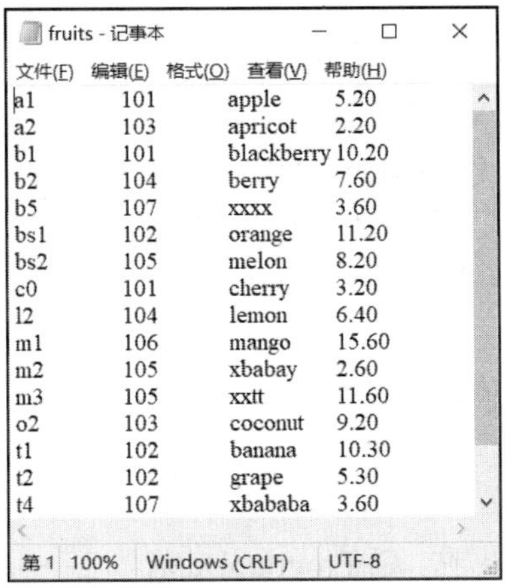

fruits - 记事本

文件(F) 编辑(E) 格式(O) 查看(V) 帮助(H)

```
a1	101	apple	5.20
a2	103	apricot	2.20
b1	101	blackberry	10.20
b2	104	berry	7.60
b5	107	xxxx	3.60
bs1	102	orange	11.20
bs2	105	melon	8.20
c0	101	cherry	3.20
l2	104	lemon	6.40
m1	106	mango	15.60
m2	105	xbabay	2.60
m3	105	xxtt	11.60
o2	103	coconut	9.20
t1	102	banana	10.30
t2	102	grape	5.30
t4	107	xbababa	3.60
```

第 1 100% Windows (CRLF) UTF-8

图 8-6 用 mysqldump 命令导出的 fruits.txt 文件内容

【例 8-10】使用 mysqldump 命令将 fruitsales 数据库 orders 表和 orderitems 表中的记录导出为文本文件。要求字段之间用逗号“，”隔开，所有字符型字段值用双引号引起来，每行记录以回车换行符“\r\n”结尾。

在“命令提示符”窗口执行如下命令。

```
mysqldump -u root -p -T "C:\ProgramData\MySQL\MySQL Server 8.0\Uploads" fruitsales
orders orderitems --fields-terminated-by=, --fields-optionally-enclosed-by=\"
--lines-terminated-by=\r\n
```

命令执行完后，可以在 C:\ProgramData\MySQL\MySQL Server 8.0\Uploads 下看到名为 orders.sql、orderitems.sql 的文件和名为 orders.txt、orderitems.txt 的文件。

8.3.3 使用 mysql 命令导出表数据

mysql 是一个功能丰富的工具命令，使用 mysql 还可以在命令模式下执行 SQL 指令，将查询结果导入一个文本文件。相比 mysqldump，mysql 导出的结果可读性更强。

使用 mysql 命令导出表数据的语法格式如下。

```
mysql -u root -p --execute="SELECT 语句" 数据库名 > "文件名.txt"
```

【说明】

① --execute 选项表示执行该选项后的语句并退出，后面的 SELECT 语句必须用双引号引起来。

② 数据库名为要导出数据的表所在的数据库名称。

③ 导出的文件中不同列之间使用制表符分隔，第一行包含各个字段的名称。

【例 8-11】使用 mysql 命令将 fruitsales 数据库 orders 表中的记录导出到文本文件 orders_1.txt 中。

在“命令提示符”窗口执行如下命令。

```
mysql -u root -p --execute="SELECT * FROM orders" fruitsales >
C:\ProgramData\MySQL\MySQL Server 8.0\Uploads\orders_1.txt"
```

命令执行完后，可以在 C:\ProgramData\MySQL\MySQL Server 8.0\Uploads 下看到一个

名为 orders_1.txt 的文件。orders_1.txt 文件内容如图 8-7 所示。

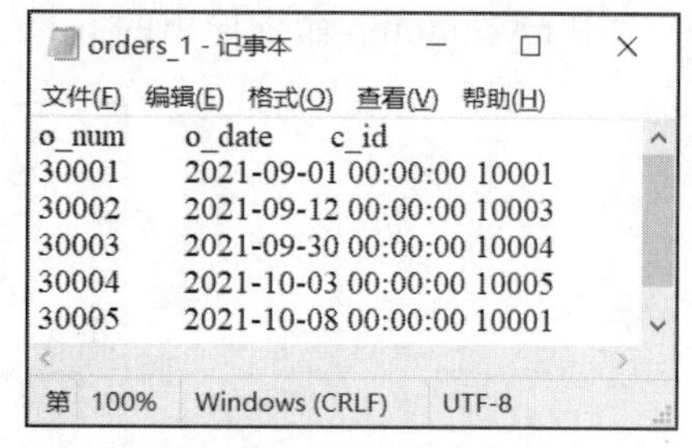


```
o_num	o_date	c_id
30001	2021-09-01 00:00:00	10001
30002	2021-09-12 00:00:00	10003
30003	2021-09-30 00:00:00	10004
30004	2021-10-03 00:00:00	10005
30005	2021-10-08 00:00:00	10001
```

图 8-7 用 mysql 命令导出的 orders_1.txt 文件内容

使用 mysql 命令还可以指定导出数据的文件类型，使用--html 参数可以指定文件类型为 HTML 文件，使用--xml 参数可以指定文件类型为 XML 文件。

【例 8-12】使用 mysql 命令将 fruitsales 数据库 orders 表中的记录导出到 HTML 文件 orders_2.html 中。

在“命令提示符”窗口执行如下命令。

```
mysql -u root -p --html --execute="SELECT * FROM orders" fruitsales >
"C:\ProgramData\MySQL\MySQL Server 8.0\Uploads\orders_2.html"
```

命令执行完后，可以在 C:\ProgramData\MySQL\MySQL Server 8.0\Uploads 下看到一个名为 orders_2.html 的文件。orders_2.html 文件内容如图 8-8 所示。

o_num	o_date	c_id
30001	2021-09-01 00:00:00	10001
30002	2021-09-12 00:00:00	10003
30003	2021-09-30 00:00:00	10004
30004	2021-10-03 00:00:00	10005
30005	2021-10-08 00:00:00	10001

图 8-8 用 mysql 命令导出的 orders_2.html 文件内容

【例 8-13】使用 mysql 命令将 fruitsales 数据库 orders 表中的记录导出到 XML 文件 orders_3.xml 中。

在“命令提示符”窗口执行如下命令。

```
mysql -u root -p --xml --execute="SELECT * FROM
orders" fruitsales >
"C:\ProgramData\MySQL\MySQL Server 8.0\Uploads\orders_3.xml"
```

命令执行完后，可以在 C:\ProgramData\MySQL\MySQL Server 8.0\Uploads 下看到一个名为 orders_3.xml 的文件。orders_3.xml 文件内容如图 8-9 所示。

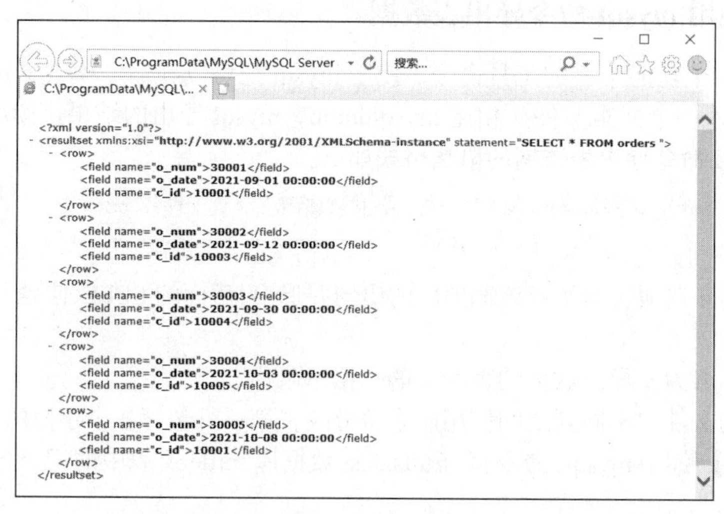

```
<?xml version="1.0"?>
- <resultset xmlns:xsi="http://www.w3.org/2001/XMLSchema-instance" statement="SELECT * FROM orders ">
  - <row>
      <field name="o_num">30001</field>
      <field name="o_date">2021-09-01 00:00:00</field>
      <field name="c_id">10001</field>
    </row>
  - <row>
      <field name="o_num">30002</field>
      <field name="o_date">2021-09-12 00:00:00</field>
      <field name="c_id">10003</field>
    </row>
  - <row>
      <field name="o_num">30003</field>
      <field name="o_date">2021-09-30 00:00:00</field>
      <field name="c_id">10004</field>
    </row>
  - <row>
      <field name="o_num">30004</field>
      <field name="o_date">2021-10-03 00:00:00</field>
      <field name="c_id">10005</field>
    </row>
  - <row>
      <field name="o_num">30005</field>
      <field name="o_date">2021-10-08 00:00:00</field>
      <field name="c_id">10001</field>
    </row>
</resultset>
```

图 8-9 用 mysql 命令导出的 orders_3.xml 文件内容

8.3.4 使用 LOAD DATA INFILE 语句导入表数据

MySQL 允许将数据导出到外部文件，也可以从外部文件导入数据。MySQL 提供了导入数据的工具，常用工具有 LOAD DATA INFICE 的 SQL 语句和 mysqlimport 命令。

LOAD DATA INFILE 语句能够快速地从一个指定格式的文本文件中读取数据到一个数据库表中，它是 SELECT …INTO OUTFILE 语句的反操作。其语法格式如下。

```
LOAD DATA INFILE '文本文件' INTO TABLE 表名
[FIELDS [TERMINATED BY '字符']
        [[OPTIONALLY] ENCLOSED BY '字符']
        [ESCAPED BY '字符']
]
[LINES  [STARTING BY '字符串']
        [TERMINATED BY '字符串']
]
[IGNORE n LINES];
```

【说明】

① FIELDS 和 LINES 选项的功能与 SELECT …INTO OUTFILE 语句选项的功能相同。

② IGNORE n LINES 表示忽略文本文件中的前 *n* 条记录。

③ 使用 SELECT …INTO OUTFILE 语句将数据从一个数据库表导出到一个文本文件，再使用 LOAD DATA INFILE 语句从文本文件中将数据导入数据库表，两个语句的选项参数必须匹配，否则 LOAD DATA INFILE 语句无法解析文本文件的内容。

【例 8-14】使用 LOAD DATA INFILE 语句将例 8-7 中 customers.txt 文件中的数据导入 fruitsales 数据库的 customers 表。

（1）将 customers 表中的数据全部删除。语句及查询结果如下。

```
USE fruitsales;
SET SQL_SAFE_UPDATES=0;
DELETE FROM customers;
SELECT * FROM customers;
```

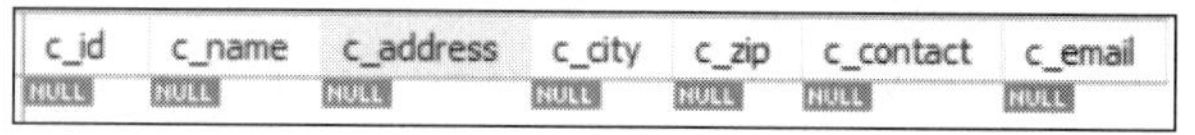

c_id	c_name	c_address	c_city	c_zip	c_contact	c_email
NULL	NULL	NULL	NULL	NULL	NULL	NULL

（2）从 customers.txt 文件恢复数据。语句及查询结果如下。

```
LOAD DATA INFILE 'C:/ProgramData/MySQL/MySQL Server 8.0/Uploads/customers.txt'
 INTO TABLE fruitsales.customers
 FIELDS TERMINATED BY '|'  OPTIONALLY ENCLOSED BY '"'
 LINES  TERMINATED BY '\r\n';

SELECT * FROM customers;
```

c_id	c_name	c_address	c_city	c_zip	c_contact	c_email
10001	RedHook	200 Street	Tianjin	300000	LiMing	LMing@163.com
10002	Stars	333 Fromage Lane	Dalian	116000	Zhangbo	Jerry@hotmail.com
10003	Netbhood	1 Sunny Place	Qingdao	266000	LuoCong	NULL
10004	JOTO	829 Riverside Drive	Haikou	570000	YangShan	sam@hotmail.com

8.3.5 使用 mysqlimport 命令导入表数据

mysqlimport 命令可以将指定格式的文本文件数据导入某个数据库的数据表中，mysqlimport 的功能实际上是通过调用 LOAD DATA INFILE 语句实现的。其语法格式如下。

```
mysqlimport -u root -p 数据库名 "文本文件名.txt"
  [--fields-terminated-by=字符]
  [--fields-enclose-by=字符]
  [--fields-optionally-enclosed-by=字符]
  [--fields-escaped-by=字符]
```

```
[--lines-terminated-by=字符串]
[--ignore-lines=n]
```

【说明】

① 各选项功能对应 LOAD DATA INFILE 语句中的各对应项功能。

② --ignore-lines=n 表示忽略文本文件的前 *n* 行。

【例 8-15】使用 mysqlimport 命令将例 8-9 中 fruits.txt 文件中的数据导入 fruitsales 数据库的 fruits 表。

（1）将 fruits 表中的数据全部删除。

```
USE fruitsales;
DELETE FROM fruits;
```

（2）从 fruits.txt 文件恢复数据。

在"命令提示符"窗口执行如下命令。

```
mysqlimport -u root -p fruitsales "C:\ProgramData\MySQL\MySQL Server
8.0\Uploads\fruits.txt" --lines-terminated-by=\r\n
```

8.4 数据库迁移**

数据库迁移

数据库迁移是指将数据库从一个系统迁移到另一个系统。数据库迁移的原因有多种，可能是计算机系统升级，也有可能是部署新的开发系统、MySQL 版本更新或者数据库管理系统的变更（如从 Oracle 迁移到 MySQL）。

8.4.1 相同版本的 MySQL 数据库之间的迁移

相同版本的MySQL数据库之间的迁移是指在主版本号相同的MySQL数据库之间进行数据库移动。这种迁移方式最容易实现，迁移的过程其实就是源数据库备份和目标数据库恢复过程的组合。

相同版本的 MySQL 数据库之间进行数据库迁移的原因很多，通常的原因是换了新机器，安装了新的操作系统，或者部署了新环境。因为迁移前后 MySQL 数据库的主版本号相同，对于 InnoDB 存储引擎的表，最常见和最安全的方式是使用 mysqldump 命令导出数据，然后在目标数据库服务器中使用 mysql 命令导入。

【例 8-16】使用 root 用户，从一个名为 host1 的机器中备份所有数据库，然后将这些数据库迁移到名为 host2 的机器上。语句如下。

```
mysqldump -h host1 -u root -p --all-databases | mysql -h host2 -u root -p
```

mysqldump 命令导出的数据直接通过管道符"|"传给 mysql 命令以导入主机 host2，--all-databases 表示要迁移所有的数据库。通过这种方式可以直接实现迁移。

8.4.2 不同版本的 MySQL 数据库之间的迁移

因为数据库升级，需要将旧版本 MySQL 数据库中的数据迁移到新版本的数据库中。例如，原来很多服务器使用 5.7 版本的 MySQL 数据库，8.0 版本改进了 5.7 版本的很多缺陷，因此需要把数据库升级到 8.0 版本。这就需要在不同版本的 MySQL 数据库之间进行数据迁移。

旧版本与新版本的 MySQL 可能使用不同的默认字符集，例如 MySQL 8.0 之前，默认字符集为 latin1，而 MySQL 8.0 默认字符集为 utf8mb4。如果数据库中有中文数据，迁移过程中就需要对默认字符集进行修改，不然迁移后数据可能无法正常显示。

新版本对旧版本有一定的兼容性。从旧版本的 MySQL 向新版本的 MySQL 迁移时，对于 InnoDB 存储引擎的表，最常用的方法是通过 mysqldump 命令进行备份，然后通过 mysql 命令将备份文件导入目标 MySQL 数据库。

8.4.3 不同数据库之间的迁移

不同数据库之间的迁移是指从其他类型的数据库迁移到 MySQL 数据库，或者从 MySQL 数据库迁移到其他类型的数据库。例如，某个平台原来使用 MySQL 数据库，后来因为某种特殊性能需要，希望改用 Oracle 数据库；又或者，某个平台原来使用 Oracle 数据库，想节省成本，希望改用 MySQL 数据库。这种不同数据库之间的迁移常会发生，但这种迁移没有普适的解决方法。

迁移之前，需要了解不同数据库的架构，比较它们之间的差异。不同数据库中定义相同类型数据的关键字可能不同。例如，MySQL 中日期字段分为 DATE 和 TIME 两种，而 Oracle 日期字段只有 DATE；SQL Server 数据库中有 ntext、image 等数据类型，MySQL 数据库则没有这些数据类型；MySQL 支持 ENUM 和 SET 类型，而 SQL Server 数据库不支持。另外，数据库厂商并没有完全按照 SQL 的标准来设计数据库系统，导致不同数据库系统的 SQL 语句有差别。例如，微软的 SQL Server 使用的是 T-SQL 语句，T-SQL 中包含了非标准的 SQL 语句，不能与 MySQL 的 SQL 语句兼容。

不同类型数据库之间的差异造成了互相迁移的困难，这些差异其实是商业公司故意造成的技术壁垒。但是不同类型数据库之间的迁移并不是完全不可能。例如，在 Windows 系统下，可以使用 MyODBC 实现 MySQL 与 SQL Server 之间的迁移。MySQL 官方提供的工具 MySQL Migration Toolkit 也可以实现不同数据库之间的数据迁移。将 MySQL 迁移到 Oracle 时，需要使用 mysqldump 命令导出 SQL 文件，然后手动更改 SQL 文件中的 CREATE 语句。

8.5 MySQL 的日志管理**

MySQL 的日志管理

日志是数据库的重要组成部分，日志文件中记录着 MySQL 数据库的日常操作和错误信息。MySQL 中常用的 4 种日志包括二进制日志、错误日志、通用查询日志和慢查询日志。MySQL 8.0 又新增了 2 种日志：中继日志和数据定义语句日志。分析这些日志，可以查询到 MySQL 数据库的运行情况、日常操作、错误信息等，可以为 MySQL 的管理和优化提供必要的信息。对于 MySQL 的管理工作而言，这些日志文件是必不可少的。

8.5.1 MySQL 日志

MySQL 日志是记录 MySQL 数据库的日常操作和错误信息的文件。例如，当用户登录到 MySQL 服务器时，日志中就会记录该用户的登录时间、执行的操作等。再如，MySQL 服务在某个时刻出现异常，异常信息会被记录到日志文件中。当数据库遭到意外损坏时，可以通过日志文件查询原因，并且可以通过日志文件进行数据恢复。

目前 MySQL 日志主要分为 6 类，使用这些日志文件可以查看 MySQL 内部的运行情况。

（1）二进制日志：以二进制文件的形式记录所有更改数据的操作语句，可以用于数据恢复。

（2）错误日志：记录 MySQL 服务器启动、运行或停止 MySQL 服务时出现的错误信息。

（3）通用查询日志：记录建立的客户端连接和执行的语句。

（4）慢查询日志：记录所有执行时间超过 long_query_time 的查询或不使用索引的查询。

（5）中继日志：记录复制时从主服务器收到的数据变化。

（6）数据定义语句日志：记录数据定义语句执行的元数据操作。

除二进制文件外，其他日志都是文本文件。默认情况下，所有日志创建于 MySQL 数据目录中。

启动日志功能会降低 MySQL 数据库的性能。例如，在查询非常频繁的 MySQL 数据库系统中，如果开启了通用查询日志和慢查询日志，MySQL 数据库会花费很多时间记录日志。同时，日志会占用大量的磁盘空间。对于用户量大、操作频繁的数据库，日志文件需要的存储空间比数据库文件需要的存储空间还要大。

8.5.2 二进制日志管理

二进制日志也称为变更日志（Update Log），MySQL 数据库的二进制日志文件用于记录所有用户对数据的更改操作。当数据库发生意外时，可以通过此文件查看用户所做的操作，结合数据库备份技术恢复数据库。二进制日志文件开启后，所有对数据库更改操作的记录均会被记录到此文件，所以长时间开启后，日志文件会变得很大，占用大量的磁盘空间。

1．查看二进制日志开启状态

可以使用 SHOW GLOBAL 语句查看二进制日志开启状态。系统变量 log_bin 用于控制会话级别二进制日志功能的开启或关闭，默认值为 ON，表示启动记录功能。

【例 8-17】使用 SHOW GLOBAL 语句查看二进制日志设置。语句及执行结果如下。

```
SHOW GLOBAL VARIABLES LIKE '%log_bin%';
```

Variable_name	Value
log_bin	ON
log_bin_basename	C:\ProgramData\MySQL\MySQL Server 8.0\Data\LAPTOP-5DN586T7-bin
log_bin_index	C:\ProgramData\MySQL\MySQL Server 8.0\Data\LAPTOP-5DN586T7-bin.index
log_bin_trust_function_creators	OFF
log_bin_use_v1_row_events	OFF

从执行结果可知，log_bin 变量的值为 ON，说明二进制日志已经开启；生成的二进制文件和索引文件存放在 C:\ProgramData\MySQL\MySQL Server 8.0\Data 目录下。

2．查看二进制日志

MySQL 二进制日志存储了所有的变更信息，当 MySQL 创建二进制日志文件时，首先创建一个以“文件名”（由例 8-17 的执行结果可知，笔者 MySQL 服务器操作系统下的日志文件名是以 LAPTOP-5DN586T7-bin）为名称，以.index 为扩展名的文件；再创建一个以“文件名”为名称，以.000001 为扩展名的文件。MySQL 服务器重新启动一次，以.000001 为扩展名的文件就会增加一个，并且扩展名加 1 递增。

使用 SHOW BINARY LOGS 语句可以查看当前二进制日志文件的个数及其文件名。MySQL 二进制日志并不能直接查看，如果要查看日志内容，可以通过 mysqlbinlog 命令完成。

【例 8-18】使用 SHOW BINARY LOGS 语句查看二进制日志文件个数及文件名。语句及执行结果如下。

```
SHOW BINARY LOGS;
```

Log_name	File_size	Encrypted
LAPTOP-5DN586T7-bin.000010	171020	No
LAPTOP-5DN586T7-bin.000011	179	No
LAPTOP-5DN586T7-bin.000012	156	No
LAPTOP-5DN586T7-bin.000013	419230	No
LAPTOP-5DN586T7-bin.000014	179	No
LAPTOP-5DN586T7-bin.000015	156	No

【例 8-19】使用 mysqlbinlog 命令查看二进制日志内容。

在“命令提示符”窗口执行如下命令。

```
mysqlbinlog "C:\ProgramData\MySQL\MySQL Server 8.0\Data\LAPTOP-
5DN586T7-bin.000010"
```

3．使用二进制日志恢复数据库

二进制日志文件中的内容是符合 MySQL 语法格式的更新语句，当数据库遭到破坏时，数据库管理员可以借助 mysqlbinlog 命令读取二进制日志文件中指定的日志内容，从而将数据库恢复到正确状态。

使用 mysqlbinlog 命令恢复数据的语法格式如下。

```
mysqlbinlog [option] "日志文件" | mysql -u root -p
```

【说明】

① option 选项：--start-datetime 指定恢复数据库的起始时间点，--stop-datetime 指定恢复数据库的结束时间点。

② 命令理解：使用 mysqlbinlog 命令读取“日志文件”中的内容，然后使用 mysql 命令将这些内容恢复到数据库中。

【例 8-20】使用 mysqlbinlog 命令将 MySQL 数据库恢复到 2021 年 12 月 17 日 0 点时刻的状态。

在“命令提示符”窗口执行如下命令。

```
mysqlbinlog --stop-datetime="2021-12-17 00:00:00" "C:\ProgramData\MySQL\MySQL
Server 8.0\Data\LAPTOP-5DN586T7-bin.000010" | mysql -u root -p
```

命令执行成功后，数据库会根据 LAPTOP-5DN586T7-bin.000010 日志文件恢复到 2021 年 12 月 17 日 0 点时刻的状态。mysqlbinlog 命令对于意外操作非常有效，例如因操作不当误删了数据表。

【例 8-21】使用二进制日志文件实现增量恢复综合示例。

① 完全备份数据库。

使用 mysqldump 命令备份 fruitsales 数据库。在“命令提示符”窗口执行如下命令。

```
mysqldump -u root -h localhost -p fruitsales >d:\sqls\fruitsales.sql
```

查看二进制日志文件的文件名。语句及执行结果如下。

```
SHOW BINARY LOGS;
```

Log_name	File_size	Encrypted
LAPTOP-5DN586T7-bin.000010	171020	No
LAPTOP-5DN586T7-bin.000011	179	No
LAPTOP-5DN586T7-bin.000012	156	No
LAPTOP-5DN586T7-bin.000013	419230	No
LAPTOP-5DN586T7-bin.000014	179	No
LAPTOP-5DN586T7-bin.000015	49033	No
LAPTOP-5DN586T7-bin.000016	26238	No
LAPTOP-5DN586T7-bin.000017	64633	No

【注意】备份后所有对数据的更改都会保存到 LAPTOP-5DN586T7-bin.000017 这个二进制文件中。

② 在 MySQL 服务器上执行如下语句，删除 customers 表中的所有记录。

```
USE fruitsales;
SET SQL_SAFE_UPDATES=0;
DELETE FROM  customers;
```

③ 增量备份。

完全备份 fruitsales 数据库后，使用 mysqladmin 命令进行增量备份。在“命令提示符”窗口执行如下命令。

```
mysqladmin -u root -h localhost -p flush-logs
```

命令执行后会产生一个新的二进制日志文件 LAPTOP-5DN586T7-bin.000018。

LAPTOP-5DN586T7-bin.000017 中保存了之前到现在的所有更改（第②步的 DELETE 操作）。

如果之后再做增量备份，仍然执行相同的命令，增量备份的信息将被保存在 LAPTOP-5DN586T7-bin.000018 文件中。

④ 恢复 fruitsales.sql 文件的完全备份。

在“命令提示符”窗口执行如下命令。

```
mysql -u root -p fruitsales< d:\sqls\fruitsales.sql
```

在 MySQL 服务器上查看 fruitsales 数据库中 customers 表的信息。语句及执行结果如下。

```
SELECT * FROM customers;
```

c_id	c_name	c_address	c_city	c_zip	c_contact	c_email
10001	RedHook	200 Street	Tianjin	300000	LiMing	LMing@163.com
10002	Stars	333 Fromage Lane	Dalian	116000	Zhangbo	Jerry@hotmail.com
10003	Netbhood	1 Sunny Place	Qingdao	266000	LuoCong	NULL
10004	JOTO	829 Riverside Drive	Haikou	570000	YangShan	sam@hotmail.com

⑤ 恢复 LAPTOP-5DN586T7-bin.000017 的增量备份。

在“命令提示符”窗口执行如下命令。

```
mysqlbinlog "C:\ProgramData\MySQL\MySQL Server 8.0\Data\
LAPTOP-5DN586T7-bin.000017"|mysql -u root -p
```

在 MySQL 服务器上查看 fruitsales 数据库中 customers 表的信息。语句及执行结果如下。

```
SELECT * FROM customers;
```

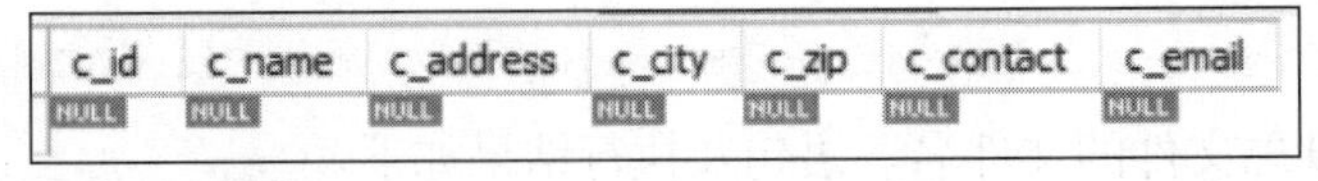

c_id	c_name	c_address	c_city	c_zip	c_contact	c_email
NULL	NULL	NULL	NULL	NULL	NULL	NULL

4．暂停二进制日志功能

如果用户不希望自己执行的某些 SQL 语句被记录在二进制日志文件中，MySQL 提供了暂时停止二进制日志功能的 SET 语句，SET 语句的语法格式如下。

```
SET SQL_LOG_BIN = 0|1;
```

【说明】0 为暂停记录二进制日志，1 为恢复记录二进制日志。

【例 8-22】暂停记录二进制日志。语句及执行结果如下。

```
SET SQL_LOG_BIN=0;
```

#	Time	Action	Message	Duration / Fetch
1	17:36:18	SET SQL_LOG_BIN=0	0 row(s) affected	0.000 sec

5．删除二进制日志

MySQL 提供了安全的手动删除二进制日志文件的方法。PURGE MASTER LOGS 语句只删除部分二进制日志文件，RESET MASTER 语句删除所有的二进制日志文件。

（1）使用 PURGE MASTER LOGS 语句删除指定日志文件

PURGE MASTER LOGS 的语法格式如下。

```
PURGE MASTER|BINARY LOGS TO '日志文件名';
PURGE MASTER|BINARY LOGS TO '日期';
```

【说明】

第 1 种形式指定文件名，执行该命令将删除文件名编号比指定文件名编号小的所有日志文件。

第 2 种形式指定日期，执行该命令将删除指定日期以前的所有日志文件。

【例 8-23】删除创建时间比 LAPTOP-5DN586T7-bin.000013 早的所有二进制日志文件。语句及执行结果如下。

```
SHOW BINARY LOGS;
```

Log_name	File_size	Encrypted
LAPTOP-5DN586T7-bin.000010	171020	No
LAPTOP-5DN586T7-bin.000011	179	No
LAPTOP-5DN586T7-bin.000012	156	No
LAPTOP-5DN586T7-bin.000013	419230	No
LAPTOP-5DN586T7-bin.000014	179	No
LAPTOP-5DN586T7-bin.000015	49033	No
LAPTOP-5DN586T7-bin.000016	26238	No
LAPTOP-5DN586T7-bin.000017	65251	No
LAPTOP-5DN586T7-bin.000018	78155	No

```
PURGE MASTER LOGS TO  'LAPTOP-5DN586T7-bin.000013';
SHOW BINARY LOGS;
```

Log_name	File_size	Encrypted
LAPTOP-5DN586T7-bin.000013	419230	No
LAPTOP-5DN586T7-bin.000014	179	No
LAPTOP-5DN586T7-bin.000015	49033	No
LAPTOP-5DN586T7-bin.000016	26238	No
LAPTOP-5DN586T7-bin.000017	65251	No
LAPTOP-5DN586T7-bin.000018	78155	No

（2）使用 RESET MASTER 语句删除所有二进制日志文件

RESET MASTER4 的语法格式如下。

```
RESET MASTER;
```

【说明】执行完该语句后，所有二进制日志文件将被删除，MySQL 会重新创建二进制日志文件，新的日志文件扩展名将重新从 000001 开始编号。

【例 8-24】删除所有二进制日志文件。语句及执行结果如下。

```
RESET MASTER;
SHOW BINARY LOGS;
```

Log_name	File_size	Encrypted
LAPTOP-5DN586T7-bin.000001	156	No

8.5.3 错误日志管理

在 MySQL 中，错误日志是非常有用的，错误日志主要用来记录 MySQL 服务的开启、关闭和错误信息。在 MySQL 数据库中，错误日志功能默认是开启的。

1．查看错误日志

错误日志记录着 MySQL 服务开启和关闭的时间，以及服务运行过程中出现的异常等信息，通过错误日志可以监视系统的运行状态，便于及时发现故障、修复故障。

MySQL 错误日志是以文本文件形式存储的，可以使用文本编辑器直接查看 MySQL 错误日志。如果不知道错误日志文件的存储路径，可以使用 SHOW VARIABLES 语句查询，该语句的语法格式如下。

```
SHOW VARIABLES LIKE 'log_err%';
```

【例 8-25】查看 MySQL 错误日志。

① 执行如下语句查询错误日志文件的存储路径。语句及执行结果如下。

```
SHOW VARIABLES LIKE 'log_err%';
```

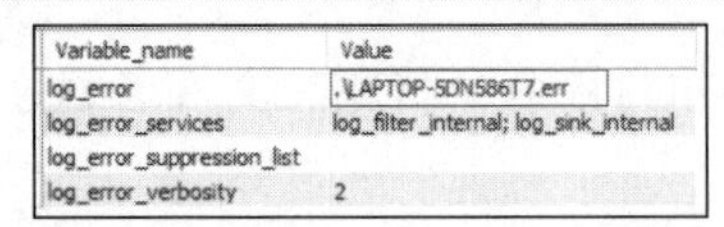

Variable_name	Value
log_error	.\LAPTOP-5DN586T7.err
log_error_services	log_filter_internal; log_sink_internal
log_error_suppression_list	
log_error_verbosity	2

从执行结果中可以看到错误日志文件是 LAPTOP-5DN586T7.err，位于 MySQL 默认的数据目录下。

② 使用文本编辑器打开错误日志文件，内容显示如下。

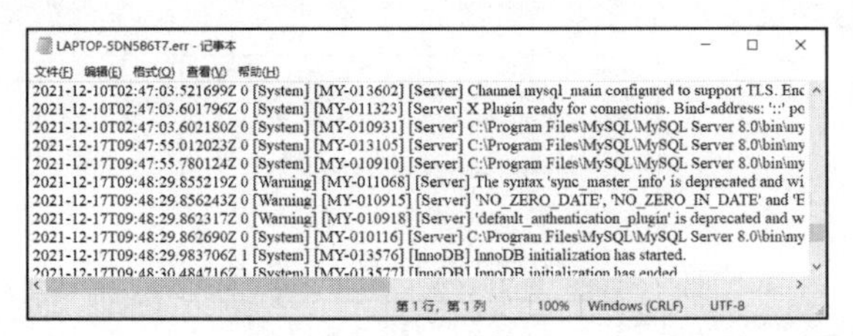


```
2021-12-10T02:47:03.521699Z 0 [System] [MY-013602] [Server] Channel mysql_main configured to support TLS. Enc
2021-12-10T02:47:03.601796Z 0 [System] [MY-011323] [Server] X Plugin ready for connections. Bind-address: '::' pc
2021-12-10T02:47:03.602180Z 0 [System] [MY-010931] [Server] C:\Program Files\MySQL\MySQL Server 8.0\bin\my
2021-12-17T09:47:55.012023Z 0 [System] [MY-013105] [Server] C:\Program Files\MySQL\MySQL Server 8.0\bin\my
2021-12-17T09:47:55.780124Z 0 [System] [MY-010910] [Server] C:\Program Files\MySQL\MySQL Server 8.0\bin\my
2021-12-17T09:48:29.855219Z 0 [Warning] [MY-011068] [Server] The syntax 'sync_master_info' is deprecated and wi
2021-12-17T09:48:29.856243Z 0 [Warning] [MY-010915] [Server] 'NO_ZERO_DATE', 'NO_ZERO_IN_DATE' and 'E
2021-12-17T09:48:29.862317Z 0 [Warning] [MY-010918] [Server] 'default_authentication_plugin' is deprecated and w
2021-12-17T09:48:29.862690Z 0 [System] [MY-010116] [Server] C:\Program Files\MySQL\MySQL Server 8.0\bin\my
2021-12-17T09:48:29.983706Z 1 [System] [MY-013576] [InnoDB] InnoDB initialization has started.
2021-12-17T09:48:30.484716Z 1 [System] [MY-013577] [InnoDB] InnoDB initialization has ended.
```

2．删除错误日志

数据库管理员可以删除较长时间以前的错误日志，以释放其所占的 MySQL 服务器上的硬盘空间，MySQL 的错误日志是以文本文件形式存储在文件系统中的，可以直接删除。

在运行状态下手动删除错误日志文件后，MySQL 并不会自动创建错误日志文件，需要使用 mysqladmin 命令或者 FLUSH LOGS 语句手动创建，新的日志文件大小为 0 字节。

mysqladmin 命令的语法格式如下。

```
mysqladmin -u root -p flush-logs
```

FLUSH LOGS 语句的格式如下。

```
FLUSH LOGS;
```

【例 8-26】删除并重新创建错误日志。

① 在 MySQL 默认的数据目录下，将 LAPTOP-5DN586T7.err 错误日志文件删除。

② 在“命令提示符”窗口执行如下命令。

```
mysqladmin -u root -h localhost -p flush-logs
```

或者在 MySQL 服务器上执行如下语句。

```
FLUSH LOGS;
```

新建的错误日志文件的信息如下。

名称	修改日期	类型	大小
LAPTOP-5DN586T7.err	2021/12/18 18:51	ERR 文件	0 KB

8.5.4　通用查询日志管理

查询日志记录了用户的所有操作，包括对数据库的增、删、改、查等操作，在并发操作环境下会产生大量信息，导致不必要的磁盘 I/O 操作，影响 MySQL 性能。如果不是为了调试数据库，建议不要开启查询日志。

1．启动和关闭通用查询日志

默认情况下，通用查询日志功能是关闭的。可以通过 SHOW VARIABLES 语句查看日志的状态，该语句的语法格式如下。

```
SHOW VARIABLES LIKE '%general%';
```

【例 8-27】查看当前通用查询日志的状态。语句及执行结果如下。

```
SHOW VARIABLES LIKE '%general%';
```

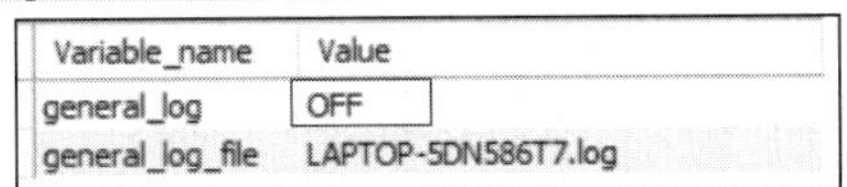

Variable_name	Value
general_log	OFF
general_log_file	LAPTOP-5DN586T7.log

从执行结果中可以看到，通用查询日志的状态为 OFF，表示通用查询日志是关闭的；通用查询日志文件为 LAPTOP-5DN586T7.log，位于 MySQL 默认的数据目录下。

启动和关闭查询日志的语句形式如下。

```
SET GLOBAL GENERAL_LOG = 0|1;
```

【说明】1 表示启动通用查询日志，0 表示关闭通用查询日志。

【例 8-28】启动和关闭通用查询日志示例。

启动通用查询日志的语句及执行结果如下。

```
SET GLOBAL GENERAL_LOG=1;
SHOW VARIABLES LIKE '%general%';
```

Variable_name	Value
general_log	ON
general_log_file	LAPTOP-5DN586T7.log

关闭通用查询日志的语句及执行结果如下。

```
SET GLOBAL GENERAL_LOG=0;
SHOW VARIABLES LIKE '%general%';
```

Variable_name	Value
general_log	OFF
general_log_file	LAPTOP-5DN586T7.log

2．查看通用查询日志

通用查询日志记录了用户的所有操作。查看通用查询日志，可以了解用户对 MySQL 进行的操作。通用查询日志是以文本文件的形式存储在文件系统中的，可以使用文本编辑器直接打开日志文件进行查看。

【例 8-29】查看 MySQL 通用查询日志。

使用文本编辑器打开 MySQL 默认数据目录下的通用查询日志文件，LAPTOP-5DN586T7.log 内容显示如下。

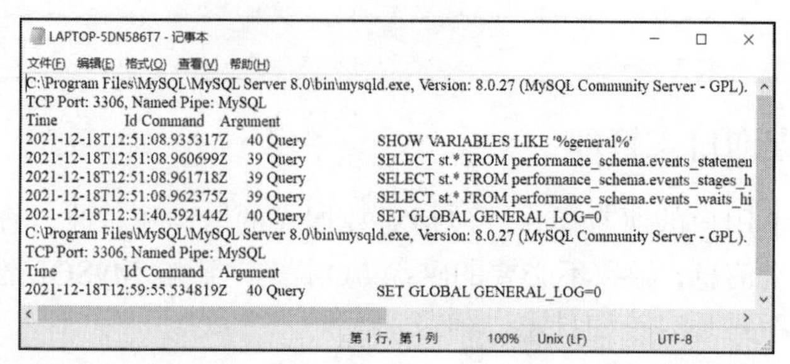

```
C:\Program Files\MySQL\MySQL Server 8.0\bin\mysqld.exe, Version: 8.0.27 (MySQL Community Server - GPL).
TCP Port: 3306, Named Pipe: MySQL
Time                 Id Command    Argument
2021-12-18T12:51:08.935317Z    40 Query     SHOW VARIABLES LIKE '%general%'
2021-12-18T12:51:08.960699Z    39 Query     SELECT st.* FROM performance_schema.events_statemen
2021-12-18T12:51:08.961718Z    39 Query     SELECT st.* FROM performance_schema.events_stages_h
2021-12-18T12:51:08.962375Z    39 Query     SELECT st.* FROM performance_schema.events_waits_hi
2021-12-18T12:51:40.592144Z    40 Query     SET GLOBAL GENERAL_LOG=0
C:\Program Files\MySQL\MySQL Server 8.0\bin\mysqld.exe, Version: 8.0.27 (MySQL Community Server - GPL).
TCP Port: 3306, Named Pipe: MySQL
Time                 Id Command    Argument
2021-12-18T12:59:55.534819Z    40 Query     SET GLOBAL GENERAL_LOG=0
```

3．删除通用查询日志

通用查询日志会记录用户的所有操作，如果数据的使用非常频繁，那么通用查询日志会占用服务器非常大的磁盘空间。数据库管理员可以删除较早的通用查询日志，以节省磁盘空间。

可以通过直接删除日志文件的方式删除通用查询日志，再使用 mysqladmin 命令重新创建通用查询日志。

【例 8-30】删除并重新创建通用查询日志。

① 在 MySQL 默认的数据目录下，将通用查询日志文件 LAPTOP-5DN586T7.log 删除。

② 在“命令提示符”窗口执行如下命令。

```
mysqladmin -u root -h localhost -p flush-logs
```

命令执行后，可以看到在 MySQL 默认的数据目录下已经创建了新的通用查询日志文件。

8.5.5　慢查询日志管理

优化 MySQL 的重要工作之一是先确定“有问题”的查询语句，只有先找出这些查询较慢的 SQL 语句，才可以进一步分析原因并进行优化。慢查询日志主要用来记录执行时间超过指定时间的查询，即记录所有执行时间超过最大 SQL 执行时间（long_query_time）或未使用索引的语句。

1．启动和关闭慢查询日志

在 MySQL 中，可以通过 SET 语句设置慢查询日志开关来启动或关闭慢查询日志功能。

【例 8-31】启动和关闭慢查询日志示例。

① 查看当前慢查询日志状态及默认超时时长。

查看当前慢查询日志的语句及执行结果如下。

```
SHOW VARIABLES LIKE 'slow_query_log%';
```

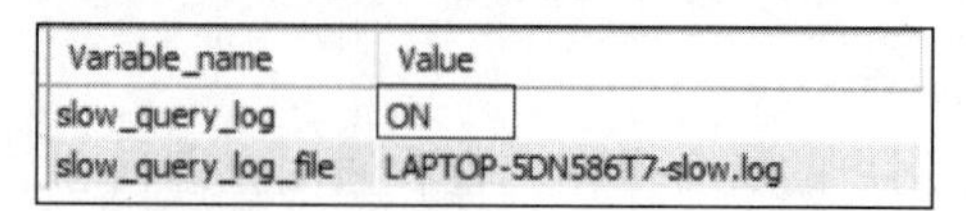

Variable_name	Value
slow_query_log	ON
slow_query_log_file	LAPTOP-5DN586T7-slow.log

查看默认超时时长的语句及执行结果如下。

```
SHOW VARIABLES LIKE 'long_query_time%';
```

Variable_name	Value
long_query_time	10.000000

② 关闭慢查询日志。语句及执行结果如下。

```
SET GLOBAL SLOW_QUERY_LOG=OFF;
SHOW VARIABLES LIKE 'slow_query_log%';
```

Variable_name	Value
slow_query_log	OFF
slow_query_log_file	LAPTOP-5DN586T7-slow.log

③ 启动慢查询日志，设置超时时长为 2 秒。

启动慢查询日志的语句及执行结果如下。

```
SET GLOBAL SLOW_QUERY_LOG=ON;
SHOW VARIABLES LIKE 'slow_query_log%';
```

slow_query_log	ON
slow_query_log_file	LAPTOP-5DN586T7-slow.log

设置超时时长为 2 秒的语句及执行结果如下。

```
SET SESSION LONG_QUERY_TIME=2;
SHOW VARIABLES LIKE 'long_query_time%';
```

Variable_name	Value
long_query_time	2.000000

2．查看慢查询日志

MySQL 的慢查询日志是以文本形式存储的，可以直接使用文本编辑器查看。在慢查询日志中记录着执行时间较长的查询语句，用户可以从慢查询日志中获取执行效率较低的查询语句，为优化查询提供重要的依据。

【例 8-32】查看 MySQL 慢查询日志内容。

① MySQL 中提供了一个计算表达式性能的函数：BENCHMARK(n,表达式)。该函数会重复计算表达式 n 次，通过这种方式模拟时间较长的查询。语句及执行结果如下。

```
SELECT BENCHMARK(60000000,CONCAT('Hello','MySQL'));
```

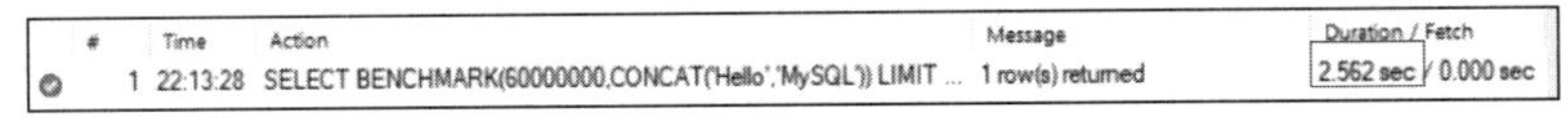

#	Time	Action	Message	Duration / Fetch
1	22:13:28	SELECT BENCHMARK(60000000,CONCAT('Hello','MySQL')) LIMIT ...	1 row(s) returned	2.562 sec / 0.000 sec

该语句执行时间为 2.562 秒，超过了例 8-32 设定的超时时长 2 秒，所以会被慢查询日志记录。

② 使用文本编辑器打开 MySQL 默认数据目录下的慢查询日志文件 LAPTOP-5DN586T7-slow.log，内容显示如下。

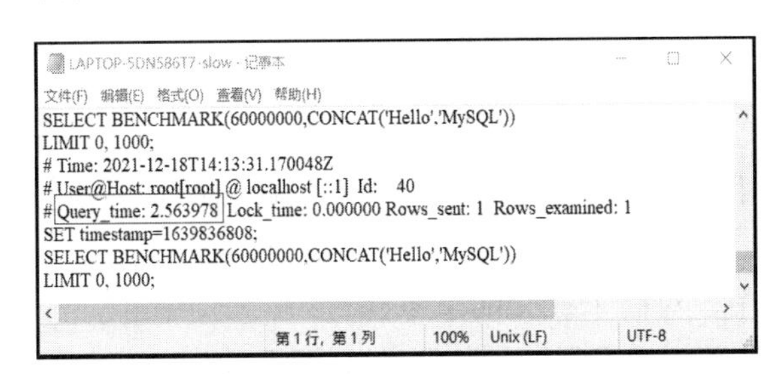

```
SELECT BENCHMARK(60000000,CONCAT('Hello','MySQL'))
LIMIT 0, 1000;
# Time: 2021-12-18T14:13:31.170048Z
# User@Host: root[root] @ localhost [::1]  Id:   40
# Query_time: 2.563978  Lock_time: 0.000000 Rows_sent: 1  Rows_examined: 1
SET timestamp=1639836808;
SELECT BENCHMARK(60000000,CONCAT('Hello','MySQL'))
LIMIT 0, 1000;
```

3．删除慢查询日志

与通用查询日志一样，慢查询日志也可以直接删除。删除后在不重启服务器的情况下，需要执行 mysqladmin -u root -p flush-logs 命令，重新生成慢查询日志文件，或者在客户端登录服务器，执行 FLUSH LOGS 语句，重建慢查询日志文件。

8.6 小结

数据库在使用过程中出现的故障可以分为 3 类：事务故障、系统故障和介质故障。数据库出现故障后，需要对其进行恢复。数据库的恢复是指系统出现故障后，将数据从错误状态恢复到某一正确状态的功能。日志与后备副本是 DBMS 中最常用的恢复技术，恢复的基本原理是利用存储在日志文件和数据库后备副本中的冗余数据来重建数据库。日志文件可保证有效的操作数据不会丢失。

MySQL 可以通过 mysqldump 工具命令对数据库进行备份操作，利用它不仅可以备份单张表，也可以备份多个数据表和多个数据库，还可以使用 mysql 命令对数据库进行还原。MySQL 数据库中包含了多种不同类型的日志文件，常见的有二进制日志、错误日志、通用查询日志和慢查询日志，分析这些日志文件可以了解 MySQL 数据库的运行情况、日常操作、错误信息及哪些方面需要优化，并可以通过二进制日志中的记录修复数据库。

习　题

一、选择题

1. 关于事务的故障与恢复，下列描述正确的是（　　）。

A. 事务日志用于记录事务执行的频度

B. 采用增量备份，数据的恢复可以不使用事务日志文件

C. 系统故障的恢复只需要进行重做（REDO）操作

D. 对日志文件设立检查点的目的是提高故障恢复的效率

2. （　　），数据库处于一致性状态。

A. 采用静态副本恢复后　　B. 事务执行过程中

C. 突然断电后　　D. 缓冲区数据写入数据库后

3. 输入数据违反完整性约束导致的数据库故障属于（　　）。

A. 事务故障　B. 系统故障　C. 介质故障　D. 网络故障

4. 在有事务运行时转储全部数据库的方式是（　　）。

A. 静态增量转储　B. 静态海量转储　C. 动态增量转储　D. 动态海量转储

5. 用于数据库恢复的重要文件是（　　）。

A. 日志文件　B. 索引文件　C. 数据库文件　D. 备注文件

6. 在数据库恢复中，对已经提交但更新未写入磁盘的事务执行（　　）。

A. REDO 处理　B. UNDO 处理　C. ABORT 处理　D. ROLLBACK 处理

7. 在数据库恢复中，对尚未提交的事务执行（　　）。

A. REDO 处理　B. UNDO 处理　C. ABORT 处理　D. ROLLBACK 处理

8. 数据库备份可只复制上次备份以来更新过的数据，这种备份方法称为（　　）。
A. 海量备份　　B. 增量备份　　C. 动态备份　　D. 静态备份
9. 在 MySQL 中，备份数据库的命令是（　　）。
A. mysqldump　　B. mysql　　C. backup　　D. copy
10. 在 MySQL 中，恢复数据库的命令是（　　）。
A. mysqldump　　B. mysql　　C. backup　　D. return
11. 导出数据库正确的方法是（　　）。
A. mysqldump 数据库名>文件名　　B. mysqldump 数据库名 >> 文件名
C. mysqldump 数据库名　文件名　　D. mysqldump 数据库名 = 文件名
12. 在 MySQL 的日志中，除（　　）外，其他日志都是文本文件。
A. 二进制文件　　B. 错误日志　　C. 通用查询日志　　D. 慢查询日志
13. 如果数据库遭到意外损坏，首先应该使用最近时间的备份文件来还原数据库，再使用（　　）来还原。
A. 通用查询日志　B. 错误日志　　C. 二进制日志　　D. 慢查询日志
14. 以下关于二进制日志文件的叙述中，错误的是（　　）。
A. 使用二进制日志文件能够监视用户对数据库的所有操作
B. 二进制日志文件记录所有对数据库的更新操作
C. 启用二进制日志文件，会使系统性能有所降低
D. 启用二进制日志文件，会浪费一定的存储空间
15. 以下关于 MySQL 二进制日志文件的叙述中，正确的是（　　）。
A. 二进制日志文件以二进制形式存储数据库的更新信息
B. 使用二进制日志文件，能够提高系统的运行效率
C. 清除所有二进制日志文件的 SQL 语句是 REMOVE
D. 二进制日志文件保存在 mysqlbinlog 表中
16. 在使用 MySQL 时，要实时记录数据库中所有的修改、插入和删除操作，需要启用（　　）。
A. 二进制日志　　B. 通用查询日志 C. 错误日志　　D. 恢复日志
17. 下列文件名属于 MySQL 服务器生成的二进制日志文件的是（　　）。
A. bin_log_000001 B. bin_log_txt　　C. Bin_log_sql　　D. errors.log
18. 下列关于 MySQL 二进制日志文件的描述，错误的是（　　）。
A. 开启日志功能后，系统自动将主机名作为二进制日志文件名，用户不能指定文件名
B. 二进制日志文件用于数据库的恢复
C. MySQL 开启日志功能后，在安装目录的 DATA 文件夹下会生成两个文件，即二进制日志文件和二进制日志索引文件
D. 用户可以使用 mysqlbinlog 命令将二进制日志文件保存为文本文件
19. 下列（　　）是 SELECT INTO…OUTFILE 语句的反执行。
A. LOAD DATA INFILE 语句　　B. BACKUP TABLE 语句
C. SELECT INTO…INFILE 语句　　D. BACK TABLE 语句
20. 下面的语句用于（　　）。

```
mysql -u root -p school <D:\student.txt
```

A. 将数据库 school 备份到 student.txt 文件中

B. 将 student.txt 文件还原到 school 数据库中

C. 将表 school 备份到 student.txt 文件中

D. 将 student.txt 文件备份到 school 数据库中

21. 大多数命令语句中的-u 选项（如 mysqldump 命令）后面通常需要添加（　　）。

A. MySQL 服务器名　　B. 本机服务器名

C. MySQL 登录用户名　　D. MySQL 登录密码

22. 使用 mysqldump 命令实现备份和恢复时，下列说法正确的是（　　）。

A. 备份使用“<”，恢复使用“>”　B. 备份使用“>”，恢复使用“<”

C. 备份使用“<<”，恢复使用“>>”　D. 备份使用“<<”，恢复使用“>>”

23. 表示备份指定数据库内所有对象的语句是（　　）。

A. mysqldump[选项] --database 数据库

B. mysqldump[选项] 数据库[对象列表]

C. mysqldump[选项] -all--database 数据库

D. mysqldump[选项] --database 数据库 -all

二、简答题

1. 日志记录如表 8-1 所示。

表 8-1　日志记录

序号	日志	序号	日志
1	T1：开始	8	T3：开始
2	T1：写 A，A=10	9	T3：写 A，A=8
3	T2：开始	10	T2：回滚
4	T2：写 B，B=9	11	T3：写 B，B=7
5	T1：写 C，C=11	12	T4：开始
6	T1：提交	13	T3：提交
7	T2：写 C，C=13	14	T4：写 C，C=12

如果系统故障发生在 14 之后，说明哪些事务需要重做，哪些事务需要回滚。

如果系统故障发生在 10 之后，说明哪些事务需要重做，哪些事务需要回滚。

如果系统故障发生在 9 之后，说明哪些事务需要重做，哪些事务需要回滚。

如果系统故障发生在 7 之后，说明哪些事务需要重做，哪些事务需要回滚。

2. 考虑题 1 所示的日志记录，假设开始时 A、B、C 的值都为 0。

（1）如果系统故障发生在 14 之后，写出系统恢复后 A、B、C 的值。

（2）如果系统故障发生在 12 之后，写出系统恢复后 A、B、C 的值。

（3）如果系统故障发生在 10 之后，写出系统恢复后 A、B、C 的值。

（4）如果系统故障发生在 9 之后，写出系统恢复后 A、B、C 的值。

（5）如果系统故障发生在 7 之后，写出系统恢复后 A、B、C 的值。

（6）如果系统故障发生在 5 之后，写出系统恢复后 A、B、C 的值。

第9章 MySQL 数据库的性能优化

性能优化是通过某些有效的方法提高 MySQL 数据库的性能。性能优化的目的是使 MySQL 数据库运行的速度更快、占用的磁盘空间更小。MySQL 性能优化包括查询速度优化、数据库结构优化等。

9.1 优化简介

优化简介、优化查询

优化 MySQL 数据库是数据库管理员和数据库开发人员的必备技能，可以通过多方面的优化方式提高 MySQL 数据库的性能。优化原则是打破系统瓶颈，减少资源占用，提高系统的反应速度。例如，通过优化文件系统提高磁盘 I/O 的读写速度，通过优化操作系统调度策略提高 MySQL 高负荷情况下的负载能力，优化表结构、索引、查询语句等，使查询响应更快。

在 MySQL 中，可以使用 SHOW STATUS 语句查询 MySQL 数据库的性能参数，其语法格式如下。

```
SHOW STATUS LIKE 'value';
```

【说明】value 是要查询的参数值，常用的性能参数如下。

① Connections：连接 MySQL 服务器的次数。
② Uptime：MySQL 服务器的上线时间。
③ Slow_queries：慢查询的次数。
④ Com_select：查询操作的次数。
⑤ Com_insert：插入操作的次数。
⑥ Com_update：更新操作的次数。
⑦ Com_delete：删除操作的次数。

【例 9-1】查询 MySQL 服务器的慢查询次数。语句及执行结果如下。

```
SHOW STATUS LIKE 'slow_queries';
```

Variable_name	Value
Slow_queries	0

慢查询次数参数可以结合慢查询日志找出慢查询语句，然后针对慢查询语句进行表结构优化或者查询语句优化。

通过这些参数可以分析 MySQL 数据库的性能，然后根据分析结果进行相应性能的优化。

9.2 优化查询

查询是数据库中最频繁的操作，提高查询速度可以有效提高 MySQL 数据库的性能。

9.2.1 分析查询语句的执行计划

执行计划是 SQL 语句调优的一个重要依据。MySQL 提供了 EXPLAIN 语句和 DESCRIBE 语句来查看 SQL 语句的查询执行计划（QEP），通过语句的输出结果能够了解 MySQL 优化器是如何执行 SQL 语句的，虽然输出结果没有提供任何调整建议，但能够提供重要的信息，有助于做出调优决策。MySQL5.6.3 及之后的版本对 SELECT、DELETE、INSERT 和 UPDATE 语句都可以生成执行计划。

1．EXPLAIN 语句

EXPLAIN 语句的语法格式如下。

```
EXPLAIN SELECT语句;
```

【例 9-2】使用 EXPLAIN 语句分析简单的查询语句。语句及执行结果如下。

```
USE fruitsales;
EXPLAIN SELECT * FROM suppliers WHERE s_id IN(101,102,103);
```

	id	select_type	table	partitions	type	possible_keys	key	key_len	ref	rows	filtered	Extra
▶	1	SIMPLE	suppliers	NULL	range	PRIMARY	PRIMARY	4	NULL	3	100.00	Using where

【说明】查询结果各列信息解释如下。

（1）id：SELECT 识别符，即 SELECT 查询序列号。

（2）select_type：SELECT 语句的类型，它的常用取值如下。

① SIMPLE 表示简单查询，其中不包括连接查询和子查询。

② PRIMARY 表示主查询，或者是最外层的查询语句。

③ UNION 表示连接查询的第二个或后面的查询语句。

④ UNION RESULT 表示一系列定义在 UNION 语句中表的返回结果，其对应的 table 列的值为<union m,n>，表示匹配的 id 行是这个集合的一部分。

【例 9-3】使用 EXPLAIN 语句分析带有 UNION 的查询语句。语句及执行结果如下。

```
EXPLAIN SELECT * FROM suppliers WHERE s_call=11111
  UNION  SELECT * FROM suppliers WHERE s_call=22222;
```

id	select_type	table	partitions	type	possible_keys	key	key_len	ref	rows	filtered	Extra
1	PRIMARY	suppliers	NULL	ALL	NULL	NULL	NULL	NULL	7	14.29	Using where
2	UNION	suppliers	NULL	ALL	NULL	NULL	NULL	NULL	7	14.29	Using where
NULL	UNION RESULT	<union1,2>	NULL	ALL	NULL	NULL	NULL	NULL	NULL	NULL	Using temporary

（3）table：查询的表。

（4）partitions：分区表的分区情况，非分区表该列值为 NULL。

（5）type：MySQL 在表中找到所需行的方式，下面按照性能由最差到最好的顺序给出常见类型。

① ALL：全表扫描，MySQL 将进行全表扫描。

② index：索引全扫描，MySQL 将遍历整个索引来查询匹配的行，index 与 ALL 的区

别为 index 类型只遍历索引树。

③ range：只检索给定范围的行，使用一个索引来选择行。key 列显示使用了哪个索引，key_len 包含所使用索引的最长关键元素。range 类型常见于=、<>、>、>=、<、<=、IS NULL、BETWEEN、IN 的查询。

④ index_subquery：子查询中使用了普通索引。

⑤ unique_subquery：子查询中使用了 UNIQUE 或者 PRIMARY KEY。

⑥ ref：多表查询时，后面的表使用了普通索引。

⑦ eq_ref：多表连接时，后面的表使用了 UNION 或者 PRIMARY KEY。

⑧ const：表中有多条记录，但只从表中查询一条记录。

⑨ system：该表为仅有一行的系统表。

（6）possible_keys：查询中可能使用的索引。

（7）key：查询使用到的索引。

（8）key_len：索引字段的长度。

（9）ref：使用哪个列或常数与索引一起来查询记录。

（10）rows：查询的行数。

（11）filtered：针对表中符合条件记录数的百分比。

（12）Extra：MySQL 在处理查询时的详细信息。

【例 9-4】使用 EXPLAIN 语句分析带有子查询的查询语句。语句及执行结果如下。

```
CREATE UNIQUE INDEX name_idx ON suppliers(s_name);

EXPLAIN SELECT * FROM suppliers WHERE s_id=(SELECT s_id FROM suppliers WHERE
s_name='ACME');
```

id	select_type	table	partitions	type	possible_keys	key	key_len	ref	rows	filtered	Extra
1	PRIMARY	suppliers	NULL	const	PRIMARY	PRIMARY	4	const	1	100.00	NULL
2	SUBQUERY	suppliers	NULL	const	name_idx	name_idx	200	const	1	100.00	Using index

2．DESCRIBE 语句

DESCRIBE 语句的语法格式如下。

```
DESCRIBE SELECT 语句;
```

DESCRIBE 可以缩写为 DESC。DESCRIBE 语句的使用方法与 EXPLAIN 语句是一样的，分析结果也一样。

【例 9-5】使用 DESRCIBE 语句分析一个查询语句。语句及执行结果如下。

```
DESCRIBE SELECT * FROM fruits WHERE f_name='apple';
```

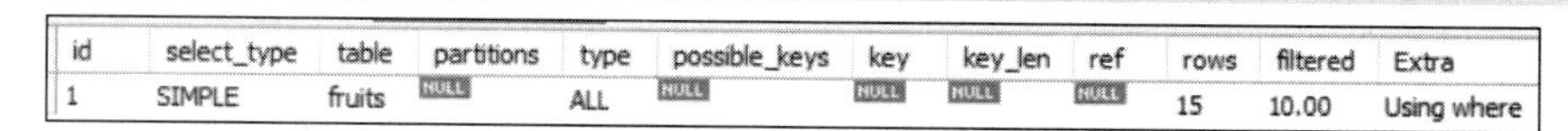

id	select_type	table	partitions	type	possible_keys	key	key_len	ref	rows	filtered	Extra
1	SIMPLE	fruits	NULL	ALL	NULL	NULL	NULL	NULL	15	10.00	Using where

9.2.2 优化查询基本原则

执行数据库记录操作中的 SELECT 语句是最常执行的操作，下面是一些优化 SELECT 查询语句的基本原则。

（1）尽可能对数据库中运行的每一条 SQL 语句进行解释。

（2）尽量少使用 JOIN。MySQL 的优势在于简单，但是在某些方面这也是它的劣势。对于复杂的多表连接，一方面由于优化器受限，另一方面 JOIN 的性能表现与其他关系数据库（如 Oracle）有一定的差距。

（3）尽量少排序。排序操作会消耗较多的 CPU 资源。

（4）尽量避免使用 SELECT *查询。大多数情况下，SELECT 子句中字段的多少并不会影响读取的速率。但是当存在 ORDER BY 操作时，SELECT 子句中字段的多少在很大程度上就影响了排序效率。

（5）尽量用连接（JOIN）查询代替子查询。虽然连接查询的性能并不是特别好，但是与 MySQL 的子查询相比，还是具有非常大的优势的。

子查询能使查询语句更加灵活，但子查询的执行效率并不高。执行子查询时，MySQL 需要为内层查询语句的查询结果建立一个临时表，外层查询语句再从临时表中查询记录。查询完毕后，再撤销这些临时表。因此，查询速度会受到一定的影响，如果查询的数据量比较大，这种影响就会随之增大。在 MySQL 中，可以使用连接查询来代替子查询。连接查询不需要建立临时表，其速度比子查询要快，如果查询中使用了索引，性能会更好。

（6）尽量少使用 OR 关键字。当 WHERE 子句中存在多个条件以“或”并存时，MySQL 的优化器并没有很好地解决执行计划优化问题，这时使用 UNION ALL 或 UNION 代替 OR 会取得更好的效果。

（7）尽量使用 UNION ALL 代替 UNION。UNION 和 UNION ALL 的差异主要是前者需要先将两个或多个查询结果集合并，再进行唯一性过滤操作，这会涉及排序，从而增加大量的 CPU 运算，加大资源消耗和延迟。所以当确认结果集中不可能出现重复结果或不在乎重复结果时，应尽量使用 UNION ALL，而不是 UNION。

（8）尽量早过滤。使用这一原则优化一些 JOIN 的 SQL 语句，可以尽可能多地减少不必要的 I/O 操作，大大节省 I/O 操作消耗的时间。

（9）避免“类型转换”。这里的“类型转换”是指 WHERE 子句中出现的字段类型与所给的值类型不一致时发生的类型转换。

（10）优先优化高并发的 SQL 语句。从破坏性的角度来说，高并发的 SQL 语句总是比使用频率低的 SQL 语句破坏性大，因为高并发的 SQL 语句一旦出现问题，甚至不给用户任何喘息的机会就将系统压垮。而对于一些需要消耗大量 I/O 且响应很慢的 SQL 语句，由于频率低，即使遇到问题，大多数情况下也就是使整个系统的响应速度变慢一点，但至少会给用户喘息的机会。

（11）从全局出发优化，而不是片面调整。SQL 优化不能单独针对某一个方面进行，而应该充分考虑系统中所有的 SQL 语句，尤其是在通过调整索引优化 SQL 的执行计划时，千万不能顾此失彼，因小失大。

9.2.3 索引对查询速度的影响

MySQL 中提高性能的一个最有效的方式是对数据表设计合理的索引。如果查询时没有使用索引，查询语句将扫描表中的所有记录。在数据量大的情况下，查询效率会很低。如果使用索引进行查询，查询语句可以根据索引快速定位到待查询记录，从而减少查询的记录数，达到提高查询速度的目的。

【例 9-6】下面是查询语句中不使用索引和使用索引的对比。

对不使用索引的查询语句进行分析。语句及执行结果如下。

```
EXPLAIN SELECT * from fruits WHERE f_name='apple';
```

id	select_type	table	partitions	type	possible_keys	key	key_len	ref	rows	filtered	Extra
1	SIMPLE	fruits	NULL	ALL	NULL	NULL	NULL	NULL	15	10.00	Using where

对使用索引的查询语句进行分析。语句及执行结果如下。

```
CREATE INDEX fname_idx ON fruits(f_name);
EXPLAIN SELECT * from fruits WHERE f_name='apple';
```

id	select_type	table	partitions	type	possible_keys	key	key_len	ref	rows	filtered	Extra
1	SIMPLE	fruits	NULL	ref	fname_idx	fname_idx	1020	const	1	100.00	Using index condition

第一个查询语句 rows 参数的值为 15，即查询了 15 条记录；第二个查询语句 rows 参数的值为 1，即查询了 1 条记录，其查询速度自然比查询 15 条记录快。第二个查询语句的 possible_keys 和 key 的值都是 fname_idx，说明查询时使用了 fname_idx 索引。

索引可以提高查询速度，但并不是只要使用带有索引的字段，索引就会起作用。下面重点介绍几种索引未提高查询速度的特殊情况。

1．使用 LIKE 关键字的查询语句

使用 LIKE 关键字进行查询时，如果匹配字符串的第一个字符为“%”，索引不会起作用。只有“%”不在第一个位置的索引才会起作用。

【例 9-7】查询语句中使用 LIKE 关键字，并且匹配的字符串中包含“%”的两种查询情况比较。语句及执行结果如下。

```
EXPLAIN SELECT * from fruits WHERE f_name LIKE '%e';
```

id	select_type	table	partitions	type	possible_keys	key	key_len	ref	rows	filtered	Extra
1	SIMPLE	fruits	NULL	ALL	NULL	NULL	NULL	NULL	15	11.11	Using where

```
EXPLAIN SELECT * from fruits WHERE f_name LIKE 'a%';
```

id	select_type	table	partitions	type	possible_keys	key	key_len	ref	rows	filtered	Extra
1	SIMPLE	fruits	NULL	range	fname_idx	fname_idx	1020	NULL	2	100.00	Using index condition

第一个查询语句没有使用索引，而第二个查询语句使用了索引 fname_idx，因为第一个查询语句中 LIKE 关键字后的字符串以“%”开头。

2．使用多列索引的查询语句

多列索引是在表的多个字段上创建一个索引。只有查询条件中使用了这些字段中的第一个字段时，索引才会起作用。

【例 9-8】下面在 fruits 表的 s_id 和 f_name 两个字段上创建多列索引，然后验证多列索引的使用情况。语句及执行结果如下。

```
DROP INDEX fname_idx ON FRUITS;                    #删除例 9-6 创建的索引
CREATE INDEX sid_fname_idx ON fruits(s_id,f_name);
EXPLAIN SELECT * FROM fruits WHERE s_id=107;
```

id	select_type	table	partitions	type	possible_keys	key	key_len	ref	rows	filtered	Extra
1	SIMPLE	fruits	NULL	ref	sid_fname_idx	sid_fname_idx	4	const	2	100.00	NULL

```
EXPLAIN SELECT * from fruits WHERE f_name='apple';
```

id	select_type	table	partitions	type	possible_keys	key	key_len	ref	rows	filtered	Extra
1	SIMPLE	fruits	NULL	ALL	NULL	NULL	NULL	NULL	15	10.00	Using where

第二个查询语句没有使用索引 sid_fname_idx，因为 f_name 字段是多列索引的第二个字段，只有查询条件中使用了 s_id 字段，sid_fname_idx 索引才会起作用。

3．使用 OR 关键字的查询语句

查询语句的查询条件中只有 OR 关键字，且 OR 前后两个条件中的列都有索引时，查询中才使用索引。如果 OR 前后有一个条件的列没有索引，那么查询中将不使用索引。

【例 9-9】查询语句中使用 OR 关键字示例。语句及执行结果如下。

```
EXPLAIN SELECT * FROM fruits WHERE s_id=101 OR f_id='a1';
```

id	select_type	table	partitions	type	possible_keys	key	key_len	ref	rows	filtered	Extra
1	SIMPLE	fruits	NULL	index_merge	PRIMARY,sid_fname_idx	sid_fname_idx,PRIMARY	4,40	NULL	4	100.00	Using sort_union(sid_fname_idx,PRIMARY); Using where

```
EXPLAIN SELECT * FROM fruits WHERE s_id=101 OR f_name='apple';
```

id	select_type	table	partitions	type	possible_keys	key	key_len	ref	rows	filtered	Extra
1	SIMPLE	fruits	NULL	ALL	sid_fname_idx	NULL	NULL	NULL	15	22.86	Using where

第一个查询语句使用了 sid_fname_idx 索引和主键索引，因为 s_id 字段和 f_id 字段上都有索引。第二个查询语句没有使用索引，因为 f_name 字段上没有索引。

9.2.4 优化执行语句

执行语句包括 INSERT、UPDATE 和 DELETE 等语句。

1．优化 INSERT 语句

插入记录时，索引、唯一性检查都会影响插入记录的速度。而且一次插入多条记录和多次插入记录所耗费的时间是不一样的。应根据这些情况分别进行不同的优化。

（1）禁用索引

对于非空表，插入记录时，MySQL 会根据表的索引对插入的记录建立索引。如果插入大量数据，建立索引就会降低插入记录的速度。为了解决这一问题，可以在插入记录之前禁用索引，数据插入完毕后再开启索引。

禁用索引的语句形式如下。

```
ALTER TABLE 表名 DISABLE KEYS;
```

开启索引的语句形式如下。

```
ALTER TABLE 表名 ENABLE KEYS;
```

（2）禁用唯一性检查

插入数据时，MySQL 会对插入的记录进行唯一性检查，这种检查也会降低插入记录的速度。为了降低这种情况对查询速度的影响，可以在插入记录之前禁用唯一性检查，记录插入完毕后再开启。

禁用唯一性检查的语句形式如下。

```
SET UNIQUE_CHECKS=0;
```

开启唯一性检查的语句形式如下。

```
SET UNIQUE_CHECKS=1;
```

（3）使用批量插入

插入多条记录有两种方式：第一种方式是一个 INSERT 语句只插入一条记录，执行多个 INSERT 语句来插入多条记录；第二种方式是使用一个 INSERT 语句同时插入多条记录，这种方式减少了与数据库之间的连接等操作，执行速度要比第一种方式快，当插入大量数据时，可以使用这种方式进行操作。

使用一个 INSERT 语句插入一条记录的语句形式如下。

```
INSERT INTO orders VALUES(50001,'2022-01-01',10002);
INSERT INTO orders VALUES(50002,'2022-01-01',10003);
```

使用一个 INSERT 语句插入多条记录的语句形式如下。

```
INSERT INTO orders VALUES
 (50001,'2022-01-01',10002),
 (50002,'2022-01-01',10003);
```

（4）使用 LOAD DATA INFILE 批量导入

当需要批量导入数据时，如果能用 LOAD DATA INFILE 语句，就尽量使用该语句导入。因为 LOAD DATA INFILE 语句导入数据的速度比 INSERT 语句快。

对于 InnoDB 存储引擎的表，常见的优化方法如下。

① 禁用唯一性检查

插入数据之前执行 SET UNIQUE_CHECKS=0，禁用对索引的唯一性检查，数据导入完成之后再执行 SET UNIQUE_CHECKS=1。

② 禁用外键检查

插入数据之前禁止对外键的检查，数据插入完成之后再恢复对外键的检查。

禁用外键检查的语句形式如下。

```
SET FOREIGN_KEY_CHECKS=0;
```

恢复外键检查的语句形式如下。

```
SET FOREIGN_KEY_CHECKS=1;
```

③ 禁止自动提交

插入数据之前禁止事务的自动提交，数据导入完成之后，恢复自动提交操作。

禁止自动提交的语句形式如下。

```
SET AUTOCOMMIT=0;
```

恢复自动提交的语句形式如下。

```
SET AUTOCOMMIT=1;
```

2．优化 UPDATE 语句

更新时写的速度依赖于更新的数据大小和索引数量。因此，在更新时锁定表可以加速执行 UPDATE 操作，同时进行多个更新，这样就比一次更新一条记录快得多。

3．优化 DELETE 语句

删除一条记录的时间与索引的数量成正比。删除一个表的所有行，使用 TRUNCATE TABLE 语句而不使用 DELETE。

9.3 优化数据库结构

优化数据库结构、优化 MySQL 服务器

一个好的数据库设计方案对于提高数据库的性能常常起到事半功倍的效果。合理的数据库结构不仅可以使数据库占用较小的磁盘空间，而且能够使查询速度足够快。数据库结构的设计需要考虑数据冗余、查询和更改速度、字段的数据类型是否合理等多方面内容。

9.3.1 表的优化

表的优化主要注意分表和表的结构设计。分表有以下几种方案。

（1）数据量过大或者访问压力过大的数据表需要切分。

（2）单数据表字段过多，可将频繁更新的整数数据与非频繁更新的字符串数据进行切分。将更新频繁的字段单独生成一张数据表，使表内容变少，索引结构变少，读写速度变快。

（3）等分切表，如哈希切表或其他基于对某数字取余的切表。等分切表的优点是可以将负载方便地分布到不同的服务器；缺点是当容量继续增加时无法方便地扩容，需要重新进行数据的切分或转表，而且一些关键主键不易处理。

（4）递增切表，例如每 1000 个用户开一个新表，优点是可以适应数据的自增趋势；缺点是新数据往往负载高，压力分配不平均。

（5）日期切表，适用于日志记录式数据，优缺点等同于递增切表。

（6）热点数据分表。在数据量较大的数据表中将读写频繁的数据抽取出来，形成热点数据表。通常一个庞大数据表经常被读写的内容往往具有一定的集中性，如果将这些集中数据单独处理，就会极大减少整体系统的负载。具体方案选择需要根据读写比例决定，在读频率远高于写频率的情况下，优先考虑冗余表方案。

热点数据表可以是一张冗余表，即该表数据丢失不会妨碍使用（因为源数据仍存在原表中），优点是安全性高，维护方便；缺点是写压力不能分担，仍需要同步写回原系统。

热点数据表也可以是非冗余表，即热点数据的内容原表不再保存，优点是读写效率全部优化；缺点是当热点数据发生变化时，维护量较大。

涉及分表操作后，一些常见的索引查询可能需要跨表，带来不必要的麻烦。确认查询请求远大于写入请求时，应设置便于查询的冗余表。

为了减少可能会大规模影响结果集的表数据操作，例如 COUNT()、SUM()操作，应将一些统计类数据通过中间数据表保存。中间数据表应能通过原数据表恢复。

下面介绍优化表结构的几种方法。

1．将字段很多的表分解为多个表

对于字段较多的表，如果有些字段的使用频率较低，可以将这些字段分离出来形成新表。因为当表的数据量较大时，查询数据的速度就会较低。

【例 9-10】假设 customers 表中有很多字段，其中 c_email 字段存储客户的电子邮箱信息。假设 c_email 信息很少使用，可以对 customers 表进行分解。

① 根据题意将 customers 表分解为两个表，即 customers_info 表和 customers_email 表，customers_info 为客户基本信息表，customers_email 为客户电子邮箱信息表。customers_email 表中存储两个字段，分别为 c_id 和 c_email。

② 如果需要查询某个客户的电子邮箱信息，可以根据 c_id 查询。

③ 如果需要同时查询客户的基本信息与电子邮箱信息，可以通过 customers_info 表与 customers_email 表进行连接查询，查询语句如下。

```
SELECT c_name,c_email FROM customers_info i,customers_email e
WHERE  i.c_id=e.c_id;
```

2．增加中间表

有时需要查询多个表中的几个字段，如果经常进行多表的连接查询，会降低查询效率。

对于这种情况，可以建立中间表，通过对中间表的查询提高查询效率。

【例 9-11】若 fruitsales 数据库中有 fruits 表和 orderitems 表，实际中经常需要查询每种水果销售的总数量及总金额。可以通过增加中间表提高查询效率。语句如下。

```
CREATE TABLE temp_sale(
 编号 CHAR(10),
 名称 CHAR(10),
 总数量 int,
 总金额 decimal(8,2)
);

INSERT INTO temp_sale
 SELECT f.f_id,f_name,sum(quantity),sum(quantity*item_price)
FROM orderitems o,fruits f
  WHERE o.f_id=f.f_id
  GROUP BY f.f_id;
```

查看增加的中间表 temp_sale 的信息，语句及执行结果如下。

```
SELECT * FROM temp_sale;
```

编号	名称	总数量	总金额
a1	apple	10	52.00
b2	berry	3	22.80
bs1	orange	5	56.00
bs2	melon	15	138.00
c0	cherry	105	1050.00
o2	coconut	50	125.00
b1	blackberry	10	89.90
a2	apricot	10	22.00
m1	mango	5	74.95

此后可以直接从 temp_sale 表中查询每种水果的销售总数量和总金额，而不用每次都进行多表连接查询，从而提高了数据库的查询效率。

3．增加冗余字段

设计数据库表时应尽量遵循范式理论的规约，尽可能减少冗余字段。但是，有时候为了提高查询效率，可以有意识地在表中增加冗余字段。

例如，经常要查看每位客户所下订单的总金额，需要通过 c_id 字段将 orders 表与 orderitems 表连接起来。语句及执行结果如下。

```
SELECT c_id,sum(quantity*item_price) FROM orderitems oi,orders o
  WHERE oi.o_num=o.o_num
  GROUP BY c_id;
```

c_id	sum(quantity*item_price)
10001	505.65
10003	40.00
10004	1000.00
10005	125.00

如果要查询一个客户订单的总金额，也需要对两个表进行连接查询，而连接查询会降低查询效率。那么可以在 orderitems 表中增加一个冗余字段 c_id，该字段用于存储客户的 id 值，这样就不用每次都进行多表连接操作了。

```
ALTER TABLE orderitems ADD c_id INT;

SET sql_safe_updates=0;
```

```
UPDATE orderitems oi SET c_id=(SELECT c_id FROM orders o
WHERE oi.o_num=o.o_num);
```

查看表 orderitems 的信息。语句及执行结果如下。

```
SELECT * FROM orderitems;
```

o_num	o_item	f_id	quantity	item_price	c_id
30001	1	a1	10	5.20	10001
30001	2	b2	3	7.60	10001
30001	3	bs1	5	11.20	10001
30001	4	bs2	15	9.20	10001
30002	1	b3	2	20.00	10003
30003	1	c0	100	10.00	10004
30004	1	o2	50	2.50	10005
30005	1	c0	5	10.00	10001
30005	2	b1	10	8.99	10001
30005	3	a2	10	2.20	10001
30005	4	m1	5	14.99	10001

9.3.2 分析表、检查表和优化表

MySQL 提供了分析表、检查表和优化表的语句。分析表（ANALYZE）的主要作用是分析关键字的分布，检查表（CHECK）的主要作用是检查表是否存在错误，优化表（OPTIMIZE）的主要作用是消除删除或者更新造成的空间浪费。

1．分析表

ANALYZE 用于收集优化器统计信息，分析和存储表的关键字分布，分析的结果可以使数据库系统获得准确的统计信息，使 SQL 语句生成正确的执行计划。

MySQL 提供了 ANALYZE TABLE 语句分析表，ANALYZE TABLE 语句的语法格式如下。

```
ANALYZE [LOCAL|NO_WRITE_TO_BINLOG] TABLE 表名[,表名,……];
```

【说明】 LOCAL 关键字与 NO_WRITE_TO_BINLOG 的作用相同，都是执行过程，不写二进制日志。

【例 9-12】 使用 ANALYZE TABLE 语句分析 fruits 表。语句及执行结果如下。

```
ANALYZE TABLE fruitsales.fruits;
```

Table	Op	Msg_type	Msg_text
fruitsales.fruits	analyze	status	OK

其中，Table 列表示所分析表的名称；Op 列表示执行的操作，analyze 表示进行分析操作；Msg_type 列表示信息类型，其值通常为 status（状态）、info（信息）、note（注意）、warning（警告）和 error（错误）之一；Msg-test 列为分析的结果信息。

2．检查表

CHECK 的主要作用是检查表是否存在错误，CHECK 也可以检查视图是否存在错误，例如检查视图定义中引用的表是否已不存在。

MySQL 使用 CHECK TABLE 语句检查表，CHECK TABLE 语句的语法格式如下。

```
CHECK TABLE 表名[,表名,……];
```

【例 9-13】 使用 CHECK TABLE 语句检查 fruits 表。语句及执行结果如下。

```
CHECK TABLE fruitsales.fruits;
```

Table	Op	Msg_type	Msg_text
fruitsales.fruits	check	status	OK

3．优化表

OPTIMIZE 可以回收空间、减少碎片、提高 I/O。如果已经删除了表的大部分数据，或者已经对含有可变长度行的表（含有 VARCHAR、BLOB 或者 TEXT 类型的表）进行了很多更改，则应使用 OPTIMIZE TABLE 语句对表进行优化，将表中的空间碎片进行合并，并且消除由于删除或者更新造成的空间浪费。即使对可变长度的行进行了大量更新，也不需要经常优化，每周一次或每月一次即可，并且只需要对特定的表进行优化。

MySQL 使用 OPTIMIZE TABLE 语句优化表，OPTIMIZE TABLE 语句的语法格式如下。

```
OPTIMIZE [LOCAL|NO_WRITE_TO_BINLOG] TABLE 表名[,表名,……];
```

【例 9-14】使用 OPTIMIZE TABLE 语句优化 fruits 表。语句及执行结果如下。

```
OPTIMIZE TABLE fruitsales.fruits;
```

Table	Op	Msg_type	Msg_text
fruitsales.fruits	optimize	note	Table does not support optimize, doing recreate + analyze instead
fruitsales.fruits	optimize	status	OK

【注意】ANALYZE、CHECK、OPTIMIZE 操作执行期间会对表进行锁定（MySQL 会对表加一个只读锁，在分析期间，只能读取表中的记录，不能更新和插入记录），因此要在数据库不繁忙时再执行相关操作。

9.3.3 优化字段

字段的优化主要体现在字段类型和编码方面。字段类型决定了数据操作时的 I/O 处理。数据库操作中最耗费时间的操作就是 I/O 处理，大部分数据库 90%以上的操作时间都花在了 I/O 方面，所以尽可能减少 I/O 读写量，可以在很大程度上提高数据库的性能。虽然无法改变数据库中需要存储的数据，但是可以改变这些数据的存储方式，下面列出了一些字段类型的优化建议。

1．数值类型

尽量不要使用 DOUBLE 类型，它不仅存在存储长度问题，还存在精确性问题。同样，也不建议使用 DECIMAL 固定精度小数，但是可以乘以固定倍数转换为整数存储，这样可以大大节省存储空间，且不会带来任何附加维护成本。

对于整数的存储，在数据量较大的情况下，应严格区分 TINYINT、INT 和 BIGINT 的类型，这是因为三者占用的存储空间有很大的差别。如果能确定字段不使用负数，就添加 UNSIGNED 定义。如果数据库中的数据量比较小，可以不用严格区分这 3 个整数类型。

2．字符类型

尽量不要使用 TEXT 类型，该类型的处理方式决定了其性能要低于 CHAR 或者 VARCHAR 类型的处理方式。定长字段可以使用 CHAR 类型，不定长字段尽量使用 VARCHAR 类型，且仅设置适当的最大长度，而不是随意限定一个最大长度，因为针对不同的长度范围，MySQL 会进行不同的存储处理。

3．时间类型

尽量不要使用 TIMESTAMP 类型，虽然它占用的存储空间只需要 DATETIME 类型的一半。对于只需要精确到某一天的数据，可以使用 DATE 类型，因为它占用的存储空间只需要 3 个字节，比 TIMESTAMP 还少。

4．ENUM 和 SET

状态字段可以尝试使用 ENUM 来存放，这可以极大地节省存储空间，而且即使需要增加新的类型，也只需增加于末尾，修改结构不需要重建表数据。如果是存放可预先定义的属性数据，可以尝试使用 SET 类型，它可以节省更多存储空间。

MySQL 的数据类型可以精确到字段，所以当需要在大型数据库中存放多字节数据时，可以通过对不同表的不同字段使用不同的数据类型来较大程度地减少数据存储量，从而降低 I/O 操作次数并提高缓存命中率。

9.4 优化 MySQL 服务器**

优化 MySQL 服务器可以从硬件优化和 MySQL 服务的参数优化两个方面进行，通过这两个方面的优化可以提高 MySQL 的运行速度，以下为一些优化原则。

（1）访问内存中的数据要比访问磁盘数据快。

（2）让数据尽可能长时间地留在内存中能减少磁盘读写活动的工作量。

（3）让索引信息留在内存中要比让数据记录的内容留在内存中更加重要。

针对上述 3 个原则，可对服务器在硬件和服务的参数进行调整。

9.4.1 优化服务器硬件

服务器的硬件性能直接决定着 MySQL 数据库的性能。硬件的性能瓶颈直接影响 MySQL 数据库的运行速度和效率。针对性能瓶颈提高硬件配置，可以提高 MySQL 数据库的查询、更改速度。以下为优化服务器硬件的方法。

（1）对于数据库服务器，内存是一个重要的影响性能的因素。通过加大内存，数据库服务器可以把更多数据保存在缓存区，大大减少磁盘 I/O，从而提升数据库的整体性能。

（2）配置高速磁盘系统，以减少读盘的等待时间，提高响应速度。

（3）合理分布磁盘 I/O，把磁盘 I/O 分散在多个设备上，以减少资源竞争，提高并行操作能力。

（4）配置多处理器，MySQL 是多线程的数据库，多处理器可同时执行多个线程。

9.4.2 优化 MySQL 的参数

优化 MySQL 的参数可以提高资源利用率，从而提高 MySQL 服务器的性能。

MySQL 服务的配置参数都在 my.ini 或者 my.cnf 文件的[MySQLd]组中。下面介绍几个比较重要的参数。

（1）key_buffer_size：索引缓存的大小。这个值越大，使用索引进行查询的速度越快。但是，它的值并不是越大越好，它的大小取决于内存的大小。如果这个值太大，就会导致操作系统频繁换页，从而降低系统性能。

（2）max_connection：数据库的最大连接数。它的值并不是越大越好，因为这些连接会浪费内存资源。过多的连接可能会导致 MySQL 服务器僵死。

（3）table_cache：同时打开表的个数。这个值越大，能够同时打开表的个数越多。但是这个值不是越大越好，因为同时打开的表太多会影响操作系统的性能。

（4）thread_cache_size：可以复用的线程数量。如果有很多新的线程，那么为了提高性能可以增大该参数的值。

（5）query_cache_size：查询缓冲区的大小。该参数需要与 query_cache_type 配合使用。当 query_cache_type 的值为 0 时，所有的查询都不使用查询缓冲区，但是 query_cache_type=0 并不会导致 MySQL 释放 query_cache_size 所配置的缓冲区内存。当 query_cache_type=1 时，所有的查询都将使用查询缓冲区，除非在查询语句中指定 SQL_NO_CACHE，如 SELECT SQL_NO_CACHE * FROM 表名;。当 query_cache_type=2 时，只有在查询语句中使用 SQL_CACHE 关键字时，查询才会使用查询缓冲区。使用查询缓冲区可以提高查询的速度，这种方式只适用于修改操作少且经常执行相同查询操作的情况。

（6）sort_buffer_size：排序缓冲区的大小。这个值越大，进行排序的速度越快。

（7）read_buffer_size：连续扫描每个线程时，为扫描的每个表分配的缓冲区大小。当线程需要从表中连续读取记录时需要用到这个缓冲区。SET SESSION read_buffer_size=n 用以临时设置该参数的值。

（8）read_rnd_buffer_size：为每个线程保留的缓冲区大小。它与 read_buffer_size 相似，但主要用于存储按特定顺序读取出来的记录。也可以通过 SET SESSION read_rnd_buffer_size=n 临时设置该参数的值。如果频繁进行多次连续扫描，就可以增大该值。

（9）innodb_buffer_pool_size：InnoDB 类型的表和索引的最大缓存。这个值越大，查询的速度就越快。但是这个值太大会影响操作系统的性能。

合理地配置上述参数可以提高 MySQL 服务器的性能，除了上述参数外，还有 innodb_log_buffer_size 和 innodb_log_file_size 等参数。这些参数配置后，需要重新启动 MySQL 服务才能生效。

9.5 小结

MySQL 数据库性能优化主要包括优化查询、优化数据库结构和优化服务器。优化查询主要体现为索引对查询速度的影响，优化数据库结构主要是对表进行优化，优化服务器主要是对硬件和服务参数进行优化。

习　题

一、选择题

1. 使用 EXPLAIN 语句不能对（　　）语句的执行效果进行分析，通过分析提出优化运行速度的方法。

A. SELECT　　B. INSERT　　C. DELETE　　D. CREATE

2. 多列索引在表的多个字段上创建一个索引，只有查询条件中使用了这些字段中的（　　）时，索引才会被正常使用。

A. 最后 1 个字段　　B.第 2 个字段　　C. 第 1 个字段　　D. 所有字段

3. 使用 ANALYZE TABLE 语句分析表时，数据库系统会对表加一个（　　）。在分析期间，只能读取表中的记录，不能更新和插入记录。

A. 排他锁　　　　B. 只读锁　　　　C. 读写锁　　　　D. 意向锁

4. 若某些查询涉及多表连接，可以视情况将这些字段建成一个（　　）来进行查询和统计，以提高查询效率。

A. 查询表　　　　B. 排序表　　　　C. 中间表　　　　D. 子查询

5. 为了解决插入记录时，（　　）过程会降低插入记录速度的问题，在插入记录之前可以先禁用索引，等到记录插入完毕后再开启索引。

A. 索引　　　　B. 排序　　　　C. 查询　　　　D. 插入

6. 使用数据索引之所以能提高效率，是因为（　　）。

A. 遍历索引记录比较方便

B. 索引字段的值通常是从大到小或者从小到大排列的

C. 索引对字段有约束

D. 索引的存储是有序的

二、简答题

1. 如何分析一条 SQL 语句的执行性能？需要关注哪些信息？

2. 有两个复合索引(A,B)和(C,D)，以下语句会怎样使用索引？可以进行怎样的优化？

```
SELECT * FROM temp WHERE (A=? AND B=?) OR (C=? AND D=?);
```

3. 为什么查询语句中的索引没有起作用？

下篇　数据库系统设计及案例篇

第10章　关系数据库规范化理论

关系数据库设计的基本任务是在给定的应用背景下，建立一个满足应用需求且性能良好的数据库模式。那么如何判断数据库中各关系模式设计的合理性呢？关系数据库规范化理论以现实世界存在的数据依赖为基础，提供了鉴别关系模式合理与否的标准，以及改进不合理关系模式的方法，是关系数据库设计的理论基础。

10.1 非规范化的关系模式存在的问题

在数据管理中，数据冗余一直是影响系统性能的大问题。数据冗余是指同一个数据在系统中重复出现。如果一个关系模式设计得不好，就会导致数据冗余度大、数据更新不一致、插入异常和删除异常等问题。

非规范化的关系模式存在的问题

10.1.1 存在异常的关系模式示例

下面给出一个存在异常的关系模式及其语义，并且在后面的内容中分别加以引用。

```
Students(sid, sname, dname, ddirector, cid, cname, cscore)
```

该关系模式用来存放学生及其所在的系和选课信息，对应的中文含义如下。

```
Students(学号，姓名，系名，系主任，课程号，课程名，成绩)
```

根据实际情况，假定该关系模式数据间存在如下语义关系。

（1）一个系有多名学生，而一名学生只属于一个系，即系与学生之间是 $1:n$ 的联系。

（2）一个系只有一名系主任，一名系主任也只在一个系任职，即系与系主任之间是 1:1 的联系。

（3）一名学生可以选修多门课程，而每门课程有多名学生选修，即学生与课程之间是 $m:n$ 的联系。

在此关系模式对应的关系表中填入一部分具体的数据，可得到关系模式 students 的实例，即一个学生关系，如表 10-1 所示。

表 10-1　students（学生）表

sid	sname	dname	ddirector	cid	cname	cscore
1001	李红	计算机	罗刚	1	数据库原理	86
1001	李红	计算机	罗刚	3	数据结构	90
2001	张小伟	信息管理	李少强	1	数据库原理	92
2001	张小伟	信息管理	李少强	2	电子商务	75
2001	张小伟	信息管理	李少强	3	数据结构	86
1002	钱海斌	计算机	罗刚	1	数据库原理	90
1002	钱海斌	计算机	罗刚	3	数据结构	60

由上述语义及表中的数据可以确定 students 关系的主键为(sid, cid)。

10.1.2　可能存在的异常

一个没有设计好的关系模式可能存在以下几种异常，下面以 students 关系为例说明。

1．数据冗余

数据冗余是指同一个数据被重复存储多次，这是影响系统性能的主要问题之一。

例如，学生的学号 sid、姓名 sname、每个系的名称 dname 和系主任 ddirector 的名字存储的次数等于该系的所有学生每人选修课程门数的累加和，数据冗余量很大，导致存储空间浪费。

2．插入异常

插入异常是指应该插入关系中的数据却无法插入。

例如，某个学生还没有选课，则该学生的信息就无法插入该关系中。因为关系的主键是(sid, cid)，该学生没有选课，则 cid 值未知，而主键的值不能部分为空，所以该学生的信息无法插入。再如，某个新系没有招生，尚无学生时，系名和系主任的信息也无法插入。

3．删除异常

删除异常是指不应该删除的数据却从关系中被删除了。

例如，当某系学生全部毕业而还没有招生时，要删除全部学生的记录，这时系名、系主任的信息也随之被删除，而现实中这个系依然存在，但在 students 关系中却不存在该系的信息。

4．更新异常

更新异常是指对冗余数据没有全部修改而出现数据不一致的问题。

例如，如果某学生改名，则需逐一修改该学生所有记录中 sname 的值；又如某系更换了系主任，则属于该系的学生记录都要修改 ddirector 的内容，稍有不慎，就有可能漏改某些记录，导致数据不一致。

由于存在以上问题，所以 students 是一个不好的关系模式。产生上述问题的原因是数据间存在的语义会对关系模式的设计产生影响。

10.1.3　关系模式中存在异常的原因

在现实中开发系统时，在需求分析阶段，用户会给出数据间的语义限制，如前面的 students 关系模式，要求一个系有多名学生，而一名学生只属于一个系；一个系只有一名系主任，一名系主任也只在一个系任职；等等。数据的语义可以通过完整性体现，如每名学生都应该是唯一的，这可以通过主键完整性来保证，还可以从关系模式设计方面体现。

数据语义在关系模式中的具体表现是，关系模式的属性间存在一定的依赖关系，即数据依赖。

数据依赖是对现实系统中实体属性间相互联系的抽象，是数据语义的体现。如一个系只有一名系主任，一名系主任只在一个系任职，这个数据语义表明，系和系主任间是一对一的数据依赖关系，即通过系可以知道该系的系主任是谁，通过系主任可以知道其任职于哪个系。

数据依赖有多种，其中最重要的是函数依赖和多值依赖，这两类数据依赖将在后面的内容中分别予以介绍。

事实上，异常现象就是由关系模式中存在的这些复杂的数据依赖关系导致的。在设计关系模式时，如果将各种有联系的实体数据集中于一个关系模式中，不仅造成关系模式结构冗余、包含的语义过多，也使得其中的数据依赖变得错综复杂，不可避免地违背以上某个或多个限制，从而产生异常。

解决异常的方法是利用关系数据库规范化理论，对关系模式进行相应的分解，使每一个关系模式表达的概念单一，属性间的数据依赖关系单纯化，从而消除这些异常。如前面的 students 关系模式，可以将它分解为学生(sno, sname, dname)、系(dname, ddirector)、成绩(sid, cid, cscore)、课程(cid, cname)4 个关系模式，这样就会大大减少异常现象的发生。

10.2 函数依赖

函数依赖

10.2.1 函数依赖定义

函数依赖（Functional Dependency，FD）是数据库设计的核心部分，理解它们非常重要。下面先解释其概念的常规含义，再给出 FD 的定义。

先来看一个数学函数 $y=f(x)$，即给定一个 x 值，就确定了唯一一个 y 值，那么，我们就说 y 函数依赖于 x，或 x 函数决定 y，可以写作 $x \to y$，→左边的变量称为决定因素，右边的变量称为依赖因素。这也是取名为函数依赖的原因。

在 students 关系中，因为每个学号 sid 的值都对应唯一一名学生的名字 sname，可以将其化为以下形式。

sid→sname

所以可以说名字 sname 函数依赖于学生的学号 sid，学生的学号 sid 决定了学生的名字 sname。

再如，学号 sid 和课号 cid 可以一起决定某名学生某科的成绩 cscore，将其化为以下形式。

(sid, cid)→cscore

这里的决定因素是(sid, cid)的组合。

定义 10.1 设 $R(U)$为属性集 U 上的关系模式，X 和 Y 为 U 的子集。若对于 $R(U)$的任意一个可能的关系 r，X 的每一个具体值，Y 都有唯一的具体的值与之对应，则称 X 函数决定 Y，或 Y 函数依赖于 X，记作 $X \to Y$。称 X 为决定因素，Y 为依赖因素。

【说明】

① 函数依赖同其他数据依赖一样，是语义范畴概念，只能根据数据的语义来确定函数依赖。例如“姓名→年龄”，这个函数依赖只有在不存在重名的条件下成立，如果允许重名，则年龄就不再函数依赖于姓名了。但设计者可以对现实系统做强制性规定，例如，规定不允许重名出现，使函数依赖“姓名→年龄”成立。这样，当插入某个元组时，这个元组的属性值必须满足规定的函数依赖，若发现有相同名字存在，则拒绝插入该元组。

② 函数依赖不是指关系模式 *R* 的某个或某些元组满足的约束条件，而是指 *R* 的所有元组均要满足的约束条件，不能部分满足。

③ 函数依赖关心的问题是一个或一组属性的值决定其他属性的值。

10.2.2 确定函数依赖

确定数据间的函数依赖关系是数据库设计的前提。函数依赖可以通过数据间的语义来确定，也可以通过分析完整的样本数据来确定。下面分别针对这两种情况来说明如何确定数据间的函数依赖关系。

1．根据完整的样本数据确定函数依赖

这种方法是根据完整的样本数据和函数依赖的定义来实现的。在没有样本数据或者只有部分样本数据时，不能用此方法确定数据之间的函数依赖关系。

为了能够找到表中存在的函数依赖，必须确定哪些列的取值决定了其他列的取值。下面以关系 ORDER_ITEM（订单关系）为例，该关系的数据如表 10-2 所示。

表 10-2　ORDER_ITEM 表

Order_ID（订单编号）	SKU（商品编号）	Quantity（数量）	Price（单价）	Total（总价）
3001	100201	1	300	300
2001	101101	4	50	200
3001	101101	2	60	120
2001	101201	2	50	100
3001	201001	2	50	100
1001	101201	2	150	300

这张表中存在哪些函数依赖？从左边开始，Order_ID 列不能决定 SKU 列，因为有多个 SKU 值对应一个 Order_ID 值，例如 Order_Id 值为 3001，则与之对应的 SKU 的值有 3 个：100201、101101、201001；同理它也不能决定 Quantity、Price 和 Total，因为有多个 Order_ID 值对应一个 SKU 值，所以，SKU 不能决定 Order_ID，SKU 也不能决定 Quantity、Price 和 Total；同理，Quantity、Price 和 Total 这 3 列也没有决定其他列的函数依赖关系。因此 ORDER_ITEM 表中不存在某一列决定其他列的函数依赖关系。

下面考虑两列的组合是否存在决定关系，按照上述分析方法，能够得出以下函数依赖。

（Order_ID，SKU）→（Quantity，Price，Total）

这个函数依赖是有道理的，意味着一份订单和该订单订购的指定商品项具有唯一的数量 Quantity、唯一的单价 Price 和唯一的总价 Total。

同时也要注意到，总价 Total 是由公式 Total=Quantity × Price 计算得到的，那么就存在以下函数依赖。

（Quantity，Price）→Total

表 ORDER_ITEM 中存在下列函数依赖。

（Order_ID，SKU）→（Quantity，Price，Total）

（Quantity，Price）→Total

请思考 3 列、4 列甚至 5 列的组合是否存在决定关系？如果存在决定关系，那么对应的函数依赖是否有意义？

2．根据数据间的语义确定函数依赖

函数依赖可以由数据间的语义决定，从前面的 students 示例关系模式的语义描述，可以看出数据间的语义大多表示为：某实体与另一个实体存在 1:1、1:*n* 或 *m*:*n* 的联系。那么，由这种方式表示的语义如何变换为相应的函数依赖呢？

一般来说，对于关系模式 *R*，*U* 为其属性集合，*X*、*Y* 为其属性子集，根据函数依赖的定义和实体间联系的类型，可以得出如下变换方法。

（1）如果 *X* 与 *Y* 是 1:1 的联系，则存在函数依赖 $X \to Y$ 和 $Y \to X$。

（2）如果 *X* 与 *Y* 是 1:*n* 的联系，则存在函数依赖 $Y \to X$。

（3）如果 *X* 与 *Y* 是 *m*:*n* 的联系，则 *X* 与 *Y* 不存在函数依赖关系。

例如，在 students 关系模式中，系与系主任是 1:1 的联系，所以存在 dname→ddirector 和 ddirector→dname 函数依赖；系与学生是 1:*n* 的联系，所以存在函数依赖 sid→dname；学生与课程是 *m*:*n* 的联系，所以 sid 与 cid 不存在函数依赖。

【例 10-1】设有关系模式 *R*(*A*, *B*, *C*)，其关系 *r* 如表 10-3 所示。

表 10-3　关系 *r*

A	*B*	*C*
1	2	3
4	2	3
5	3	3

（1）试判断下列 3 个 FD 在关系 *r* 中是否成立。

$$A \to B \qquad BC \to A \qquad B \to A$$

（2）根据关系 *r*，能否断定哪些 FD 在关系模式 *R* 上不成立？

解答：

（1）在关系 *r* 中，$A \to B$ 成立，$BC \to A$ 不成立，$B \to A$ 不成立。

（2）在关系 *r* 中，不成立的 FD 有 $B \to A$、$C \to A$、$C \to B$、$C \to AB$、$BC \to A$。

【例 10-2】有一个包括学生选课、教师任课数据的关系模式。如下所示。

R(S#, SNAME, AGE, SEX, C#, CNAME, SCORE, T#, TNAME, TITLE)

属性分别表示学生学号、姓名、年龄、性别、选修课程的课程号、课程名、成绩、任课教师工号、教师姓名和职称。

规定：每个学号只能有一个学生姓名，每个课程号只能决定一门课程；

每名学生每学一门课，只能有一个成绩；

每门课程只由一位教师任课。

根据上面的规定和实际意义，写出该关系模式所有的 FD。

解答：

R 关系模式包括的 FD 如下：S#→SNAME　　C#→CNAME

(S#，C#)→GRADE　　C#→T#

S#→(AGE，SEX)　　T#→(TNAME，TITLE)

10.2.3　最小函数依赖集

关系模式中的函数依赖可以从已知的函数依赖中推导出新的函数依赖。例如，若 $X \to Y$ 且 $Y \to Z$，则有 $X \to Z$。有的函数依赖能由其他函数依赖推出，因此一个函数依赖集中有的函数依赖可能是不必要的、冗余的。如果一个函数依赖可以由依赖集中的其他函数依赖推导出来，则称该函数依赖在其函数依赖集中是冗余的。数据库设计的实现基于无冗余的函数依赖集，即最小函数依赖集。

1．函数依赖的推理规则

要得到一个无冗余的函数依赖集，从已知的一些函数依赖推导出另外一些函数依赖，就需要一组 FD 推理规则的公理。FD 公理有 3 条推理规则，常称为 Armstrong 公理。

设有关系模式 $R(U, F)$，U 为关系模式 R 的属性集，F 为 R 上成立的只涉及 U 中属性的函数依赖集。函数依赖 3 条推理规则如下。

（1）A1（自反性）：如果 $Y \subseteq X \subseteq U$，则 $X \to Y$。

（2）A2（增广性）：如果 $X \to Y$ 且 $Z \subseteq U$，则 $XZ \to YZ$。

（3）A3（传递性）：如果 $X \to Y$ 且 $Y \to Z$，则 $X \to Z$。

为了方便应用，除了上述 3 条规则外，下面给出可由这 3 条规则导出的 4 条推论。

（1）B1（合并性）：如果 $X \to Y$ 且 $X \to Z$，则 $X \to YZ$。

（2）B2（分解性）：如果 $X \to YZ$，则 $X \to Y$、$X \to Z$。

（3）B3（结合性）：如果 $X \to Y$ 且 $W \to Z$，则 $XW \to YZ$。

（4）B4（伪传递性）：如果 $X \to Y$ 且 $WY \to Z$，则 $XW \to Z$。

【例 10-3】设有关系模式 R，属性集 $U=\{A，B，X，Y，Z\}$，函数依赖集 $F=\{Z \to A，B \to X，AX \to Y，ZB \to Y\}$，试给出证明 $ZB \to Y$ 为冗余的函数依赖的过程。

解答：

（1）因为 $Z \to A$，$B \to X$，由 B3 可知，$ZB \to AX$。

（2）因为 $ZB \to AX$ ，$AX \to Y$ ，由 A3 可知，$ZB \to Y$。

即 $ZB \to Y$ 可以由 F 中其他函数依赖导出，所以 $ZB \to Y$ 为冗余的函数依赖。

2．求最小函数依赖集

如果函数依赖集 F 满足下列条件，则称 F 为一个最小函数依赖集。

（1）F 中每个函数依赖的右边都是单属性（可以通过 B2 实现）。

（2）F 中不存在多余的函数依赖。

（3）F 中每个函数依赖的左边没有多余的属性。

【注意】每个函数依赖集至少存在一个最小依赖集，但并不一定唯一。

【例 10-4】设 F 为关系模式 $R(A, B, C)$的 FD 集，$F=\{A \to BC, B \to C, A \to B, AB \to C\}$，试求最小函数依赖集。

解答：

（1）把 F 中的函数依赖写成右边是单属性的形式。

$$F=\{A\to B, A\to C, B\to C, A\to B, AB\to C\}$$

删去一个 $A\to B$，得

$$F=\{A\to B, A\to C, B\to C, AB\to C\}$$

（2）删去冗余的函数依赖。F 中的 $A\to C$ 可从 $A\to B$ 和 $B\to C$ 推出，因此 $A\to C$ 是冗余的，删去，得

$$F=\{A\to B, B\to C, AB\to C\}$$

（3）消除函数依赖左边冗余的属性。F 中的 $AB\to C$，因为有 $B\to C$，所以 A 多余，删去，得到最小函数依赖集为

$$F=\{A\to B, B\to C\}$$

【例 10-5】 设关系模式 R（A, B, C, D, E, G, H）上的函数依赖集 $F=\{AC\to BEGH, A\to B, C\to DEH, E\to H\}$，求 F 的最小函数依赖集。

解答：

（1）把每个 FD 的右边拆成单属性，得到 9 个 FD

$$F=\{AC\to B, AC\to E, AC\to G, AC\to H, A\to B, C\to D, C\to E, C\to H, E\to H\}$$

（2）消除冗余的 FD

$$F=\{ AC\to B, AC\to E, AC\to G, AC\to H, A\to B, C\to D, C\to E, E\to H\}$$

（3）消除 FD 中左边冗余的属性。因为 $A\to B$，所以消去 $AC\to B$ 中的 C；因为 $C\to E$，所以消去 $AC\to E$ 中的 A；因为 $C\to E$、$E\to H$，可推出 $C\to H$，所以消去 $AC\to H$ 中的 A，得 $C\to H$，因为可由 $C\to E$、$E\to H$ 推出，所以将 $AC\to H$ 删去，得到的 F 为

$$F=\{ A\to B, C\to E, AC\to G, A\to B, C\to D, C\to E, E\to H\}$$

精简后

$$F=\{ A\to B, C\to E, AC\to G, C\to D, E\to H\}$$

（4）再将左边相同的 FD 合并，得到最小的函数依赖集为

$$F=\{ A\to B, C\to DE, AC\to G, E\to H\}$$

10.3 候选键

候选键

只有确定了一个关系模式的候选键，才能用关系规范化理论对出现异常现象的关系模式进行分解。

10.3.1 候选键定义

前面已经提到过候选键的概念，这里根据函数依赖的概念对它进行定义。

定义 10.2 设 R 是一个具有属性集合 U 的关系模式，$K\subseteq U$。如果 K 满足下列两个条件，则称 K 为 R 的一个候选键。

① $K\to U$。

② 不存在 K 的真子集 Z，使得 $Z\to U$。

例如，关系 students(sid, sname, dname, ddirector, cid, cname, cscore)的候选键为(sid, cid)，根据已知的函数依赖和推理规则，可知(sid, cid)能以函数方式决定 R 的全部属性，它的真子集(sid)和(cid)都不能决定 R 的全部属性，如 sid→(sname, dname, ddirector)，但它不能决定(cid, cname, cscore)；cid→cname，但它不能决定(sid, sname, dname, ddirector, cscore)；(sid, cid)→cscore；只有(sid, cid)的组合才能决定全部属性，所以(sid, cid)是关系 students 的一个候选键。

那么如何确定属性集 $K \to U$ 呢？可以通过求属性集 K 的闭包来确定。

10.3.2 属性集闭包

定义 10.3 设 F 为属性集 U 上的函数依赖集，X 为 U 的子集，那么属性集 X 的闭包用 X^+ 表示，它是一个从 F 集使用函数依赖推理规则推出的所有满足 $X \to A$ 的属性 A 的集合。

$$X^+=\{属性\ A \mid X \to A\ 能由\ F\ 推导出来\}$$

由属性集闭包的定义，容易得出下面的定理。

定理 10.1 X→Y 能由 F 根据函数依赖推理规则推出的充分必要条件是 $Y \subseteq X^+$。

于是，判定 $X \to Y$ 是否能由 F 根据函数依赖推理规则推出的问题，就转化为求 X^+ 的子集问题。这个问题由算法 10.1 解决。

算法 10.1 求属性集 X（$X \subseteq U$）关于 U 上的函数依赖集 F 的闭包 X^+。

输入：函数依赖集 F；属性集 U

输出：X^+

步骤如下。

（1）令 $X^{(0)}=X$，$i=0$。

（2）求 Y，这里 $Y=\{A \mid (\exists V)(\exists W)(V \to W \in F \wedge V \subseteq X^{(i)} \wedge A \in W)\}$。

（3）$X^{(i+1)}=Y \cup X^{(i)}$。

（4）判断 $X^{(i+1)}=X^{(i)}$ 是否成立。

（5）如果等式成立或 $X^{(i+1)}=U$，则 $X^{(i+1)}$ 就是 X^+，算法终止；如果等式不成立，则 $i=i+1$，返回步骤（2）继续。

【例 10-6】已知关系模式 $R(U, F)$，其中 $U=\{A, B, C, D, E\}$；$F=\{AB \to C, B \to D, C \to E, EC \to B, AC \to B\}$。求 $(AB)^+$。

解答：

（1）$X^{(0)}=AB$。

（2）求 Y。逐一扫描 F 集中各个函数依赖，找左部为 A、B 或 AB 的函数依赖，得到 $AB \to C$，$B \to D$，则 $Y=CD$。

（3）$X^{(1)}=Y \cup X^{(0)}=CD \cup AB=ABCD$。

（4）因为 $X^{(1)} \neq X^{(0)}$，所以再找左部为 $ABCD$ 子集的函数依赖，得到 $C \to E$，$AC \to B$，于是 $X^{(2)}=Y \cup X^{(1)}=BE \cup ABCD=ABCDE$。

（5）因为 $X^{(2)}=U$，所以 $(AB)^+=ABCDE$。

【注意】本题因为 $AB \to U$，所以 AB 是关系模式 R 的一个候选键。

【例 10-7】设关系模式 $R(A, B, C, D, E, G)$ 上的函数依赖集为 F，$F=\{D \to G, C \to A, CD \to E, A \to B\}$。求 D^+，CD^+，AD^+，AC^+，ACD^+。

解答：

$D^+=DG$，$CD^+=ABCDEG$，$AD^+=ABDG$，$AC^+=ABC$，$ACD^+=ABCDEG$。

【注意】本题 CD 和 ACD 都能决定 R 上的所有属性，根据候选键定义，ACD 的真子集 CD 能决定所有属性，所以 CD 是关系模式 R 的一个候选键，ACD 则不是。

10.3.3 求候选键

已知关系模式 $R(U, F)$，U 为 R 的属性集合，F 为 R 的函数依赖集，如何找出 R 的所有候选键？下面给出一个可参考的规范方法，通过它可以找出 R 的所有候选键，步骤如下。

（1）查看函数依赖集 F 中的每个形如 $X_i \to Y_i(i=1, \cdots, n)$的函数依赖关系。看哪些属性在所有 $Y_i(i=1, \cdots, n)$中一次也没有出现过，设没有出现过的属性集为 $P(P=U-Y_1-Y_2-\cdots Y_n)$。则当 $P=\varnothing$ 时，转步骤（4）；$P\neq\varnothing$ 时，转步骤（2）。

（2）根据候选键的定义，候选键中必包含 P（因为没有其他属性能决定 P，但它自己能决定自己）。考察 P，如果 P 满足候选键定义，则 P 为候选键，并且候选键只有 P 一个，然后转步骤（5）结束；如果 P 不满足候选键定义，则转步骤（3）继续。

（3）P 可以分别与$\{U-P\}$中的每一个属性合并，合成 P_1、P_2、……、P_m。再分别判断 $P_j(j=1, \cdots, m)$是否满足候选键定义，满足则找到了一个候选键，不满足则放弃。合并一个属性如果不能找到或不能找全候选键，可进一步考虑 P 与$\{U-P\}$中的两个（或 3 个，4 个，……）属性的所有组合分别进行合并，继续判断分别合并后的各属性组是否满足候选键的定义，如此下去，直到找出 R 的所有候选键为止。转步骤（5）结束。

【注意】如果属性组 K 已有 $K\to U$，则不需要再去考察含 K 的其他属性组合，显然它们都不可能是候选键了（根据候选键定义的第②项可得出此结论）。

（4）如果 $P=\varnothing$，则可以先考察 $X_i \to Y_i(i=1, \cdots, n)$中的单个 X_i，判断 X_i 是否满足候选键定义。如果满足，则 X_i 为候选键。剩下的非候选键，可以考察它们两个或多个的组合，查看这些组合是否满足候选键定义，从而找出其他可能的候选键。转步骤（5）结束。

（5）本方法结束。

【例 10-8】设有关系模式 $R(A, B, C, D, E, G)$，其上的函数依赖集 $F=\{AB\to E, AC\to G, AD\to B, B\to C, C\to D\}$，求 R 的所有候选键。

解答：

（1）$P=\{A\}$。因为 $P\neq\varnothing$，转步骤（2）。

（2）求 P 对应属性的闭包，即$(A)^+$。

$(A)^+=A$，P 对应的属性不能决定 U，所以 P 不满足候选键定义，转步骤（3）。

（3）P 中 A 分别与$\{U-P\}$中的(B, C, D, E, G)合并，形成 AB、AC、AD、AE、AG。下面分别求$(AB)^+$、$(AC)^+$、$(AD)^+$、$(AE)^+$、$(AG)^+$。

$$(AB)^+=ABCDEG，(AC)^+=ABCDEG，(AD)^+=ABCDEG，(AE)^+=AE，(AG)^+=AG$$

所以 R 的候选键为 AB、AC、AD。

【例 10-9】设有关系模式 $R(A, B, C, D, E)$，其上的函数依赖集 $F=\{A\to BC，CD\to E，B\to D，E\to A\}$，求 R 的所有候选键。

解答：

R 的候选键有 4 个：A、E、CD 和 BC。

关系模式的规范化

10.4 关系模式的规范化

关系模式的好与坏，用什么标准衡量呢？这个标准就是关系模式的范式。要将坏的关系模式转换为好的关系模式，则需要对范式进行规范化。

10.4.1 范式及规范化

1．范式

范式（Normal Form，NF）是指关系模式的规范形式。

关系模式上的范式有 6 个：1NF（称作第一范式，以下类同）、2NF、3NF、BCNF、4NF、5NF。其中，1NF 级别最低，5NF 级别最高。一般来说，1NF 是关系模式必须满足的最低要求。高级别范式可看作低级别范式的特例。

范式级别与异常问题的关系是：级别越低，出现异常的可能越大。

最常用的范式有 1NF、2NF、3NF、BCNF。

2．规范化

将一个给定的关系模式转化为某种范式的过程，称为关系模式的规范化过程，简称为规范化（Normalization）。

规范化一般采用分解的办法，将低级别范式向高级别范式转化，使关系的语义单纯化。

规范化的目的是逐渐消除异常。

理想的规范化程度是范式级别越高，规范化程度越高。但规范化程度不一定越高越好，在设计关系模式时，一般要求关系模式达到 3NF 或 BCNF 即可。

10.4.2 完全函数依赖、部分函数依赖和传递函数依赖

1．完全函数依赖和部分函数依赖

定义 10.4 设 R 为一个具有属性集合 U 的关系模式，X 和 Y 为 U 的子集。

如果 $X \to Y$，并且对于 X 的任何一个真子集 Z，$Z \to Y$ 都不成立，则称 Y 完全函数依赖于 X，记作 $X \xrightarrow{f} Y$。

如果 $X \to Y$，并且对于 X 的任何一个真子集 Z，$Z \to Y$ 都成立，则称 Y 部分函数依赖于 X，记作 $X \xrightarrow{p} Y$。

【例 10-10】对于关系模式 students(sid, sname, dname, ddirector, cid, cname, cscore)，判断下面所给的两个函数依赖是完全函数依赖还是部分函数依赖，为什么？

①（sid，cid）→cscore。

②（sid，cid）→dname。

解答：

① 是完全函数依赖。因为 cscore 的值必须由 sid 和 cid 一起决定。

② 是部分函数依赖。因为 dname 的值只由 sid 决定，与 cid 无关。

【说明】

只有当决定因素（函数依赖左侧）是组合属性时，讨论部分函数依赖才有意义，因为当决定因素是单属性时，都是完全函数依赖。

2．传递函数依赖

定义 10.5 设 R 为一个具有属性集合 U 的关系模式，X、Y、Z 为 U 的子集，且 X、Y、Z 为不同的属性集。如果 $X \to Y$，$Y \to X$ 不成立，$Y \to Z$，则称 Z 传递函数依赖于 X，记作 $X \xrightarrow{t} Z$。

【说明】

（1）如果 $X \to Y$，且 $Y \to X$，则称 X 与 Y 等价，记作 $X \leftrightarrow Y$。

（2）如果定义中 $Y \to X$ 成立，则 X 与 Y 等价，这时称 Z 对 X 是直接函数依赖，而不是传递函数依赖。

【例 10-11】对于关系模式 students(sid, sname, dname, ddirector, cid, cname, cscore)

① 存在 sid→dname，但 dname→sid 不成立，而 dname→ddirector，则有 sid→ddirector。

② 在学生不存在重名的情况下，sid→sname，sname→sid，即 sid↔ sname，而 sname→dname，这时 dname 对 sid 是直接函数依赖，而不是传递函数依赖。

10.4.3 以函数依赖为基础的范式

以函数依赖为基础的范式有：1NF、2NF、3NF 和 BCNF。

1．第一范式（1NF）

定义 10.6 设 R 为一个关系模式。如果 R 中每个属性的值域都是不可分的原子值，则称 R 为第一范式，记作 1NF。

1NF 是关系模式具备的最起码的条件。

要将非第一范式的关系转换为 1NF 关系，只需将复合属性变为简单属性即可。例如关系模式 R(NAME, ADDRESS, PHONE)，如果一个人有两个 PHONE（一个人可能有一个办公室电话和一个手机号码），那么在关系中可将属性 PHONE 分解为两个属性，即单位电话属性和个人电话属性。

关系模式仅满足 1NF 是不够的，仅满足 1NF 仍可能会出现插入异常、删除异常、数据冗余及更新异常的情况。

【例 10-12】以关系模式 students(sid, sname, dname, ddirector, cid, cname, cscore)为例，分析 1NF 出现的异常情况。

根据 1NF 的定义可知，关系模式 students 为 1NF 关系模式。

students 上的函数依赖如下。

$$\{sid \to sname, sid \to dname, cid \to cname, dname \to ddirector, ddirector \to dname, sid \to ddirector,$$
$$(sid, cid) \xrightarrow{f} cscore, (sid, cid) \xrightarrow{p} sname, (sid, cid) \xrightarrow{p} dname, (sid, cid) \xrightarrow{p} cname\}$$

该关系模式存在以下异常。

（1）数据冗余。如果某学生选修了多门课程，则存在姓名、系和系主任等信息的多次重复存储。

（2）插入异常。插入学生基本信息，但学生还未选课，则不能插入，因为主键为(sid, cid)，cid 为空值，主键中不允许出现空值，从而导致元组无法插入。

（3）删除异常。如果某学生只选了一门课，要删除学生的该门课程，则该学生的信息也会被删除。从而导致删除时，删掉了其他不应删除的信息。

（4）更新异常。由于存在数据冗余，如果某个学生要转系，需要修改多行数据。

2．第二范式（2NF）

在给出 2NF 的定义之前，先介绍两个概念。

主属性：候选键中所有的属性均称为主属性。

非主属性：不包含在任何候选键中的属性称为非主属性。

定义 10.7 如果关系模式 R 为 1NF，而且 R 中所有非主属性都完全函数依赖于任意一个候选键，则称 R 为第二范式，记作 2NF。

2NF 的实质是不存在非主属性部分函数依赖于候选键的情况。

非 2NF 关系或 1NF 关系向 2NF 转换的原则是消除其中的部分函数依赖，一般是将一个关系模式分解为多个 2NF 的关系模式，即将部分函数依赖于候选键的非主属性及其决定属性移出，另生成一个关系，使其满足 2NF。可以总结为如下方法。

设关系模式 R 的属性集合为 U，主键为 W，R 上还存在函数依赖 $X \rightarrow Z$，且 X 为 W 的子集，Z 为非主属性，那么 $W \rightarrow Z$ 就是一个部分函数依赖。此时应把 R 分解为两个关系模式。

（1）$R1(XZ)$，主键为 X；

（2）$R2(Y)$，其中 $Y=U-Z$，主键仍为 W，外键为 X。

如果 $R1$ 和 $R2$ 还不是 2NF，则重复上述过程，直到每个关系模式都是 2NF 为止。

【例 10-13】根据例 10-12 的函数依赖关系，将满足 1NF 的关系模式 students(sid, sname, dname, ddirector, cid, cname, dscore)分解为 2NF。

解答：

可将其分解为 3 个 2NF 关系模式，每个关系模式及函数依赖分别如下。

（1）students(sid, sname, dname, ddirector)

{sid→sname, sid→dname, dname→ddirector, ddirector→dname, sid→ddirector}

（2）score(sid, cid, cscore)

$\{(\text{sid, cid}) \xrightarrow{f} \text{cscore}\}$

（3）course(cid, cname)

{cid→cname}

但是，2NF 关系仍可能存在插入异常、删除异常、数据冗余和更新异常。因为还可能存在传递函数依赖。下面以分解后的第一个 2NF 关系模式为例进行讲解。

students(sid, sname, dname, ddirector)

该关系模式的主键为 sid，其中的函数依赖关系有

{sid→sname, sid→dname, dname→ddirector, ddirector→dname, sid→ddirector}

该关系模式存在以下异常。

（1）插入异常。插入尚未招生的系时，不能完成插入，因为主键为 sid，而其为空值。

（2）删除异常。如果某系学生全毕业了，删除学生则会删除系的信息。

（3）数据冗余。由于一个系有众多学生，而每个学生均带有系信息，所以会造成数据冗余。

（4）更新异常。由于存在冗余，如果修改一个系信息，则要修改多行。

3．第三范式（3NF）

定义 10.8 如果关系模式 R 为 2NF，而且 R 中所有非主属性对任何候选键都不存在传递函数依赖，则称 R 为第三范式，记作 3NF。

3NF 是从 1NF 消除非主属性对候选键的部分函数依赖，并从 2NF 消除传递函数依赖而得到的关系模式。

2NF 关系向 3NF 转换的原则是消除传递函数依赖，将 2NF 关系分解为多个 3NF 关系模式。可以总结为如下方法。

设关系模式 R 的属性集合为 U，主键为 W，R 上还存在函数依赖 $X \rightarrow Z$，并且 Z 为非主属性，Z 不包含于 X，X 不是候选键，这样 $W \rightarrow Z$ 就是一个传递依赖。此时应把 R 分解为两个关系模式。

（1）$R1(XZ)$，主键为 X。

（2）$R2(Y)$，其中 $Y=U-Z$，主键为 W，外键为 X。

如果 $R1$ 和 $R2$ 还不是 3NF，则重复上述过程，一直到每个关系模式都是 3NF 为止。

【例 10-14】根据例 10-13 分解出的第一个 2NF，将关系模式 students(sid, sname, dname, ddirector) 分解为 3NF，其函数依赖集为 {sid→sname, sid→dname, dname→ddirector, ddirector→dname, sid→ddirector}。

解答：

在该关系模式的函数依赖集中存在一个传递函数依赖，如下所示。

{sid→dname, dname→ddirector, sid→ddirector}

通过消除该传递函数依赖，将其分解为两个 3NF 关系模式，每个关系模式及函数依赖分别如下。

（1）students(sid, sname, dname)

{sid→sname, sid→dname}

（2）depts(dname, ddirector)

{dname→ddirector, ddirector→dname}

在 3NF 的关系中，所有非主属性都彼此独立地完全函数依赖于候选键，它不再引起操作异常，故一般的数据库设计到 3NF 就可以了。但这个结论只适用于仅具有一个候选键的关系，而具有多个候选键的 3NF 关系仍可能产生操作异常，如下面的示例。

【例 10-15】3NF 异常情况。

现有关系 STC(sid, cid, grade, tname)，该关系模式用来存放学生、教师、课程及成绩等信息。其中，sid 为学生的学号，cid 为学生所选修的、由某位教师讲授课程的课程号，grade 为学生该课程的成绩，tname 为教师的姓名。

假定该关系模式包括以下数据语义。

（1）课程与教师是 $1{:}n$ 的联系，即一门课程可由多名教师讲授，而一名教师只讲授一门课程。

（2）学生与课程是 $m{:}n$ 的联系，即一名学生可选修多门课程，而每门课程有多名学生选修。

由上述语义可知，该关系模式的候选键为(sid, cid)和(sid, tname)，其中函数依赖关系如下。

{(sid, cid)→grade, (sid, tname)→grade, tname→cid}

该关系模式是 3NF。因为它只有一个非主属性 grade，而该非主属性又完全依赖于每一个候选键。

该关系模式存在以下异常。

（1）插入异常。插入尚未选课的学生时，不能插入；或插入没有学生选的课程时，不能插入，因为该关系模式有两个候选键，无论哪种情况的插入，都会出现候选键中的某个主属性值为 NULL 的情况，故不能插入。

（2）删除异常。如果选修某课程的学生全毕业了，删除学生，则会删除课程的相关信息。

（3）数据冗余。每个选修某课程的学生均带有教师的信息，故冗余。

（4）更新异常。由于存在数据冗余，故要修改某门课程的信息，则要修改多行。

引起上述问题的原因是关系模式主属性之间存在函数依赖 tname→cid，导致主属性 cid 部分依赖于候选键(sid, tname)，Boycc 和 Codd 指出了这种缺陷，且为了补救而提出了一个更强的 3NF 定义，通常叫作 Boycc-Codd 范式。

4．Boycc-Codd 范式（BCNF）

定义 10.9　如果关系模式 *R* 为 1NF，且对于 *R* 中每个函数依赖 $X \to Y$，*X* 必为候选键，则称 *R* 为 BCNF。

由 BCNF 的定义可知，每个 BCNF 应具有以下 3 个性质。

（1）所有非主属性都完全函数依赖于每个候选键。

（2）所有主属性都完全函数依赖于每个不包含它的候选键。

（3）没有任何属性完全函数依赖于非键的任何一组属性。

3NF 关系向 BCNF 转换的原则是消除主属性对候选键的部分和传递函数依赖，将 3NF 关系分解为多个 BCNF 关系模式。

【例 10-16】将例 10-15 的 3NF 分解为 BCNF。

通过消除主属性 cid 部分函数依赖于候选键(sid, tname)，将其分解为如下两个 BCNF 关系模式。

（1）SG(sid, cid, grade)

{(sid, cid)→grade}

（2）TC(tname, cid)

{tname→cid}

3NF 和 BCNF 是范式中最重要的两种，在实际数据库设计中具有特别意义。虽然 BCNF 仅在关系具有多个组合且有重叠的关键字时才考虑，且这种情况是比较少的，但它还是存在的。所以一般设计的模式都应达到 BCNF 或 3NF。

【例 10-17】综合练习。

设有关系模式 *R*(运动员编号, 比赛项目, 成绩, 比赛类别, 比赛主管)，用于存储运动员的比赛成绩及比赛类别、主管等信息。

语义规定：每个运动员每参加一个比赛项目，只有一个成绩；每个比赛项目只属于一个比赛类别；每个比赛类别只有一个比赛主管。

试回答下列问题。

（1）根据上述规定，写出模式 *R* 的基本函数依赖集和候选键。

（2）说明 *R* 不是 2NF 的理由，并把 *R* 分解为 2NF 模式集。

（3）把 *R* 进一步分解为 3NF 模式集。

解答：

（1）基本的函数依赖集有 3 个。

{(运动员编号, 比赛项目)→成绩, 比赛项目→比赛类别, 比赛类别→比赛主管}

R 候选键为(运动员编号, 比赛项目)

（2）*R* 中有两个这样的函数依赖。

(运动员编号, 比赛项目)→(比赛类别, 比赛主管)

(比赛项目)→(比赛类别, 比赛主管)

可见前一个函数依赖是部分依赖，所以 *R* 不是 2NF 模式。

R 应分解为 *R*1(比赛项目, 比赛类别, 比赛主管)

$R2$(运动员编号，比赛项目，成绩)

这里的 $R1$ 和 $R2$ 都是 2NF 模式。

（3）$R2$ 已是 3NF 模式。

在 $R1$ 中，存在两个函数依赖。

比赛项目→比赛类别

比赛类别→比赛主管

因此，“比赛项目→比赛主管”是一个传递依赖，$R1$ 不是 3NF 模式。

$R1$ 应分解为 $R11$(比赛项目，比赛类别)

$R12$(比赛类别，比赛主管)

这样的$\{R11, R12, R2\}$是一个 3NF 模式集。

10.4.4 关系的分解

分解是关系向更高一级范式规范化的唯一手段。关系模式的分解是将关系模式的属性集划分为若干子集，并以各属性子集构成的关系模式的集合来代替原关系模式，则该关系模式集叫作原关系模式的一个分解。

分解是消除冗余和操作异常的好工具，然而分解也会带来新的问题。其中最关键的问题是，分解能否“复原”，即将分解的关系再连接起来能否得到原来的关系？分解后各关系函数依赖集的并运算结果是否与原关系的函数依赖等价？答案是不一定。下面对有关问题及其解决办法进行讨论。

1．无损连接分解

如果关系模式 R 上的任一关系 r 都是它在各分解模式上投影的自然连接（一种特殊的等值连接，结果中去掉重复的属性列），则该分解就是无损连接分解，也称无损分解；否则就是有损连接分解，或称有损分解。

【例 10-18】设有关系模式 $R(A, B, C)$。

（1）设 R 上的一个关系 r 及对 r 分解得到的两个关系 $r1$、$r2$ 分别如表 10-4～表 10-6 所示，判断此分解是否为无损连接分解。

表 10-4　关系 r

A	*B*	*C*
1	1	1
1	2	1

表 10-5　关系 $r1$

A	*B*
1	1
1	2

表 10-6　关系 $r2$

A	*C*
1	1

解答：

因为 $r1$ 和 $r2$ 共有的列为 A，取 A 值相等的行进行自然连接，连接后能够恢复为 r，即未丢失信息，所以此分解为“无损分解”。

（2）设 R 上的一个关系 r 及对 r 分解得到的两个关系 $r1$、$r2$ 分别如表 10-7～表 10-9 所示，判断此分解是否为无损连接分解。

表 10-7　关系 r

A	*B*	*C*
1	1	4
1	2	3

表 10-8　关系 $r1$

A	*B*
1	1
1	2

表 10-9　关系 $r2$

A	*C*
1	4
1	3

解答：

$r1$ 和 $r2$ 自然连接后的结果如表 10-10 所示。

表 10-10　$r1$ 和 $r2$ 自然连接后的结果

A	*B*	*C*
1	1	4
1	1	3
1	2	4
1	2	3

因为连接后包含了一些非 r 中的元组，所以为“有损分解”。“更多”的元组使一些原来确定的信息变成不确定的了，从这个意义上来说是损失了。

如果一个关系被分解为两个关系，可以通过下面的定理判断该分解是否为无损分解。

定理 10.2　设 $p=(R1, R2)$为关系模式 R 的一个分解，F 为 R 的函数依赖集。当且仅当 $R1\cap R2\to R1-R2$ 或 $R1\cap R2\to R2-R1$ 属于 F^+（包含 F 集中的函数依赖关系和通过 FD 集推导出来的函数依赖关系）时，p 是 R 的一个无损连接分解。

【例 10-19】案例

（1）设有关系模式 $R(ABC)$，函数依赖集 $F=\{A\to B, C\to B\}$，分解为 $p=\{AB, BC\}$，判断该分解是不是无损的。

解答：

因为 $R1\cap R2=B$，$R1-R2=A$，$R2-R1=C$，由于在函数依赖集中，既无 $B\to A$，也无 $B\to C$，所以该分解是有损的。

（2）设有关系模式 $R(XYZ)$，函数依赖集 $F=\{X\to Y, X\to Z, YZ\to X\}$，分解为 $p=\{XY, XZ\}$，判断该分解是不是无损的。

解答：

因为 $R1\cap R2=X$，$R1-R2=Y$，$R2-R1=Z$，由于在函数依赖集中有 $X\to Y$，所以判定分解是无损的。也可以通过 $X\to Z$ 判定该分解是无损的。

2．无损连接分解的测试

定理 10.2 给出了一种将关系模式分解为两部分的无损连接分解判定法。但对于一般情况的分解，如何测试分解是不是无损分解？这里介绍一种测试方法。

算法 10.2　无损分解的测试方法。

输入：关系模式 $R=(A_1, A_2, \cdots, A_n)$，$F$ 为 R 上成立的函数依赖集，$p=\{R_1, R_2, \cdots, R_k\}$为 R 的一个分解。

输出：确定 p 是否为 R 的无损分解。

步骤如下。

（1）构造一张 k 行 n 列的表格，每列对应一个属性 A_j（$1\leqslant j\leqslant n$），每行对应一个模式 R_i（$1\leqslant i\leqslant k$）。如果 A_j 在 R_i 中，那么在表格的第 i 行第 j 列处填上符号 a_j，否则填上 b_{ij}（a_j、b_{ij} 仅是一种符号，无专门含义）。

（2）把表格看作模式 R 的一个关系，反复检查 F 中每个函数依赖在表格中是否成立，若成立，则修改表格中的值。修改方法如下。

对于 F 中的一个函数依赖 $X\to Y$，在表格中寻找对应于 X 中属性的所有列上符号 a_i 或 b_{ij} 全相同的那些行，按下列情况处理。

① 如果表格中有两行（或多行）这样的行，则使这些行中对应于 Y 中属性的所有列的符号相同：如果符号中有一个 a_j，那么其他全都改为 a_j；如果没有 a_j，那么用其中一个 b_{ij} 替换其他值（尽量把下标 i、j 改成较小的数）。

② 如果没有找到这样的两行，则不用修改。

对 F 集中所有函数依赖重复执行步骤（2），直到表格不能修改为止。

（3）若修改的最后一张表格中有一行全为 a，即 a_1，a_2，……，a_n，那么称 p 相对于 F 是无损分解，否则是有损分解。

【例 10-20】设有关系模式 R，其函数依赖 F 和 R 的一个分解 p 如下：

$$R=(ABCDE)$$
$$F=\{A\to C, B\to C, C\to D, DE\to C, CE\to A\}$$
$$p=\{R_1(AD), R_2(AB), R_3(BE), R_4(CDE), R_5(AE)\}$$

判断 p 相对于 F 是否为无损分解。

解答：

（1）构建的表格如表 10-11 所示。

表 10-11　构建的表格

	A	B	C	D	E
$R_1(AD)$	a_1	b_{12}	b_{13}	a_4	b_{15}
$R_2(AB)$	a_1	a_2	b_{23}	b_{24}	b_{25}
$R_3(BE)$	b_{31}	a_2	b_{33}	b_{34}	a_5
$R_4(CDE)$	b_{41}	b_{42}	a_3	a_4	a_5
$R_5(AE)$	a_1	b_{52}	b_{53}	b_{54}	a_5

（2）取 $A\to C$，A 列中值相同的是第 2、3、6 行，全为 a_1，对应于 C 的列中无任何一个 a_i；选取 b_{13}，将 b_{23} 和 b_{53} 均改为 b_{13}，得到新的表格，如表 10-12 所示。

表 10-12　新表格 1

	A	B	C	D	E
R_1(AD)	a_1	b_{12}	b_{13}	a_4	b_{15}
$R_2(AB)$	a_1	a_2	b_{13}	b_{24}	b_{25}
$R_3(BE)$	b_{31}	a_2	b_{33}	b_{34}	a_5
$R_4(CDE)$	b_{41}	b_{42}	a_3	a_4	a_5
$R_5(AE)$	a_1	b_{52}	b_{13}	b_{54}	a_5

（3）再取 $B\to C$，B 列中值相同的是第 3、4 行，全为 a_2，对应于 C 的列中无任何一个 a_i；选取 b_{13}，改 b_{33} 为 b_{13}，得到新的表格，如表 10-13 所示。

表 10-13　新表格 2

	A	B	C	D	E
$R_1(AD)$	a_1	b_{12}	b_{13}	a_4	b_{15}
$R_2(AB)$	a_1	a_2	b_{13}	b_{24}	b_{25}
$R_3(BE)$	b_{31}	a_2	b_{13}	b_{34}	a_5
$R_4(CDE)$	b_{41}	b_{42}	a_3	a_4	a_5
$R_5(AE)$	a_1	b_{52}	b_{13}	b_{54}	a_5

（4）再取 $C\to D$，C 列中值相同的是第 2、3、4、6 行，全为 b_{13}，对应于 D 的列中有

一个 a_4，将 b_{24}、b_{34}、b_{54} 全改为 a_4，得到新的表格，如表 10-14 所示。

表 10-14　新表格 3

	A	*B*	*C*	*D*	*E*
$R_1(AD)$	a_1	b_{12}	b_{13}	a_4	b_{15}
$R_2(AB)$	a_1	a_2	b_{13}	a_4	b_{25}
$R_3(BE)$	b_{31}	a_2	b_{13}	a_4	a_5
$R_4(CDE)$	b_{41}	b_{42}	a_3	a_4	a_5
$R_5(AE)$	a_1	b_{52}	b_{13}	a_4	a_5

（5）再取 $DE \to C$，DE 列值相同的是第 4、5、6 行，对应于 C 的列中有一个 a_3，将 b_{13} 都改为 a_3，得到新的表格，如表 10-15 所示。

表 10-15　新表格 4

	A	*B*	*C*	*D*	*E*
$R_1(AD)$	a_1	b_{12}	b_{13}	a_4	b_{15}
$R_2(AB)$	a_1	a_2	b_{13}	a_4	b_{25}
$R_3(BE)$	b_{31}	a_2	a_3	a_4	a_5
$R_4(CDE)$	b_{41}	b_{42}	a_3	a_4	a_5
$R_5(AE)$	a_1	b_{52}	a_3	a_4	a_5

（6）再取 $CE \to A$，CE 列值相同的是第 4、5、6 行，对应于 A 的列有一个 a_1，所以将 A 列的 b_{31} 和 b_{41} 都改为 a_1，得到新的表格，如表 10-16 所示。

表 10-16　新表格 5

	A	*B*	*C*	*D*	*E*
$R_1(AD)$	a_1	b_{12}	b_{13}	a_4	b_{15}
$R_2(AB)$	a_1	a_2	b_{13}	a_4	b_{25}
$R_3(BE)$	a_1	a_2	a_3	a_4	a_5
$R_4(CDE)$	a_1	b_{42}	a_3	a_4	a_5
$R_5(AE)$	a_1	b_{52}	a_3	a_4	a_5

（7）此时第 4 行全为 a，所以相对于 F，R 分解为 p 是无损分解。

【例 10-21】设有关系模式 $R(ABCD)$，R 分解为 $p=\{AB, BC, CD\}$。如果 R 上成立的函数依赖集 $F1=\{B \to A, C \to D\}$，那么 p 相对于 $F1$ 是否为无损分解？如果 R 上成立的函数依赖集 $F2=\{A \to B, C \to D\}$呢？

解答：

相对于 $F1$，R 分解为 p 是无损分解。

相对于 $F2$，R 分解为 p 是有损分解。

分析过程请读者自己完成。

3．保持函数依赖分解

对于一个关系模式的分解，保证分解的连接无损性是必要的，但这还不够，还需要保持函数依赖。如果不保持函数依赖，那么数据的语义就会出现混乱。

怎样保持函数依赖分解呢？直观地讲，就是当一个关系模式被分解为多个模式时，其函数依赖集也相应地被分成各自的函数依赖集，若各模式的 FD 集的集合与原 FD 集等价，则该分解是保持函数依赖的。

定义 10.10 设有关系模式 $R(U, F)$，$Z \subseteq U$，函数依赖集 F 在 Z 上的投影 $\prod_Z(F)$ 定义为

$$\prod_Z(F)=\{X \rightarrow Y \mid (X \rightarrow Y) \in F^+ \text{且} X,Y \subseteq Z\}$$

注：F^+ 包含 F 集中的函数依赖关系和通过 FD 集推导出来的函数依赖关系。

定义 10.11 设 $R(U, F)$ 的一个分解 $p=\{R_1, R_2, \ldots, R_k\}$，如果 F 等价于 $\prod_{R1}(F) \cup \prod_{R2}(F) \cup \ldots \cup \prod_{Rk}(F)$，则称分解 p 具有函数依赖保持性。

【例 10-22】设有 $R=(XYZ)$，其中函数依赖集 $F=\{X \rightarrow Y, Y \rightarrow Z\}$，分解 $p=(R_1, R_2)$，$R_1=(XY)$，$R_2=(XZ)$。判断 p 是否保持函数依赖。

解答：

R_1 上的函数依赖是 $F_1=\{X \rightarrow Y\}$，R_2 上的函数依赖是 $F_2=\{X \rightarrow Z\}$。但从这两个函数依赖推导不出在 R 上成立的函数依赖 $Y \rightarrow Z$，因此分解 p 把 $Y \rightarrow Z$ 丢失了，即 p 不保持函数依赖。

【例 10-23】设有关系模式 $R(ABC)$，$p=\{AB, AC\}$ 是 R 的一个分解。试分析在 $F_1=\{A \rightarrow B\}$，$F_2=\{A \rightarrow C, B \rightarrow C\}$，$F_3=\{B \rightarrow A\}$，$F_4=\{C \rightarrow B, B \rightarrow A\}$ 的情况下，p 是否具有无损分解和保持 FD 的分解特性。

解答：

（1）相对于 $F_1=\{A \rightarrow B\}$，分解 p 是无损分解且保持 FD 集的分解。

（2）相对于 $F_2=\{A \rightarrow C, B \rightarrow C\}$，分解 p 是无损分解，但不保持 FD 集的分解特性。因为 $B \rightarrow C$ 丢失了。

（3）相对于 $F_3=\{B \rightarrow A\}$，分解 p 是有损分解且保持 FD 集的分解。

（4）相对于 $F_4=\{C \rightarrow B, B \rightarrow A\}$，分解 p 是有损分解但不保持 FD 集的分解，因为丢失了 $C \rightarrow B$。

10.4.5 多值依赖与 4NF**

前面介绍的规范化都是建立在函数依赖的基础上，函数依赖表示的是关系模式中属性间的一对一或一对多的联系，但它并不能表示属性间多对多的联系，因而某些关系模式虽然已经规范到 BCNF，但仍然会存在一些异常，下面主要讨论属性间多对多的联系，即多值依赖问题，以及在多值依赖范畴内定义的 4NF。

1．多值依赖

先看一个例子。设有关系模式 course(cou, stu, pre)，其属性分别表示课程、选修该课程的学生及该课程的先修课。cou 值与 stu 值、cou 值与 pre 值之间都是 1:n 联系，并且这两个 1:n 联系是独立的。该关系模式部分数据的一个示例如表 10-17 所示。

表 10-17 关系 course 示例

cou	stu	pre
C4	S1	C1
C4	S1	C2
C4	S1	C3
C4	S2	C1
C4	S2	C2
C4	S2	C3

该关系模式的主键为(cou, stu. pre)，由 BCNF 的定义及性质可知，此模式属于 BCNF。

然而该关系模式仍然存在以下异常。

（1）插入异常。插入选修某门课的学生时，因该课程有多门先修课，需要插入多个元组。导致插入一个元组，却需插入多个元组的情况出现。

（2）删除异常。删除某门课程的一门先修课时，因为选修该课程的学生有多名，所以需删除多个元组。导致删除一个元组却删除了多个元组的情况出现。

（3）数据冗余。对于每门课程的先修课，由于有多名学生选修该课程，所以需存储多次，这会导致数据大量冗余。

（4）更新异常。修改一门课程的先修课时，由于该课程涉及多名学生，所以需修改多个元组。

该关系模式已经达到函数依赖范畴内的最高范式 BCNF，为什么还存在这 4 种异常？问题的根源在于先修课（pre）的取值与学生（stu）的取值彼此独立、毫无关系，它们都取决于课程名（cou）。此即多值依赖的表现。

定义 10.12 设 R 为一个具有属性集合 U 的关系模式，X、Y 和 Z 为属性集 U 的子集，并且 $Z=U-X-Y$。如果对于 R 的任一关系，对于 X 的一个确定值，存在 Y 的一组值与之对应，且 Y 的这组值仅仅取决于 X 的值，而与 Z 值无关，则称 Y 多值依赖于 X，或 X 多值决定 Y，记作 $X\rightarrow\rightarrow Y$。

【例 10-24】多值依赖示例。

以关系模式 course(cou, stu, pre)为例，其上的多值依赖关系如下。

$$\{cou\rightarrow\rightarrow stu, cou\rightarrow\rightarrow pre\}$$

对于 cou→→stu，因为每组(cou, pre)上的值对应一组 stu 值，且这种对应只与 cou 的值有关，而与 pre 的值无关。同理，对于 cou→→pre，每组(cou, stu)上的值对应一组 pre 值，且这种对应只与 cou 的值有关，而与 stu 的值无关。

2．多值依赖的性质

与函数依赖类似，多值依赖也有一组完备而有效的多值依赖推理规则。

设 U 为一个关系模式的属性全集，X、Y、Z 都是 U 的子集。以下为多值依赖推理出的几个性质。

（1）多值依赖对称性。若 $X\rightarrow\rightarrow Y$，则 $X\rightarrow\rightarrow Z$，其中 $Z=U-X-Y$。

（2）多值依赖传递性。若 $X\rightarrow\rightarrow Y$，$Y\rightarrow\rightarrow Z$，则 $X\rightarrow\rightarrow Z-Y$。

（3）多值依赖合并性。若 $X\rightarrow\rightarrow Y$，$X\rightarrow\rightarrow Z$，则 $X\rightarrow\rightarrow YZ$。

（4）多值依赖分解性。若 $X\rightarrow\rightarrow Y$，$X\rightarrow\rightarrow Z$，则 $X\rightarrow\rightarrow Y\cap Z$，$X\rightarrow\rightarrow Y-Z$，$X\rightarrow\rightarrow Z-Y$。

（5）函数依赖可看作多值依赖的特殊情况。若 $X\rightarrow Y$，则 $X\rightarrow\rightarrow Y$。

3．第四范式

在介绍第四范式之前，先来介绍平凡多值依赖和非平凡多值依赖。

设 R 为一个具有属性集合 U 的关系模式，X、Y 和 Z 为属性集 U 的子集，并且 $Z=U-X-Y$。在多值依赖中，若 $X\rightarrow\rightarrow Y$ 且 $Z=U-X-Y\neq\phi$，则称 $X\rightarrow\rightarrow Y$ 是非平凡多值依赖，否则称为平凡多值依赖。

定义 10.13 设有一关系模式 $R(U)$，U 为其属性全集，X、Y 为 U 的子集，D 为 R 上的数据依赖集。如果对于任一多值依赖 $X\rightarrow\rightarrow Y$，此多值依赖是平凡的，则称关系模式 R 为第四范式，记作 4NF。

BCNF 关系向 4NF 转换的方法是，消除非平凡多值依赖，即将 BCNF 分解为多个 4NF 关系模式。

【例 10-25】BCNF 分解示例。

以关系模式 course(cou, stu, pre)为例，其上存在非平凡多值依赖关系。

$$\{cou\rightarrow\rightarrow stu, cou\rightarrow\rightarrow pre\}$$

根据 4NF 定义，消除非平凡多值依赖，可将 course 分解为如下两个 4NF 关系模式。

cs(cou, stu)

cp(cou, pre)

总结，一个 BCNF 的关系模式不一定是 4NF，而 4NF 的关系模式必定是 BCNF 的关系模式，即 4NF 是 BCNF 的推广，4NF 的定义涵盖了 BCNF 的定义。

【例 10-26】设有关系模式 $R(ABCEFG)$，数据依赖集 $D=\{A\to\to BCG, B\to AC, C\to G\}$，将 R 分解为 4NF。

解答：

（1）因为 $A\to\to BCG$，根据多值依赖的对称性可得 $A\to\to EF$，所以将 R 分解为以下两个关系模式。

$R1(ABCG)$　　$D1=\{B\to AC,\ C\to G\}$

$R2(AEF)$　　$D2=\{\ \}$

（2）$R2$ 既无函数依赖也无多值依赖，所以 $R2$ 已是 4NF。

（3）$R1$ 的候选键为 B，因为存在非主属性 G 对候选键 B 的传递依赖，所以 $R1$ 为 2NF，可将其分解为以下两个关系模式。

$R11(ABC)$　　$D11=\{B\to AC\}$

$R12(CG)$　　$D12=\{C\to G\}$

根据定义，$R11$ 和 $R12$ 已是 4NF。

（4）R 关系分解为 4NF 的结果如下。

$R1(ABC)$　　$D1=\{B\to AC\}$

$R2(CG)$　　$D2=\{C\to G\}$

$R3(CG)$　　$D3=\{C\to G\}$

函数依赖和多值依赖是两种最重要的数据依赖。如果只考虑函数依赖，则属于 BCNF 的关系模式规范化程度是最高的。如果考虑多值依赖，则属于 4NF 的关系模式规范化程度是最高的。事实上，数据依赖中除了函数依赖和多值依赖之外，还有其他的数据依赖，如连接依赖。函数依赖是多值依赖的一种特例，而多值依赖实际上又是连接依赖的一种特例。连接依赖不像函数依赖和多值依赖那样可由语义直接导出，而在进行关系的连接运算时才反映出来。存在连接依赖的关系模式仍可能遇到数据冗余及插入、删除、修改异常的问题。如果消除了属于 4NF 的关系中存在的连接依赖，则关系模式可以进一步达到 5NF。本书不再讨论连接依赖和 5NF 方面的内容。

10.4.6　关系模式的规范化总结

规范化工作是将给定的关系模式按范式级别，从低到高、逐步分解为多个关系模式。实际上在前面的叙述中，已分别介绍了各低级别的范式向高级别转换的方法，下面通过图示综合说明关系模式规范化的基本步骤，如图 10-1 所示。

1NF
↓ 消去非主属性对候选键的部分函数依赖
2NF
↓ 消去非主属性对候选键的传递函数依赖
3NF
↓ 消去主属性对候选键的部分和传递函数依赖
BCNF
↓ 消去不是函数依赖的非平凡多值依赖
4NF

图 10-1 关系模式规范化的基本步骤

各步骤描述如下。

（1）对 1NF 关系模式进行分解，消除原关系模式中非主属性对候选键的部分函数依赖，将 1NF 关系模式转换为多个 2NF 关系模式。

（2）对 2NF 关系模式进行分解，消除原关系模式中非主属性对候选键的传递函数依赖，将 2NF 关系模式转换为多个 3NF 关系模式。

（3）对 3NF 关系模式进行分解，消除原关系模式中主属性对候选键的部分和传递函数依赖，即使决定属性成为所分解关系的候选键，从而得到多个 BCNF 关系模式。

（4）对 BCNF 关系模式进行分解，消除原关系模式中不是函数依赖的非平凡多值依赖，将 BCNF 关系模式转换为多个 4NF 关系模式。

需要强调的是，规范化仅仅从一个侧面提供了改善关系模式的理论和方法。一个关系模式的好坏，规范化是其衡量的标准之一，但不是唯一标准。数据库设计者的任务是，在一定的制约条件下，寻求能较好地满足用户需求的关系模式。规范化程度不是越高越好，而是取决于应用。

10.5 小结

一个没有设计好的关系模式可能存在异常，包括插入异常、删除异常、数据冗余和更新异常。存在异常的原因在于，关系模式中的属性间存在复杂的数据依赖。数据依赖由数据间的语义决定，包括函数依赖、多值依赖和连接依赖。

函数依赖表示关系模式中的一个或一组属性值决定另一个或一组属性值。函数依赖一般包括完全函数依赖、部分函数依赖和传递函数依赖。在对一个关系模式规范化前，必须将关系模式中所有的函数依赖全部找出，Armstrong 公理可帮助完成此项任务。

目前，关系模式上的范式一共有 6 种，分别为 1NF、2NF、3NF、BCNF、4NF 和 5NF。其中，1NF 最低，5NF 最高；1NF、2NF、3NF 和 BCNF 为函数依赖范畴内的范式；4NF 为多值依赖范畴内的范式；5NF 为连接依赖范畴内的范式。在设计关系模式时，静态关系模式可为 1NF，其他关系模式达到 3NF 或 BCNF 即可。

函数依赖讨论的是属性间的依赖对属性取值的影响，即属性级的影响；多值依赖讨论的是属性间的依赖关系对元组级的影响；连接依赖讨论的则是属性间的依赖关系对关系级的影响。

关系模式的规范化一般通过投影分解完成。关系模式分解有两个指标：无损分解和函数依赖保持，一般做到无损分解即可。

通过对本章的学习，应该得到一个启示：在设计关系模式时，应使每个关系模式只表达一个概念，做到关系模式概念的单一化。这样可在较大程度上避免异常。

习　题

一、选择题

1. 关系规范化中的插入异常是指（　　）。

A. 插入了不该插入的数据　　B. 数据插入后导致数据处于不一致的状态

C. 该插入的数据不能实现插入　　D. 以上都不对

2. 关系模式中的候选键（　　）。

A. 有且仅有一个　　B. 必然有多个

C. 可以有一个或多个　　D. 以上都不对

3. 在关系模式中，如果属性 A 与 B 存在 1∶1 的联系，则说明（　　）。

A. $A \rightarrow B$　　B. $A \leftrightarrow B$　　C. $B \rightarrow A$　　D. 以上都不是

4. 设关系模式 R 属于 1NF，若在 R 中消除了部分函数依赖，则 R 至少属于（　　）。

A. 1NF　　B. 2NF　　C. 3NF　　D. 4NF

5. 如果关系模式 R 中的属性都是主属性，则 R 至少属于（　　）。

A. 3NF　　B. BCNF　　C. 4NF　　D. 5NF

6. 在关系模式 $R(ABC)$中，有函数依赖集 $F=\{AB \rightarrow C, BC \rightarrow A\}$，则 R 最高达到（　　）。

A. 1NF　　B. 2NF　　C. 3NF　　D. BCNF

7. 设有关系模式 $R(ABC)$，其函数依赖集 $F=\{A \rightarrow B, B \rightarrow C\}$，则关系 R 最高达到（　　）。

A. 1 NF　　B. 2NF　　C. 3NF　　D. BCNF

8. 关系规范化中的删除操作异常是指（　　）。

A. 不该删除的数据被删除　　B. 不该删除的关键码被删除

C. 应该删除的数据未被删除　　D. 应该删除的关键码未被删除

9. 给定关系模式 $R(U, F)$，$U=\{A, B, C, D, E\}$，$F=\{B \rightarrow A, D \rightarrow A, A \rightarrow E, AC \rightarrow B\}$，那么属性集 AD 的闭包为（ ① ），R 的候选键为（ ② ）。

① A. ADE　　B. ABD

C. $ABCD$　　D. ACD

② A. ABD　　B. ADE

C. ACD　　D. CD

10. 下列说法中，错误的是（　　）。

A. 2NF 必然属于 1NF　　B. 3NF 必然属于 2NF

C. 3NF 必然属于 BCNF　　D. BCNF 必然属于 3NF

11. 在最小依赖集 F 中，下面叙述不正确的是（　　）。

A. F 中每个 FD 的右部都是单属性　　B. F 中每个 FD 的左部都是单属性

C. F 中没有冗余的 FD　　D. F 中每个 FD 的左部没有冗余的属性

12. 设有关系模式 $R(ABCD)$，函数依赖集 $F=\{A \rightarrow B, B \rightarrow C, C \rightarrow D, D \rightarrow A\}$，$p=\{AB, BC, AD\}$

是 R 上的一个分解，那么分解 p 相对于 F（　　）。

A. 是无损连接分解，也是保持 FD 的分解

B. 是无损连接分解，但不保持 FD 的分解

C. 不是无损连接分解，但保持 FD 的分解

D. 既不是无损连接分解，也不保持 FD 的分解

13. 无损连接和保持 FD 之间的关系是（　　）。

A. 同时成立或不成立　　B. 前者包含后者

C. 后者包含前者　　D.没有必然的联系

14. 关系 $R(ABC)$如表 10-18 所示。

表 10-18　关系 *R*

A	*B*	*C*
5	6	5
6	7	5
6	8	6

下列叙述正确的是（　　）。

A. 函数依赖 $C \to A$ 在上述关系中成立　B. 函数依赖 $AB \to C$ 在上述关系中成立

C. 函数依赖 $A \to C$ 在上述关系中成立　D. 函数依赖 $C \to AB$ 在上述关系中成立

15. 关系模式规范化的最基本要求是达到 1NF，即满足（　　）。

A. 每个非主属性都完全函数依赖于候选键

B. 主属性唯一标识关系中的元组

C. 关系中的元组不可重复

D. 每个属性都是不可再分的

二、填空题

1. 数据依赖主要包括________依赖、________依赖和连接依赖。
2. 一个不好的关系模式会存在________、________、________和________等问题。
3. 包含 R 中全部属性的候选键称________，不在任何候选键中的属性称________。
4. 3NF 是基于________依赖的范式，4NF 是基于________依赖的范式。
5. 规范化过程是通过投影分解，把________关系模式分解为________的关系模式。
6. 关系模式的好与坏，用________衡量。
7. 消除了非主属性对候选键部分依赖的关系模式，称为________模式。
8. 消除了非主属性对候选键传递依赖的关系模式，称为________模式。
9. 消除了每一属性对候选键传递依赖的关系模式，称为________模式。
10. 在关系模式的分解中，数据等价用________衡量，依赖等价用________衡量。

三、简答题

1. 设有关系模式 $R(A, B, C, D, E)$，R 中的属性均不可再分解，若只基于函数依赖进行讨论，试根据给定的函数依赖集 F，分析 R 最高属于第几范式。

（1）$F=\{AB \to C, AB \to D, ABC \to E\}$。

（2）$F=\{AB \to C, AB \to D, AB \to E\}$。

（3）$F=\{AB \to C, AB \to E, A \to D, BD \to ACE\}$。

2. 设有关系模式 $R(U, F)$，其中 $U=\{A, B, C, D, E\}$，$F=\{A \to D, E \to D, D \to B, BC \to D, DC \to A\}$。

（1）求出 R 的候选码。

（2）若模式分解为 $p=\{AB, AE, CE, BCD, AC\}$，判断其是否为无损连接分解？能保持原来的函数依赖吗？

四、设计题

某学员为公司的项目工作管理系统设计了初始的关系模式集。

部门(部门代码, 部门名, 起始年月, 终止年月, 办公室, 办公电话)

职务(职务代码, 职务名)

等级(等级代码, 等级名, 年月, 小时工资)

职员(职员代码, 职员名, 部门代码, 职务代码, 任职时间)

项目(项目代码, 项目名, 部门代码, 起始年月日, 结束年月日, 项目主管)

工作计划(项目代码, 职员代码, 年月, 工作时间)

（1）试给出部门、等级、项目、工作计划关系模式的主键和外键，以及基本函数依赖集 $F1$、$F2$、$F3$ 和 $F4$。

（2）该学员设计的关系模式不能管理职务与等级之间的关系。如果规定一个职务可以有多个等级代码，请修改“职务”关系模式的属性结构。

（3）为了能管理公司职员参加各项目每天的工作业绩，请设计一个“工作业绩”关系模式。

（4）部门关系模式存在什么问题？请用 100 字以内的文字阐述原因。为了解决这个问题，请将关系模式分解，分解后的关系模式的关系名依次取部门_A、部门_B……。

（5）假定月工作业绩关系模式为月工作业绩(职员代码, 年月, 工作日期)，请给出“查询职员代码、职工名、年月、月工资”的 SQL 语句。

第11章 数据库设计

目前数据库已应用于各类系统，如管理信息系统（Management Information System，MIS）、决策支持系统（Decision-making Support System，DSS）、办公自动化系统（Office Automation，OA）等。实际上，数据库已成为现代信息系统的基础和核心。如果数据模型设计得不合理，即使使用性能再好的DBMS软件，也很难使数据库应用系统达到最佳状态，仍然会出现文件系统存在的冗余、异常和不一致问题。总之，数据库设计的优劣将直接影响信息系统的质量和运行效果。

在具备了DBMS、系统软件、操作系统和硬件环境时，对数据库应用开发人员来说，就是如何使用这个环境满足用户的需求，构造最优的数据模型，然后据此建立数据库及其应用系统，这个过程称为数据库设计。

11.1 数据库设计概述

数据库设计概述

什么是数据库设计呢？广义地讲，是数据库及其应用系统的设计，即设计整个数据库应用系统。狭义地讲，是设计数据库本身，即设计数据库的各级模式并建立数据库，这是数据库应用系统设计的一部分。这里主要讲解狭义的数据库设计。当然，设计一个好的数据库与设计一个好的数据库应用系统是密不可分的。一个好的数据库结构是应用系统的基础，特别在实际的系统开发项目中，两者更是密切相关。

11.1.1 数据库设计的特点

数据库设计和应用系统设计有相同之处，但数据库设计是与用户的业务需求紧密相关的，因此也具有其自身的特点。

（1）三分技术、七分管理、十二分基础数据

要建设好一个数据库应用系统，除了要有较强的开发技术，还要有完善而有效的管理，通过对开发人员和有关过程的控制管理，实现“1+1 > 2”的效果。一个企业数据库建设的过程是企业管理模式改革与提高的过程。

在数据库设计中，基础数据的作用非常关键，但往往被人们忽视。数据是数据库运行的基础，数据库的操作就是对数据的操作。如果基础数据不准确，在此基础上的操作结果就没有意义了。因此，在数据库建设中，数据的收集、整理、组织和不断更新是至关重要的环节。

（2）综合性

数据库设计的涉及面广，较为复杂，包括计算机专业知识及业务系统专业知识，同时

还要解决技术及非技术两方面的问题。

（3）结构设计与行为设计相结合

结构设计在模式和外模式中定义，包括数据库的概念设计、逻辑设计和物理设计。行为设计是指确定数据库用户的行为和动作，用户的行为和动作是对数据库的操作，这些操作通过应用程序实现，包括功能组织、流程控制等方面的设计。

数据库设计的重点在于数据结构设计，例如数据库表的结构、视图等，但这并不等于将结构设计和行为设计相分离。相反，必须强调在数据库设计中将结构设计和行为结合起来。

11.1.2 数据库设计方法

数据库设计方法包括新奥尔良设计方法、基于 E-R 模型的设计方法、基于 3NF 的设计方法、对象定义语言方法等。

（1）新奥尔良（New Orleans）设计方法

新奥尔良设计方法是目前公认的一种比较完整和权威的数据库设计方法。它将数据库设计分为 4 个阶段，即需求分析、概念设计、逻辑设计和物理设计。这种方法注重数据库的结构设计，而不太注重数据库的行为设计。

（2）基于 E-R 模型的设计方法

在需求分析的基础上，采用基于 E-R 模型的设计方法设计数据库的概念模型，是数据库概念设计阶段广泛采用的方法。

（3）基于 3NF 的设计方法

基于 3NF 的设计方法以关系数据库设计理论为指导来设计数据库的逻辑模型，是设计关系数据库时在逻辑设计阶段采用的一种有效方法。

（4）对象定义语言（Object Definition Language，ODL）方法

ODL 方法是面向对象的数据库设计方法。它用面向对象的概念和术语来说明数据库结构。ODL 可以描述面向对象的数据库结构设计，可以直接转换为面向对象的数据库。

数据库设计工具已经实用化和商品化，例如 SYBASE 公司的 PowerDesigner、Oracle 公司的 Designer 2020 等。

11.1.3 数据库设计过程

数据库设计在开始之前，必须确定参加设计的人员，包括系统分析人员、数据库设计人员、应用开发人员、数据库管理员和用户代表。系统分析人员和数据库设计人员是数据库设计的核心人员，他们自始至终地参与数据库设计，其水平决定了数据库系统的质量。用户和数据库管理员在数据库设计中也很重要，他们主要参与需求分析和数据库的运行和维护，他们的积极参与（不仅是配合）不但能加快数据库设计，而且是决定数据库设计质量的重要因素。应用开发人员（包括程序员和操作员）负责编制程序和准备软硬件环境，他们在系统实施阶段参与进来。

按照规范设计的方法，同时考虑数据库及其应用系统开发的全过程，可以将数据库设计分为 6 个阶段：需求分析、概念结构设计、逻辑结构设计、物理结构设计、数据库实施、数据库运行和维护。数据库设计的过程如图 11-1 所示。

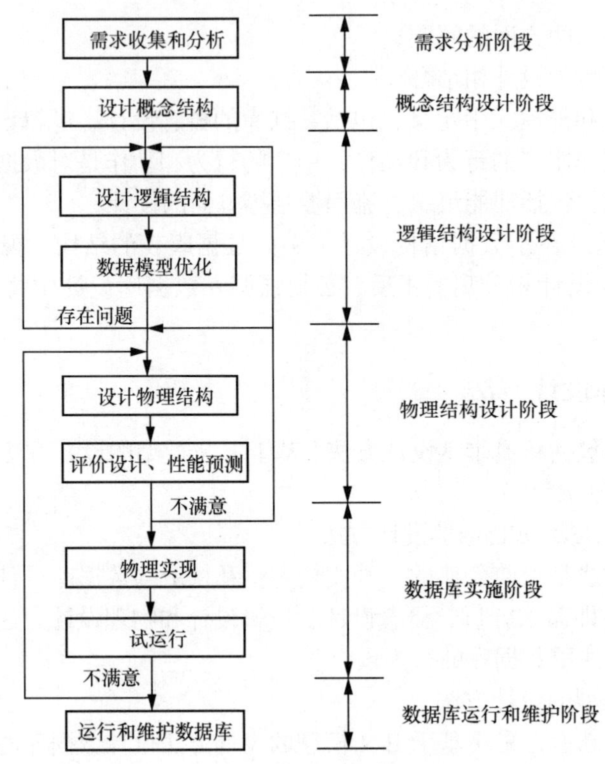

图 11-1 数据库设计的过程

（1）需求分析阶段

需求分析是整个数据库设计的基础，是最困难、最耗费时间的一步。在数据库设计中，首先需要准确了解与分析用户的需求，明确系统的目标和要实现的功能。作为“地基”的需求分析做得是否充分与准确，决定了其上构建的数据库“大厦”的速度与质量。需求分析做得不好，甚至会导致整个数据库设计返工重做。

（2）概念结构设计阶段

概念结构设计是整个数据库设计的关键，其任务是根据需求分析形成一个独立于具体数据库管理系统的概念模型，即设计 E-R 模型。

（3）逻辑结构设计阶段

逻辑结构设计是将概念结构转换为某个具体的数据库管理系统所支持的数据模型。

（4）物理结构设计阶段

物理结构设计是为逻辑数据模型选取一个最适合应用环境的物理结构，包括存储结构和存取方法等。

（5）数据库实施阶段

设计人员运用数据库管理系统提供的数据库语言和宿主语言，根据逻辑设计和物理设计的结果建立数据库，编写和调试应用程序，组织数据入库和试运行。

（6）数据库运行和维护阶段

通过试运行后即可投入正式运行，在数据库运行过程中，需要不断地对其进行评估调整和修改。

设计一个完善的数据库应用系统是不可能一蹴而就的，往往是上述 6 个阶段的迭代反复。

11.2 需求分析

需求分析

对用户需求进行调查、描述和分析是数据库设计过程中最基础的一步。从开发设计人员的角度讲，事先并不知道数据库应用系统到底要“做什么”，它是由用户提供的。但遗憾的是，用户虽然熟悉自己的业务，但往往不了解计算机技术，难以提出明确、恰当的需求；而设计人员常常不了解用户的业务甚至非常陌生，难以准确、完整地用数据模型来模拟用户现实世界的信息类型与信息之间的联系。在这种情况下，如果马上对现实问题进行设计，几乎注定要返工，因此用户需求分析是数据库设计必经的一步。

11.2.1 需求分析的任务

开发人员首先要确定被开发的系统需要做什么，需要存储和使用哪些数据，需要什么样的运行环境并达到什么样的性能指标。需求分析任务总体上分为 3 类，即信息需求、处理需求、安全性和完整性要求，如图 11-2 所示。

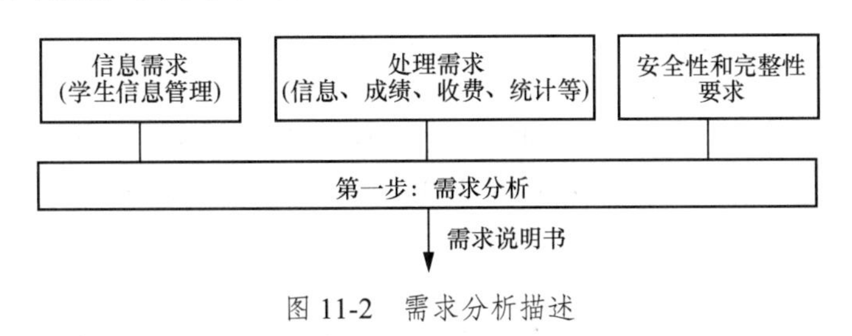

图 11-2　需求分析描述

（1）信息需求

信息需求定义了未来数据库系统用到的所有信息，明确了用户将向数据库中输入哪些数据，要从数据库中获得哪些数据，输出哪些信息，并描述了数据间的联系等。

（2）处理需求

处理需求定义了未来数据库系统处理的操作功能，描述了操作的优先次序，包括操作的执行频率和场合，操作与数据间的联系。处理需求还要明确用户应完成哪些处理功能、每种处理的执行频度、用户需求的响应时间及处理方式，例如是联机处理还是批处理。

（3）安全性和完整性要求

安全性要求描述系统中不同用户对数据库的使用和操作情况，完整性要求描述数据之间的关联关系及数据的取值范围等。

需求分析阶段的输出是“需求说明书”，它是用户和设计者相互了解的基础，设计者以其为依据进行数据库设计，最后以其为测试和验收数据库的依据。可以说，需求说明书是用户与设计者之间的“合同”。

11.2.2 用户调研需求的方法

在调研过程中，可以根据不同的问题和条件，使用不同的调研方法。常用的调研方法如下。

（1）检查文档

通过检查与当前系统有关的文档、表格、报告和文件等，进一步理解原系统，并可以发现与原系统问题相关的业务信息。

（2）问卷调查

就用户的职责范围、业务工作目标结果（输出）、业务处理过程与使用的数据、与其他业务工作的联系（接口）等方面，请其回答若干问题。

（3）同用户交谈

与用户代表面谈，这是目前进行需求调查最有效的方法。交谈的目的是标识各业务功能、各功能所处理的逻辑与使用的数据、执行管理等功能的明显或潜在规律。交谈的对象必须具有代表性、普遍性，从作业层直到最高决策层都要包括。

（4）现场调查

深入用户的业务活动进行实地调研，目的在于掌握业务流程中发生的各类事件，收集有关的资料以弥补前面工作的不足。但要避免介入或干涉其具体业务工作。

进行需求分析时，往往需要同时采用上述多种方法。但无论使用何种调查方法，都必须有用户积极参与和配合。

11.2.3 需求分析的方法

需求分析中的结构化分析（Structured Analysis，SA）方法采用自顶向下、逐层分解的方法分析系统，通过数据流图（Data Flow Diagram，DFD）、数据字典（Data Dictionary，DD）描述系统。

1．数据流图

数据流图是从“数据”和“处理”两个方面表达数据处理流程的一种图形化表示方法，直观、易于理解。数据流图采用 4 个基本符号：外部实体、数据流、数据处理、数据存储。

（1）外部实体

数据来源和数据输出又称为外部实体，表示系统数据的外部来源和去向，也可以是另外一个系统。用方框表示。

（2）数据流

数据流由数据组成，表示数据的流向，数据流都需要命名，数据流的名称反映了数据流的含义。数据流用箭头表示。

（3）数据处理

数据处理是指对数据的逻辑处理，也就是数据的变换。数据处理用圆圈表示。

（4）数据存储

数据存储表示保存数据的地方，即数据存储的逻辑描述。数据存储用双线段表示。

下面是一个简单的“学生选课”数据流图示例，如图 11-3 所示。

2．数据字典

数据字典是各类数据描述的集合，对数据流图中的数据流和数据存储等进行详细的描述，它包括数据项、数据结构、数据流、数据存储、处理过程等。

下面以图 11-3 所示的“学生选课”数据流图为例，说明其对应的数据字典各组成部分的应用。

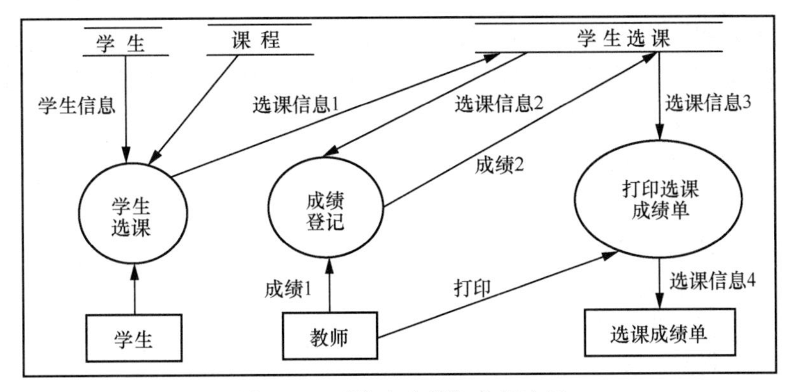

图 11-3 “学生选课”数据流图

（1）数据项

数据项是不可再分的数据单位。对数据项的描述通常包括以下内容。

数据项描述={数据项名, 数据项含义说明, 别名, 数据类型, 长度, 取值范围,

取值含义, 与其他数据项的逻辑关系, 数据项之间的联系}

其中，“取值范围”“与其他数据项的逻辑关系”（例如，该数据项等于另外几个数据项的和，该数据项值等于另一数据项的值等）定义了数据的完整性约束条件。可以以关系规范化理论为指导，用数据依赖的概念分析和表示数据项之间的联系。

下面以“学号”为例。

数据项名：　学号

数据项含义：唯一标识每一个学生

别名：　　　学生编号

数据类型：　字符型

长度：　　　8

取值范围：　00000000 ~ 99999999

与其他数据项的逻辑关系：主码或外码

（2）数据结构

数据结构反映了数据之间的组合关系。一个数据结构可以由若干个数据项组成，也可以由若干个数据结构组成，或由若干个数据项和数据结构混合组成。对数据结构的描述通常包括以下内容。

数据结构描述={数据结构名, 含义说明, 组成：{数据项或数据结构}}

下面以“学生”为例。

数据结构名：学生

含义说明：　学籍管理子系统的主体数据结构，定义了一个学生的相关信息

组成：　　　学号、姓名、性别、年龄、所在系

（3）数据流

数据流是数据结构在系统内传输的路径。对数据流的描述通常包括以下内容。

数据流描述={数据流名, 说明, 数据流来源, 数据流去向,

组成：{数据结构}, 平均流量, 高峰期流量}

其中，“数据流来源”表明该数据流来自哪个过程；“数据流去向”表明该数据流将到哪个过程去；“平均流量”是指单位时间（每天、每周、每月等）内的传输次数；“高峰期流量”则是指高峰时期的数据流量。

下面以“选课信息”为例。

数据流名：　选课信息
说明：　　　学生所选课程信息
数据流来源：“学生选课”处理
数据流去向：“学生选课”存储
组成：　　　学号，课程号
平均流量：　每天 10 个
高峰期流量：每天 100 个

（4）数据存储

数据存储是数据结构停留或保存的地方，也是数据流的来源和去向之一。对数据存储的描述通常包括以下内容。

数据存储描述={数据存储名，说明，编号，输入的数据流，输出的数据流，
组成：{数据结构}，数据量，存取频度，存取方式}

其中，“存取频度”指每小时、每天或每周存取几次、每次存取多少数据等信息；“存取方式”包括是批处理还是联机处理、是检索还是更新、是顺序检索还是随机检索等；另外，“输入的数据流”要指出其来源；“输出的数据流”要指出其去向。

下面以“学生选课”为例。

数据存储名：　学生选课表
说明：　　　　记录学生所选课程的成绩
编号：　　　　无
输入的数据流：选课信息、成绩信息
输出的数据流：选课信息、成绩信息
组成：　　　　学号，课程号，成绩
数据量：　　　50000 个记录
存取频度：　　每天 20000 个记录
存取方式：　　随机存取

（5）处理过程

处理过程的具体处理逻辑一般用判定表或判定树来描述。数据字典中只需要描述处理过程的说明性信息，通常包括以下内容。

处理过程描述={处理过程名，说明，输入：{数据流}，输出：{数据流}，
处理：{简要说明}}

其中，“简要说明”主要说明该处理过程的功能及处理要求。功能是指该处理过程用来做什么（而不是怎么做），处理要求包括处理频度要求，如单位时间内处理多少事务、多少数据量，响应时间要求等。这些处理要求是后面物理设计的输入及性能评价的标准。

下面以“学生选课”为例。

处理过程名：　　学生选课
说明：　　　　　学生从可选修的课程中选出课程
输入的数据流：　学生，课程
输出的数据流：　学生选课信息

处理：每学期学生都可以从公布的选修课程中选修自己需要的课程，选课时有些选修课有先修课程的要求，还要保证选修课的上课时间不能与该生必修课时间冲突，每个学生4年内的选修课门数不能超过16门。

11.3 概念结构设计

概念结构设计

将需求分析得到的用户需求抽象为信息结构（概念模型）的过程就是概念结构设计。概念结构设计是整个数据库设计的关键。

11.3.1 概念结构设计的重要性

在早期的数据库设计中，概念模型设计并不是一个独立的设计阶段。当时的设计方式是在需求分析之后，直接把从用户信息需求得到的数据存储格式转换为DBMS能处理的逻辑模型。这样注意力往往被牵扯到更多的细节限制方面，而不能集中在最重要的信息组织结构和处理模式上。因此如果设计依赖于具体DBMS的逻辑模型，当外界环境发生变化时，设计结果就难以适应变化了。

为了改善这种状况，在需求分析和逻辑设计之间增加了概念模型设计阶段。将概念模型设计从数据库设计过程中独立出来，可以带来以下好处。

（1）任务相对单一，设计复杂程度大大降低，便于管理。

（2）概念模型不受具体DBMS的限制，也独立于存储安排和效率方面的考虑，因此更稳定。

（3）易于被业务用户理解。开发人员对现实系统业务不熟悉，使得对现实系统数据描述的结果是否正确和完善无法得到证实。这种情况下就需要现实系统的业务用户能够理解开发人员所用的数据模型，从而起到评判数据描述结果是否正确和完善的作用。

（4）能真实、充分地反映现实世界，包括事物与事物间的联系，能满足用户对数据的处理要求，是反映现实世界的一个真实模型。

（5）易于更改，当应用环境和应用需求改变时，容易对概念模型进行修改和扩充。

（6）易于向逻辑模型中的关系数据模型转换。

人们提出了许多概念模型，其中最简单实用的一种是E-R（实体-联系）模型，它将现实世界的信息结构统一用属性、实体及实体间的联系来描述。

11.3.2 概念模型设计方法

概念模型设计通常有以下4种方法。

1．自顶向下

先定义全局概念结构的框架，再逐步细化，如图11-4所示。

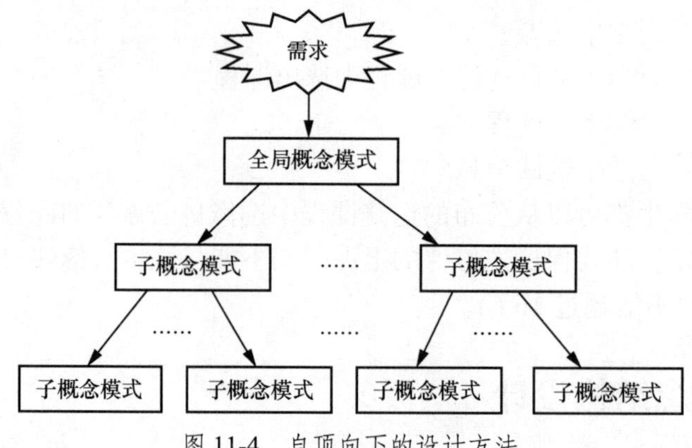

图 11-4 自顶向下的设计方法

2．自底向上

先定义各局部应用的子概念结构，然后将它们集成起来，得到全局概念结构，如图 11-5 所示。

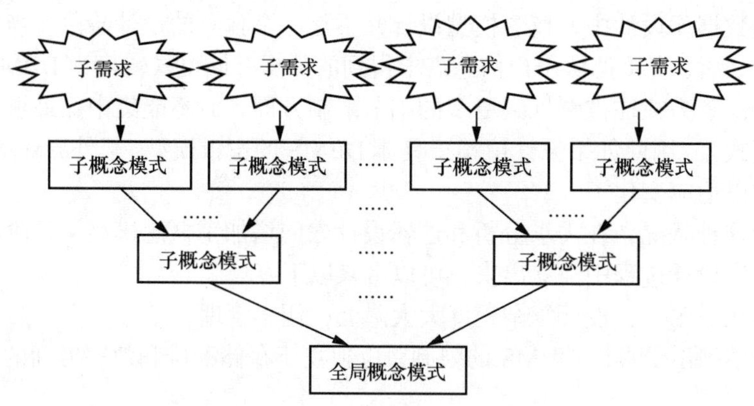

图 11-5 自底向上的设计方法

3．逐步扩张

先定义核心业务的概念结构，再向外扩充，以滚雪球的方式逐步生成其他概念结构，直至得到全局概念结构，如图 11-6 所示。

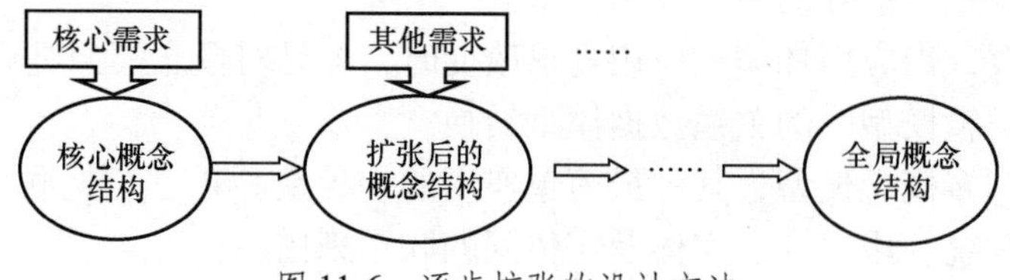

图 11-6 逐步扩张的设计方法

4．混合策略

将自顶向下和自底向上两种方法相结合，先用自顶向下方法设计一个全局概念结构框架，并将其划分为若干个局部概念结构，再用自底向上的方法将其合并，最终实现全局概念结构。

在概念模型设计中，最常用的是第 2 种方法，即自底向上的方法。一般情况下，需求分析采用自顶向下的方法，而在概念模型设计时采用自底向上的方法。

11.4 采用 E-R 模型进行概念结构设计

采用 E-R 模型进行概念结构设计

采用 E-R 模型进行数据库的概念设计，可以分 3 步进行：首先设计局部 E-R 模型，其次把各局部 E-R 模型综合成一个全局 E-R 模型，最后对全局 E-R 模型进行优化，得到最终的 E-R 模型，即概念模型。

11.4.1 局部 E-R 模型设计

设计局部 E-R 模型，关键是确定以下内容。

（1）一个概念是用实体还是属性表示？

（2）一个概念是作为实体的属性还是联系的属性？

1．实体和属性的数据抽象

实体和属性在形式上并无明显区分的界限，通常按照现实世界中事物的自然划分来定义实体和属性，将现实世界中的事物进行数据抽象，得到实体和属性。数据抽象一般有分类和聚集两种，通过分类抽象出实体，通过聚集抽象出实体的属性。

（1）分类

定义某一类概念作为现实世界中一组对象的类型，将一组具有某些共同特性和行为的对象抽象为一个实体。

例如，李明是学生中的一员，具有学生共同的特性和行为，如在哪个系、学习哪个专业、年龄多大等。那么这里的“学生”就是一个实体，“李明”则是学生实体的一个具体对象。

（2）聚集

定义某个类型的组成成分，将对象的组成成分抽象为实体的属性。

例如，学号、姓名、性别等都可以抽象为学生实体的属性。

2．实体和属性的取舍

实体和属性是相对而言的，往往要根据实际情况进行必要的调整，在调整时要遵守以下两条原则。

（1）属性不能再具有需要描述的性质，即属性必须是不可分的数据项，不能再由另一些属性组成。

（2）属性不能与其他实体有联系，联系只发生在实体之间。

符合上述原则的事物一般被视作属性。为了简化 E-R 图的处理，现实世界中的事物凡能够作为属性对待的，应尽量作为属性。

例如，具有属性雇员编号、雇员姓名和电话的实体雇员。这里的电话也可以作为一个单独的实体，它具有属性电话号码和地点（地点是电话所处的办公室或家庭住址，如果是移动电话则可以用“移动”来表示）。如果采取这种观点，则雇员实体就必须重新定义，如下所示。

① 实体雇员，具有属性雇员编号和雇员姓名。

② 实体电话，具有属性电话号码和地点。

③ 联系雇员—电话，表示雇员及其电话间的联系。

以上两种定义分别如图 11-7（a）和图 11-7（b）所示。

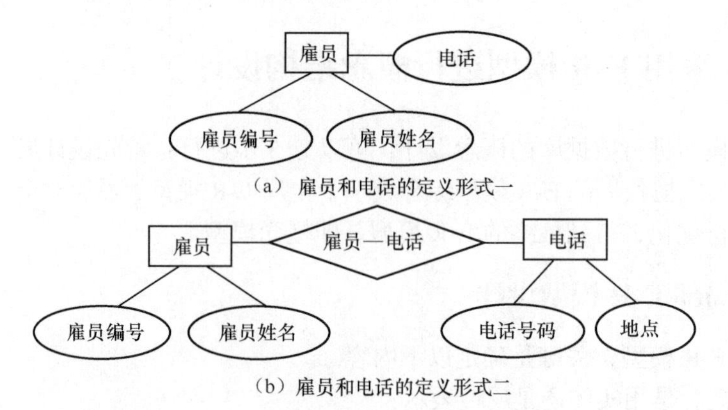

图 11-7 雇员和电话的定义形式

雇员的这两种定义形式的主要差别是什么呢？将电话作为一个属性，表示对于每个雇员来说，恰好只有一个电话号码与之相联系；将电话作为一个实体，就允许每个雇员有多个电话号码与之相联系，而且可以保存关于电话的额外信息，如它的位置、类型（移动、可视频的或普通电话），这种情况下，将电话视为一个实体比视为一个属性更具有通用性。

3．属性在实体与联系间的分配

当多个实体用到同一属性时，将导致数据冗余，从而可能影响存储效率和完整性约束，因而需要确定将其分配给哪个实体。一般将属性分配给那些使用频率最高的实体，或分配给实体值少的实体。例如，“课名”属性不需要在“学生”和“课程”实体中都出现，一般将其分配给“课程”实体。

有些属性不宜归属于任一实体，只说明实体之间联系的特性。例如，某个学生选修某门课的“成绩”，既不能归为“学生”实体的属性，也不能归为“课程”实体的属性，应作为“选课”联系的属性，如图 11-8 所示。

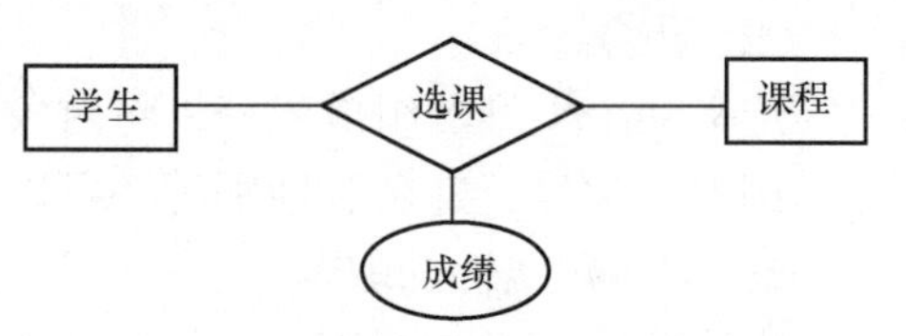

图 11-8 “成绩”作为“选课”联系的属性

4．局部 E-R 模型的设计过程

局部 E-R 模型的设计过程如图 11-9 所示。

（1）确定局部结构范围

设计各个局部 E-R 模型的第一步是确定局部结构的范围划分，划分的方式一般有两种。

① 根据系统的当前用户进行自然划分。

例如一个企业的综合数据库，用户有企业决策层、销售部门、生产部门、技术部门和供应部门等，各部门对信息内容和处理的要求明显不同，因此，应为它们分别设计各自的局部 E-R 模型。

② 按照用户需求将数据库提供的服务归纳为几类，使每一类应用访问的数据显著不同于其他类，然后为每类应用设计一个局部 E-R 模型。

例如，学校的教师数据库可以根据提供的服务分为以下几类。

a. 教师档案信息（如姓名、年龄、性别和民族等）的查询分析。

b. 对教师专业结构（如毕业专业、现在从事的专业及科研方向等）进行分析。

c. 对教师的职称、工资的变化情况进行历史分析。

d. 对教师的学术成果（如著译、发表论文和科研项目获奖情况）进行查询分析。

这样做的目的是更准确地模仿现实世界，以降低统一考虑一个大系统而带来的复杂性。

局部结构范围的确定要考虑下述因素。

a. 范围划分要自然，易于管理。

b. 范围之间的界限要清晰，相互影响要小。

c. 范围的大小要适度。过小会造成局部结构过多，设计过程繁杂，综合困难；过大则容易造成内部结构复杂，不便于分析。

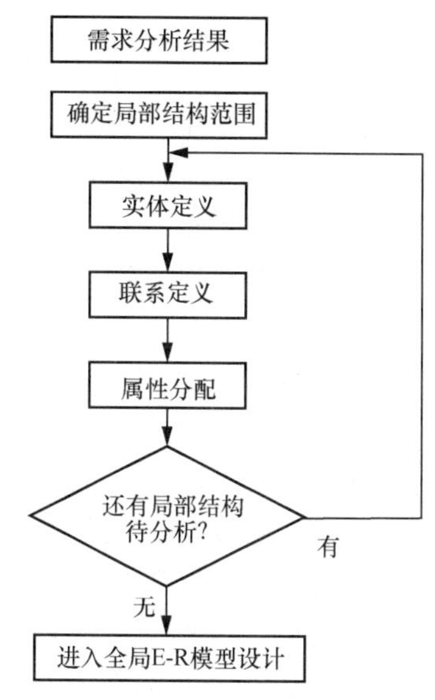

图 11-9　局部 E-R 模型的设计过程

（2）实体定义

实体定义的任务是从信息需求和局部范围定义出发，确定每一个实体的属性和键。

实体确定之后，它的属性也随之确定。对实体进行命名并确定其键也是很重要的工作。名称应反映实体的语义性质，做到见名知意，名称在一个局部结构中应是唯一的；键可以是单个属性，也可以是属性的组合。

（3）联系定义

E-R 模型的"联系"用于刻画实体之间的关联。

一种完整的方式是根据需求分析的结果，考察局部结构中任意两个实体之间是否存在联系。若有联系，进一步确定是 1:*n*、*m*:*n* 还是 1:1。还要考察一个实体内部是否存在联系，两个实体之间是否存在联系，多个实体之间是否存在联系等。

在确定联系时，应注意防止出现冗余联系（可从其他联系导出的联系），如果存在，要尽可能地识别并消除这些冗余联系，以免将这些问题遗留到综合全局的 E-R 模型阶段。图 11-10 所示的教师与学生之间的"授课"联系就是一个冗余联系。

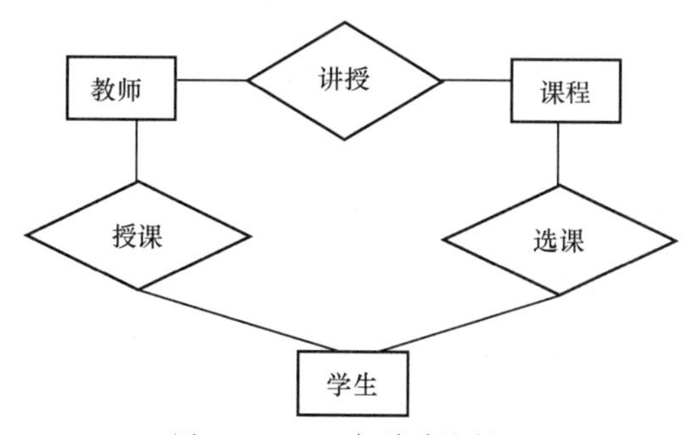

图 11-10　冗余联系的例子

（4）属性分配

实体与联系都确定下来后，局部结构中的其他语义信息大部分可用属性描述。主要包括两步：一是确定属性，二是将属性分配到有关实体和联系中去。这部分内容前面已讲述，这里不再赘述。

11.4.2 全局 E-R 模型设计

所有 E-R 模型都设计好后，接下来就是将它们综合为单一的全局概念结构。全局概念结构不仅要支持所有局部 E-R 模型，而且必须合理地表示一个完整、一致的数据库概念结构。全局 E-R 模型的设计过程如图 11-11 所示。

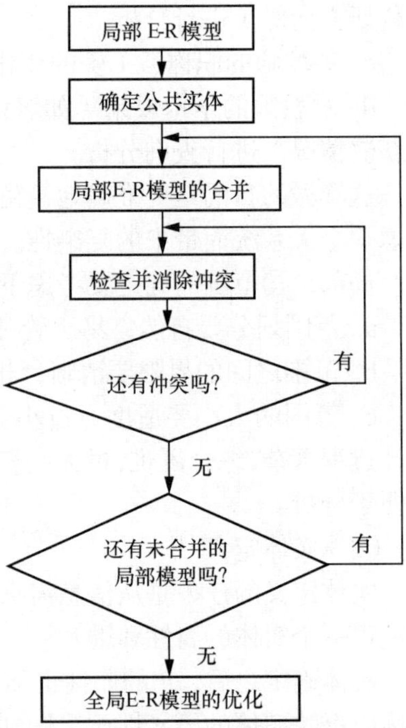

局部 E-R 模型
确定公共实体
局部E-R模型的合并
检查并消除冲突
还有冲突吗？ 有 / 无
还有未合并的局部模型吗？ 有 / 无
全局E-R模型的优化

图 11-11　全局 E-R 模型的设计过程

1．确定公共实体

为了给多个局部 E-R 模型的合并提供开始合并的基础，先要确定各局部结构中的公共实体。

确定公共实体，特别是当系统较大时，可能有很多局部模型，这些局部 E-R 模型是由不同的设计人员确定的，因而对同一现实世界的对象可能给予不同的描述，如有的作为实体，有的又作为联系或属性，即使都表示为实体，实体名和键也可能不同。在这种情况下，一般将同名实体作为公共实体的一类候选，将具有相同键的实体作为公共实体的另一类候选。

2．局部 E-R 模型的合并

对于各局部 E-R 模型，需要将它们合并为一个全局 E-R 模型。一般来说，合并可以有以下两种方式。

（1）多个局部 E-R 图一次合并，如图 11-12（a）所示。

（2）逐步合并，用累加的方式一次合并两个局部 E-R 图，如图 11-12（b）所示。

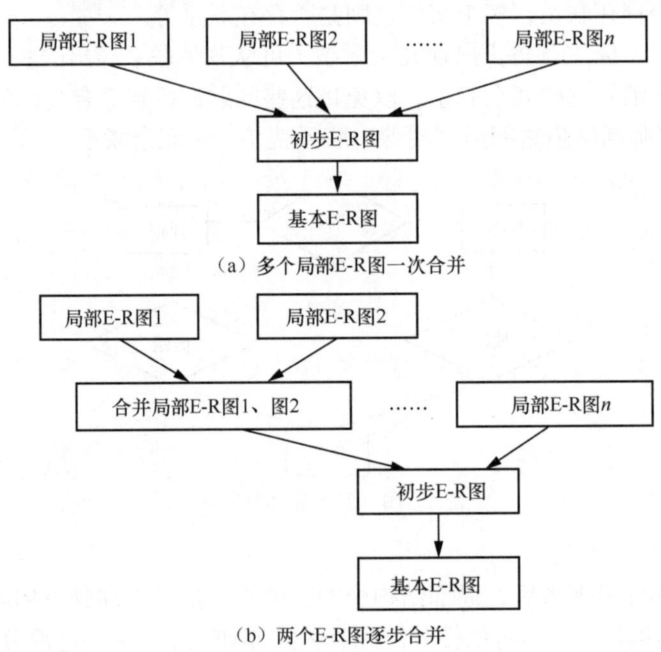

（a）多个局部E-R图一次合并

（b）两个E-R图逐步合并

图 11-12　局部 E-R 模型的合并

合并的顺序有时会影响处理效率和结果。建议采用逐步合并的方式：首先进行两两合并，合并那些现实世界中有联系的局部结构；其次从公共实体开始合并；最后加入独立的局部结构。

3．检查并消除冲突

由于各类应用不同，不同的应用通常又由不同设计人员设计为局部 E-R 模型，因此局部 E-R 模型之间不可避免地会有不一致的地方，称之为冲突。

各局部 E-R 模型之间的冲突主要有 3 类：属性冲突、命名冲突和结构冲突。

（1）属性冲突

属性冲突包括属性域冲突和属性取值单位冲突。

① 属性域冲突，即属性值的类型、取值范围或取值集合不同。

例如职工号，有的部门将其定义为整型，有的部门把它定义为字符型。不同部门对职工号编码的定义也不同，如“1001”或“RS001”都表示人事部门“1”号职工的职工号。又如年龄，某些部门以出生日期形式表示职工的年龄，而另一些部门则用整数表示职工的年龄。

② 属性取值单位冲突。

例如质量单位有的用公斤，有的用斤，有的用克。

属性冲突通常通过讨论、协商等手段解决。

（2）命名冲突

命名冲突包括同名异义和异名同义两种情况。

① 同名异义，即不同意义的对象在不同的局部应用中具有相同的名称。

例如局部应用 A 中将教室称为房间，局部应用 B 中将学生宿舍也称为房间。

② 异名同义，即同一意义的对象在不同的局部应用中具有不同的名称。

例如对科研项目，财务处称为项目，科研处称为课题，生产管理处称为工程。

命名冲突包括属性名、实体名、联系名之间的冲突。其中属性的命名冲突更为常见。处理命名冲突通常也通过讨论、协商等手段解决。

（3）结构冲突

结构冲突分为 3 种情况，分别是同一对象在不同应用中具有不同的抽象、同一实体在不同局部 E-R 图中包含的属性个数和属性排列次序不完全相同、实体间的联系在不同的局部 E-R 图中为不同类型。

① 同一对象在不同应用中具有不同的抽象。

例如，职工在某个应用中为实体，而在另一应用中为属性。

解决方法：通常是将属性变换为实体或将实体变换为属性，使同一对象具有相同的抽象。

② 同一实体在不同局部 E-R 图中包含的属性个数和属性排列次序不完全相同。

解决方法：使该实体的属性取各局部 E-R 图中属性的并集，再适当调整属性的次序。

③ 实体间的联系在不同的局部 E-R 图中为不同类型。

例如实体 E1 与 E2 在一个局部 E-R 图中是多对多联系，在另一个局部 E-R 图中是一对多联系；又如在一个局部 E-R 图中 E1 与 E2 发生联系，而在另一个局部 E-R 图中 E1、E2 和 E3 三者之间发生联系。

解决方法：根据应用的语义对实体联系的类型进行综合或调整。

【例 11-1】分析下面所给的两个局部 E-R 图存在的冲突。

设有如下实体。

学生：学号、单位名称、姓名、性别、年龄、选修课程名、平均成绩。

课程：课程号、课程名、开课单位、任课教师号。

教师：教师号、姓名、性别、职称、讲授课程号。

单位：单位名称、电话、教师号、教师姓名。

上述实体中存在如下联系。

（1）一名学生可选修多门课程，一门课程可被多名学生选修。

（2）一名教师可讲授多门课程，一门课程可被多名教师讲授；

（3）一名系可有多名教师，一名教师只能属于一个系。

根据上述约定，可以得到学生选课局部 E-R 图和教师授课局部 E-R 图，如图 11-13（a）和图 11-13（b）所示。

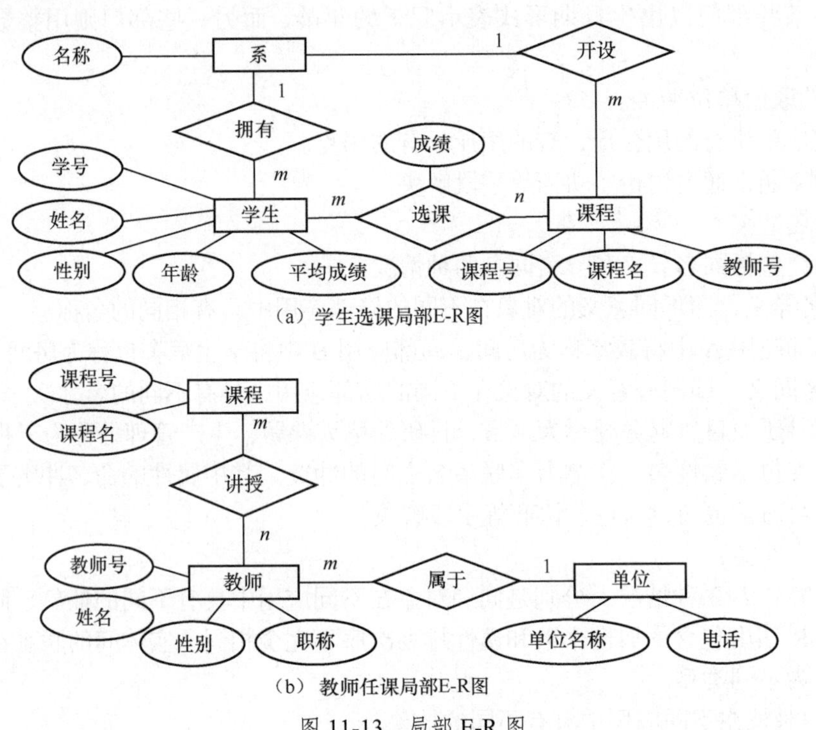

（a）学生选课局部E-R图

（b）教师任课局部E-R图

图 11-13　局部 E-R 图

解答：

（1）这两个局部 E-R 图中存在异名同义的命名冲突。

学生选课局部 E-R 图中的实体“系”与教师任课局部 E-R 图中的实体“单位”都是指“系”，合并后统一改为“系”。

学生选课局部 E-R 图“系”的属性“名称” 和教师任课局部 E-R 图“单位”的属性“单位名称”都是指“系名”，合并后统一改为“系名”。

（2）存在结构冲突。

实体“系”和实体“课程”在两个局部 E-R 图中的属性组成不同，合并后两个实体的属性组成为各局部 E-R 图中同名实体属性的并集。即实体“系”的属性包括系名、电话；

实体“课程”的属性包括课程号、课程名和教师号。

解决上述冲突后，合并两个局部 E-R 图，生成初步的全局 E-R 图，如图 11-14 所示。

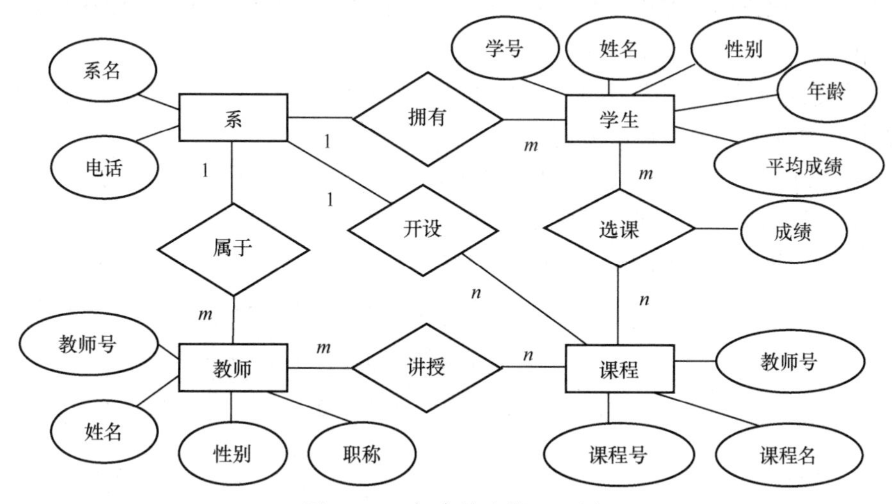

图 11-14　初步的全局 E-R 图

4．全局 E-R 模型的优化

在得到全局 E-R 模型后，为了提高数据库系统的效率，还应进一步根据处理需求对 E-R 模型进行优化。一个好的全局 E-R 模型，除了能准确、全面地反映用户功能需求外，还应满足这些条件：实体的个数尽可能少，实体所含的属性个数尽可能少，实体间联系无冗余。

但是，这些条件不是绝对的，要视具体的信息需求与处理需求而定。下面给出几个全局 E-R 模型的优化原则。

（1）实体的合并

这里的合并是指相关实体的合并。在信息检索时，涉及多个实体的信息要通过连接操作获得。因而减少实体个数可减少连接的开销，提高处理效率。

一般在权衡利弊后，可以将 1：1 联系的两个实体合并。

（2）冗余属性的消除

通常在各个局部结构中是不允许冗余属性存在的，但在综合为全局 E-R 模型后，可能产生全局范围内的冗余属性。

例如，在教育统计数据库的设计中，一个局部结构含有高校毕业生数、招生数、在校学生数和预计毕业生数，另一局部结构中含有高校毕业生数、招生数、各年级在校学生数和预计毕业生数。各局部结构自身都无冗余，但综合为一个全局 E-R 模型时，在校学生数即成为冗余属性，应予以消除。

一个属性值可由其他属性的值中导出，所以应把冗余的属性从全局模型中去除。

冗余属性消除与否，也取决于它对存储空间、访问效率和维护代价的影响。有时为了兼顾访问效率，有意保留冗余属性，但这会造成存储空间的浪费和维护代价的提高。

（3）冗余联系的消除

在全局模型中可能存在冗余的联系，通常利用规范化理论中函数依赖的概念消除冗余。这部分内容将会在后文讲述。

【例 11-2】对例 11-1 得到的初步 E-R 图进行优化。

解答：

① 消除冗余属性“课程”实体中的属性“教师号”，因为“课程”实体中的属性“教师号”可由“讲授”这一联系导出。

② 消除冗余属性“学生”实体中的属性“平均成绩”，因为“平均成绩”属性可由“选修”联系中的属性“成绩”经计算得到。

③ 消除冗余联系“开设”，因为该联系可以通过“系”和“教师”之间的“属于”联系与“教师”和“课程”之间的“讲授”联系推导出来。

最后优化后的全局 E-R 图如图 11-15 所示。

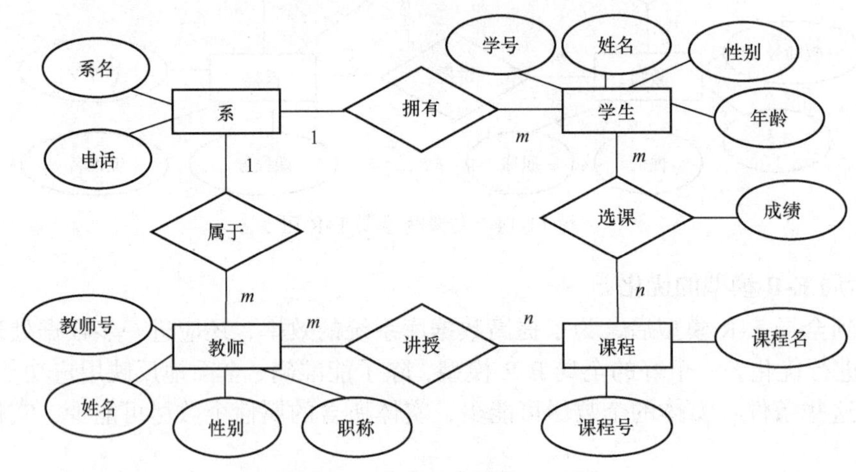

图 11-15　优化后的全局 E-R 图

11.5 逻辑结构设计

逻辑结构设计

由概念建模产生的概念模型完全独立于 DBMS 及任何其他软件或计算机硬件特征。该模型必须转换为 DBMS 支持的逻辑数据结构，并最终实现物理数据库结构，因为目前的技术尚无法实现概念数据库模型到物理数据库结构的直接转换，故还必须先产生一个它们之间的、能由特定 DBMS 处理的逻辑数据库结构，这就是数据库逻辑结构设计，简称逻辑设计。

11.5.1 E-R 图向关系模型的转换

E-R 图向关系模型的转换要解决的问题是如何将实体与实体间的联系转换为关系模式，如何确定这些关系模式的属性和键。

E-R 图由实体、实体的属性和实体间的联系 3 个要素组成。所以将 E-R 图转换为关系模式实际上就是将实体、实体的属性和实体间的联系转换为关系模式，这种转换一般遵循如下原则。

【注意】本小节所给关系模式中，带下划线的属性为主键，带虚线的属性为外键。

1. 实体转换为关系模式

实体转换为关系模式很直接，实体的名称即关系模式的名称，实体的属性即关系模式的属性，实体的主键即关系模式的主键。

【例 11-3】将图 11-16 所示的“学生”实体转换为关系模式。

解答：

“学生”实体转换的关系模式如下。

学生(学号，姓名，性别，班级)

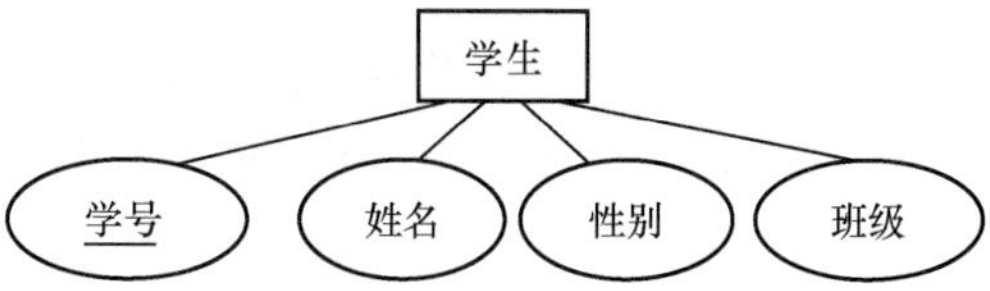

图 11-16 “学生”实体

2．联系的转换

联系分为一元联系、二元联系和三元联系，应根据不同的情况做不同的处理。

（1）二元联系的转换

实体之间的联系包括 1:1、1:*n* 和 *m*:*n* 3 种，它们在向关系模型转换时，采取的策略是不一样的。

① 1:1 联系的转换

一个 1:1 联系可以转换为一个独立的关系，也可以与任意一端对应的关系模式合并。

a. 转换为一个独立的关系模式，则与该联系相连接的各实体的键及联系本身的属性均转换为该关系模式的属性，每个实体的键均为该关系模式的候选键。

b. 与某一端实体对应的关系模式合并，则需要在该关系模式的属性中加入另一个关系模式的键（作为外键）和联系本身的属性。

【例 11-4】将图 11-17 所示的 E-R 图转换为关系模式。

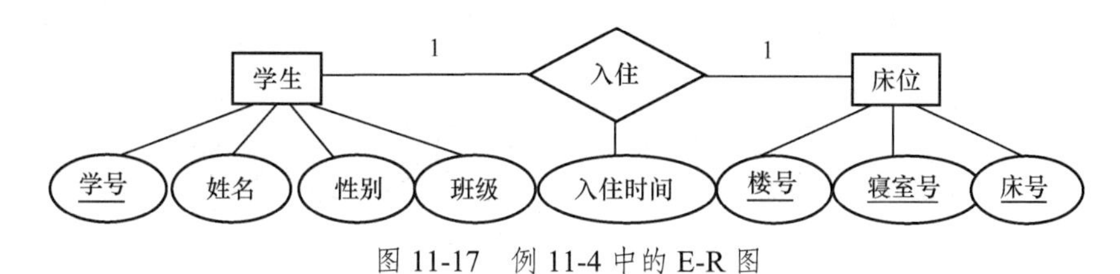

图 11-17 例 11-4 中的 E-R 图

方案一

学生(学号，姓名，性别，班级)

床位(楼号，寝室号，床号)

入住(学号，楼号，寝室号，床号，入住时间)

方案二

学生(学号，姓名，性别，班级，楼号，寝室号，床号，入住时间)

床位(楼号，寝室号，床号)

方案三

学生(学号，姓名，性别，班级)

床位(楼号，寝室号，床号，学号，入住时间)

方案一的缺点：当查询“学生”“床位”两个实体相关的详细数据时，需做三元连接，而后两种方案只需要做二元连接，因此应尽可能选择后两种方案。

后两种方案也需要根据实际情况进行选择。方案二中，“床位”的主键是由 3 个属性组成的复合键，使“学生”多出 3 个属性。方案三中，因为入住率不可能总是 100%，所以“学号”可能取空值。

② 1：n 联系的转换

在 n 端实体转换的关系模式中加入 1 端实体的键（作为外键）和联系的属性。

【例 11-5】将图 11-18 所示的 E-R 图转换为关系模式。

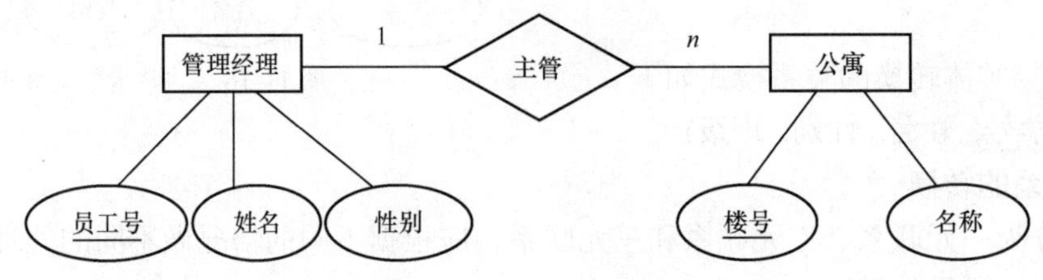

图 11-18 例 11-5 中的 E-R 图

解答：

管理经理(员工号, 姓名, 性别)

公寓(楼号, 名称, 员工号)

③ m:n 联系的转换

将联系转换为一个独立的关系模式，其属性为两端实体的键（作为外键）加上联系的属性，两端实体的键组成该关系模式的键或键的一部分。

【例 11-6】将图 11-19 所示的 E-R 图转换为关系模式。

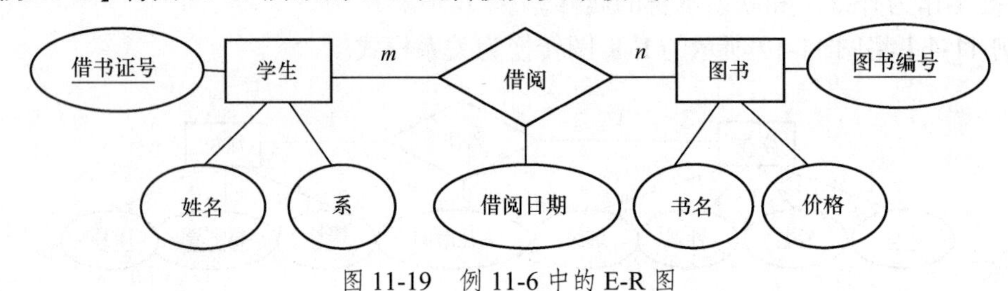

图 11-19 例 11-6 中的 E-R 图

解答：

学生(借书证号, 姓名, 系)

图书(图书编号, 书名, 价格)

借阅(借书证号, 图书编号, 借阅日期)

大多数情况下，两个实体的主键构成的复合主键可以唯一标识一个 m:n 联系。但本例中，考虑到学生将借阅的图书归还后，还可能再借阅同一本图书，因此将“借书日期”“借书证号”“图书编号”共同作为“借阅”的复合主键。

（2）一元联系的转换

一元联系的转换与二元联系类似。

【例 11-7】将图 11-20 所示的一元联系 E-R 图转换为关系模式。

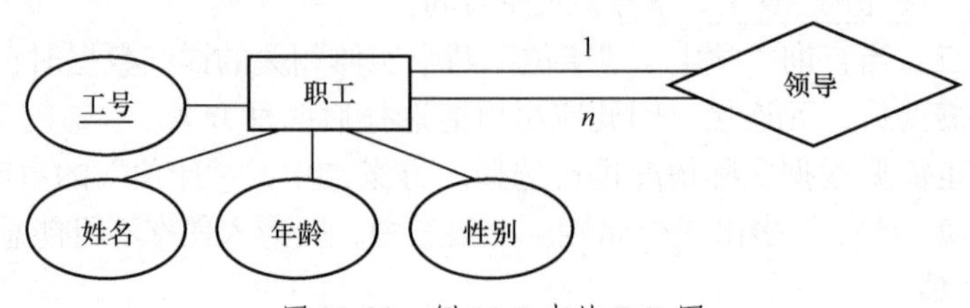

图 11-20 例 11-7 中的 E-R 图

解答：

职工(<u>工号</u>, 姓名, 年龄, 性别, 经理工号)

（3）三元联系的转换

① 1∶1∶1 联系转换

如果实体间的联系是 1∶1∶1，可以在 3 个实体转换的 3 个关系模式中的任意一个关系模式属性中加入另外两个关系模式的键（作为外键）和联系的属性。

② 1∶1∶n 联系转换

如果实体间的联系是 1∶1∶n，则在 n 端实体转换的关系模式中加入两个 1 端实体的键（作为外键）和联系的属性。

③ 1∶m∶n 联系转换

如果实体间的联系是 1∶m∶n，则将联系也转换为关系模式，其属性为 m 端和 n 端实体的键（作为外键）加上联系的属性，两端实体的键作为该关系模式的键或键的一部分。1 端的键可以根据应用的实际情况，加入 m 端、n 端或者联系中作为外键。

④ m∶n∶p 联系转换

如果实体间的联系是 m∶n∶p，则将联系也转换为关系模式，其属性为 3 端实体的键（作为外键）加上联系的属性，各实体的键组成该关系模式的键或键的一部分。

【例 11-8】将图 11-21 所示的三元联系转换为关系模式。

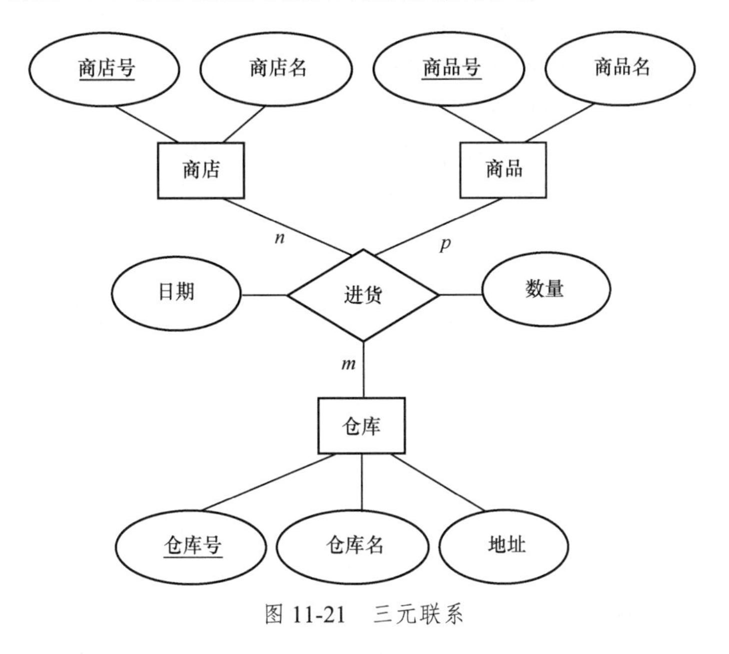

图 11-21　三元联系

该三元联系转换得到的关系模式如下。

仓库(<u>仓库号</u>, 仓库名, 地址)

商店(<u>商店号</u>, 商店名)

商品(<u>商品号</u>, 商品名)

进货(<u>仓库号</u>, <u>商店号</u>, <u>商品号</u>, <u>日期</u>, 数量)

在联系转换的关系模式“进货”中，将日期加入主键，以记录某个商店可从某仓库多次进某种商品。

11.5.2 关系模式的优化和设计外模式

1．关系模式的优化

模式设计得是否合理，对数据库的性能有很大影响。数据库设计取决于人，而不是 DBMS。不管数据库设计是好是坏，DBMS 都能运行。数据库及其应用的性能和调优，都建立在良好的数据库设计基础上。数据库的数据是一切操作的基础，如果数据库设计得不好，则其一切数据库性能的调优方法效果都是有限的。因此，对模式进行优化是逻辑设计的重要环节。

对关系模式进行规范化处理，其优点是能消除异常、减少数据冗余、节约存储空间，相应的逻辑和物理的 I/O 次数减少，同时加快了增、删、改的速度。但是，对完全规范的数据库进行查询，通常需要更多的连接操作，而连接操作很费时间，从而影响查询的速度。因此，有时为了提高某些查询或应用的性能，会有意破坏规范化规则，这一过程叫作逆规范化。

关系数据模式的优化，一般先基于 3NF 进行规范化处理，再根据实际情况对部分关系模式进行逆规范化处理。常用的逆规范化方法有增加冗余属性、增加派生属性、重建关系和分割关系。

（1）增加冗余属性

增加冗余属性是指多个关系中都具有相同的属性，常用于查询时避免连接操作。

例如，在“公寓管理系统”中，有如下两个关系。

学生(学号, 姓名, 性别, 班级)

床位(楼号, 寝室号, 床号, 学号)

如果公寓管理人员经常要检索学生所在的公寓、寝室、床位，则需要对“学生”和“床位”进行连接操作。而对于公寓管理来说，这种查询非常频繁。因此，可以在“学生”关系中增加 3 个属性：楼号、寝室号和床号。这 3 个属性即为冗余属性。

增加冗余属性可以在查询时避免连接操作。但它需要更多的磁盘空间，同时增加了表维护的工作量。

（2）增加派生属性

增加派生属性是指增加的属性来自其他关系中的数据，由它们计算生成。它的作用是在查询时减少连接操作，避免使用聚集函数。

例如，在“公寓管理系统”中，有如下两个关系。

公寓 (楼号, 公寓名)

床位 (楼号, 寝室号, 床号, 学号)

如果想获得公寓名及该公寓入住了多少学生等信息，则需要对两个关系进行连接查询，并使用聚集函数。如果这种查询很频繁，则有必要在“公寓”关系中加入“学生人数”属性。相应的代价是必须在“床位”关系上创建增、删、改的触发器，以维护“公寓”中“学生人数”的值。派生属性具有与冗余属性相同的缺点。

（3）重建关系

重建关系是指如果许多用户需要查看两个关系连接出来的结果数据，则可以将这两个关系重新组成一个关系，以减少连接，从而提高查询性能。

例如，在教务管理系统中，教务管理人员需要经常同时查看课程号、课程名称、任课教师号、任课教师姓名，则可将关系

课程(课程编号, 课程名称, 教师编号)

教师(教师编号, 教师姓名)

合并为一个关系

课程(课程编号, 课程名称, 教师编号, 教师姓名)

这样可提高性能，但需要占用更多的磁盘空间，同时也损失了数据的独立性。

（4）分割关系

有时对关系进行分割可以提高性能。关系分割包括两种方式：水平分割和垂直分割。

① 水平分割。

例如，对于一个大公司的人事档案管理，由于员工很多，可根据部门或工作地区建立员工关系，即将关系水平分割。水平分割通常在以下情况下使用。

a. 数据量很大。分割后可以减少查询时需要读的数据和索引的页数，同时也减少了索引的层数，提高了查询速度。

b. 数据本身具有独立性。例如，数据库中分别记录各个地区的数据或不同时期的数据，特别是有些数据常用，而有些数据不常用。

水平分割会给应用增加复杂度，它通常在查询时需要多个表名，查询所有数据需要UNION 操作。在许多数据库应用中，这种复杂性会掩盖它的优点，因为将索引用于查询时，增加了读一个索引层的磁盘次数。

② 垂直分割。

垂直分割是使关系中的主键和一些属性构成一个新的关系，主键和剩余的属性构成另外一个关系。如果一个关系中某些属性常用，而某些属性不常用，则可以采用垂直分割。

垂直分割可以使列数变少，使一个数据页能存放更多的数据，在查询时能减少 I/O 次数。其缺点是需要管理冗余属性，查询所有数据需要连接（JOIN）操作。

例如，对于一所大学的教职工档案，由于属性很多，可以进行垂直分割，将其常用属性和很少用的属性分割为两个关系。

2．设计用户外模式

将概念模型转换为全局逻辑模式后，还应该根据局部应用需求和 DBMS 的特点设计用户的外模式。目前关系数据库管理系统一般都提供了视图机制，利用这一机制，可设计出更符合局部应用需求的用户外模式。

（1）重定义属性名

设计视图时，可以重新定义某些属性的名称，使其与用户习惯保持一致。属性名的改变并不影响数据库的逻辑结构，因为这里的新属性名是“虚拟的”，视图本身就是一张虚拟表。

（2）提高数据安全性

利用视图可以隐藏一些不想让别人操纵的信息，提高数据的安全性。

（3）简化用户对系统的使用

由于视图已经基于局部用户对数据进行了筛选，因此屏蔽了一些多表查询的连接操作和一些更复杂的查询（如分组、聚集函数查询），大大简化了用户的使用。

物理结构设计、数据库的实施、数据库的运行与维护

11.6 物理结构设计

为已确定的逻辑数据结构选取一个最适合应用环境的物理结构，称为物理结构设计。

数据库的物理结构设计主要包括两项内容：确定数据的存取方法和确定数据的物理存储结构。

（1）确定数据的存取方法

存取方法是快速存取数据库中数据的技术，具体采用的方法由数据库管理系统根据数据的存储方式决定，用户一般不能干预。

用户可以通过建立索引的方法来提高数据查询效率。

建立索引的一般原则如下。

① 如果一个（或一组）属性经常在查询条件中出现，则考虑在这个（或这组）属性上建立索引（或组合索引）。

② 如果一个属性经常作为最大值或最小值等聚集函数的参数，则考虑在这个属性上建立索引。

③ 如果一个（或一组）属性经常在连接操作的连接条件中出现，则考虑在这个（或这组）属性上建立索引。

④ 如果某个属性经常作为分组的依据列，则考虑在这个属性上建立索引。

索引一般可以提高数据查询性能，但会降低数据更改性能。因此，在决定是否建立索引时，要权衡数据库的操作，如果查询多，并且对查询性能要求较高，则可以考虑多建索引；如果数据更改多，并且对更改的效率要求较高，可以考虑少建索引。

（2）确定数据的物理存储结构

一般的存储方式包括顺序存储、散列存储和聚簇存储。

① 顺序存储：其平均查找次数为表中记录数的二分之一。

② 哈希存储：其平均查找次数由哈希算法确定。

③ 聚簇存储：为了提高某个属性或属性组的查询速度，将这个属性或属性组上具有相同值的元组集中存放在连续物理块上的处理称为聚簇，这个属性或属性组称为聚簇码，通过聚簇可以极大地提高根据聚簇码进行查询的速度。

一般情况下，数据库管理系统都会为数据选择一种最合适的存储方式，用户不能对其进行干涉。

11.7 数据库的实施

数据库实施阶段的主要任务是利用数据库管理系统提供的功能实现数据库逻辑结构和物理结构设计的结果，在计算机系统中建立数据库的结构、加载数据、调试应用程序、试运行数据库等。

（1）建立数据库的结构

使用给定的数据库管理系统提供的命令，建立数据库的模式、外模式和内模式，对于关系数据库，即创建数据库并建立数据库的中表、视图、索引等。

（2）加载数据和调试应用程序

数据库实施阶段最重要的工作有两项：一是加载数据，二是应用程序的编码和调试。

在数据库系统中，一般数据量都很大，各应用环境差异也很大。目前，很多DBMS提供了数据导入功能，有些DBMS还提供了功能强大的数据转换功能。

为了保证数据库中数据的准确性，必须重视数据的校验工作。在将数据输入系统进行数据转换的过程中，应进行多次校验，对于重要数据，更应反复校验。

数据库应用程序的设计应与数据库设计同时进行，在加载数据到数据库的同时，还要调试应用程序。

（3）试运行数据库

部分数据输入数据库后，就可以开始对数据库系统进行联合调试了，这个过程又称为数据库试运行。这一阶段要实际运行数据库应用程序，执行对数据库的各种操作，测试应用程序的功能是否满足设计要求。若不满足，则要对应用程序进行修改、调整，直到满足设计要求为止。

在数据库试运行阶段，还要对系统的性能指标进行测试，分析其是否达到设计目标。

特别强调两点。第一，由于数据入库工作量大，费时、费力，所以应分期、分批地组织数据入库。先输入小批量数据供调试用，待试运行基本合格后再大批量输入数据，逐步增加数据量，逐步完成运行评价。第二，在数据库试运行阶段，系统还不稳定，软硬件故障随时都可能发生。而系统的操作人员对新系统还不熟悉，误操作也难以避免，因此应先调试运行 DBMS 的恢复功能，做好数据库的转储和恢复工作，即便发生故障，也能使数据库尽快恢复，尽量减少对数据库的破坏。

11.8 数据库的运行与维护

数据库试运行结果符合设计目标后，就可以真正投入运行了。数据库投入运行标志着开发任务的基本完成和维护工作的开始，并不意味着设计过程的结束，由于应用环境不断变化，数据库运行过程中的物理存储也会不断变化，所以对数据库设计进行评价、调整、修改等维护工作是一个长期的任务，也是设计工作的继续和提高。

在数据库运行阶段，数据库的经常性维护工作主要是由 DBA 完成的。数据库维护的主要工作如下。

（1）数据库的转储和恢复

在系统运行过程中，可能存在无法预料的自然或人为的意外情况，如电源故障、磁盘故障等，导致数据库运行中断，甚至破坏数据库部分内容。许多大型的 DBMS 都提供了故障恢复的功能，但这种恢复大都需要 DBA 配合完成。因此，DBA 要针对不同的应用需求制订不同的转储计划，定期对数据库和日志文件进行备份，以保证一旦发生故障，能利用数据库备份和日志文件备份，尽快将数据库恢复到某个一致性状态，并尽可能减少对数据库的破坏。

（2）数据库的安全性、完整性控制

DBA 必须对数据库的安全性和完整性控制负责，根据用户实际需求授予不同的操作权限。另外，在数据库运行过程中，应用环境变化，对安全性的要求也会发生变化，例如有的数据原来是机密，现在可以公开查询了，而新加入的数据又可能是机密的，而且系统中用户的密级也会改变。这些都需要 DBA 根据实际情况修改原有的安全性控制。同样，由于应用环境的变化，数据库的完整性约束条件也会变化，DBA 应根据实际情况进行相应的修正。

（3）数据库性能的监督、分析和改进

在数据库运行过程中，监督系统运行、对监测数据进行分析、找出改进系统性能的方法是 DBA 的重要职责。利用 DBMS 提供的监测系统性能参数的工具，DBA 可以方便地得到系统运行过程中一系列性能参数的值。DBA 应该仔细分析这些数据，判断当前系统是否处于最佳运行状态，如果不是，则需要通过调整某些参数进一步提升数据库性能。

（4）数据库的重组和重构

数据库运行一段时间后，由于记录的不断增、删、改，会降低数据库存储空间的利用率和数据的存取效率，导致数据库的性能下降。这时 DBA 就要对数据库进行重组，或部分重组（只对频繁增、删的表进行重组）。数据库的重组不会改变原来的数据逻辑结构和物理结构，只是按要求重新安排存储位置、回收垃圾、减少指针链、提高系统性能。DBMS 一般都提供了供数据库重组使用的实用程序，帮助 DBA 重新组织数据库。

当数据库应用环境变化时，例如增加新的应用或新的实体，取消某些已有应用，改变某些已有应用，都会导致实体及实体间的联系发生相应的变化，使原来的数据库设计不能较好地满足新的要求，从而不得不适当调整数据库的模式和内模式。例如，增加新的数据项、改变数据项的类型、改变数据库的容量、增加或删除索引、修改完整性约束条件等。这就是数据库的重构。DBMS 提供了修改数据库结构的功能。

重构数据库的程度是有限的。若应用变化太大，已无法通过重构数据库来满足新的需求，或重构数据库的代价太大，则表明现有数据库应用系统的生命周期已结束，应该重新设计数据库系统，开始新数据库应用系统的生命周期了。

11.9 小结

数据库设计过程分为 6 个阶段：需求分析、概念结构设计、逻辑结构设计、物理结构设计、数据库实施、数据库运行与维护。

需求分析阶段是整个设计过程的基础，需求分析做得不好，可能会导致整个数据库设计返工重做。

概念结构设计是数据库设计的核心环节，是在用户需求描述与分析的基础上对现实世界的抽象和模拟。该过程包括设计局部 E-R 图、综合形成初步 E-R 图、优化 E-R 图。

逻辑结构设计是在概念设计的基础上，将概念模型转换为所选用的、具体的 DBMS 支持的数据模型的逻辑模型。将 E-R 图向关系模型转换，转换后得到的关系模式应先进行规范化处理，再根据实际情况对部分关系模式进行逆规范化处理。

物理结构设计是从逻辑设计出发，设计一个可实现的、有效的物理数据库结构。现代 DBMS 将数据库物理设计的细节隐藏起来，使设计人员不必过多介入。但索引的设置必须认真对待，它对数据库的性能有很大的影响。

数据库的实施阶段包括数据的载入、应用程序调试、数据库试运行等步骤，该阶段的主要目标是对系统的功能和性能进行全面测试。

数据库运行与维护阶段的主要工作包括数据库的安全性与完整性控制、数据库的转储与恢复、数据库性能的监督、分析与改进、数据库的重组与重构等。

习　题

一、选择题

1. 在数据库设计中，用 E-R 图来描述信息结构但不涉及信息在计算机中的表示，它是数据库设计的（　　）阶段。

A. 需求分析　　B. 概念结构设计　　C. 逻辑结构设计　　D. 物理结构设计

2. 在关系数据库设计中，设计关系模式是（　　）的任务。

A. 需求分析阶段　　B. 概念结构设计阶段

C. 逻辑结构设计阶段　　D. 物理结构设计阶段

3. 数据库的物理结构设计完成后，进入数据库实施阶段，下列各项中不属于实施阶段的工作是（　　）。

A. 建立库结构　　B. 扩充功能　　C. 加载数据　　D. 系统调试

4. 在数据库概念结构设计中，最常用的数据模型是（　　）。

A. 形象模型　　B. 物理模型　　C. 逻辑模型　　D. 实体–联系模型

5. 下列对 E-R 图设计的说法，错误的是（　　）。

A. 设计局部 E-R 图时，能作为属性处理的客观事物应尽量作为属性处理

B. 局部 E-R 图中的属性均应为原子属性，即不能再划分出子属性

C. 对局部 E-R 图进行合并时既可以一次实现全部合并，也可以两两合并，逐步进行

D. 集成后所得的 E-R 图中可能存在冗余数据和冗余联系，应予以全部清除

6. 以下关于 E-R 图的叙述，正确的是（　　）。

A. E-R 图建立在关系数据库的假设上

B. E-R 图使应用过程和数据的关系清晰，实体间的关系可导出应用过程的表示

C. E-R 图可将现实世界（应用）中的信息抽象地表示为实体及实体间的联系

D. E-R 图能表示数据生命周期

7. 在某学校的综合管理系统设计阶段，教师实体在学籍管理子系统中被称为“教师”，而在人事管理子系统中被称为“职工”，这类冲突被称为（　　）。

A. 语义冲突　　B. 命名冲突　　C. 属性冲突　　D. 结构冲突

8. 数据库概念结构设计阶段的工作步骤依次为（　　）。

A. 设计局部视图→抽象→修改重构消除冗余→合并取消冲突

B. 设计局部视图→抽象→合并取消冲突→修改重构消除冗余

C. 抽象→设计局部视图→修改重构消除冗余→合并取消冲突

D. 抽象→设计局部视图→合并取消冲突→修改重构消除冗余

9. 从 E-R 模型向关系模型转换，一个 $m{:}n$ 的联系转换为关系模式时，该关系模式的键是（　　）。

A. m 端实体的键　　B. n 端实体的键

C. m 端实体键与 n 端实体键的组合　　D. 重新选取其他属性

10. 若两个实体间的联系是 $1{:}m$，则实现 $1{:}m$ 联系的方法是（　　）。

A. 在 m 端实体转换的关系中加入 1 端实体转换关系的关键字

B. 将 m 端实体转换的关系的关键字加入 1 端的关系中

C. 在两个实体转换的关系中，分别加入另一个关系的关键字

D. 将两个实体转换为一个关系

11. 数据库逻辑设计的主要任务是（　　）。

A. 建立 E-R 图和说明书　　B. 创建数据库模式

C. 建立数据流图　　D. 将数据送入数据库

12. 在数据库逻辑结构设计中，数据字典的含义是（　　）。

A. 数据库所涉及的属性和文件的名称集合

B. 数据库所涉及的字母、字符及汉字的集合

C. 数据库所有数据的集合

D. 数据库所涉及的数据流、数据项和文件等描述的集合

13. 数据库物理结构设计与具体的DBMS（　　）。

A. 无关　　B. 密切相关　　C. 部分相关　　D. 不确定

14. 数据流图是数据库（　　）阶段完成的。

A. 逻辑结构设计　　B. 物理结构设计

C. 需求分析　　D. 概念结构设计

15. 下列对数据库应用系统设计的说法中，正确的是（　　）。

A. 必须先完成数据库的设计，才能开始对数据处理的设计

B. 应用系统用户不必参与设计过程

C. 应用程序员可以不参与数据库的概念结构设计

D. 以上都不对

16. 在需求分析阶段，常用（　　）描述用户单位的业务流程。

A. 数据流图　　B. E-R图　　C. 程序流图　　D. 判定表

17. 在从E-R图到关系模式的转化过程中，下列说法错误的是（　　）。

A. 一个一对一的联系可以转换为一个独立的关系模式

B. 一个涉及3个及以上实体的多元联系也可以转换为一个独立的关系模式

C. 对关系模式进行优化时，有些模式可能要进一步分解，有些模式可能要合并

D. 关系模式的规范化程度越高，查询效率就越高

18. 在关系数据库设计中，设计视图是（　　）的任务。

A. 需求分析阶段　　B. 概念结构设计阶段

C. 逻辑结构设计阶段　　D. 物理结构设计阶段

19. 员工性别的取值，有的用“男”和“女”，有的用1和0，这种情况属于（　　）。

A. 结构冲突　　B. 命名冲突　　C. 数据冗余　　D. 属性冲突

20. 数据库设计人员与用户之间沟通信息的桥梁是（　　）。

A. 程序–流程图　　B. 模块结构图　　C. 实体–联系图　　D. 数据结构图

二、填空题

1. 就方法的特点而言，需求分析阶段通常采用________的分析方法；概念结构设计阶段通常采用________的设计方法。

2. 逻辑结构设计是将E-R模型转换为________。

3. DBS的维护工作由________承担。

4. DBS的维护工作主要包括4个部分：________、________、数据库的安全性与完整性控制和数据库性能的监督、分析和改进。

5. 若两个局部E-R图中都存在实体“零件”的“质量”属性，而所用质量单位分别为千克和克，则称这两个E-R图存在________冲突。

6. 概念结构设计通常有4种方法：________、________、________和________。

7. 数据抽象有两种方法：________和________。

三、设计题

1. 有如下运动队和运动会两个方面的实体。

（1）运动队方面

运动队：队名、教练姓名、队员姓名。

队员：队名、队员姓名、性别、项目。

其中，一个运动队有多个队员，一个队员仅属于一个运动队，一个队有一个教练。

（2）运动会方面

运动队：队编号、队名、教练姓名。

项目：项目名、参加项目的运动队编号、队员姓名、性别、比赛场地。

其中，一个项目可由多个队参加，一个运动员可参加多个项目，一个项目一个比赛场地。

请完成如下设计。

① 分别设计运动队和运动会两个局部 E-R 图。

② 将它们合并为一个全局 E-R 图。

③ 合并时存在什么冲突？应如何解决这些冲突？

2. 某学员为人才交流中心设计了一个数据库，对人才、岗位、企业、证书、招聘等信息进行管理。其初始 E-R 图如图 11-22 所示。

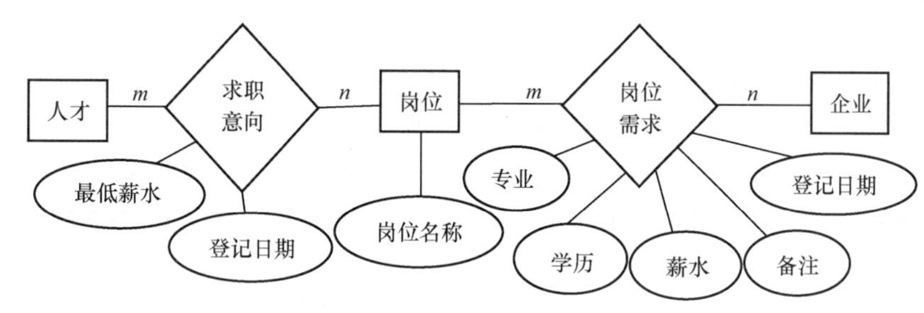

图 11-22 初始 E-R 图

实体“企业”和“人才”的结构如下。

企业(企业编号，企业名称，联系人，联系电话，地址，企业网址，电子邮件，企业简介)

人才(个人编号，姓名，性别，出生日期，身份证号，毕业院校，专业，学历，证书名称，证书编号，联系电话，电子邮件，个人简历及特长)

各实体的候选键如下。

实体“企业”的候选键为(企业编号)。

实体“岗位”的候选键为(岗位名称)。

实体“人才”的候选键为(个人编号，证书名称)，这是因为一个人可能拥有多张证书。

回答下列问题。

（1）根据转换方法，将 E-R 图转换为关系模式。

（2）由于一个人可能持有多张证书，需对“人才”关系模式进行优化，将证书信息从“人才”模式中抽出来，这样可得到哪两个模式？

（3）对最终的各关系模式，用下画线指出其主键，用虚线指出其外键。

（4）另有一个学员设计的 E-R 图如图 11-23 所示，请用文字分析这种设计存在的问题。

（5）如果允许企业通过互联网修改本企业的基本信息，应对数据库的设计做何种修改？

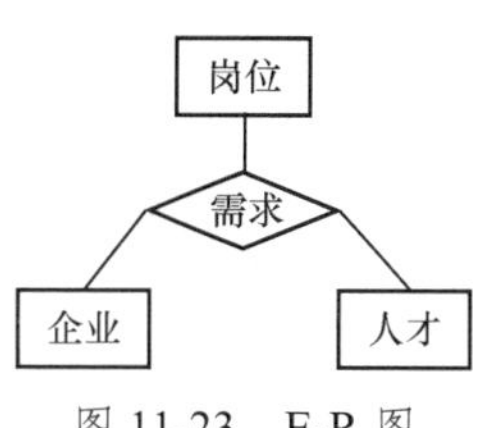

图 11-23 E-R 图

第12章 网上购物系统数据库设计**

MySQL 数据库的使用非常广泛，很多网站和管理系统都使用 MySQL 数据库存储数据。网上购物系统各有不同，本章主要以服装类网上购物系统为例讲述数据库的设计过程。

12.1 系统概述

网上购物已成为当今社会的普遍现象，商家和客户只需要在网页或相关 App 上进行操作即可完成交易、支付、发货、收货等购物过程。

网上购物系统的主要功能是网上交易，这就需要进行商品信息管理。商家可以利用商品管理功能展示、修改或者删除商品信息，后台还要提供新型商品种类的添加、旧种类的淘汰、对不合格供应商的处理等信息的管理。

网上购物离不开支付，支付的方式有多种，如使用网上银行支付。客户确认订单后将指定金额发往支付中介，支付中介在客户确认收货后，将金额发往商家。

网上购物中的商品传递需要快递，系统需要快递商品的当前位置等实时状态，供商家和客户查看。

网上购物系统是为商家和客户服务，通过快递完成商品交易，下面从客户、商家、快递和交易的角度说明系统要具体实现的功能。

对于客户来说，需要系统提供的功能如下。

（1）拥有自己的账户，以便系统识别。

（2）根据不同条件浏览选择商品。

（3）查看商品的详细信息。

（4）收藏商品。

（5）确认订单，包括商品、数量及发货地址。

（6）选择支付方式及支付。

（7）查看订单快递动向。

（8）确认收货、评价商品。

商家是系统的主要用户，需要系统提供的功能如下。

（1）拥有自己的账户。

（2）管理商品，包括商品信息的分类、添加、删除、修改等。

（3）管理商品的促销、打折、包邮信息等。

（4）接收订单。

（5）接收支付方式、确认支付金额。

（6）确认发货、显示实时快递动向。

（7）接收到货通知及评价。

为了确保交易的安全进行，系统中要有网上银行账户和支付中介的存在，需要系统提供的功能如下。

（1）查看快递的物流动态。

（2）确认金额交易条件。

（3）指定金额的转入转出。

快递为商家、支付中介和客户提供商品的状态和位置，需要系统提供的功能如下。

（1）接收订单。

（2）确定发货。

（3）实时更新商品的状态和位置。

12.2 概要结构设计

网上购物系统根据其购物流程处理信息，首先是用户注册所需要记录的用户信息，然后是商家展示的供用户浏览的商品信息，接着是用户选择商品使用的购物车信息，之后是用户提交订单产生的订单信息及商家发货的物流信息，最后是用户收货对商品所做出的评价信息。这里以服装类网上购物系统为例进行介绍。

用户信息不仅包括用户注册时填写的用户名、密码、注册邮箱等基本信息，为了使商品能够准确地送到用户手中，还需要记录收货人的姓名、地址和联系电话，并且联系电话不能为空。商家将根据用户的成交量为用户设置等级，在促销时为不同等级的用户提供不同的促销方案，每个用户在注册时默认为 1 级用户。

商品信息要考虑用户所关注商品的属性，服装类商品关注的属性有服装的品牌、材质、季节、上市时间、型号和价格等。另外，网购系统需要为商品填写库存和成交量，以便商品库存为 0 时及时补货或下架。

购物车信息要考虑用户放入购物车的商品 id 和用户 id，以及所选择商品的颜色、尺码和数量，同时要有商品单价，用于计算用户需要支付的总金额。

订单描述了交易信息，包括用户、商品、支付方式、是否已支付、承接的快递公司、运单号和最新动态等，而具体的物流信息需要进入物流公司网站通过运单号查询。

快递信息使用户可以在网购系统中查询订单的快递动态。由于网购系统可以同时对接多个快递公司，因此需要有快递信息的编号和快递公司的名称。

评价信息包括发布评论的用户和所评论的商品，以及评价内容和对商品的满意度，商家可以根据用户的评价进行回复。

结合以上对数据的分析进行系统概念结构设计，E-R 模型如图 12-1 所示。

用户实体的属性包括：用户 id、用户名、密码、收货人姓名、收货地址、收货人电话、邮箱、等级和成交量。

商品实体的属性包括：商品 id、商品名称、品牌、材质、季节、上市时间、类型、价格、库存和成交量。

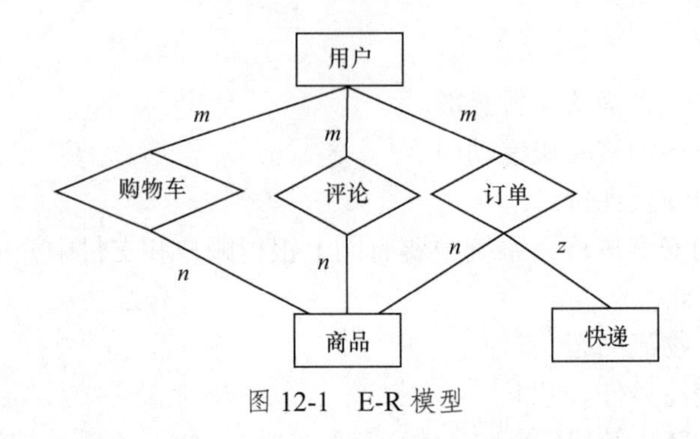

图 12-1 E-R 模型

快递实体的属性包括：快递 id、快递公司名称、快递单号、运单状态和运单动态。

购物车联系的属性包括：购物 id、用户 id、商品 id、颜色、尺码、单价、数量和总价。

评论联系的属性包括：评价 id、用户 id、商品 id、评价内容、满意度、评价时间和商家回复。

订单联系的属性包括：订单 id、支付方式、是否已支付、快递公司名称、最新动态和交易是否成功。

12.3 逻辑结构设计

逻辑结构设计阶段的主要任务是将 E-R 模型转换为选用的 DBMS 产品支持的数据模型。由于系统采用 MySQL 关系数据库系统，所以需要将概念结构设计的 E-R 模型转换为关系数据模型。

12.3.1 E-R 模型转换为关系模型

根据 E-R 模型转换为关系模型的规则，每个实体需要转换为一个关系，每个多对多联系也需要分别转换为一个关系，转换后得到的 6 个关系模型如下。

（1）用户(用户 id, 用户名, 密码, 收货人姓名, 收货地址, 收货人电话, 邮箱, 等级, 成交量)

（2）商品(商品 id, 商品名称, 品牌, 材质, 季节, 上市时间, 类型, 价格, 库存, 成交量)

（3）快递(快递 id, 快递公司名称, 快递单号, 运单状态, 运单动态)

（4）购物车(购物 id, 用户 id, 商品 id, 颜色, 尺码, 单价, 数量, 总价)

（5）订单(订单 id, 商品 id, 用户 id, 支付方式, 是否已支付, 快递公司名称, 快递单号, 最新动态, 交易是否成功)

（6）评论(评价 id, 用户 id, 商品 id, 评价内容, 满意度, 评价时间, 商家回复)

12.3.2 数据库表的结构

在得到数据库的各个关系模型之后，需要给出各数据库表的结构。考虑到系统的兼容性及编写程序的方便性，可以将关系模型的属性对应为表字段的英文名。同时，考虑到数据依赖关系和数据完整性，需要指出表的主键和外键，以及字段的值域约束和数据类型。

系统各表的结构如表 12-1～表 12-6 所示。

表 12-1 用户信息表（users）

字段名	字段类型	长度	主键或外键	字段值约束	字段描述
uid	INT	—	主键	非空、自增	用户 id
uname	VARCHAR	45	—	非空	用户名
upas	VARCHAR	45	—	非空	密码
rname	VARCHAR	45	—	—	收货人姓名
address	VARCHAR	45	—	—	收货地址
phone	VARCHAR	45	—	非空	收货人电话
email	VARCHAR	45	—	唯一	邮箱
vip	INT	—	—	非空、默认值 1	等级
num	INT	—	—	—	成交量

表 12-2 商品信息表（goods）

字段名	字段类型	长度	主键或外键	字段值约束	字段描述
gid	INT	—	主键	非空、自增	商品 id
gname	VARCHAR	45	—	非空	商品名称
gbrand	VARCHAR	45	—	—	品牌
texture	VARCHAR	45	—	—	材质
season	VARCHAR	45	—	—	季节
gtime	DATETIME	—	—	—	上市时间
gtype	VARCHAR	45	—	非空	类型
price	FLOAT	—	—	—	价格
stock	INT	—	—	非空	库存
vol	INT	—	—	—	成交量

表 12-3 快递信息表（expressin）

字段名	字段类型	长度	主键或外键	字段值约束	字段描述
eid	INT	—	主键	非空、自增	快递信息 id
express	VARCHAR	45	—	非空	快递公司名称
exnum	VARCHAR	45	—	非空、唯一	快递单号
estate	VARCHAR	45	—	—	运单状态
allstate	TEXT	—	—	—	运单动态

表 12-4 购物车信息表（shop）

字段名	字段类型	长度	主键或外键	字段值约束	字段描述
sid	INT	—	主键	非空、自增	购物 id
suid	INT	—	外键	非空	用户 id
sgid	INT	—	外键	非空	商品 id
color	VARCHAR	45	—	—	颜色
size	VARCHAR	45	—	—	尺码
price	FLOAT	—	—	非空	单价
countnum	INT	—	—	非空、默认值 1	数量
tprice	FLOAT	—	—	—	总价

表 12-5　订单信息表（orders）

字段名	字段类型	长度	主键或外键	字段值约束	字段描述
oid	INT	—	主键	非空、自增	订单 id
ogid	INT	—	外键	非空	商品 id
ouid	INT	—	外键	非空	用户 id
otype	VARCHAR	45	—	非空	支付方式
oispay	VARCHAR	45	—	—	是否已支付
expree	VARCHAR	45	—	—	快递公司名称
onum	VARCHAR	45	外键	—	快递单号
newstate	VARCHAR	45	—	—	最新动态
isfinish	VARCHAR	45	—	—	交易是否成功

表 12-6　评论信息表（review）

字段名	字段类型	长度	主键或外键	字段值约束	字段描述
rid	INT	—	主键	非空、自增	评价 id
ruid	INT	—	外键	非空	评价人 id
rgid	INT	—	外键	非空	商品 id
comment	VARCHAR	45	—	—	评价内容
satisfaction	VARHCAR	45	—	非空、默认值好评	满意度
rtime	DATETIME	—	—	—	评价时间
answer	VARCHAR	45	—	—	商家回复

12.4 物理结构设计

物理结构设计的任务是将逻辑结构设计映射到存储介质上，利用可用的硬件和软件功能尽可能地对数据进行物理访问和维护。

12.4.1 创建表

使用 MySQL 的数据定义语言创建数据库及表。

（1）定义并选择数据库

```
CREATE DATABASE shopping;
USE shopping;
```

（2）定义表

```
CREATE TABLE users(
 uid INT NOT NULL AUTO_INCREMENT PRIMARY KEY,
 uname VARCHAR(45) NOT NULL,
 upas VARCHAR(45) NOT NULL,
 rname VARCHAR(45),
 address VARCHAR(45),
 phone VARCHAR(45) NOT NULL,
 email VARCHAR(45) UNIQUE,
 vip INT NOT NULL DEFAULT 1,
 num INT
);
```

```
CREATE TABLE goods(
 gid INT NOT NULL AUTO_INCREMENT PRIMARY KEY,
 gname VARCHAR(45) NOT NULL,
 gbrand VARCHAR(45),
 texture VARCHAR(45),
 season VARCHAR(45),
 gtime DATETIME,
 gtype VARCHAR(45) NOT NULL,
 price FLOAT,
 stock INT NOT NULL,
 vol INT
);

CREATE TABLE expressin(
 eid INT NOT NULL AUTO_INCREMENT PRIMARY KEY,
 express VARCHAR(45) NOT NULL,
 exnum VARCHAR(45) NOT NULL UNIQUE,
 estate VARCHAR(45),
 allstate TEXT
);

CREATE TABLE shop(
 sid INT NOT NULL AUTO_INCREMENT PRIMARY KEY,
 suid INT NOT NULL,
 sgid INT NOT NULL,
 color VARCHAR(45),
 size VARCHAR(45),
 price FLOAT NOT NULL,
 countnum INT NOT NULL DEFAULT 1,
 tprice FLOAT,
 CONSTRAINT FK_UID FOREIGN KEY(suid) REFERENCES users(uid),
 CONSTRAINT FK_gid FOREIGN KEY(sgid) REFERENCES goods(gid)
);

CREATE TABLE orders(
 oid INT NOT NULL AUTO_INCREMENT PRIMARY KEY,
 ogid INT NOT NULL,
 ouid INT NOT NULL,
 otype VARCHAR(45) NOT NULL,
 oispay VARCHAR(45),
 express VARCHAR(45),
 onum VARCHAR(45),
 newstate VARCHAR(45),
 isfinish VARCHAR(45),
 CONSTRAINT FK_gid1 FOREIGN KEY(ogid) REFERENCES goods(gid),
 CONSTRAINT FK_uid1 FOREIGN KEY(ouid) REFERENCES users(uid),
 CONSTRAINT FK_exnum FOREIGN KEY(onum) REFERENCES expressin(exnum)
);

CREATE TABLE review(
 rid INT NOT NULL AUTO_INCREMENT PRIMARY KEY,
 ruid INT NOT NULL,
 rgid INT NOT NULL,
 comment VARCHAR(45),
 satisfaction VARCHAR(45) NOT NULL DEFAULT '好评',
 rtime DATETIME,
 answer VARCHAR(45),
 CONSTRAINT FK_uid2 FOREIGN KEY(ruid) REFERENCES users(uid),
 CONSTRAINT FK_gid2 FOREIGN KEY(rgid) REFERENCES goods(gid)
);
```

12.4.2 创建索引

为了提高多表间连接查询的速度，可以在订单表、购物车表和评价表的外键上创建索引 。在订单信息表的商品 id、用户 id 和快递单号上分别创建索引。语句如下。

```
CREATE INDEX og_idx ON orders(ogid);
CREATE INDEX ou_idx ON orders(ouid);
CREATE INDEX on_idx ON orders(onum);
```

在购物车信息表的用户 id 和商品 id 上分别创建索引。语句如下。

```
ALTER TABLE shop ADD INDEX su_idx(suid);
,ADD INDEX sg_idx(sgid);
```

在评价信息表的评价人 id 和商品 id 上分别创建索引。语句如下。

```
CREATE INDEX ru_idx ON review(ruid);
CREATE INDEX rg_idx ON review(rgid);
```

可以根据对表数据的操作适当创建其他索引。

12.5 数据库的实施

数据库实施阶段的主要任务之一是调试和运行应用程序。通过创建视图便于应用程序对表数据的访问，确保数据的安全性；通过创建触发器保证表间数据操作的一致性；通过创建存储过程实现对表数据的操作功能。

12.5.1 设计视图

有些应用程序或用户的需求只查询一张表无法实现，例如用户需要查看商品的详细信息和商品的评价，但这些数据在不同的表中，这就需要通过视图同时获取两个表的数据，方便后续查询并确保数据表的安全。下面以创建查看商品好评度视图和查看订单视图为例。

（1）查看商品好评度

查看商品的好评度包括查看所有商品的好评度和查看指定商品的好评度。查看所有商品的好评度，只需要结合商品信息表和评价信息表即可，创建名为 goodSatisfaction 的视图，再通过视图查看指定商品的好评度。语句如下。

```
CREATE VIEW goodSatisfaction AS
 SELECT gid 商品编号, gname 商品名称,gbrand 品牌,texture 材质,
  gtime 上市时间, comment 评论,answer 回复,satisfaction 满意度
  FROM review,goods WHERE gid=rgid;
```

（2）查看订单详情

订单只是存储了商品的最新动态，并没有快递详情，因此可结合订单信息表、快递信息表和商品信息表，展示商品编号、商品名称、订单编号、快递公司名称、快递单号和最新动态，创建名为 orderSel 的视图。语句如下。

```
CREATE VIEW orderSel AS
 SELECT gid 商品编号,gname 商品名称,oid 订单编号,e.express 快递公司,
  exnum 快递单号,allstate 最新动态
  FROM orders o,expressin e,goods g
  WHERE g.gid=o.ogid AND o.onum=e.exnum;
```

12.5.2 设计触发器

触发器由 INSERT、UPDATE 和 DELETE 等事件触发某种特定的操作。满足触发器的触发条件时，数据库系统就会执行触发器中定义的程序语句。这样可以保证某些操作之间的一致性。

快递更新是修改物流的最新状态，由于不同地区之间的物流需要不同条数的物流状态，这种情况使表的创建变得麻烦，因此快递信息表只提供了 allstate 字段，记录所有的快递状态。那么该字段在快递状态每发生一次变化之后，都要在原有内容的后面添加新的内容。即每一次快递状态发生变化，都要自动获取原有的数据，并在其基础上添加数据（数据为订单信息表 newstate 字段的值），在该字符串的基础上连接新的字符串。下面通过创建名为 updateState 的触发器来实现。语句如下。

```
CREATE TRIGGER updateState
 AFTER UPDATE
 ON orders
 FOR EACH ROW
  UPDATE expressin SET allstate=concat(allstate,new.newstate)
   WHERE exnum=old.onum;
```

12.5.3 设计存储过程

数据库通常与编程语言结合使用，应用程序通过调用存储过程实现对数据的功能操作。这里仅介绍系统常用功能的存储过程的设计。

（1）密码修改

密码修改是软件系统常用的功能。修改密码是一个简单的操作，根据指定的数据修改字段的值即可。不过在修改密码之前，需要确保用户有资格修改密码，即用户要提供正确的用户名和原密码。因此在修改数据之前需要验证数据是否有误。

创建名为 changePassword()的存储过程，根据用户名、密码和新密码来修改密码，步骤如下。

① 获取用户名的数量，由于用户名是不能重复的，因此若存在该用户，则获取的数量为 1。

② 只有当用户数量为 1 时才能继续获取该用户的密码，并验证该密码与用户输入的密码是否一致，只有在密码一致的情况下才能对密码进行修改。

③ 在确认用户名和密码无误的情况下，需要获取用户 uid 字段才能进行数据修改。因为修改表的字段需要使用安全性较高的主键，所以只能通过用户 uid 字段修改用户密码。语句如下。

```
USE shopping;

DELIMITER @@
CREATE PROCEDURE changePassword(
 IN name VARCHAR(45),
 IN oldp VARCHAR(45),
 IN newp VARCHAR(45))
 BEGIN
  DECLARE n INT;
  DECLARE pas VARCHAR(45);
  DECLARE id INT;
  SELECT COUNT(*) INTO n FROM users WHERE uname='aaa';
```

```
   IF n=1 THEN
    SELECT upas INTO pas FROM users WHERE uname=name;
    IF pas=oldp THEN
     SELECT uid INTO id FROM users WHERE uname=name;
     UPDATE users SET upas=newp WHERE uid=id;
    END IF;
   END IF;
 END@@
```

（2）商品浏览

商品浏览是购物网站的重点，需要根据指定的查询条件查询数据。创建存储过程goodSelBySeason()，根据季节查询商品的材质、品牌、类型等数据。语句如下。

```
DELIMITER @@
CREATE PROCEDURE goodSelBySeason(IN seasonvalue VARCHAR(45))
 BEGIN
  SELECT gid 商品编号,gname 商品名称,gbrand 品牌,texture 材质,season 季节,
   stock 库存,vol 成交量
   FROM goods WHERE season=seasonvalue;
 END@@
```

（3）购物车管理

购物车在网购系统中供用户存放选取的商品，购物车中的商品是没有结账的，可以随时更换，因此购物车内商品信息的增加和删除操作是很频繁的。

创建名为shopAdd()的存储过程，添加购物车信息。语句如下。

```
DELIMITER @@
CREATE PROCEDURE shopAdd(
 IN uid INT,
 IN gid INT,
 IN color VARCHAR(45),
 IN size VARCHAR(45),
 IN price FLOAT,
 IN countnum INT,
 IN tprice FLOAT)
 BEGIN
  INSERT INTO shop(suid,sgid,color,size,price,countnum,tprice)
   values(uid,gid,color,size,price,countnum,tprice);
 END@@
```

创建名为shopDel()的存储过程，删除购物车中指定商品的信息。语句如下。

```
DELIMITER @@
CREATE PROCEDURE shopDel(IN gid INT)
 BEGIN
  DELETE FROM shop WHERE sgid=gid;
 END@@
```

（4）订单提交

订单提交的实质是向订单信息表添加数据，同时删除购物车内对应的数据，订单在添加时并没有把商品交给快递，因此部分数据是不能直接添加的。需要添加的信息包括商品id、用户id、支付方式和是否已支付。

创建名为shopSubmit()的存储过程，实现订单的提交功能。语句如下。

```
DELIMITER @@
CREATE PROCEDURE shopSubmit(
 IN gid INT,
 IN uid INT,
```

```
IN type VARCHAR(45),
IN ispay VARCHAR(45))
BEGIN
 INSERT INTO orders(ogid,ouid,otype,oispay)
  VALUES(gid,uid,type,ispay);
 DELETE FROM shop WHERE sgid=gid;
END@@
```

（5）用户等级管理

用户等级管理关系到用户可以享受的商品折扣和商家活动，如 2 级用户可以在生日当天收到商家的精美礼品、可以买到指定的打折商品等。商家对用户的等级分类如下。

① 用户注册时默认为 1 级用户。

② 当用户对商品的好评数超过 40 或者成交量超过 70 时，为 2 级用户。

③ 当用户对商品的好评数超过 60 并且成交量超过 100 时，为 3 级用户。

计算用户的等级需要获取用户的成交量和好评数，计算结果并修改用户信息表中等级字段的值。由于一些用户买了商品但不是每一件商品都进行评价，因此成交量需要通过订单信息表获取，而好评数通过用户满意度获取。

创建名为 vipAdd()的存储过程，管理用户等级。语句如下。

```
DELIMITER @@
CREATE PROCEDURE vipAdd(IN id INT)
 BEGIN
  DECLARE vipnum INT DEFAULT 1;
  DECLARE num INT;
  DECLARE goodr INT;
  SELECT COUNT(*) INTO num FROM orders WHERE ouid=id;
  SELECT COUNT(*) INTO goodr FROM review
    WHERE ruid=id AND satisfaction='好评';
  IF num>70 OR goodr>40 THEN
    SET vipnum=2;
  END IF;
  IF num>100 AND goodr>60 THEN
    SET vipnum=3;
  END IF;
  UPDATE users SET vip=vipnum WHERE uid=id;
 END@@
```

12.6 小结

本章以一个简化后的网上购物系统为例介绍了数据库设计与实现的过程，从需求分析、概要结构设计、逻辑结构设计、物理结构设计和数据库的实施 5 个方面分别进行了较详细的介绍。

对系统的功能需求和数据需求进行了描述。在概念模型设计中，在需求分析的基础上，利用 E-R 模型描述系统的概要结构。逻辑结构设计将 E-R 模型转换为关系模型，形成数据库中各表的结构。数据库系统的物理结构设计和实施部分从表、视图、触发器、存储过程的创建等方面进行了介绍。

附录 MySQL 实验指导

实验一 概念模型（E-R 图）设计

一、实验目的

（1）熟悉 E-R 模型的基本概念和图形的表示方法。

（2）掌握将现实世界的事物转化为 E-R 图的基本技巧。

（3）掌握概念模型（E-R 图）的绘制方法。

二、实验内容

1．验证性实验

（1）设计能够表示班级与学生关系的数据模型。

① 确定班级实体和学生实体的属性和码。

学生的属性：学号、姓名、性别、出生日期、班号。码为学号。

班级的属性：班号、班主任、班级人数。码为班号。

② 确定班级与学生之间的联系，为联系命名并指出联系的类型。

一个学生只能属于一个班级，一个班级可以有多个学生，所以班级和学生之间是一对多关系，即 $1:n$，联系名称：属于。

③ 确定联系本身的属性。

没有属性。

④ 画出班级与学生关系的 E-R 图，如图 A-1 所示。

（2）设计能够表示顾客与商品关系的数据模型

① 确定顾客实体和商品实体的属性和码。

顾客的属性：顾客编号、地址、商品编号。码为顾客编号。

商品的属性：商品编号、商品名称、产地。码为商品编号。

② 确定顾客和商品之间的联系，为联系命名并指出联系的类型。

一个顾客可以购买多种商品，一种商品可以被多个顾客购买，所以顾客与商品之间是多对多关系，即 $m:n$，联系名称：购买。

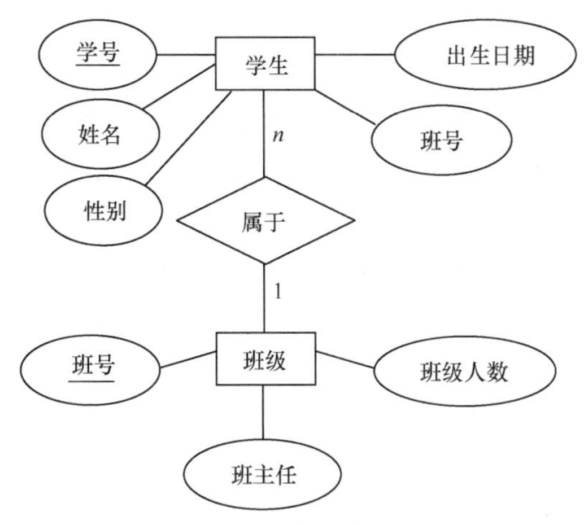

图 A-1　班级与学生关系的 E-R 图

③ 确定联系本身的属性。

联系“购买”的属性：时间、金额。

④ 画出顾客与商品关系的 E-R 图，如图 A-2 所示。

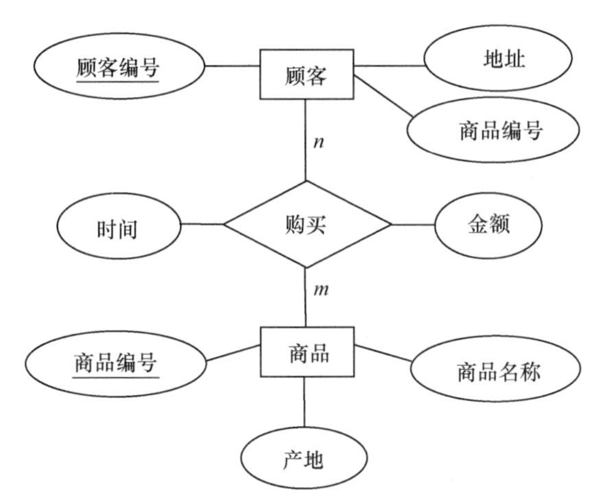

图 A-2　顾客与商品关系的 E-R 图

（3）设计能够表示房地产交易中客户、业务员和合同三者之间关系的数据模型。

① 确定客户实体、业务员实体、合同实体的属性和码。

客户的属性：客户编号、购房地址、电话。码为客户编号。

业务员的属性：员工编号、姓名、工龄。码为员工编号。

合同的属性：合同编号、合同名称、合同有效时间。码为合同编号

② 确定客户实体、业务员实体和合同实体之间的联系，为联系命名并指出联系的类型。

一个业务员可以接待多个客户，每个客户只签署一份合同，一个业务员可以负责多份合同的签署，则业务员与客户是 1∶n 的联系，联系名称：拥有。客户与合同是 1∶1 的联系，联系名称。签署。业务员与合同是 1∶n 的联系，联系名称：负责。

③ 确定联系的名称及包含的属性。

联系“签署”的属性：签署日期。

④ 画出客户实体、业务员实体和合同实体关系的 E-R 图，如图 A-3 所示。

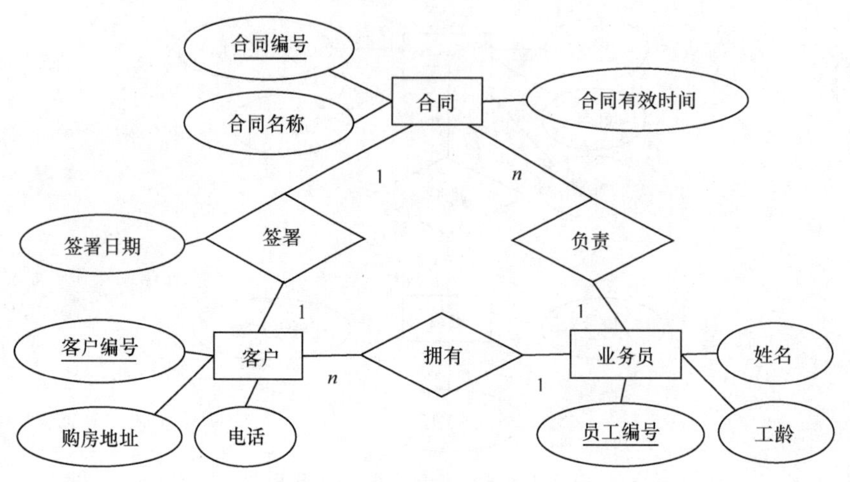

图 A-3　客户实体、业务员实体和合同实体关系的 E-R 图

2．设计性实验

（1）设计能够表示生产厂商与产品关系的数据模型。其中，生产厂商信息包括厂商名称、地址、电话等；产品信息包括品牌、型号、价格等；其他信息包括生产厂商生产某产品的数量和日期。

① 确定产品实体和生产厂商实体的属性和码。

② 确定产品和生产厂商之间的联系，为联系命名并指出联系的类型。

③ 确定联系本身的属性。

④ 画出产品与生产厂商关系的 E-R 图。

（2）设计能够表现车队、车辆和司机关系的数据模型。其中，车队信息包括车队号、车队名等；车辆信息包括车牌号、厂家、出厂日期等；司机信息包括司机编号、姓名、电话等；其他信息包括车队聘用司机的聘用开始时间和聘期，司机使用车辆的使用日期和公里数。

① 确定车队、车辆和司机实体的属性和码。

② 确定实体之间的联系，为联系命名并指出联系的类型。

③ 确定联系本身的属性。

④ 画出 E-R 图。

三、实验思考

在进行概念模型（E-R 图）设计时，是否要将使用的 DBMS（如 MySQL、Oracle）考虑进来?

实验二　MySQL 的运行环境

一、实验目的

（1）熟悉 MySQL 的服务管理操作。

（2）掌握 MySQL 的登录和退出操作。

（3）掌握 MySQL Workbench 客户端工具的使用和 SQL 语句的输入及执行方式。

二、实验内容

（1）启动和退出 MySQL 服务。

方法一：在服务界面手动启动和退出 MySQL 服务

右击“计算机”并选择“管理”命令打开“计算机管理”窗口，在“服务和应用程序”中选择“服务”项。右击右侧窗口的“MySQL80”服务，在弹出的快捷菜单中选择“启动”“停止”“恢复”等命令。

方法二：使用 net 命令启动和退出 MySQL 服务。

打开“命令提示符”窗口，输入命令 net start mysql80，表示启动 MySQL 服务；输入命令 net stop mysql80，表示关闭服务。

（2）登录和退出 MySQL。

方法一：执行 cmd 命令登录和退出 MySQL。

① 登录。打开“命令提示符”窗口，在提示符下输入登录命令后，再根据提示输入登录密码，进入 mysql>提示符状态，即可执行 MySQL 相关语句。

```
C:\Users\zjpc>mysql -u root -p
Enter password: ****
mysql>
```

② 退出。在 mysql>提示符下，输入 quit 或 exit 命令，都可以退出 MySQL。

```
mysql> quit
Bye
```

方法二：使用 MySQL 客户端登录和退出 MySQL。

① 登录。在 Windows 系统下，在“开始”菜单中找到 MySQL，该目录下包含 MySQL Command Line Client 和 MySQL Command Line Client－Unicode 两个选项。它们都是 MySQL 客户端的命令行工具。选择其中一个选项后，按照提示输入登录密码，进入 mysql>提示符状态，即可执行 MySQL 相关语句。

② 退出。在 mysql>提示符下，输入 quit 或 exit 命令。

方法三：使用 MySQL Workbench 客户端工具登录 MySQL。

在 Windows 系统下，在“开始”菜单中找到 MySQL，选择 MySQL Workbench 8.0 CE 选项，打开 MySQL Workbench 欢迎窗口，单击连接实例，输入登录密码，登录成功后进入 MySQL Workbench 工作界面。

（3）在命令行状态下输入并执行如下 SQL 语句。

① 查看当前 MySQL 的版本号和当前时间。

```
mysql> select @@version,current_date;
+-----------+--------------+
| @@version | current_date |
+-----------+--------------+
| 8.0.27    | 2022-01-04   |
+-----------+--------------+
1 row in set (0.05 sec)
```

② 查看以字符 e 开头的系统变量。

```
mysql> SHOW Variables like 'e%';
```

```
+----------------------------------+-------+
| Variable_name                    | Value |
+----------------------------------+-------+
| end_markers_in_json              | OFF   |
| enforce_gtid_consistency         | OFF   |
| eq_range_index_dive_limit        | 200   |
| error_count                      | 0     |
| event_scheduler                  | ON    |
| expire_logs_days                 | 0     |
| explicit_defaults_for_timestamp  | ON    |
| external_user                    |       |
+----------------------------------+-------+
8 rows in set, 1 warning (0.00 sec)
```

（4）在 MySQL Workbench 下输入并执行如下 SQL 语句。

① 查看算术表达式的结果。

第一步：输入 SQL 语句。

```
SELECT 10%3 , 8/4 ,2*3;
```

第二步：选中该 SQL 语句（按住鼠标左键拖动或在语句行前单击）。

第三步：单击工具栏中的【执行】按钮。

结果以表格方式显示如下。

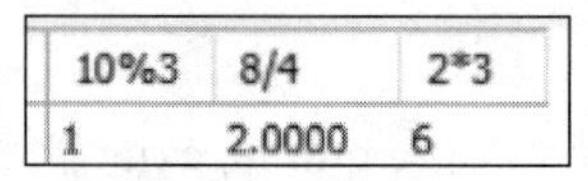

10%3	8/4	2*3
1	2.0000	6

② 查看当前系统的日期及年、月的信息。

```
SELECT SYSDATE() 日期,YEAR(sysdate()) 年,month(sysdate()) 月;
```

日期	年	月
2022-01-04 17:37:53	2022	1

（5）输入如下 SQL 语句并执行。

① 创建数据库 student。

```
CREATE DATABASE student;
```

② 选择数据库 student。

```
USE student;
```

③ 在已打开的数据库 student 中创建学生表。

```
CREATE TABLE 学生表(
 学号 char(6) NOT NULL PRIMARY KEY,
 姓名 varchar(8) NOT NULL,
 性别 char(2),
 专业 VARCHAR(20)
);
```

④ 为学生表插入数据。

```
INSERT INTO 学生表 VALUES('001','张三','男','计算机科学与技术')
,('002','李四','女','物联网工程')
,('003','王五','女','软件工程');
```

⑤ 查询学生表中的记录。

```
SELECT * FROM 学生表;
```

⑥ 查询学生表中女生的姓名和专业信息。

```
SELECT 姓名,专业 FROM 学生表 WHERE 性别='女';
```

⑦ 统计学生表中学生的人数。

```
SELECT COUNT(*) 人数 FROM 学生表;
```

三、实验思考

（1）SQL 语句中的关键字在输入时是否严格区分大小写？
（2）SQL 语句中的符号在输入时可以为中文符号吗？

实验三　数据库和表的管理

一、实验目的

（1）掌握使用 MySQL Workbench 客户端工具和 SQL 语句创建、选择、删除数据库。
（2）掌握使用 MySQL Workbench 客户端工具和 SQL 语句创建、修改、删除表。
（3）掌握 MySQL 常用的数据类型。

二、实验内容

1．验证性实验

（1）使用 MySQL Workbench 创建和删除企业员工管理数据库 YGGL。

① 在 MySQL Workbench 数据库操作的主界面，在左侧 Navigator 栏下面选择 Schemas 项，显示当前服务器中所有的数据库，如图 A-4 所示。

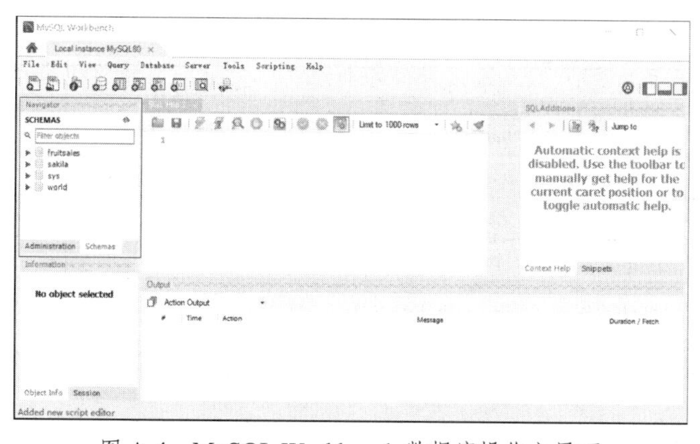

图 A-4　MySQL Workbench 数据库操作主界面

② 在 Navigator 栏中右击选择 Create Schema 命令或者单击工具栏中的【创建数据库】按钮，在打开的窗口中输入数据库名称，单击【Apply】按钮，在左侧 Navigator 栏中将显示创建的数据库，如图 A-5 所示。

③ 删除数据库 YGGL。

在 Navigator 栏中选中 YGGL 数据库，右击并选择 Drop Schema 命令，删除该数据库。

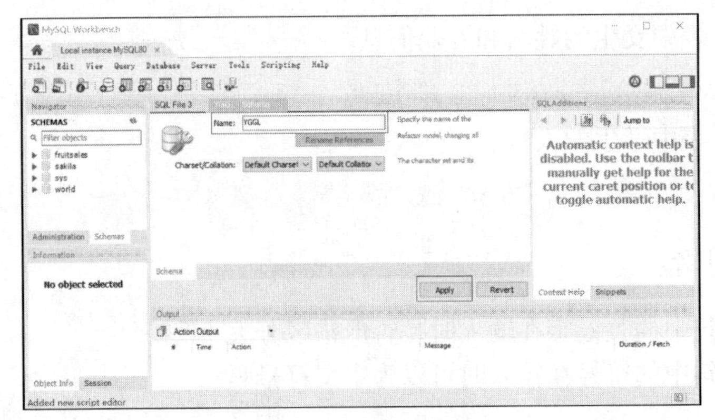

图 A-5　数据库创建界面

（2）使用 SQL 语句完成数据库的相关操作。

① 查看当前系统中的数据库。

```
SHOW DATABASES;
```

② 查看当前系统中的数据库引擎。

```
SHOW ENGINES;
```

③ 创建 YGGL 数据库。

```
CREATE DATABASE YGGL;
```

④ 删除 YGGL 数据库。

```
DROP DATABASE YGGL;
```

（3）使用 SQL 语句创建 YGGL 数据库，并在该数据库下创建雇员表 emp。其表结构如表 A-1 所示。

表 A-1　emp 表结构

列名	数据类型	允许 NULL	主键
eid	char(6)	否	是
name	varchar(8)	否	否
birthday	date	是	否
sex	bit	是	否

① 创建 YGGL 数据库并选择该数据库为当前数据库。

```
CREATE DATABASE YGGL;
USE YGGL;
```

② 创建 emp 表。

```
CREATE TABLE emp(
 eid char(6) NOT NULL PRIMARY KEY,
 name varchar(8) NOT NULL,
 birthday date,
 sex bit
);
```

（4）使用 SQL 语句修改 emp 表。

① 为表 emp 增加新的字段 deptid，数据类型为 char(3)，允许为空。

```
ALTER TABLE emp ADD empid char(3);
```

② 将表 emp 的 name 列改名为 ename，且长度由原来的 8 改为 10。

```
ALTER TABLE emp CHANGE name ename varchar(10);
```

③ 删除表 emp 的 birthday 列。

```
ALTER TABLE emp DROP birthday;
```

④ 查看表 emp 的结构。

```
DESC emp;
```

（5）使用 MySQL Workbench 在数据库 YGGL 中创建和维护表 emp。

① 在 MySQL Workbench 数据库操作主界面的 Navigator 栏中展开 YGGL 数据库，在 Tables 项上右击，选择 Create Table 命令，或者选中 YGGL 数据库后单击工具栏上的【创建表】按钮，在打开的窗口中输入表名及字段信息，单击【Apply】按钮，在 Navigator 栏 YYGL 数据库的 Tables 项下将显示创建的表，如图 A-6 所示。

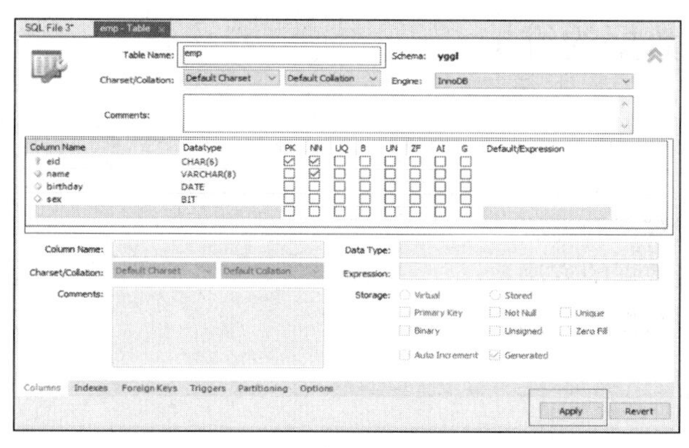

图 A-6 创建表的界面

② 修改表。右击 emp 表，选择 Alter Table 命令，在打开的窗口中，可以修改字段名、字段类型、字段长度等字段属性；也可以在修改的字段上右击并选择弹出菜单中的命令，进行字段顺序的移动、字段删除等操作。

③ 删除表 emp。右击 emp 表，选择 Drop Table 命令，即可删除该表。

2．设计性实验

（1）使用 SQL 语句创建数据库 studentsdb。

（2）使用 SQL 语句选择 studentsdb 为当前使用数据库。

（3）使用 SQL 语句在 studentsdb 数据库创建数据表 student_info，表结构如表 A-2 所示。

表 A-2 student_info 表结构

列名	数据类型	允许 NULL	主键
学号	char(4)	否	是
姓名	char(8)	否	否
性别	char(2)	是	否
出生日期	date	是	否
家庭住址	varchar(50)	是	否

（4）使用 SQL 语句修改 student_info 表的“姓名”列，允许其取空值。

（5）使用 SQL 语句将 student_info 表的“家庭住址”列的名称改为“地址”。

（6）使用 SQL 语句为 student_info 表增加一个名为“备注”的数据列，其数据类型为 varchar(50)。

（7）使用 SQL 语句删除 student_info 表的“出生日期”列。

（8）使用 SQL 语句创建表 stu，表结构及数据与 student_info 表相同。

（9）使用 SQL 语句删除表 stu 和 student_info。

（10）删除数据库 studentsdb。

三、实验思考

（1）通过一条 CREATE DATABASE 语句能创建两个及以上的数据库吗？

（2）通过一条 ALTER TABLE 语句能同时修改多列信息吗？

（3）已经打开的表能删除吗？

实验四　表数据的维护

一、实验目的

（1）掌握插入表数据的方法。

（2）掌握更新表数据的方法。

（3）掌握删除表数据的方法。

二、实验内容

1．验证性实验

（1）在 YYGL 数据库中创建表 emp。

```
USE yygl;
CREATE TABLE emp(
  empno char(4) not null primary key,
  ename varchar(10),
  job varchar(10),
  hiredate date,
  deptno char(3)
);
```

（2）使用 MySQL Workbench 实现对表数据的插入、删除和修改操作。

① 向表 emp 插入表 A-3 所示的行数据。

表 A-3　emp 表数据

empno	ename	job	hiredate	deptno
7369	SMITH	CLERK	2005-10-1	20
7499	ALLEN	SALESMAN	2000-05-01	30
7521	WARD	SALESMAN	2010-06-17	30
7566	JONE	MANAGER	2000-04-23	20

右击要添加数据的表 emp，选择 Select Rows 命令，在表中添加数据，添加完毕后，单击【Apply】按钮保存。如果放弃添加，单击【Revert】按钮，如图 A-7 所示。

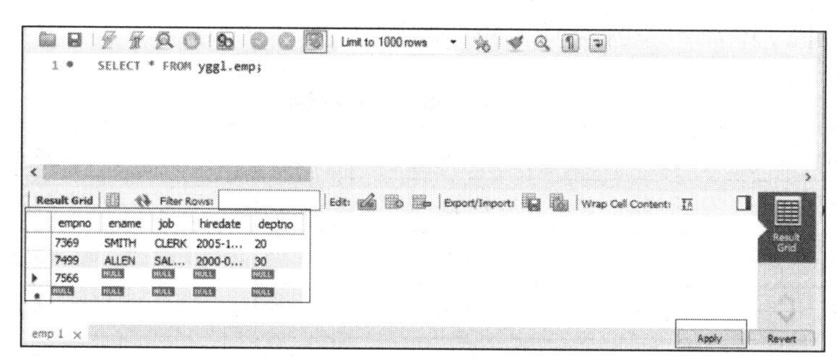

图 A-7　插入表数据界面

② 修改 SMITH 的 job 为 MANAGE。

右击要修改数据的表 emp，选择 Select Rows 命令，在表中修改数据，修改完毕后，单击“Apply”按钮保存。如果放弃修改，则单击“Revert”按钮。

③ 删除表 emp 中的所有行数据。

右击要修改数据的表 emp，选择“Select Rows”命令，在所要删除的行上右键单击选择 Delete Row(s)命令，删除完毕后，单击【Apply】按钮保存。如果放弃修改，则单击【Revert】按钮。

（3）使用 SQL 语句实现对表数据的插入、删除和修改操作。

① 向表 emp 中插入上表中的第一行数据。

```
INSERT INTO emp VALUES('7369','SMITH','CLERK','2005-10-1','20');
```

② 使用 INSERT 语句同时插入上表中的后 3 行数据。

```
INSERT INTO emp VALUES('7499','ALLEN','SALESMAN','2000-05-01','30')
,('7521','WARD','SALESMAN','2010-06-17','30')
,('7566','JONE','MANAGER','2000-04-23','20');
```

③ 向表 emp 中插入一条记录，empno 值为 7788，ename 值为 SCOTT。

```
INSERT INTO emp(empno,ename) VALUES('7788','SCOTT');
```

④ 将 SCOTT 的 job 值改为 ANALYST，hiredate 值改为 2007-2-10。

```
UPDATE emp SET job='ANALYST',hiredate='2007-02-10'
WHERE empno='7788';
```

⑤ 删除 deptno 为 30 的部门的员工记录。

```
SET SQL_SAFE_UPDATES=0;
DELETE FROM emp WHERE deptno='30';
```

⑥ 清空表 emp 的所有记录。

```
TRUNCATE TABLE emp;
```

2．设计性实验

使用如下 SQL 语句，在 YGGL 数据库中创建表 salary。

```
CREATE TABLE salary(
  empno char(4) not null primary key,
```

```
    income float,
    outcome float
  );
```

（1）向表 salary 中插入表 A-4 所示的行数据。

表 A-4　salary 表数据

empno	income	outcome
7369	8000	1320
7499	12000	1463
7521	11500	1463
7566	13000	1566

（2）为表 salary 增加新字段 sal，数据类型为 FLOAT。
（3）修改表 salary 每行的 sal 值为 income-outcome 的值。
（4）删除表 salary 中 income 值为 8000～10000（包括边界）的记录。
（5）删除表 salary。
（6）删除数据库 YGGL。

三、实验思考

（1）对于 YGGL 数据库中的 emp 表而言，插入员工编号相同的记录将出现什么现象？为什么？

（2）在 UPDATE 和 DELETE 语句中，如果没有给出 WHERE 子句，那么将会对表中哪些记录进行操作？

（3）DROP 语句和 DELETE 语句的本质区别是什么？

（4）INSERT、UPDATE、DELETE 语句可以同时对多个表进行操作吗？

实验五　数据查询的基本操作

一、实验目的

（1）掌握 SELECT 语句的格式和各子句的功能。
（2）掌握 WHERE 子句中 LIKE、BETWEEN…AND、IS NULL 等逻辑运算符的使用。
（3）掌握 GROUP BY 语句和聚合函数的使用。
（4）掌握 ORDER BY 语句的使用和使用 LIMIT 子句输出部分记录的方法。

二、实验内容

对数据库 studentsdb 中的 student_info 表、curriculum 表和 grade 表进行信息查询。student_info 表、curriculum 表和 grade 表的定义如下。

（1）学生表 student_info。

① 表结构如表 A-5 所示。

表 A-5 student_info 表结构

列名	数据类型	允许 NULL	主键
学号	char(4)	否	是
姓名	char(8)	否	否
性别	char(2)	是	否
出生日期	date	是	否
家庭住址	varchar(50)	是	否

② 表数据如表 A-6 所示。

表 A-6 student_info 表数据

学号	姓名	性别	出生日期	家族住址
0001	张青平	男	2000-10-01	衡阳市东风路 77 号
0002	刘东阳	男	1998-12-09	东阳市八一北路 33 号
0003	马晓夏	女	1995-05-12	长岭市五一路 763 号
0004	钱忠理	男	1994-09-23	滨海市洞庭大道 279 号
0005	孙海洋	男	1995-04-03	长岛市解放路 27 号
0006	郭小斌	男	1997-11-10	南山市红旗路 113 号
0007	肖月玲	女	1996-12-07	东方市南京路 11 号
0008	张玲珑	女	1997-12-24	滨江市新建路 97 号

（2）课程表 curriculum。

① 表结构如表 A-7 所示。

表 A-7 curriculum 表结构

列名	数据类型	允许 NULL	主键
课程编号	char(4)	否	是
课程名称	varchar(50)	是	否
学分	int	是	否

② 表数据如表 A-8 所示。

表 A-8 curriculum 表数据

课程编号	课程名称	学分
0001	计算机应用基础	2
0002	C 语言程序设计	2
0003	数据库原理及应用	2
0004	英语	4
0005	高等数学	4

（3）成绩表 grade。

① 表结构如表 A-9 所示。

表 A-9　grade 表结构

列名	数据类型	允许 NULL	主键
学号	char(4)	否	是
课程编号	char(4)	否	是
分数	int	是	否

② 表数据如表 A-10 所示。

表 A-10　grade 表数据

学号	课程编号	分数
0001	0001	80
0001	0002	91
0001	0003	88
0001	0004	85
0001	0005	77
0002	0001	73
0002	0002	68
0002	0003	80
0002	0004	79
0002	0005	73
0003	0001	84
0003	0002	92
0003	0003	81
0003	0004	82
0003	0005	75

1．验证性实验

（1）在 student_info 表中，查询每个学生的学号、姓名、出生日期。

```
USE studentsdb;
SELECT 学号,姓名,出生日期 FROM student_info;
```

（2）查询 student_info 表学号为 0002 的学生姓名和家庭住址。

```
SELECT 姓名,家庭住址 FROM student_info WHERE 学号='0002';
```

（3）查询 student_info 表所有出生日期为 1995 年以后的女同学姓名和出生日期。

```
SELECT 姓名,出生日期 FROM student_info
 WHERE 出生日期>='1996-01-01' and 性别='女';
```

（4）在 grade 表中查询分数在 70 ~ 80 的学生学号、课程编号和成绩。

```
SELECT * FROM grade WHERE 分数 BETWEEN 70 AND 80;
```

（5）在 grade 表中查询课程编号为 0002 的学生的平均分。

```
SELECT AVG(分数) 平均分 FROM grade WHERE 课程编号='0002';
```

（6）在 grade 表中查询选修课程编号为 0003 的课程的人数和有该课程成绩的人数。

```
SELECT COUNT(*) 选课人数,COUNT(分数) 有成绩人数 FROM grade
WHERE 课程编号='0003';
```

（7）查询 student_info 表中所有学生的姓名和出生日期，查询结果按出生日期从大到小排序。

```
SELECT 姓名,出生日期  FROM student_info ORDER BY 出生日期 DESC;
```

（8）查询所有姓“张”的学生的学号和姓名。

```
SELECT 学号,姓名 FROM student_info WHERE 姓名 LIKE '张%';
```

（9）查询 student_info 表中所有学生的学号、姓名、性别、出生日期及家庭住址，查询结果先按照性别由小到大排序，性别相同的再按照学号由大到小排序。

```
SELECT 学号,姓名,性别,出生日期,家庭住址 FROM student_info
 ORDER BY 性别 ASC,学号 DESC;
```

（10）使用 GROUP BY 子句查询 grade 表中所有学生的平均成绩。

```
SELECT 学号,AVG(分数) 平均成绩 FROM grade GROUP BY 学号;
```

（11）使用 UNION 运算符将 student_info 表中姓“刘”的学生学号、姓名与姓“张”的学生学号、姓名返回到一个表中。

```
SELECT 学号,姓名 FROM student_info WHERE 姓名 LIKE '刘%'
UNION
SELECT 学号,姓名 FROM student_info WHERE 姓名 LIKE '张%';
```

（12）查询课程编号为 0001 的课程分数最高的前两名学生的学号和分数。

```
SELECT 学号,分数 FROM grade WHERE 课程编号='0001'
 ORDER BY 分数 DESC LIMIT 2;
```

2．设计性实验

（1）通过 grade 表查询选修课程的人数。

（2）查询学号为 0001、0002、0003、0004 的学生的姓名和出生日期。

（3）向 grade 表插入一条记录，学号为 0004、课程编号为 0001。

（4）查询选修了课程但没有成绩（grade 表分数为空值）的学生学号和课程编号。

（5）删除 grade 表中分数为空值的记录。

（6）查询 grade 表中分数大于或等于 90 且课程编号为 0001 或 0002 的记录。

（7）查询 grade 表中总分大于 400 分的学生学号和总分，查询结果按总分升序显示。

（8）查询 grade 表中课程编号为 0001 的课程的学生最高分、最低分及其分数差。

（9）通过 grade 表统计每个学生的分数都大于 70 的课程数，查询结果只显示课程数大于或等于 3 的学生的学号和课程数。

（10）通过 grade 表查询课程平均成绩为 80 ~ 90 的课程编号和平均成绩。

三、实验思考

（1）LIKE 的通配符有哪些？分别代表什么含义？

（2）在 WHERE 子句中 IS 能用“=”代替吗？

（3）聚集函数能否直接在 SELECT 子句、HAVING 子句、WHERE 子句、GROUP BY 子句中使用？

（4）WHERE 子句与 HAVING 子句有何不同？

（5）COUNT(*)、COUNT(列名)、COUNT(DISTINCT 列名)三者的区别是什么？

实验六　多表连接和子查询

一、实验目的

（1）掌握多表连接查询、子查询的基本概念。

（2）掌握多表连接的各种方法，包括内连接、外连接等。

（3）掌握子查询的方法，包括相关子查询和不相关子查询。

二、实验内容

1．验证性实验

在 studentsdb 数据库中使用 SELECT 语句实现查询。

（1）在 student_info 表中查找与“刘东阳”性别相同的所有学生的姓名、出生日期。

```
SELECT 姓名,出生日期 FROM student_info
 WHERE 性别=(SELECT 性别 FROM student_info WHERE 姓名='刘东阳');
```

（2）使用 IN 子查询查找所修课程编号为 0002、0005 的学生的学号、姓名、性别。

```
SELECT 学号,姓名,性别 FROM student_info
 WHERE 学号 IN(SELECT 学号 FROM grade
  WHERE 课程编号 IN ('0002','0005'));
```

（3）使用 ANY 子查询查找学号为 0001 的学生的分数比 0002 号学生的最低分数高的课程编号和分数。

```
SELECT 课程编号,分数 FROM grade
 WHERE 学号='0001' and 分数>ANY(SELECT 分数 FROM grade
  WHERE 学号='0002');
```

（4）使用 ALL 子查询查找学号为 0001 的学生的分数比学号为 0002 的学生的最高成绩还要高的课程编号和分数。

```
SELECT 课程编号,分数 FROM grade
 WHERE 学号='0001' and 分数>ALL(SELECT 分数 FROM grade
  WHERE 学号='0002');
```

（5）使用 EXISTS 子查询查找选修课程的学生学号和姓名。

```
SELECT 学号,姓名 FROM student_info s
 WHERE EXISTS(SELECT * FROM grade g WHERE s.学号=g.学号);
```

（6）查询分数在 80 ~ 90 范围内的学生的学号、姓名、分数。

```
SELECT s.学号,姓名,分数 FROM student_info s,grade g
  WHERE s.学号=g.学号 and 分数 BETWEEN 80 AND 90;
```

（7）使用 INNER JOIN 连接方式查询学习“数据库原理及应用”课程的学生的学号、姓名、分数。

```
SELECT s.学号,姓名,分数 FROM student_info s INNER JOIN grade g
  ON s.学号=g.学号 INNER JOIN curriculum c ON g.课程编号=c.课程编号
  WHERE 课程名称='数据库原理及应用';
```

（8）查询每个学生所选课程的最高成绩，要求列出学号、姓名、最高成绩。

```
SELECT s.学号,姓名,MAX(分数) 最高成绩
  FROM student_info s,grade g
  WHERE s.学号=g.学号
  GROUP BY s.学号;
```

（9）使用左外连接查询每个学生的总成绩，要求列出学号、姓名、总成绩，没有选修课程的学生总成绩为空值。

```
SELECT s.学号,姓名,SUM(分数) 总成绩
FROM student_info s LEFT OUTER JOIN grade g  ON s.学号=g.学号
  GROUP BY s.学号;
```

（10）为 grade 表添加数据行：学号为 0004、课程编号为 0006、分数为 76。

```
INSERT INTO grade VALUES('0004','0006',76);
```

（11）使用右外连接查询所有课程的选修情况，要求列出课程编号、课程名称、选修人数，curriculum 表中没有的课程列值为空值。

```
SELECT g.课程编号,课程名称,count(*) 选修人数
FROM curriculum c RIGHT OUTER JOIN grade g ON g.课程编号=c.课程编号
  GROUP BY g.课程编号;
```

2．设计性实验

（1）查询“C 语言程序设计”课程分数大于该课程平均分数的学生的学号、姓名和分数信息。

（2）使用左外连接查询所有学生的姓名及选修的课程名称和分数，没有选课的学生姓名也要显示。

（3）使用子查询查找张青平同学选修的课程名称。

（4）假设编号为 0001 的课程最高分有多人，统计 0001 号课程最高分人数。

（5）在 ORDER BY 子句中使用子查询，查询选修 0001 号课程的学生姓名，要求按该课程分数从大到小排列显示。

三、实验思考

（1）在查询的 FROM 子句中实现表与表之间的连接有几种方式？对应的关键字分别是什么？

（2）内连接与外连接有什么区别？

（3）“=”与 IN 在什么情况下作用相同？

实验七　索引

一、实验目的

（1）理解索引的概念与类型。

（2）掌握创建、更改、删除索引的方法。

（3）掌握维护索引的方法。

二、实验内容

在 studentsdb 数据库中实现对表的索引操作。

1．验证性实验

（1）使用 MySQL Workbench 在 student_info 表的姓名列上建立一个唯一性索引 name_idx。

① 右击 student_info 表，选择 Alter Table 命令，进入修改表 student_info 的界面。

② 打开 Indexex 选项卡，在 Index Name 的文本框中输入索引名称 name_idx，Index Columns 会自动显示表 student_info 中的所有列名，勾选姓名复选框。

③ 存储类型选择 BTREE，索引类型选择 UNIQUE，表示创建唯一性索引，其他参数使用默认值，如图 A-8 所示。

④ 设置完成后单击【Apply】按钮，即可完成索引的创建。展开左侧 Navigator 栏中 studentsdb 数据库 student_info 表下的 Index 项，即可看到创建的 name_idx 索引。

⑤ 可以再次进入 Index 选项卡，实现索引的修改和删除操作。例如，要删除 name_idx 索引，在该界面中，右击索引名所在行，选择 Delete Selected 命令，即可删除该索引。

（2）使用 SQL 语句实现对表的索引操作。

① 使用 CREATE INDEX 为 grade 表的分数列建立一个降序的普通索引 score_idx。

```
CREATE INDEX score_idx ON grade(分数 DESC);
```

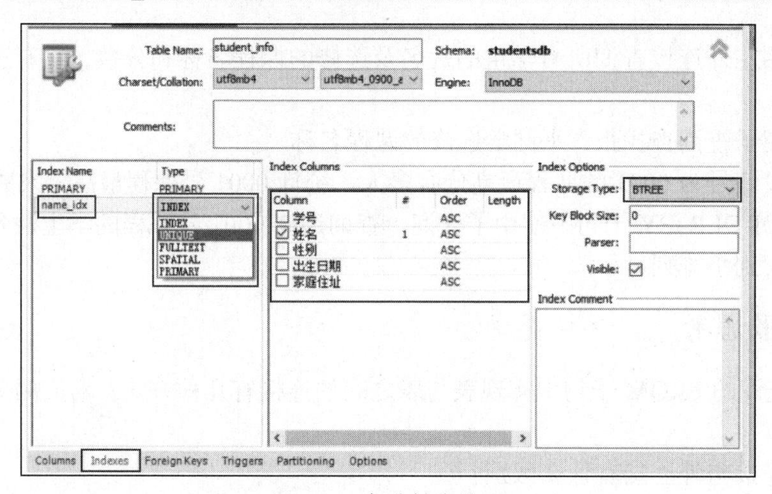

图 A-8　索引创建界面

② 查看 grade 表的索引信息。

```
SHOW INDEX FROM grade;
```

③ 删除 grade 表的 score_idx 索引。

```
DROP INDEX score_idx ON grade;
```

④ 使用 ALTER TABLE 为 student_info 表的姓名列创建唯一性索引 name_idx。

```
ALTER TABLE student_info ADD UNIQUE INDEX name_idx(姓名);
```

⑤ 删除 student_info 表的 name_idx 索引。

```
ALTER TABLE student_info DROP INDEX name_idx;
```

⑥ 在 student_info 表的姓名和性别列上创建复合的普通索引，索引名为 name_sex_idx，再删除该索引。

```
CREATE INDEX name_sex_idx ON student_info(姓名,性别);
DROP INDEX name_sex_idx ON student_info;
```

2．设计性实验

（1）创建数据库 job。

（2）创建 user 表，表结构如表 A-11 所示，在创建表的时候同时创建几个索引，在 userid 字段上创建名为 index_uid 的唯一性索引，并且以降序排列；在 username 和 passwd 字段上创建名为 index_user 的多列索引；在 info 字段上创建名为 index_info 的全文索引。

表 A-11　user 表结构

列名	数据类型	允许 NULL
userid	INT	否
username	VARCHAR(20)	否
passwd	VARCHAR(20)	否
info	TEXT	是

（3）创建 information 表，表结构如表 A-12 所示。

表 A-12　information 表结构

列名	数据类型	允许 NULL
id	INT	否
name	VARCHAR(20)	否
sex	VARCHAR(4)	否
birthday	DATE	是
address	VARCAHR(50)	是
tel	VARCHAR(20)	是
pic	BLOB	是

（4）在 name 字段上创建名为 index_name 的单列索引。

（5）在 birthday 和 address 字段上创建名为 index_bir 的多列索引。

（6）用 ALTER TABLE 语句在 id 字段上创建名为 index_id 的唯一性索引，而且以升序排列。

（7）删除 user 表上的 index_user 索引。

（8）删除 information 表上的 index_id 索引。

三、实验思考

（1）建立索引的目的是什么？什么情况下不适于在表上建立索引？

（2）用 ALTER TABLE 语句为字段创建的索引，能用 DROP INDEX 语句删除吗？

（3）用 CREATE INDEX 语句为字段创建的索引，能用 ALTER TABLE 语句删除吗？

实验八　视图

一、实验目的

（1）掌握视图的基本概念和功能。

（2）掌握创建、修改、删除视图的方法。

（3）掌握通过视图查询、插入、删除、修改基本表中数据的方法。

二、实验内容

在 studentsdb 数据库中实现视图操作。

1．验证性实验

（1）使用 SQL 语句 CREATE VIEW 建立一个名为 v_stu_c 的视图，显示学生的学号、姓名、所学课程的课程编号，并利用视图查询学号为 0003 的学生情况。

```
CREATE VIEW v_stu_c AS
  SELECT s.学号,姓名,课程编号 FROM student_info s,grade g
    WHERE s.学号=g.学号;

SELECT * FROM v_stu_c WHERE 学号='0003';
```

（2）基于 student_info 表、curriculum 表和 grade 表，建立一个名为 v_stu_g 的视图，视图包括所有学生的学号、姓名、课程名称、分数。使用视图 v_stu_g 查询学号为 0001 的学生的课程平均分。

```
CREATE VIEW v_stu_g AS
  SELECT s.学号,姓名,课程名称,分数
    FROM student_info s,grade g,curriculum c
    WHERE s.学号=g.学号 and g.课程编号=c.课程编号;

SELECT AVG(分数) 平均分 FROM v_stu_g  WHERE 学号='0001';
```

（3）使用 SQL 语句修改视图 v_stu_g，显示学生的学号、姓名、性别。

```
ALTER VIEW v_stu_g AS
  SELECT 学号,姓名,性别 FROM student_info;
```

（4）利用视图 v_stu_g 为 student_info 表添加一行数据：学号为 0010、姓名为陈婷婷、性别为女。

```
INSERT INTO v_stu_g(学号,姓名,性别) VALUES('0010','陈婷婷','女');
```

（5）利用视图 v_stu_g 删除学号为 0010 的学生记录。

```
DELETE FROM v_stu_g WHERE 学号='0010';
```

（6）利用视图 v_stu_g 修改姓名为张青平的学生的高等数学的分数为 87。

```
UPDATE grade SET 分数=87
  WHERE 学号=(SELECT 学号 FROM v_stu_g WHERE 姓名='张青平') and
  课程编号=(SELECT 课程编号 FROM curriculum WHERE 课程名称='高等数学');
```

（7）使用 SQL 语句删除视图 v_stu_c 和 v_stu_g。

```
DROP VIEW v_stu_c,v_stu_g;
```

2．设计性实验

（1）创建视图 v_student，显示姓张且出生日期为 2000 年以后的学生的学号、姓名、出生日期和家庭住址。

（2）创建视图 v_cnt，显示每门课程分数超过 90（含 90）分的课程编号和人数。

（3）创建视图 v_grade，统计每门课的课程名称、最高分、最低分、平均分。

（4）通过视图 v_student，向基本表 student_info 插入一条记录，其学号值为 0010，姓名值为“张三”，出生日期为 2000-3-23。

（5）通过视图 v_student，修改学号为 0010 的学生的家庭住址为“广州市中山路 3 号”。

（6）通过视图 v_student，向基本表 student_info 插入一条记录，其学号值为 0011，姓名值为“赵海棠”，出生日期为 2001-11-12，并查看视图 v_student 和表 student_info，确认是否插入成功。

（7）修改 v_student 的视图定义，添加 WITH CHECK OPTION 选项。

（8）通过视图 v_student，向基本表 student_info 插入一条记录，其学号值为 0012，姓名值为“李春桃”，出生日期为 2000-01-12，并查看是否插入成功。如果插入不成功，原因是什么?

（9）通过视图 v_student，删除学号为 0010 的记录。

（10）删除基本表 student_info 中学号为 0011 的记录。思考通过视图 v_student 能否删除 0011 的记录。

三、实验思考

（1）能否在视图上建立索引?

（2）通过视图插入的数据能进入基本表吗?

（3）WITH CHECK OPTION 起什么作用?

（4）修改基本表的数据会自动反映到相应的视图中吗?

（5）哪些视图中的数据无法进行增、删、改操作?

实验九　数据完整性

一、实验目的

（1）理解数据完整性的概念。

（2）理解约束的各种类型。

（3）掌握使用 SQL 语句 CREATE TABLE 创建约束的方法。

（4）掌握使用 SQL 语句 ALTER TABLE 增加或删除约束的方法。

二、实验内容

1．验证性实验

（1） 创建 students 数据库，在该数据库下创建表 stu，并同时创建约束，表结构及约束如表 A-13 所示。

表 A-13 stu 表结构及约束

字段	类型	是否为空	约束
学号	int	否	主键、自增
姓名	char(8)	是	—
性别	char(2)	是	默认值为“男”
出生日期	date	是	—

```
CREATE DATABASE students;
USE students;
CREATE TABLE stu(
 学号 int NOT NULL PRIMARY KEY AUTO_INCREMENT,
 姓名 char(8),
 性别 char(2) DEFAULT '男',
 出生日期 date
);
```

（2）创建表 sc，并同时创建约束，表结构及约束如表 A-14 所示。

表 A-14 sc 表结构及约束

字段	类型	是否为空	约束
学号	int	否	外键参照 stu 表的学号列（约束名 fk_sno)
课号	char(4)	否	—
成绩	decimal(5,2)	是	0≤成绩≤100

主键为(学号, 课号)。

```
CREATE TABLE sc(
 学号 int NOT NULL,
 课号 char(4) NOT NULL,
 成绩 decimal(5,2) CHECK(成绩 BETWEEN 0 AND 100),
 PRIMARY KEY(学号,课号),
 CONSTRAINT fk_sno FOREIGN KEY(学号)  REFERENCES stu(学号)
);
```

（3）创建表 course，并同时创建约束，表结构及约束如表 A-15 所示。

表 A-15 course 表结构及约束

字段	类型	是否为空	约 束
课号	char(4)	否	
课名	char(20)	是	唯一约束（约束名 uq_cname)
学分	int	是	

```
CREATE TABLE course(
 课号 char(4) NOT NULL,
 课名 char(20),
 学分 int,
 CONSTRAINT uq_cname UNIQUE(课名)
);
```

（4）在 course 表的课号列建立主键约束。

```
ALTER TABLE course ADD PRIMARY KEY(课号);
```

（5）在 sc 表的课号列建立外键约束 fk_cno，参照 course 表的课号列的取值，要求实现级联更新。

```
ALTER TABLE sc
  ADD CONSTRAINT fk_cno FOREIGN KEY(课号) REFERENCES course(课号)
  ON UPDATE CASCADE;
```

（6）在 stu 表的姓名列建立唯一约束 uq_sname。

```
ALTER TABLE stu ADD CONSTRAINT uq_sname UNIQUE(姓名);
```

（7）在 course 表的学分列建立检查约束 ck_xf，检查条件为学分>0。

```
ALTER TABLE course ADD CONSTRAINT ck_xf CHECK(学分>0);
```

（8）删除 sc 表的外键约束 fk_cno、fk_sno。

```
ALTER TABLE sc DROP FOREIGN KEY fk_cno;
ALTER TABLE sc DROP FOREIGN KEY fk_sno;
```

（9）删除 course 表的主键约束。

```
ALTER TABLE course DROP PRIMARY KEY;
```

（10）删除 course 表的唯一约束 uq_cname。

```
ALTER TABLE course DROP INDEX uq_cname;
```

2．设计性实验

（1）利用 studentsdb 数据库中的 curriculum 表创建一个新表 c，再利用 grade 表创建一个新表 g。

（2）为 c 表的课程名称列创建主键约束。

（3）向 c 表插入一条与已有课程名称相同的记录，课程编号值为 0006、课程名称值为"计算机应用基础"，观察主键值重复时数据的插入情况。

（4）删除 c 表的主键约束。

（5）为表 g 的课程编号列添加外键，参照 c 表的课程编号列，要求表间实现级联删除。

（6）删除 c 表课程编号为 0001 的记录，查看 g 表中课程编号为 0001 的记录是否自动被删除。

（7）为表 g 的分数列添加检查约束，要求分数值必须大于或等于 0。

（8）向表 g 插入一条记录，学号值为 0004，课程编号值为 0001，分数值为-80，观察该记录能否成功插入。

（9）为表 c 的课程名称列添加唯一约束，约束名为 uq_name。

（10）删除表 c 和表 g。

三、实验思考

（1）请说明唯一约束与主键约束的联系和区别。

（2）建立外键约束所参照的父表的列必须设置为主键吗？

（3）一张表可以设置几个主键？可以创建几个唯一约束？

实验十　存储函数

一、实验目的

1. 掌握自定义函数的格式、功能和调用过程。
2. 掌握 MySQL 控制流语句的基本功能和分类。
3. 掌握利用控制流语句实现基本的分支选择和循环处理的功能。

二、实验内容

在数据库 studentsdb 中实现以下操作。

1．验证性实验

（1）使用查询结果为变量赋值的方式，统计“数据库原理及应用”课程的最高分、平均分。

```
SET @cid=(SELECT 课程编号 FROM curriculum
WHERE 课程名称='数据库原理及应用');
SELECT MAX(分数) 最高分,AVG(分数) FROM grade WHERE 课程编号=@cid;
```

（2）创建 f_course()函数。其功能为返回表 curriculum 中指定课程编号的课程名称。调用函数查看 0001 号课程的名称。

```
DELIMITER @@
CREATE FUNCTION f_course(cid CHAR(4))
 RETURNS VARCHAR(50)
 BEGIN
  RETURN(SELECT 课程名称 FROM curriculum WHERE 课程编号=cid);
 END@@
DELIMITER ;
SELECT f_course('0001');
```

（3）创建函数 del_cno()，删除表 curriculum 中指定课程编号在 grade01 表中的记录。

```
CREATE TABLE grade01 AS SELECT * FROM grade;

DELIMITER @@
CREATE FUNCTION del_cno(cno char(4))
 RETURNS CHAR(6)
 BEGIN
  DECLARE c_name VARCHAR(50);
  SELECT 课程名称 INTO c_name FROM curriculum WHERE 课程编号=cno;
  IF c_name IS NOT NULL THEN
   BEGIN
    DELETE FROM grade01 WHERE 课程编号=cno;
    RETURN 'YES';
   END;
  ELSE
    RETURN 'NO';
  END IF;
 END@@

 DELIMITER ;
 SET SQL_SAFE_UPDATES=0;
 SELECT del_cno('0001');
```

（4）创建函数 ex_case()，通过 CASE 语句判断，如果传入参数的值为 100，则输出 1；如果传入参数的值为 200，则输出 2；如果传入参数的值为 300，则输出 3；否则输出 0。

```
DELIMITER @@
CREATE FUNCTION ex_case(x int)
 RETURNS int
 BEGIN
  DECLARE y INT;
  CASE x
   WHEN 100 THEN SET y=1;
   WHEN 200 THEN SET y=2;
   WHEN 300 THEN SET y=3;
   ELSE SET y=0;
  END CASE;
  RETURN y;
 END@@

 DELIMITER ;
 SELECT ex_case(200);
```

（5）定义函数 ex_loop()，使用 LOOP 语句求 1 ~ n 的偶数和。

```
DELIMITER @@
CREATE FUNCTION ex_loop(n int)
 RETURNS int
 BEGIN
  DECLARE s,i INT;
  SET s=0;
  SET i=2;
  LOOP_LABEL:LOOP
   SET s=s+i;
   SET i=i+2;
   IF i>n THEN
    LEAVE LOOP_LABEL;
   END IF;
  END LOOP;
  RETURN s;
 END@@

 DELIMITER ;
 SELECT ex_loop(6);
```

2．设计性实验

（1）查询 student_info 表中每个学生的姓名和年龄。

（2）查询并显示 0001 号课程每个学生的姓名和分数等级，大于或等于 90 等级为优秀、80 ~ 89 等级为良、70 ~ 79 等级为中、60 ~ 69 等级为及格、小于 60 等级为不及格。

（3）使用 studentsdb 数据库中的 curriculum 表、grade 表。创建一个存储函数 num_func()，统计指定课程名称的选课人数。调用存储函数 num_func()，查看“C 语言程序设计”课程的选课人数。

（4）定义函数 f_fac()，求 $n!$。

（5）定义函数 f_stu()。要求：函数有两个参数，即学号 sid 和类型 type。首先根据 sid 查询 student_info 表中的记录值，如果 type 的值为 1，则返回姓名值；如果 type 的值为 2，则返回家庭住址值；如果 type 为其他值，则返回字符串 Error；其次调用该函数查看学号为 0001 的学生姓名；最后删除该函数。

三、实验思考

（1）请说明 IF…ELSE 语句和 CASE 语句实现分支选择的区别。

（2）请说明 WHILE、LOOP、REPEAT 循环语句的功能和区别。

（3）请说明嵌套 IF…ELSE 语句的特点和使用注意事项。

实验十一　存储过程

一、实验目的

（1）掌握存储过程的基本概念和功能。

（2）掌握创建、删除存储过程的方法。

二、实验内容

在数据库 studentsdb 中实现以下操作。

1．验证性实验

（1）输入以下代码，创建存储过程 stu_info()，执行时输入姓名，可以查询该学生的各科成绩。

```
USE studentsdb;

DELIMITER @@
CREATE PROCEDURE stu_info(IN name CHAR(8))
 BEGIN
  SELECT s.学号,姓名,课程编号,分数 FROM student_info s,grade g
   WHERE s.学号=g.学号 and 姓名=name;
 END @@
```

使用 CALL 命令执行存储过程 stu_info()，其参数值为'张青平'。

```
DELIMITER ;
CALL stu_info('张青平');
```

（2）使用 studentsdb 数据库中的 student_info 表、curriculum 表、grade 表。

① 创建一个存储过程 stu_grade()，查询学号为 0001 的学生的姓名、课程名称、分数。

```
DELIMITER @@
CREATE PROCEDURE stu_grade()
 BEGIN
  SELECT 姓名,课程名称,分数 FROM student_info s,grade g,curriculum c
  WHERE s.学号=g.学号 and g.课程编号=c.课程编号 and s.学号='0001';
 END @@
```

② 调用存储过程 stu_grade()。

```
DELIMITER ;
CALL  stu_grade();
```

（3）使用 studentsdb 数据库中的 student_info 表、curriculum 表、grade 表。

① 创建存储过程 stu_name()，任意输入一个学生的姓名，可查看其课程的最高分、最低分、平均分。

```
DELIMITER @@
CREATE PROCEDURE stu_name(IN name CHAR(8))
 BEGIN
  SELECT 姓名,MAX(分数) 最高分,MIN(分数) 最低分,AVG(分数) 平均分
   FROM student_info s,grade g,curriculum c
   WHERE s.学号=g.学号 and g.课程编号=c.课程编号 and 姓名=name;
 END @@
```

② 调用存储过程 stu_name()。

```
DELIMITER ;
CALL stu_name('张青平');
```

③ 删除存储过程 stu_name()。

```
DROP PROCEDURE stu_name;
```

（4）使用 studentsdb 数据库中的 grade 表。

① 创建一个存储过程 stu_g_r()，当输入一个学生的学号时，通过返回输出参数获取该学生选修课程的门数。

```
DELIMITER @@
CREATE PROCEDURE stu_g_r(IN cno CHAR(4),OUT num INT)
 BEGIN
  SELECT count(*) INTO num FROM grade WHERE 课程编号=cno;
 END@@
```

② 执行存储过程 stu_g_r()，输入学号 0002。

```
DELIMITER ;
CALL stu_g_r('0002',@num);
```

③ 显示 0002 号学生的选课门数。

```
SELECT @num;
```

2．设计性实验

（1）使用 studentsdb 数据库中的 curriculum 表、grade 表。

① 创建存储过程 c_name()，任意输入一门课程名称，可查看该课程 90 分及以上的人数。

② 执行存储过程 c_name()，输入课程名称“C 语言程序设计”。

（2）使用 studentsdb 数据库中的 curriculum 表。

① 创建一个存储过程 c_proc()，根据所输入的课程编号，通过返回输出参数获取该门课程的课程名称及学分。

② 执行存储过程 c_proc()，输入课程编号 0002。

③ 显示 0002 课程的课程名称及学分。

（3）创建向 curriculum 表添加记录的存储过程 currAdd()。

（4）创建存储过程 comp()，比较两门课程的最高分，若前者比后者高，输出 0，否则输出 1。

三、实验思考

（1）存储函数和存储过程如何返回运算结果？

（2）存储函数有 OUT 参数、INOUT 参数吗？

实验十二　游标

一、实验目的

（1）掌握游标的基本概念及功能。

（2）掌握游标处理结果集的基本过程。

二、实验内容

在数据库 studentsdb 中实现以下操作。

1．验证性实验

（1）使用 studentsdb 数据库中的 student_info 表、curriculum 表、grade 表。

① 创建存储过程 stu_proc()，用游标提取 student_info 表中 0001 号学生的姓名和家庭住址。

```
USE studentsdb;

DELIMITER @@
CREATE PROCEDURE stu_proc()
 BEGIN
  DECLARE v_ename CHAR(8);
  DECLARE v_address  VARCHAR(50);
  DECLARE stu_cursor CURSOR
    FOR SELECT 姓名,家庭住址 FROM student_info WHERE 学号='0001';
  OPEN stu_cursor;
  FETCH stu_cursor INTO v_ename,v_address;
  CLOSE stu_cursor;
  SELECT v_ename,v_address;
 END@@
```

② 执行存储过程 stu_proc()。

```
DELIMITER ;
CALL stu_proc();
```

（2）使用 studentsdb 数据库中的 curriculum 表、grade 表。

① 创建一个存储函数 avg_func()，通过游标统计指定课程的平均分。

```
DELIMITER @@
CREATE FUNCTION avg_func(cname VARCHAR(50))
 RETURNS DECIMAL
 BEGIN
  DECLARE v_avg DECIMAL;
 DECLARE avg_cur CURSOR FOR SELECT avg(分数) FROM grade g,curriculum c
    WHERE g.课程编号=c.课程编号 and 课程名称=cname;
  OPEN avg_cur;
  FETCH avg_cur INTO v_avg;
  CLOSE avg_cur;
  RETURN v_avg;
 END @@
```

② 执行存储函数 avg_func()，查看“C 语言程序设计”课程的平均分。

```
SELECT avg_func('C 语言程序设计') 课程平均分;
```

③ 删除存储函数 avg_func()。

```
DROP FUNCTION avg_func;
```

（3）创建存储函数 dj_fn()，借助游标实现输出 grade 表中学号为 0001 的学生选修的课程编号为 0001 的成绩等级。

```
DELIMITER @@
CREATE FUNCTION dj_fn()
 RETURNS  char(8)
 BEGIN
  DECLARE cj INT;
  DECLARE g_cur CURSOR FOR SELECT 分数 FROM grade
   WHERE 学号='0001' and 课程编号='0001';
  OPEN g_cur;
  FETCH g_cur INTO cj;
  IF cj>=90 THEN      RETURN '优';
  ELSEIF cj>=80 THEN   RETURN '良';
  ELSEIF cj>=70 THEN   RETURN '中';
  ELSEIF cj>=60 THEN   RETURN '及格';
  ELSE   RETURN "不及格";
  END IF;
 END@@

SELECT dj_fn();
```

2．设计性实验

（1）创建一个 sch 表，并且向 sch 表插入表格中的数据。

```
CREATE TABLE sch(id INT, name VARCHAR(50),glass VARCHAR(50));
INSERT INTO sch VALUES(1,'xiaoming','1班'), (1,'xiaojun','2班');
```

（2）创建存储函数 count_sch()，用于统计表 sch 中的记录数。

（3）创建存储过程 add_id()，通过调用存储函数 count_sch()获取表 sch 中的记录数，并通过游标计算 sch 表中 id 的和。

（4）创建存储过程 cal()，使用游标计算指定课程为 90 分及以上的人数比例。

三、实验思考

（1）对于数据检索来说使用游标的好处有哪些？

（2）使用游标的步骤是什么？

实验十三　触发器与事务处理

一、实验目的

（1）理解触发器的概念与类型。

（2）理解触发器的功能及工作原理。

（3）掌握创建、更改、删除触发器的方法。

（4）掌握利用触发器维护数据完整性的方法。

（5）掌握事务的基本概念。

（6）掌握事务的定义、管理及利用事务进行数据处理的过程。

二、实验内容

在数据库 studentsdb 中实现以下操作。

1．验证性实验

（1）创建测试表 test，其包含两个字段：id——字段类型为 int、自动增长，date_time——字段类型为 varchar(50)。

```
USE studentsdb;

CREATE TABLE test(
 id int auto_increment primary key,
 date_time varchar(50)
);
```

（2）创建与 curriculum 表相同的表 course。

```
CREATE TABLE course AS SELECT * FROM curriculum;
```

（3）创建触发器 test_trig，实现在 course 表中每插入一条学生记录，则自动在 test 表中追加一条插入成功时的日期时间。

```
CREATE TRIGGER test_trg
 AFTER INSERT
 ON course
 FOR EACH ROW
  INSERT INTO test(date_time) VALUES(SYSDATE());
```

（4）为 course 表插入一条记录激活 INSERT 触发器，查看 test 表的内容。

```
INSERT INTO course VALUES('0007','操作系统',4);
SELECT * FROM test;
```

（5）创建与 grade 表相同的表 sc；在 course 表上创建触发器 del_trig，当在 course 表上删除一门课程时，级联删除 sc 表中该课程的记录。

```
CREATE TABLE sc AS SELECT * FROM grade;

CREATE TRIGGER del_trig
 AFTER DELETE
 ON course
 FOR EACH ROW
  DELETE FROM sc WHERE 课程编号=OLD.课程编号;
```

（6）删除 course 表的一条记录，查看 sc 表相应记录是否被自动删除。

```
SET SQL_SAFE_UPDATES=0;
DELETE FROM course WHERE 课程编号='0001';
SELECT * FROM sc;
```

（7）创建存储过程 auto_del()，利用事务删除 course 表中课程编号为 0002 的记录，然后回滚。

```
DELIMITER @@
CREATE PROCEDURE auto_del()
 BEGIN
  START TRANSACTION;
  DELETE FROM course WHERE 课程编号='0002';
  SELECT * FROM course WHERE 课程编号='0002';
  ROLLBACK;
```

```
 END@@

DELIMITER ;
CALL auto_del();

SELECT * FROM course;
```

（8）创建存储过程 tran_update()，启动事务将课程表 course 中课程编号为 0002 的课程名称改为“MySQL 数据库”，并提交事务。

```
DELIMITER @@
CREATE PROCEDURE tran_update()
 BEGIN
  START TRANSACTION;
  UPDATE course SET 课程名称='MySQL数据库' WHERE 课程编号='0002';
  COMMIT;
  SELECT * FROM course WHERE 课程编号='0002';
 END@@

 DELIMITER ;
 CALL tran_update();
```

2．设计性实验

（1）创建触发器 cno_tri，当更改表 course 中某门课的课程编号时，sc 表中的课程编号自动更改。

（2）验证触发器 cno_tri，将 course 表中的课程编号 0002 改为 0008，查看 sc 表中相应的课程编号是否自动修改。

（3）在 course 表上定义一个触发器 course_tri，当删除一门课程时，将该课程的课程编号和课程名称添加到 del_course 表中。

（4）创建存储过程 tran_save()，首先开始事务，向 course 表添加一条记录，设置保存点 sp01，其次删除该记录，并回滚到事务保存点 sp01 处，最后提交事务。执行存储过程 tran_save()，验证 course 表中的记录是否插入成功。

（5）在表 course 上设置一个只读锁。

（6）在表 sc 上设置一个写锁。

（7）解除表上的锁。

三、实验思考

（1）请说明触发器中 INSERT、DELETE 和 UPDATE 操作与临时表 OLD 和 NEW 的关系。

（2）请说明并发数据访问引发的问题及解决方案。

（3）请说明回滚和检查点的作用。

实验十四　MySQL 的安全管理

一、实验目的

（1）熟悉 MySQL 权限系统的工作原理。

（2）掌握 MySQL 账户安全管理的基本操作。

（3）掌握 MySQL 权限安全管理的基本操作。

二、实验内容

在数据库 studentsdb 中实现以下操作。

1．验证性实验

（1）在本地主机创建用户账号 st_01，密码为 123456。

```
CREATE USER st_01@localhost IDENTIFIED BY '123456';
```

（2）查看 MySQL 下的所有用户账号。

```
USE mysql;
SELECT * FROM user;
```

（3）修改用户账号 st_01 的密码为 111111。

```
SET PASSWORD FOR st_01@localhost='111111';
```

（4）使用 studentsdb 数据库中的 student_info 表。

① 授予用户账号 st_01 查询表的权限。

```
GRANT SELECT ON TABLE studentsdb.student_info TO st_01@localhost;
```

② 授予用户账号 st_01 更新家庭住址列的权限。

```
GRANT UPDATE(家庭住址) ON TABLE studentsdb.student_info
TO st_01@localhost;
```

③ 授予用户账号 st_01 修改表结构的权限。

```
GRANT ALTER ON TABLE studentsdb.student_info TO st_01@localhost;
```

（5）使用 studentsdb 数据库中的 student_info 表。

① 创建存储过程 cn_proc()，统计 student_info 表中的学生人数。

```
DELIMITER @@
CREATE PROCEDURE studentsdb.cn_proc()
 BEGIN
  DECLARE n INT;
  SELECT COUNT(*) INTO n FROM studentsdb.student_info;
  SELECT n;
 END@@
```

② 授予用户账号 st_01 调用 cn_proc()存储过程的权限。

```
DELIMITER ;
GRANT EXECUTE ON PROCEDURE studentsdb.cn_proc TO st_01@localhost;
```

③ 以用户账号 st_01 连接 MySQL 服务器，调用 cn_proc()存储过程，查看学生人数。

```
CALL studentsdb.cn_proc();
```

（6）使用 studentsdb 数据库。

① 授予用户账号 st_01 在 studentsdb 数据库上创建表、删除表、查询数据、插入数据的权限。

```
GRANT CREATE,SELECT,INSERT,DROP ON studentsdb.* TO st_01@localhost;
```

② 以用户账号 st_01 连接 MySQL 服务器，创建新表 st_copy，使其与表 student_info 完全相同。

```
CREATE TABLE studentsdb.st_copy SELECT * FROM studentsdb.student_info;
```

③ 以用户账号 st_01 连接 MySQL 服务器，删除表 st_copy。

```
DROP TABLE STUDENTSDB.st_copy;
```

（7） 撤销用户账号 st_01 在 studentsdb 数据库上创建表、删除表、查询数据、插入数据的权限。

```
REVOKE CREATE,SELECT,INSERT,DROP ON studentsdb.* FROM st_01@localhost;
```

（8）撤销用户账号 st_01 的所有权限。

```
REVOKE ALL PRIVILEGES,GRANT OPTION FROM st_01@localhost;
```

（9）使用 studentsdb 数据库中的 student_info 表。

① 创建本地主机角色 student。

```
CREATE ROLE 'student'@'localhost';
```

② 授予角色 student 查询 student_info 表的权限。

```
GRANT SELECT ON TABLE studentsdb.student_info TO 'student'@'localhost';
```

③ 创建本地主机用户账号 st_02，密码为 123。

```
CREATE USER stu_02@localhost IDENTIFIED BY '123';
```

④ 授予用户账号 st_02 角色 student 的权限。

```
GRANT 'student'@'localhost' TO stu_02@localhost;
set global activate_all_roles_on_login=ON;
```

⑤ 以用户账号 st_02 连接 MySQL 服务器，查看 student_info 表的信息。

```
SELECT * FROM studentsdb.student_info;
```

⑥ 撤销用户账号 st_02 角色 student 的权限。

```
REVOKE ALL PRIVILEGES,GRANT OPTION FROM 'student'@'localhost';
```

⑦ 删除角色 student。

```
DROP ROLE 'student'@'localhost';
```

（10）删除用户账号 st_01、st_02。

```
DROP USER st_01@localhost,st_02@localhost;
```

2．设计性实验

（1）选择 mysql 数据库为当前数据库。

（2）在本地主机创建用户账号 newAdmin，密码为 pw1。

（3）授予用户账号 newAdmin 查询 studentsdb 数据库 grade 表的查询权限及更新分数列的权限。

（4）使用 newAdmin 账号登录 MySQL，查看 studentsdb 数据库 grade 表中的数据。

（5）退出当前登录，使用 root 账号重新登录，撤销 newAdmin 账户的所有权限。

（6）删除 newAdmin 的账户信息。

三、实验思考

（1）用户账号、角色和权限之间的关系是什么？没有角色能授予用户权限吗？

（2）请说明角色在用户账号连接服务器后自动被激活的设置方法。

set global activate_all_roles_on_login=ON;

（3）请说明授予权限与撤销权限的关系。

实验十五　数据库的备份、恢复及性能优化

一、实验目的

（1）了解备份和恢复数据库备份策略的选择。

（2）掌握数据库备份和恢复的基本操作。

（3）掌握表的导入和导出的基本操作。

（4）掌握性能优化的基本操作。

二、实验内容

（1）使用 mysqldump 命令备份数据库 studentsdb 的所有表，存于 D:\下，文件名为 all_tables.sql。

```
C:\>mysqldump -u root -h localhost -p studentsdb>d:\all_tables.sql
```

（2）在 MySQL 服务器上创建数据库 student1，使用 mysql 命令将备份文件 all_tables.sql 恢复到数据库 student1 中。

```
CREATE DATABASE student1;
```

```
C:\>mysql -u root -p student1<d:\all_tables.sql
```

（3）使用 mysqldump 命令备份数据库 studentsdb 的 student_info 表和 curriculum 表，存于 D:\下，文件名为 s_c.sql。

```
C:\>mysqldump -u root -h localhost -p studentsdb student_info curriculum>d:\s_c.
sql
```

（4）在 MySQL 服务器上创建数据库 student2，使用 mysql 命令将备份文件 s_c.sql 恢复到数据库 student2 中。

```
CREATE DATABASE student2;
```

```
C:\>mysql -u root -p student2<d:\s_c.sql
```

（5）使用 mysqldump 命令将 studentsdb 数据库的 grade 表中的记录导出为文本文件。

```
C:\>mysqldump -u root -p -T "C:/ProgramData/MySQL/MySQL Server 8.0/Uploads/" stu
dentsdb grade --lines-terminated-by=\r\n
```

（6）删除数据库 student1 的 grade 表中的全部记录。

使用 mysqlimport 命令将 grade.txt 文件中的数据导入 student1 的 grade 表中。

```
USE student1;
SET SQL_SAFE_UPDATES=0;
TRUNCATE TABLE grade;
```

```
C:\>mysqlimport -u root -p student1 "C:/ProgramData/MySQL/MySQL Server 8.0/Uploa
ds/grade.txt" --lines-terminated-by=\r\n
```

（7）使用 SELECT…INTO OUTFILE 语句备份 studentsdb 数据库中 curriculum 表的数据到文本文件 c.txt。要求字段之间用“|”隔开，字符型数据用双引号引起来。

```
USE studentsdb;
SELECT * FROM curriculum
  INTO OUTFILE 'C:/ProgramData/MySQL/MySQL Server 8.0/Uploads/c.txt'
  FIELDS TERMINATED BY '|' OPTIONALLY ENCLOSED BY'"'
  LINES TERMINATED BY'\r\n';
```

（8）删除数据库 student1 的 curriculum 表中的全部记录。

使用 LOAD DATA INFILE 语句将 c.txt 文件中的数据导入 student1 的 curriculum 表中。

```
USE student1;
SET SQL_SAFE_UPDATES=0;
DELETE FROM curriculum;

LOAD DATA INFILE 'C:/ProgramData/MySQL/MySQL Server 8.0/Uploads/c.txt'
  INTO TABLE student1.curriculum
  FIELDS TERMINATED BY '|' OPTIONALLY ENCLOSED BY'"'
  LINES TERMINATED BY'\r\n';
```

（9）通过 EXPLAIN 语句分析一个查询语句。

```
EXPLAIN SELECT * FROM student_info;
```

（10）通过 DESCRIBE 语句分析查询语句。

```
DESCRIBE SELECT * FROM curriculum WHERE 课程编号 IN('0001','0002');
```

（11）分析索引对查询速度的影响。

```
EXPLAIN SELECT 分数 FROM grade WHERE 分数>=90;

CREATE INDEX sc_idx ON grade(分数 DESC);
EXPLAIN SELECT 分数 FROM grade  WHERE 分数>=90;
```

（12）通过 EXPLAIN 语句执行查询语句，应用 like 关键字且匹配字符串中含有“%”。

```
CREATE INDEX name_idx ON student_info(姓名);
EXPLAIN SELECT * FROM student_info WHERE 姓名 like '张%';

EXPLAIN SELECT * FROM student_info WHERE 姓名 like '%平';
```

（13）通过 EXPLAIN 语句分析应用多列索引的命令。

```
CREATE INDEX name_cre_idx ON curriculum(课程名称,学分);
EXPLAIN SELECT * FROM curriculum WHERE 课程名称='数据库原理及应用';

EXPLAIN SELECT * FROM curriculum WHERE 学分>=3;
```

（14）分析 student_info 表的运行情况。

```
ANALYZE TABLE student_info;
```

（15）检查 student_info 表的运行情况。

```
CHECK TABLE student_info;
```

（16）优化 student_info 表。

```
OPTIMIZE TABLE student_info;
```

（17）错误日志管理。

① 使用记事本查看 MySQL 错误日志。

```
show variables like 'log_error';  #查找到错误文件用记事本打开
```

② 使用 mysqladmin 命令开启新的错误日志。

```
C:\>mysqladmin -u root -p flush-logs
Enter password: ****
```

（18）使用二进制日志实现增量恢复。

① 完全备份数据库 studentsdb。

```
C:\>mysqldump -u root -h localhost -p studentsdb >d:\studentsdb.sql
Enter password: ****
```

② 查看二进制日志文件的文件名。

```
SHOW BINARY LOGS;
```

Log_name	File_size	Encrypted
LAPTOP-5DN586T7-bin.000001	213	No
LAPTOP-5DN586T7-bin.000002	213	No
LAPTOP-5DN586T7-bin.000003	213	No
LAPTOP-5DN586T7-bin.000004	179	No
LAPTOP-5DN586T7-bin.000005	156	No
LAPTOP-5DN586T7-bin.000006	179	No
LAPTOP-5DN586T7-bin.000007	156	No
LAPTOP-5DN586T7-bin.000008	99110	No
LAPTOP-5DN586T7-bin.000009	213	No
LAPTOP-5DN586T7-bin.000010	156	No

③ 删除 grade 表中的所有记录。

```
USE studentsdb;
SET SQL_SAFE_UPDATES=0;
DELETE FROM  grade;
```

④ 使用 mysqladmin 命令对当前数据库 studentsdb 进行增量备份。

```
C:\>mysqladmin -u root -h localhost -p flush-logs
Enter password: ****
```

⑤ 恢复 studentsdb.sql 文件的完全备份。

```
C:\>mysql -u root -p studentsdb< d:\studentsdb.sql
Enter password: ****
```

查看 studentsdb 数据库的 grade 表的信息。

```
SELECT * FROM grade;
```

⑥ 恢复 LAPTOP-5DN586T7-bin.000010 的增量备份。

```
C:\>mysqlbinlog "C:\ProgramData\MySQL\MySQL Server 8.0\Data\LAPTOP-5DN586T7-bin.000010"|mysql -u root -p
Enter password: ****
```

查看 studentsdb 数据库的 grade 表的信息。

```
SELECT * FROM grade;
```

三、实验思考

（1）请说明选择备份数据库的方法。

（2）请说明 MySQL 性能优化的优点。

（3）请说明如何实现增量备份。

实验十六　综合练习

一、实验目的

（1）掌握 MySQL 数据库和表的常用操作。

（2）掌握 MySQL 数据库对象的常用操作。

（3）掌握 MySQL 数据库的备份与恢复等操作。

二、实验内容

（1）创建名为 Book 的数据库。

（2）在 Book 数据库中，创建图书表、读者表和借书表，表名分别为 book、reader 和 borrow。各表的结构和数据如表 A-16～表 A-21 所示。

表 A-16　book 表结构

列名	描述	数据类型	是否为空	主键
bno	图书编号	char(4)	否	是
bname	图书名称	char(20)	是	—
author	作者	char(10)	是	—
publish	出版社	char(20)	是	—
pubdate	出版日期	datetime	是	—

表 A-17　reader 表结构

列名	描述	数据类型	是否为空	主键
rno	读者编号	char(4)	否	是
rname	读者姓名	char(10)	是	—

表 A-18　borrow 表结构

列名	描述	数据类型	是否为空	主键
borrowno	借书编号	int	否	是
bno	图书编号	char(4)	是	—
rno	读者编号	char(4)	是	—
borrowdate	借书日期	datetime	是	—

表 A-19　book 表数据

图书编号	图书名称	作者	出版社	出版日期
0001	数据库原理	张小海	人民邮电出版社	2020-10-01
0002	软件工程	李妙莎	高等教育出版社	2020-08-09
0003	操作系统	钱东升	人民邮电出版社	2021-03-06
0004	数据结构	鲁明浩	清华大学出版社	2021-05-28
0005	编译原理	张悦	高等教育出版社	2021-10-30

表 A-20　reader 表数据

读者编号	读者姓名
0001	全志忠
0002	孙佳佳
0003	司马静

表 A-21　borrow 表数据

借书编号	图书编号	读者编号	借书日期
1	0001	0001	2021-11-15
2	0002	0001	2021-11-20
3	0002	0002	2021-11-30
4	0003	0002	2021-12-05
5	0003	0001	2021-12-12
6	0004	0001	2021-12-21

（3）根据语义为借书表 borrow 的 bno 列和 rno 列建立外键。

（4）查询张小海编写的“数据库原理”的出版日期。

（5）查询“操作系统”的所有借书记录。

（6）查询图书表的所有记录，查询结果按出版社和出版日期排序，出版社的排序条件为降序，出版日期的排序条件为升序。

（7）查询每个读者借书的次数，查询结果由“读者编号”和“借书次数”两列组成。

（8）查询没有被任何人借过的图书的图书编号、图书名称、作者。

（9）建立新的名为 bookview 的视图，该视图检索“人民邮电出版社”出版的所有图书的图书名称、作者和出版日期。

（10）在图书表 book 的出版日期列上建立名为 pubdateindex 的普通索引，要求该索引采取降序排列。

（11）建立新的名为 tbook 的表，该表的结构与 book 表完全一样，利用一个 INSERT 语句将“人民邮电出版社”出版的所有图书信息插入 tbook 表中。

（12）删除第（11）步建立的表 tbook。

（13）创建拥有一个参数的 bookproc()存储过程，用来查询图书表中由该参数指定作者的所有图书的图书名称、出版社和出版日期，然后执行该存储过程，并将输入参数赋值为“张小海”。

（14）删除第（3）步在 rno 列上建立的外键。

（15）建立名为 newtrigger 的触发器，触发器规定，当删除读者表中的一条记录时将借书表中相应读者的借书记录一并删除，然后删除读者表中的一条记录以触发触发器。

（16）建立 borrowcount()自定义函数，该函数用于输入读者的编号以返回该读者的借书次数，如果编号不存在则返回−1。

（17）将 Book 数据库完全备份到 D 盘根目录下的 bookbackup.sql 文件。